地殻進化学

堀越 叡 ──［著］

東京大学出版会

Evolution of the Earth's Crust

Ei Horikoshi

University of Tokyo Press, 2010
ISBN978-4-13-060747-6

はじめに

　筆者が富山大学の地球科学教室に着任したのは 1978 年である．担当講座は地殻進化学という名称であった．さて，何を講義したものかと考えた．筆者の専門は鉱床学である．鉱床学は地質学の中でもっとも総合的な学問である．悪くいえば雑学である．したがって，多分に手前味噌だが，鉱床学の専門家は何をやらせてもそれなりにこなすことができる．筆者の専門にはこのような背景があったので，地殻進化学の講義には違和感がなかった．

　たまたま手元にウィンドレイ（Brian F. Windley）の "The Evolving Continents" があった．この本は筆者が富山大学に赴任する前年，1977 年に初版が出版された．プレカンブリア時代を詳しく扱っている点，当時としては革新的な本であった．友人の間でも名著の声が高かったし，筆者もよくできていると思った．書名は『進化する大陸』と訳すことができるであろう．わが講座の名称とも違和感がない．地殻進化学の講義はこれで行こうと決めた．初年度の地殻進化学の講義はウィンドレイの本をタネ本として行った．第 1 回生に対する講義から，毎年自分なりに改変して手を加えた．このように毎年修正をほどこして 10 年以上も経つと，当初のウィンドレイ色はほとんどなくなったと思う．

　筆者は「世界の地質が鉱床地域と同じくらいの精度で明らかになれば，地球の歴史は変わるであろう」というのが口癖である．たとえば身近な飛騨帯の地質にしても，神岡鉱山周辺とそれ以外の飛騨帯では，地質解明の精度に雲泥の差がある．鉱山周辺では，地質がわからなければボーリングを打って明らかにする．鉱床地域以外では，そのような解明がなされることが非常に少ない．これではいけないと，国際的に深部ボーリングが計画され，先進国では非常な進歩があった．しかし日本では，予算の目途どころか，まだ場所の選定にも結論が出ていない．鉱床地域以外では，まさに「表土 1 枚下は地獄」なのである．本書には多くの鉱床地質が引用されている．これを我田引

水とは考えないでほしい．ほかの地域とは地質解明の精度が極度に違うのである．人類に夢を与えるか，あるいはカネになる可能性がないと，研究費はなかなか出ないものなのである．

　きれいごとはいえても，鉱床学者が造山論に関連する分野の講義をすることは大変であった．地殻進化学の講義は世界の地質を目的としていないので，全世界の地質に触れることは初めから意図していない．地球の歴史の解明に役立った地域を選んだつもりである．歴史的な背景をも考慮して，カレドニア～アパラチア・ヴァリスカン・アルプス，この4つの造山帯は，1979年の第1回目の講義から文句なしに入れている．当初筆者は，一般地質学・列島地質・地殻進化学・鉱床学などを講義していた．本書のような総括を多分に良心的に書こうとすると，いろいろな文献が気になってくる．それを手に入れようとすると時間がかかる．その間にまた新しい文献が出る，という悪循環に陥ってしまう．

　そもそものタネ本のウィンドレイの "The Evolving Continents" は，1984年の第2版以降しばらく出版されなかった．そのうちに，ウィンドレイ教授は病床にあるので第3版は出ない，という話が伝わった．教授には悪いが，なんとなくホッとした．本稿が完成に近づいたとき，1995年4月に第3版が出るという話を聞いて驚いた．毎年手を加えてきたから，ウィンドレイ版とは違ったものになっているであろうという自信はあったが，不安もあった．出版されたら航空便で取り寄せる手配をした．"The Evolving Continents" の第3版を開く時は心配であった．

　ウーンと唸ったことが1つあった．ウィンドレイ教授は第3版で，地球の歴史を新しいほうから古いほうへと論じている．現在の地球上で明らかにされるテクトニクスの原理から始まり，太古代で終わっている．このような記述の様式は先例がないわけではない．日本語で書かれた本にも例がある．歴史は時間が経つほどわからなくなる．したがって，確実なことから記述していくと時間が逆に流れることになる．筆者自身もこの本を書いていて，しばしば逆さまに書きたい誘惑に駆られたことは事実である．しかし，結局は逆さまにしなかった．土壇場になって，ウィンドレイ教授の新版を真似るのは嫌だ，という思いもあったことは否定しない．

著者が小学生の頃であったと思うが，雑誌に掲載された1つの川柳が記憶に残っている．「地理の教師，見てきたような嘘を言い」．この川柳は「地質の教師，見てきたような嘘を言い」と言い換えることができる．そうならないようにと，講義の対象の地域の地質見学には努力した．心残りであったのは，1985年頃，グリーンランドのイスアを調査する計画がつぶれたこと，1993年の資源地質学会の南アフリカ巡検に参加しなかったことである．いろいろな原因はあったが，参加していれば，その部分だけは「地質の教師，見てきたような嘘を」言わなくてもすんだのに，と残念である．

　筆者の学生時代，小林貞一先生の地史学の講義を受けた．ほかの講義ノートは卒業とともに処分したが，なぜかこのノートだけはいまも座右にある．おそらく非常な感銘を受けたのであろう．しかし，記憶にあるのは難しかったことだけである．日本の地質の話を聞いていると思っていると，いつか話は外国へ飛んでいた．外国へ行くことなど夢のような時代である．無理もなかったのではないかと思う．しかし，地球が狭くなった現在，教官・学生の国際化のほどはむしろ下がっているのではないか，という気がする．このような傾向は，旅費を極端に制限するという文部省の教育方針の影響でもあるのであろう．

　本書を執筆するにあたり，その費用のかなりは外国からの援助によった．さらに行く先々の研究者は，親身になって地質を説明してくださった．これらの方々のご好意なくしては，本書は完成しなかったであろう．しかし，ともかくここまでこぎつけたのは，東京大学出版会編集部の小松美加さんの，なみなみならぬ激励によることが大きい．記して感謝の意を表したい．本書が地域科学を地球科学へ高めるのに少しでも役立ち，教官・学生の思考の国際化の方向への一歩になれば幸いである．

堀越 叡

本書刊行の経緯

　本書の著者，堀越 叡さんは，この大著の完成を待たずに，2009年10月，心筋梗塞によって急逝された．著者の計画では本書は全15章からなり，日本列島の発達史までを含む野心的なものであった．彼の全体計画のうち，10章までは初校となっていたが，著者の校正作業は途中までしか進んでおらず，ほとんどの初校刷が未校正のまま残されていた．堀越さんから本書についていろいろ聞かされ原稿も読まされていた私どもは，未完成とはいえ，校正刷のある部分だけでも出版する価値が十分にあると考え，堀越さんが心血を注いだこの著作をなんとか世に残したいという思いから，非才を顧みずその編集作業を引き継いだ次第である．

　本書は，堀越さんが『地殻進化学』という1学期の講義のために用意した講義ノートと，学生に配布した私家版の教科書（各章2ページの講義要旨と数ページの図表類で構成されている）を元に拡張発展させたもので，図もほとんど彼自身によって描き直されている．本書は，著者が遺した目次によれば，第10章に続いて第11章アルプスとヒマラヤ，第12章北米コルディレラの変動，第13章東アジアの形成，第14章日本列島の萌芽，第15章日本列島弧，という章立てであった．堀越さんはプレートテクトニクスに基づく弧状列島論をもっとも早い時期から主張していた一人であり，その彼の日本列島発達史論はぜひとも読んでみたいところであるが，残念ながらそれはかなわぬままとなってしまった．

　編集にあたっては，明らかな間違いの訂正などは行ったが，著者の視点や解釈，歯切れよい語り口を最大限に生かすよう，内容，表現はできるだけ元のままにした．また，読者の便宜を考え，巻末に国際層序学委員（ICS）作成の地質系統・年代表（2009年版）の邦訳を用意した．この表では，各地質時代の区分名（とくに期/階の表記）の基となった模式地などの原名を，なるべく近いカナ書きで示した．本文中の地質年代の値や時代名の表記は原則と

してこの表に従った．

 実は，前掲の緒言には 1997 年 10 月 23 日の日付があった．この日は堀越さんの 65 歳の誕生日で，定年に達し大学を退くことになった日に，後半生を投入したこの『地殻進化学』を刊行する決意を固めたのだと推察される．このときから現在まで 10 余年が経過しているが，この間，堀越さんは，この地質学の全領域ともいえる広範な課題を扱った大著の内容を絶えず最新の状態に保つために，日夜新着のジャーナルにあたり，宇宙科学から古生物学までのあらゆる分野の主要な教科書に目を通し，国内外の研究者と議論し，非常な努力を重ねて繰り返し原稿を修正しておられた．

 堀越さんは原稿をいろいろな方に読んで頂いていたようで，その方々のお名前を原稿に記入していた．ここにそのお名前を掲げて，著者に代って謝意を表する．水谷伸治郎，岡田博有，佐藤興平，増田俊明，氏家 治の方々（順不同，敬称略）．もし，お名前の抜けがあったらどうかお許し頂きたい．なお，この編集にあたって，多くの方々にご協力のお申し出を頂き，また貴重なご教示を賜った．また東京大学出版会の小松美加さんには，編集業務全般にわたり行き届いたご助言，ご協力を頂いた．記して厚くお礼申し上げる．

 2010 年 5 月 27 日

鎮西清高・島崎英彦・大藤 茂

目次

はじめに　i
本書刊行の経緯　iv

第 1 章　造山論の概念 ……………………………………… 1

1-1. 地質学の誕生　1
地質学の登場　1　　2つの地質学　3　　地向斜の登場　4

1-2. 近代地質学の発展　6
造山極性の概念　6　　ナップ構造の理解　8　　日本の地質学　10

1-3. 地質学の革命　11
大陸漂移説　11　　ウェーゲナーの後継者たち　13　　海洋底拡大説　14
地球科学　16　　日本の造山論　16

1-4. 新しい地球像　18
地球の構造　18　　プレートテクトニクス　19　　ハワイ・天皇海山列　20
プルームテクトニクス　22　　2つのパラダイム　23

引用文献　24
概説書　27

第 2 章　地殻の誕生 ……………………………………… 28

2-1. 地球の形成　28
隕石　28　　マグマオーシャン　30　　シュリンプ年代　31

2-2. 太古代　32
太古代の年代　32　　グリーンストン・花崗岩帯と高度変成帯　34
インドのグラニュライト・片麻岩帯　35　　花崗岩類　36

2-3. 地球最古の岩石　37
ナリアー片麻岩複合岩体　38　　スレーヴ区　39　　アキャスタ片麻岩　40
含ダイアモンドキンバレー岩　41

2-4. グリーンランド西海岸　42

　　　イスア表成岩帯　42　　イツァク片麻岩複合岩体　44
　　　ラブラドルのネーン区　45　　イツァク片麻岩類の地球化学　46
　　　古期太古代のテクトニクス　48

2-5. 生命の発生　48

　　　生命の起源　49　　生命誕生の環境　49　　化学的化石　50
　　　最古の化石　52

　引用文献　52
　概説書　55

第3章　グリーンストン・花崗岩帯　…………………57

3-1. カープファール剛塊　57

　　　バーバートン山地　57　　オンファーワクト層群の層序　59
　　　砕屑岩類と花崗岩類　60　　バーバートンのテクトニクス　61

3-2. ジンバブエ剛塊　63

　　　トクウェ地質体　63　　ベリングウエ累層群　64
　　　ブーラワーヨ累層群　66　　花崗岩類　67
　　　ジンバブエ剛塊のテクトニクス　68　　リンポポ変動帯　68

3-3. ピルバラ地塊　70

　　　ワラウーナ層群　70　　世界最古の硫酸塩鉱床　71
　　　上位層群と花崗岩類　73

3-4. イルガーン地塊　74

　　　地質体区分　74　　東部ゴールドフィールドのグリーンストン　74
　　　正マグマ性ニッケル鉱床　76　　中熱水性金鉱床　77
　　　東部ゴールドフィールドのテクトニクス　78

3-5. スーペリオル区　79

　　　亜区の分布　79　　ワワ亜区　80　　カプスケーシング隆起帯　81
　　　ケチコ亜区　82　　アシュアニピ複合岩体とミント地塊　83

3-6. アビティビ亜区　84

　　　火山岩類　84　　黒鉱型鉱床　86　　南縁部の変動　88
　　　スーペリオル区の形成　89

　引用文献　91
　概説書　94

第4章　盾状地堆積物 …………………………………………… 96

4-1. カープファール剛塊の盾状地堆積物　96

ポンゴラ累層群　96　　ビットワーターランド累層群　98
トランスファール累層群　99　　クルマン縞状鉄鉱層　101
縞状鉄鉱層の成因　101

4-2. 原生代初期の巨大貫入岩体　103

ザ・グレートダイク　103　　ブッシュフェルト火成複合岩体　104
スティルウォーター火成複合岩体　105

4-3. スーペリオル区の盾状地堆積物　106

ヒューロン累層群　106　　ブラック・ヒルズ　107
マルケレンジ累層群　110　　ビワビク層　110
ケノール大陸　111　　多細胞生物の誕生　112

4-4. ハドソン横断造山帯　113

トンプソンニッケル帯　113　　レインディア帯　114
ケープスミス帯　115　　ニューケベック造山帯　116

4-5. 北米大陸内部の癒合　118

ハーン区　118　　レイ区　119　　トーンガット造山帯　119

4-6. 隕石孔　120

フレッデフォルトドーム　120　　サドバリー隕石孔　121
カースウェル構造　123

引用文献　124
概説書　126

第5章　剛塊の成長 ……………………………………………… 128

5-1. アンガラ剛塊　128

アナバル盾状地　128　　アキトゥカン造山帯　130
アルダン盾状地　132　　スタノヴォイ区　133

5-2. オーストラリアの地質　134

マウントブルース累層群　134　　ハマーズレイ縞状鉄鉱層　135
中原生代の造山帯　136　　堆積性噴気鉱床　137

5-3. バルト盾状地　138

コラ半島　138　　ラップランドグラニュライト帯　140

　　　　　カレリア区の変動　141　　　ヨルムアオフィオライト　142
　　　　　スベコフェニア区　143　　　スヴェコ・カレリア造山帯のテクトニクス　144

　5-4. ローレンシア縁辺部の成長　145
　　　　　ウォプメイ造山帯　145　　　ヤヴァパイ・マザツァル区　148
　　　　　グレンヴィル区　149　　　スヴェコノルウェギア造山帯　151
　　　　　非造山性火成活動　152

　5-5. 北米剛塊内部の変動　154
　　　　　岩脈群　154　　　中央大陸リフト系　155　　　ホワイトパイン鉱床　156
　　引用文献　157
　　概説書　159

第6章　プレカンブリア時代の終焉 ……………………………161

　6-1. アフリカの新原生代変動帯　161
　　　　　サハラ横断変動帯　161　　　モザンビーク帯　163　　　カッパーベルト　164

　6-2. ローレンシアの西縁　165
　　　　　ベルト・パーセル累層群　165　　　サリヴァン鉱床　167
　　　　　ローレンシアからの分離　168

　6-3. 超大陸　169
　　　　　南極大陸の地質　169　　　SWEATモデル　170　　　AUSWUSモデル　171
　　　　　ロディニア　173　　　超大陸の崩壊　176

　6-4. 大氷河時代　177
　　　　　氷河堆積物　177　　　ウィンダーメアー累層群　179　　　氷結地球　180
　　　　　氷成層の年代　180　　　ラピタン層群の縞状鉄鉱層　181

　6-5. 新原生代の生物　182
　　　　　エディアカラ動物群　182　　　アクラマン隕石孔　184
　　　　　ストロマトライトの生層序　185
　　　　　プレカンブリア/カンブリア境界の模式地　186

　6-6. 気圏・水圏の進化　188
　　　　　太古代の地球環境　188　　　大気中の酸素　189
　　　　　硫黄・炭素同位体比　190

　　引用文献　191
　　概説書　195

第7章 アパラチア・カレドニア造山帯 ……197

7-1. 北アパラチア造山帯 197
　　ニューファンドランド島の地質 197　　フンバー帯とアヴァロン帯 199
　　中央変動帯 200　　ニューファンドランドの古生物地理区 201
　　メグーマ地質体 202

7-2. 南アパラチア造山帯 203
　　ローレンシアの変動 203　　地帯構造区分 205　　付加地質体 206
　　地下構造 207　　スワニー地質体 208

7-3. スコットランドの造山帯 209
　　ルーイス複合岩体 209　　トリドニアンとダーネス 211
　　モイン累層群 212　　ダルラディア累層群 213　　グランピア造山 214
　　ミッドランドヴァレー帯 215　　サザンアップランド帯 218

7-4. イングランドの変動帯 218
　　カレドニアの南縁帯 219　　東アヴァロン地質体 220
　　旧赤色砂岩 222

7-5. ノルウェーのカレドニア造山帯 223
　　ナップ群 223　　トロンヘイムナップ複合岩類 225
　　バルト盾状地の卓状地堆積物 226

7-6. アパラチア・カレドニア造山帯のテクトニクス 227
　　テクトニクス 227　　古生物地理区 230　　地質体の起源 231

　引用文献 232
　概説書 235

第8章 ヴァリスカン造山帯 ……236

8-1. レーノ・ヘルシニア帯の原地性地層群 236
　　レーニッシュマッシーフ 236　　ランメルスベルクとメッゲン 239
　　コーンワル・デヴォン地域 240　　コーンワル鉱床区 241
　　石炭紀の石炭 242

8-2. レーノ・ヘルシニア帯の異地性岩体 242
　　ナップの岩体 243　　北部千枚岩帯 244

8-3. サクソ・チューリンギア帯 245
　　模式地のカドミア造山 245　　中央ドイツ結晶質帯 247

エルツ山脈の高度変成岩類 249　　チューリンギア相とバヴァリア層 251
エルツ山脈鉱床区 251

8-4. ボヘミアマッシーフ 252

テプラ・バランディア帯 253　　モルダヌビア帯 253
モラヴォ・シレジア帯 254

8-5. イベリア半島 255

イベリア半島の北西部 255　　中央イベリア帯 256
オッサ・モレナ帯 258　　南ポルトガル帯 259
イベリア黄鉄鉱鉱床 260　　イベリア半島のテクトニクス 261

8-6. ヴァリスカン造山帯のテクトニクス 262

ヴァリスカン造山帯の造山極性 262　　北方造山極性の地帯 264
南方造山極性の地帯 265

引用文献 266
概説書 268

第9章　超大陸パンゲア ……………………………………270

9-1. 生物の進化 270

前期カンブリア紀 270　　生物進化の爆発 272　　バージェス頁岩 273
生命の上陸 274

9-2. 北米剛塊の卓状地堆積物 275

束層（シーケンス）層序 275　　サイクロセム 277
ウィリストン堆積盆 279　　ウォシタ造山帯 280
ミシシッピヴァレー型鉱床 282

9-3. パンゲアの形成 283

東ヨーロッパ卓状地 283　　ウラル造山帯 285　　南極の軌跡 286
パンゲアの植物区 287

9-4. ペルム紀の中欧 288

ロートリーゲンデス 289　　クッファーシーファー 290
ツェヒシュタインの海 291

9-5. パンゲアの分解 292

サムフラウ造山帯 292　　洪水玄武岩 294　　ベヌートラフ 294
北米の東海岸 295　　メキシコ湾北部堆積盆 297

引用文献 298
概説書 301

目次 — xi

第 10 章　生命の多様化と絶滅 ……………………… 303

10-1．種の興亡　303
　　　地質時代区分　303　　五大絶滅期　304　　三大進化動物群　305
10-2．P/T 境界　306
　　　絶滅した動物　307　　メイシャン断面　307　　大規模火山岩類　308
　　　地球化学的変化　311
10-3．中生代の中欧　312
　　　三畳系　312　　T/J 境界の絶滅　313　　ジュラ系と特異な化石　314
　　　北海油田の地質　316　　白亜系　317　　C/T 境界の絶滅　318
10-4．K/T 境界　320
　　　イリジウム異常　320　　チチュルブ隕石孔　321
　　　白亜紀生物の絶滅　323
10-5．大量絶滅　324
　　　O/S 境界　325　　F/F 境界　326　　海水準変動　327
　　　迷走する原因　328

　引用文献　329
　概説書　331

索引　333

地質系統・地質年代表　342

第1章
造山論の概念

　青銅器時代に入ると，人間は金属利器のもとになるものを探し求めたに違いない．この分野の知識がまとめられたのは16世紀である．地球規模の変動が考えられたのは19世紀，造山論の基本的な概念としてのプレートテクトニクスが登場したのが20世紀の後半である．最近ではマントルプルーム説が唱えられている．

1-1. 地質学の誕生

　近代地質学の誕生は自然科学のほかの分野と比較すると遅れた．一個人の観察できる範囲が限られていたという事実がある．学問はカネになるか，人類に夢を与える分野でないとなかなか発達しない．国々の近代化への努力が地質学の発展を後押しした．

1-1-1. 地質学の登場

　ドイツとチェコの国境地帯のエルツ山脈（Erzgebirge）では，16～17世紀に銀を中心とする鉱山業が栄えた．その中心として栄えたのがフライベルク（Freiberg）である．鉱山業の発展とともに実利的な学問としての鉱物学が進歩した．最古の鉱床学の本とされる『デレメタリカ』（De Re Metallica）は，ドイツの都市ケムニッツ（Chemnitz）で働いていたアグリコラ（G. Agricola；1494～1555）によって書かれた（Agricola, 1556）．この本には多くの鉱物の名前が出てくる．ラテン語で書かれたが，すぐにドイツ語ほかに翻訳されている．その有名な美しい挿絵はほかの鉱山学の本からの転用であるが，現在でも多くの国々の鉱床学関係で装飾デザインとして使われている（図1-1）．

図1-1 "De Re Metallica" の中の図面 (Agricola, 1556).
　この挿図は，おそらく U. R. von Kalbe (?〜1523) によって書かれた Ein nützlich Berg (1527) からの転載である．中景左手の男たちがもっている「A」印の枝分かれした小枝は，鉱石の上に来るとピクピクと動くと信じられていた．

　250年以上前，ドイツのビュルツブルク (Würzburg) 大学の学生は，ベリンガー (J. B. A. Beringer; 1667〜1740) 教授が化石を採集する露頭に手製の「化石」を埋め込んだ．これらの化石は記載され，印刷・販売された (Beringer, 1726)．その中には太陽の化石，星の化石などが含まれている．ベリンガーの名前を刻んだ「化石」が発掘されるにおよび教授はようやく悪戯であることに気づき，あわてて出版物の買い戻しに奔走した．これが世の中に流布している話である（たとえば早坂，1943）．最近になって当時の裁判記録が発見された．犯人は地理学の教授と大学の図書室係であった．「化石」にはベリンガーではなくエホバという名前がヘブライ語・ラテン語・アラビア語で書かれていたこと，この「化石」が発掘されたのは出版の前であることなどが明らかになった (Weiss, 1963)．
　ハットン (J. Hutton; 1726〜1797) は近代地質学の祖といわれる．彼は晩

年に生まれ故郷のエディンバラに帰って好きな地質学を研究した．地質時代の変動は現在われわれが観察できる日々の変化の集積であることに気づいた．さらに地殻変動における火成活動の重要性を強調したので，ハットンの学派は火成論者（magmatist）と呼ばれた．彼の代表的な著書"Theory of the Earth"は全3巻からなっているが，生前には2巻しか印刷されなかった．第3巻の原稿は100年ほどたってから発見されて印刷されたが，一部は散逸していた（Hutton, 1795；1899）．一般には友人のプレイフェアーの解説書で知られている（Playfair, 1802）．

衰退した鉱山業の復活とともにフライベルクで活躍したのがウェルナー（A. G. Werner；1749〜1817）である．彼は講義が大変うまく，その名講義に引かれて各国から学生が集まったといわれる．ウェルナーはすべての岩石は海底で堆積したと説いた．花崗岩は堆積岩であり，火山は地下で石炭が燃えている局地的な現象であるとした．そこで彼の学派は水成論者（neptunist）と呼ばれた．すべての岩石が海底で堆積したとする彼の主張は層序の概念を誕生させた．

1-1-2. 2つの地質学

鉱物学は16世紀から経済的な価値が認められていたが，地質学に経済的な価値がもたらされたのは19世紀である．産業革命による鉄鉱・石炭の需要の増大，道路・運河の建設などが近代地質学の発展をもたらした．スミス（W. Smith；1769〜1839）は化石による地層の対比を行い，イングランドとウェールズの全域について縮尺1 inch/5 mile，約30万分の1の地質図を完成した．発売されたのは1815年である．

キュヴィエ（C. Cuvier；1769〜1832）とライエル（C. Lyell；1797〜1875）は，しばしば相対する研究者として登場する．生物種が絶滅することは，おそらくキュヴィエが初めて気づいた．優れた解剖学者だった彼は，1812年にパリ盆地の化石ゾウの骨格が現生のゾウとは明らかに異なるという研究結果を発表した．一般には，再版されたその序論で知られている（Cuvier, 1825）．化石ゾウは絶滅したのである．バックランド（W. Buckland；1784〜1856）はキュヴィエの考えを天変地異説（catastrophism）にまで発展させ，

最後の種の絶滅が聖書に出てくる「ノアの洪水」であるとした．

　皮肉なことに，オックスフォード大学でバックランドの講義を聞いたライエルは，バックランドの説に批判的になった．環境は研究者の発想に影響を与える．富裕な家庭に育ったライエルは，急激な変化を好まなかったのであろう．ライエルは 'the present is the key to the past' という言葉に象徴される斉一主義（uniformitarianism）を唱えた．ロンドン大学のキングスカレッジでのライエルの講義には着飾った女性が押し寄せた．宗教と絶縁した自然観が新鮮だったのである．ライエルは女性の聴講を拒否したので，地質学会の中で女性の出席の是非を巡る論争の種をまいた．ライエルの "Principles of Geology" が出版されたのは 1830 年で（Lyell, 1830～33），ほぼこの時代に地質学上のいろいろな原理を研究する 'physical geology' が確立した．日本では「一般地質学」と訳された．

　16 世紀におけるアグリコラの研究，さらに広範囲に影響を与えたウェルナーの活躍によって，ヨーロッパ大陸では早くから鉱物学が確立した．19 世紀になると岩石学の重要性が増大した．イギリスの岩石学は地質学の中の 1 分野として発達した．しかしヨーロッパ大陸の大学では，イギリスから輸入された地質学とは別に鉱物学の中で研究された．一般にイギリスの影響を受けた国々では，地質学というと固体地球関係のすべての分野を含んでいる．文字通りの geo（地球）logy（科学）である．しかしヨーロッパ大陸系の国々では地質学と鉱物学，さらに地球物理学もそれぞれ対等な分野として発達した．

1-1-3. 地向斜の登場

　造山論の分野は地球全体の変動が対象であるため，地質学のなかでも発展が遅れた．変動帯の形成の原因として火成岩の貫入を考えるハットンの説は，19 世紀の中頃までは強い影響力をもっていた．しかし一方では造山帯の変動は横圧力によって生じると考える研究者も古くからいた．この頃，物理学者の間では地球は冷却に伴って収縮しているとする考えがあった．両者を結びつけて地球の冷却収縮に伴う横圧力と陥没を考えたのは，鉱床成因論に熱水を導入したエリー・ド・ボーモン（L. Élie de Beaumont；1798～1874）で

ある (Élie de Beaumont, 1852)．同じ時代の変動は同じ走向をもつ山脈を形成し，そのような変動は世界的な規模で同時に起きると考えた．

ニューヨーク州の州都オールバニー (Albany) はアパラチア造山帯のほぼ中央に位置している．1836年にニューヨーク州地質調査所が設立され，この年に採用された地質技師にホール (J. Hall；1811～1898) がいる．彼は古生物学に明るかった．ローレンシア剛塊を覆う古生層が内陸部からアパラチア山脈の方へ著しく厚くなることに気づいた．地層の堆積はいずれも浅海であると思われたので，アパラチア山脈を構成する厚さ数千メートルに達する地層は堆積した分だけ沈降するような堆積盆で形成されたと考えた (Hall, 1859)．彼が実際に調査したのはデヴォン系のモラッセである．造山帯の中心部の変成岩はプレカンブリア時代の地層であると考えられていた．

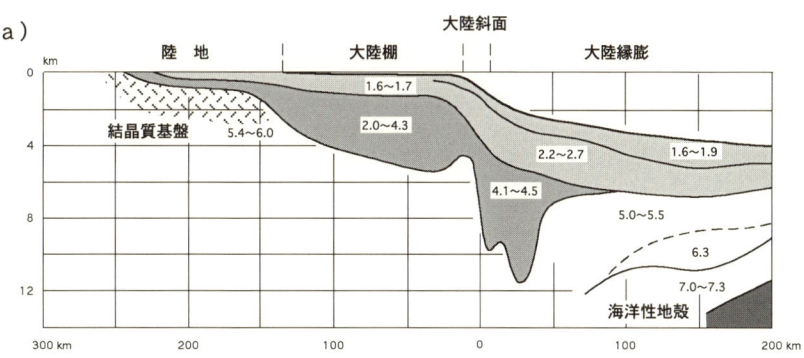

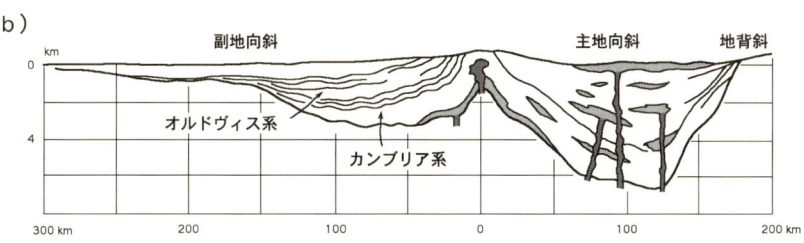

図1-2　アメリカ合衆国東海岸の海底構造図とアパラチア地向斜の復元図．
　a) ニュージャージー沖の海洋底構造を示す東西断面図 (Drake *et al*., 1959)．数字はP波速度 (km/s)．b) アパラチア地向斜の復元図 (Kay, 1951)．もしもアパラチア地向斜東縁の地背斜が幻であったとすると，2つの地質構造図は著しく類似してくる．地向斜概念衰退のきっかけになった．

1-1. 地質学の誕生——5

鉱物学の大著で有名なデーナ（J. D. Dana；1813〜1895）はホールの観察に違う解釈を与えた．地球の冷却収縮説に基づき地殻の水平方向の短縮が細長い沈降帯の形成の原因であると考え，堆積盆を'geosynclinals'と呼んだ（Dana, 1873 a, b）．後に地向斜（geosyncline）と名称を変え，プレカンブリア界の地背斜（geanticlines）との対を考えた（図 1-2 b）．

プレートテクトニクスの登場が 1967 年といわれるから，以来約 100 年の間，地向斜は地質学の根本概念として君臨した．地向斜説にかげりが見え出したのは 1960 年頃で，アメリカ合衆国ニュージャージー沖の地殻断面図が地背斜を取り除いたアパラチア造山帯の復元図に著しく類似することが明らかになり，地向斜説に修正を迫ったことが原因の 1 つである（図 1-2 a, b）．

1-2. 近代地質学の発展

研究の進展には波がある．その原因は時代であることも，人であることもある．1870 年代の末には地質学を創造した先覚者の多くがこの世を去った．代わって登場したのがオーストリアのジュース（E. Suess；1831〜1914）である．

1-2-1. 造山極性の概念

ジュースはしばしば近代地質学的思考の父といわれる．貿易商の息子としてロンドンで生まれ，この青年期に自由主義的な思想を身につけたと考えられている．自由主義者として弾圧を受け，1848 年にウィーンを逃れてプラハの工芸学校に入学した．古生物に興味をもったのはこの時代である．1852 年にウィーンへ帰って王立鉱物標本室の無給助手になり，1859 年にウィーン大学の古生物の私的教授になった．これも無給であった．給料をもらう身分になったのは 1862 年に地質学の教授になってからである．

ジュースは "Die Entstehung der Alpen" という 168 ページの小さな本の出版によって地質学界の大御所としての地位を確立したといわれる（Suess, 1875）．ジュースは多くの造山帯が非対称であることを指摘し，ドイツ語で'Vergenz'（造山極性）という概念を導入した．スイスアルプスの造山極性が

北方であることを指摘して，その原因が南からの横圧力にあることを主張し，その原因を地球の収縮に帰した．ジュースはさらに造山運動を論じるには地球全体を扱わなければならないことを強調した．

ジュースは全3巻4冊からなる大著"Das Antlitz der Erde"を出版した (Suess, 1885〜1909)．第1巻にはゴンドワナの概念が出てくる．第3巻Iはシベリア鉄道の建設に伴う地質報告書をもとに，ユーラシアの大陸成長に費やされている．最後の第3巻IIは地球上の変動の一般則で締めくくられている．地殻が沈み込むというホルムクイストの考え（図1-3 a；Holmquist, 1901）を支持し，太平洋の海底がまわりの大陸に向かって突っ込んでいるの

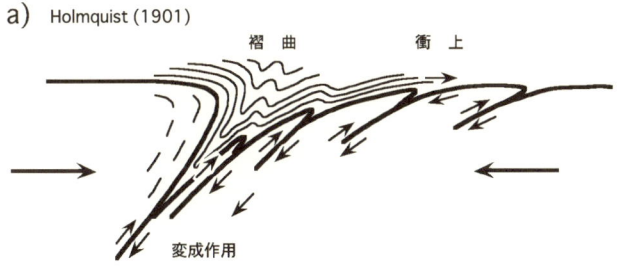

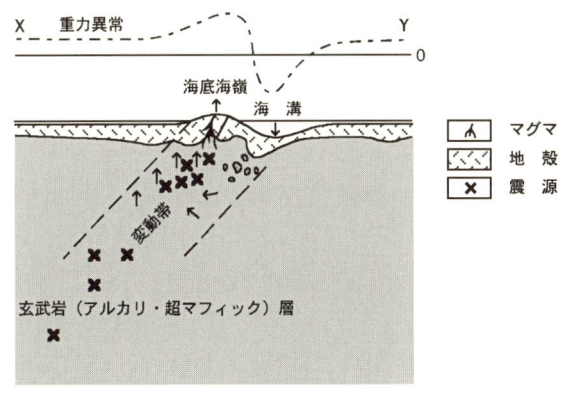

図1-3 地殻の沈み込みを考えた歴史的概念図．
　a) バルト盾状地がカレドニア造山帯の下へ突っ込んでいるとする断面図 (Holmquist, 1901)，b) 七島・マリアナ弧の地下構造図 (Otuka, 1938)．プレートテクトニクス以前の地殻の沈み込みは，ある意味ではささやかであった．

が海溝であると考えた．当時はこのような考えの研究者がほかにもいたようで，Ampfrer and Hammer (1911) はドイツ語で 'Verschluckung'（飲み込み）という表現を使っている．日本でも大塚 (Otuka, 1938) は玄武岩質マグマが上昇した後を埋めて玄武岩層が下降するのが海溝であると考えた（図1-3 b）．

ジュースはアイソスタシーの考えを認めず，地殻の変動は本質的に横方向か下方向で，隆起するということはないと考えた．現在の地球上にそのようなものはないという理由から地向斜の存在を否定し，世界同時造山説にも反対した．彼自身は地球の冷却収縮によっていろいろな変動を総合的に説明しようとこの大著を書き出したようであるが，10年以上にわたって書き継いでいくうちに，大陸自体の大規模な運動を考えなくてはならないと感じ出したようである．

1-2-2. ナップ構造の理解

チューリッヒの南東約60 kmを北へ流れるU字谷リント（Linth）にグラルス（Glarus）という町がある．19世紀の中頃，ヌンムライトを産する始新世（56〜34 Ma）の地層の上に，マイロナイト化した中期ジュラ紀（176〜161 Ma）の結晶質石灰岩を挟んで，ヴェルカノ（Verrucano）と呼ばれるペルム系（299〜251 Ma）が重なっている地質が明らかになった．発見者のエッシャー（A. Escher von der Linth；1807〜1872）はキノコ型の背斜構造の下部を観察していると考えた（図1-4 a）．エッシャーはチューリヒ工科大学の地質学教室の初代教授になり，第2代教授のハイム（A. Heim；1849〜1938）もエッシャーの説を支持した．

フランス地質調査所のベルトラン（M. Bertrand；1847〜1907）はジュースの小著を読んでジュース説の信奉者になった．フランス・ベルギー炭田では石炭系（359〜299 Ma）がシルル〜デヴォン系（444〜359 Ma）に覆われている．1884年，ベルトランはフランスの地質学雑誌に，グラルス地域とフランス・ベルギー炭田の地質構造を現在ナップと呼ばれる巨大な衝上断層で説明する論文を発表し（図1-4 b），フランスの地質学界を驚かした（Bertrand, 1884）．1903年のウィーンの万国地質会議での発表を通じてこのナッ

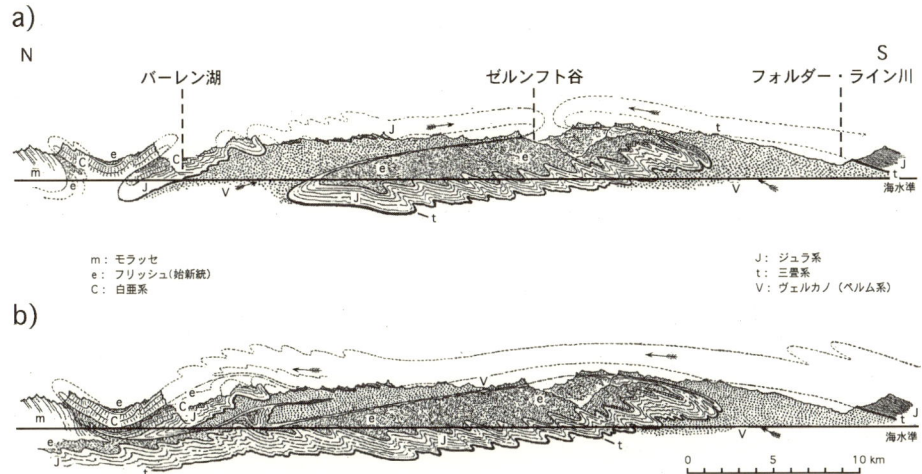

図 1-4 グラルス衝上の野外観察に対する 2 通りの解釈（Heim, 1919-21）．
グラルスの町が位置する U 字谷の東側を南北に切った断面である．a) エッシャーとハイムによって 1902 年まで主張されていた構造，b) ベルトランが 1884 年に主張し，ジュースが 1892 年に確認し，1903 年にハイムが受け入れた解釈．

プ説は広がり，ジュースの説明を受けたハイムもベルトランのナップ説を受け入れた．グラルスの南 5 km のシュバンデン（Schwanden）の道路の脇に衝上断層の露頭があり，銅板の説明文に「1840 年にエッシャーがここで初めて若い地層の上に古い地層が衝上していることを発見した」とある．上の説明の通り，この説明文は必ずしも正しくない．

　ジュースとベルトランは山脈の連続性を重要視し，同時代の変動は一連の山脈を形成すると考えた．アルプス山脈，ヘルシニア山脈，カレドニア山脈などの名称は彼らによって初めて唱えられた．ここにいう山脈とは造山帯とほぼ同義語である．ベルトランはフランス・ベルギー炭田ならびにルール炭田の地域をヘルシニア山脈と命名した．これをジュースがヴァリスカン山脈と改名したことが，いまに至るヘルシニアとヴァリスカンの本家争いのもとになっている．さらにベルトランは大西洋をわたったアメリカ合衆国のアレガニー山脈をヘルシニア山脈に，グリーン山脈をカレドニア山脈の延長であると考えた．大西洋は陥没したのである．さらに彼はカナダに太古代の山脈

1-2．近代地質学の発展——9

を想像した (Bertrand, 1887). このようにして，太古代の核を中心として次つぎに山脈（造山帯）が形成されてヨーロッパ・アメリカ大陸が成長したというベルトランの説が完成した．

1-2-3. 日本の地質学

　明治政府が地質学に求めたのは地下資源の開発であったらしい．1877年（明治10年）に東京大学が創立され，理学部に地質および採鉱学科がおかれた．両学科が分離したのは1880年である．初期の日本はドイツ式の学科編成を採用した．東京大学では初め地質学教室だけであったが，後に別に鉱物学教室が開設され，2番目の東北帝国大学でもそうであった．引き続いて創設された帝国大学では1つの教室でも地質学・鉱物学教室と称した．しかし1939年に開設された九州大学の地質学教室は鉱物学から古生物学までを含み，日本最初のイギリス式学科構成を採用した．内務省地質課は1882年に正式に地質調査所になった．1897年にサンクトペテルブルグで開催された第7回万国地質学会に英文版の100万分の1「大日本帝国地質全図」がまとめられてロシアの軍艦で運ばれた．

　文部省が招いた初代教授のドイツ人ナウマン（E. Naumann；1854～1927）は日本を内帯と外帯に分けて境界の構造線を中央構造線と呼んだ．その後にフォッサマグナが形成されて西南日本と東北日本に分断されたと考えた（Naumann, 1885）．1883年にオーストリアから帰国した原田豊吉（1861～1894）はナウマン説に反対し，西南日本と東北日本がフォッサマグナで対曲（Scharrung）していると主張した（Harada, 1888）．対曲というのはジュースの概念である．

　小沢儀明（1899～1930）は卒業論文で秋吉台における地層の逆転を発見し，日本列島の変動の時期を古生代後期と三畳紀後期の間とした（Ozawa, 1925）．彼はこの業績により学士院賞恩賜賞を受賞している．しかし日本の造山論に与えた影響が大きいのは小林貞一（1901～1995）の佐川輪廻である（Kobayashi, 1941）．これも学士院賞の業績である．彼は日本列島は内帯のペルム～三畳紀の秋吉造山帯と外帯の中生代後期の佐川造山帯からなると考えた．佐川造山帯の中では領家帯の特徴が 'pliomagmatic' であり，三波川帯の特徴が

'miomagmatic' である．小林の論文は邦訳されている．その中では 'pliomagmatic zone' は「過岩漿帯」，'miomagmatic zone' は「減岩漿帯」と訳されている（小林，1951）．

スティレ（H. Stille；1876～1966）はアメリカ合衆国のコルディレラを研究して西側の 'pliomagmatisch' なユウ地向斜と東側の 'miomagmatisch' なミオ地向斜に分けた（Stille, 1940）．スティレと小林の論文は相次いで発表されており，ドイツ語と英語の違いはあるが同じ用語が使われている．小林は1934年にベルリンにスティレを訪問している（小林，1991）．両研究者の間で何が話し合われたかはわからない．しかし変動帯から特徴的な対の地帯を抽出して議論するという発想はスティレ・小林に始まっている．ジュースの影響を受けた原田の死と入れ替わりに生まれた小林にはスティレの影響が認められる．

1-3. 地質学の革命

地球科学の研究者は育った環境の影響を受ける．ヨーロッパで売られている世界地図では大西洋が中央にあり，その東にアフリカ，西に南米がある．このような地図では大西洋の両岸の大陸の凹凸が相補的であることに気づきやすい．

1-3-1. 大陸漂移説

大西洋の拡大を記した最初の記録は哲学者のフランシス・ベーコン（F. Bacon；1561～1626）であるといわれる．しかしパリ在住のアメリカ人のスナイダー・ペレグリーニ（Snider-Pellegrini, 1858）は，昔は大西洋の両岸の大陸が1つであったという夢物語を図面つきで書いて名を残した．

「大陸は動いたのではないか」と考えたウェーゲナー（A. Wegener；1880～1930）は，1912年にフランクフルトの地質学協会で発表した．1915年に出版された彼の著書 "Die Entstehung der Kontinente und Ozeane" の初版は94ページからなる小冊子であるが（Wegener, 1915），第2版（1920），第3版（1922），第4版（1929）と改訂されるごとに厚くなった．第4版は231ペ

ージからなっている。第3版は多くの国で翻訳され，ウェーゲナーの大陸漂移説が広まった。日本では1928年に翻訳・出版された。しかし第4版が翻訳されたのは戦後である（ウェーゲナー，1981；都城・紫藤訳）。

　ウェーゲナーの専門は高層気象学である。1906年にデンマークが主催したグリーンランド探検に参加した。出発に際してハンブルクに住んでいた気候学者ケッペン（W. Köppen；1846～1940）を訪ねて教えを乞うた。グリーンランドから帰国した1908年にケッペンはウェーゲナーを自宅へ招いた。この訪問が彼の人生と，おそらくは地球科学を変えることになる。当時16歳であったケッペンの娘エルゼ（E. Köppen；1892～1992）は5年後の1913年にウェーゲナーと結婚した（図1-5）。ケッペンとウェーゲナーとの共著"Die Klimate der geologischen Vorzeit"は，超大陸パンゲアの存在を仮定することによって石炭紀の気候図を説明できることを示した（Köppen and Wegener, 1924）。

　1930年にウェーゲナーが亡くなり，1933年にヒトラーが政権をとってドイツ科学の栄光の時代が終った。その後のプレートテクトニクスの登場とと

図1-5　ウェーゲナー夫妻（Schwarzbach, 1980）．
　　　1913年冬のマールブルク．Else Wegenerは夫の死後も長生きして，1992年，その訃報は日本の新聞でも報じられた．

もにウェーゲナーは世界的な名声を得た．しかしウェーゲナーは本質的には物理学者であった．大陸は動かないというパラダイムの打破には著しい功績があったが，造山論とは無縁であった．この点はプレートテクトニクスの登場に物理学者のトゥーゾー・ウィルソン（J. Tuzo Wilson；1908〜1993）がはたした役割と似ている．

1-3-2．ウェーゲナーの後継者たち

アルガン（E. Argand；1879〜1940）もドゥトワ（A. L. du Toit；1878〜1948）も，ウェーゲナーとはほぼ同世代の地質学者である．ウェーゲナーよりも長生きしただけ大陸漂移説の実証に費やす時間を多くもった．2人の研究者には対照的な点がある．アルガンはスイス人であったので造山帯の地質に詳しかった．そこで大陸移動によって造山帯の成因を解明しようとした．一方のドゥトワは南アフリカの地質学者であるので剛塊の地質に詳しかった．それで，剛塊のジグソウパズルを解いて大陸移動を実証する努力をした．

アルガンはウェーゲナーの著書の初版を読んで感激し，大陸漂移説の信奉者になった．彼は大陸移動を肯定し，地殻変動の根本は水平移動であるとした．地質的な時間では地層は横圧力に対して塑性変形し，脆性変形はあまり重要でないと考えた．アルガンは1922年にブルッセルで開催された万国地質会議でアジアのテクトニクスについて講演し，その内容を2年後の1924年に印刷した（Argand, 1924）．ウェーゲナーが引用したアルガンのヒマラヤの地質断面図もその中に出てくる．アルガンは中生代の初めに存在したテチス海が，南の大陸の北上に伴って縮小して北の大陸と衝突する変動としてアジアのテクトニクスを説明した．彼が講演に使用した800万分の1の地質図は1928年にベルギーの地質調査所によって印刷された．アジアの地質の特徴をかなり正確に把握している．

ドゥトワは1937年に"Our Wandering Continents"を出版してウェーゲナーに捧げた（du Toit, 1937）．大西洋を閉じるとゴンドワナ大陸の地質がよく連続することを示した．ドゥトワは当時の文献を幅広く引用して考察を加えている．しかしアルガンにしてもドゥトワにしても，大陸移動の原因については議論することができなかった．ジュースが当初考えた地球の収縮エネ

1-3．地質学の革命——13

ルギーという概念は，大陸移動に反対したスティレなどによって引き継がれた．ドゥトワが死んだ1940年代の終りになると，大陸移動を説くのはスコットランドのホームズ（A. Holmes；1890～1965）だけになった．彼が主張したマントル対流説（Holmes, 1928-29）があまり注目されなかったのは不思議である（図1-6 a）．

1-3-3. 海洋底拡大説

プリンストン大学に鉱物学講師の職を得たヘス（H. H. Hess；1906～

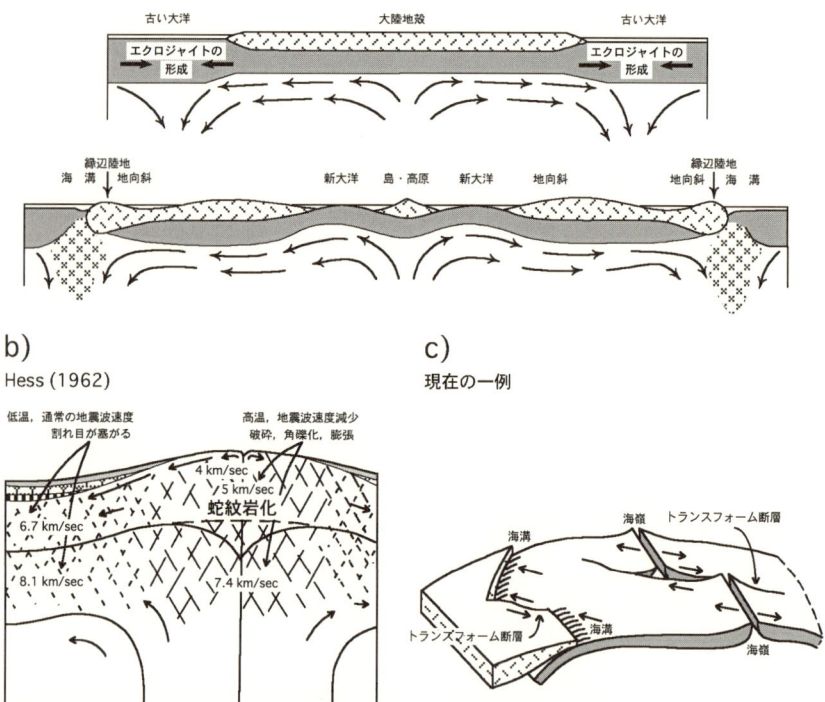

図1-6 変動の大枠を示す概念図．
　　a）ホームズのマントル対流説（Holmes, 1928-29），b）ヘスの拡大する海洋底図（Hess, 1962），c）プレートテクトニクスの根幹をなす3種類のプレート境界を示す模式図．

1969) は実直な人柄であった．真珠湾攻撃の朝にプリンストンを去り，第二次世界大戦に参加した．戦争の合間に行った海洋底の調査で多くの平頂海山を発見した．ヘスは1959年のモホール計画のプログレスレポートに「海洋底は動く」という考えを述べている．翌年，書籍に掲載される予定の原稿"The Evolution of Ocean Basins"のコピーを製本して広く配った（図1-6 b）．その中に「これは'Geopoetry'である」という表現がある．

　ディーツ（R. Dietz；1914〜1995）は常に異端の説を発表した．論文の多くは強い反発をかったが，後には人々の受け入れるところとなった．彼の論文 'Continent and ocean basin evolution by spreading of the sea floor' は1961年に発表され，海洋底拡大説と名づけられた（Dietz, 1961）．ヘスの論文が印刷されたのは1962年である（Hess, 1962）．この時点では拡大する海洋底に関心があり，地球膨張説が発表された．日本列島のような収束境界へ研究の対象が移ったのは Isacks et al. (1968) 以後である．

　プリンストン大学の職をヘスと争ったのがユーイング（M. Ewing；1906〜1974）である．彼は第二次世界大戦中はウッズホール海洋学研究所で無給の手伝いをしていたが，1944年にコロンビア大学に職を得てから運が開けてきた．1949年にはラモント（T. Lamont）が寄付した邸宅を地球物理学研究の中心にと大学から提供された．現在のラモントドハティ地球観測所（Lamont Doherty Earth Observatory）である．海洋調査には大規模な組織と莫大な費用を必要とする．軌道に乗ったユーイング帝国の下には世界中の海洋底の資料が集まった．海洋底拡大説の真偽を確かめる海洋底の資料はラモント観測所とスクリップス海洋学研究所に偏在していた．

　ユーイングの周囲の研究者たちがディーツ論文に示した反応が回想されている．ユーイングについては「反海洋底拡大論者のボスであった」という話と，「これは大変重要な論文だ」と，すぐに会議を開いたという話がある．年月が経つと記憶が薄れ，過去の事件の認識に混乱が生じる．ルピション（X. Le Pichon；1937〜）が海洋底拡大説に反対したという点では関係者の記憶が一致している．彼は1966年に海洋底は動かないという趣旨の論文で博士号を得ている．しかしその2年後，彼はプレートテクトニクスと呼ばれる地球変動の枠組みを完成した（Le Pichon, 1968；図1-6 c）．

1-3-4. 地球科学

1967年にチューリヒで開催されたIUGG (国際測地学・地球物理学連合) の大会では歴史に残る論文が多く発表され，翌1968年に印刷された．地球科学の革命といわれるプレートテクトニクスの登場である．プレートテクトニクスの登場が1967年とも，1968年ともいわれるのは，このような理由による．しかし，ヘスがプログレスレポートを書いたのが1959年，ディーツ論文が1961年であるので，1960年頃を地球科学の革命の始まりと位置づける研究者もいる．1969年にドイツのハイデルベルクで地向斜を講じていたフルーク (R. Pflug) は「学生諸君は今の時代を理解していないと思う．私は講義の前に必ず図書室へ寄ってくる．これから話す内容を変更させる論文が着いているかもしれないから」といった．

世界最古の「地球科学」の名を冠した研究機関は1949年に創設された名古屋大学の地球科学教室である．坪井誠太郎 (1893～1986) の肝入りといわれる．名古屋大学に続いたのはトゥーゾー・ウィルソンがいたトロント大学のエリンデール (Erindale) カレッジらしい．1965年にはスタンフォード大学が 'Department of Earth Sceinces' へ改称している．

フランスのナンシー大学から 'Sciences de la Terre' という紀要が発刊されるようになったのが1953年である．日本放送出版協会から歴史に残る『地球の科学』が出版されたのは1964年である (竹内・上田, 1964)．この本には地球科学という言葉が繰り返し現れる．学術雑誌 *Earth and Planetary Science Letters* と *Earth and Planetary Science Reviews* が発刊されたのが1966年で，ともにヨーロッパ大陸の出版社からである．1974年までは，"Encyclopaedia Britanica" に 'Earth Sciences' という項目がなかった．1970年代には教室の改名ブームが加速した．新しい名称には 'Space' あるいは 'Planetary' がついた．名古屋大学も世界最古の名称を簡単に捨てた．40年あまりの命であった．

1-3-5. 日本の造山論

戦前そして第二次大戦後のしばらくは，まだ一般地質学の教科書に大陸漂移説が紹介されていた．たとえば1949年に出版された地学概論の地殻変動

の章で，小林貞一 (1949) はスナイダー・ペレグリーニ，テイラー (Taylor, 1910)，ウェーゲナーなどの学説を紹介し，ホームズのマントル流動についても触れている．ジュースの後，テクトニクスはウェーゲナー派とスティレ派に分裂したとする見解がある（シェンゲル，1979）．しかしジュースの後の日本にウェーゲナー派の影響を認めることは困難である．

原剛塊に造山帯が加わって大陸が成長するという説はベルトランが最初で，スティレに引き継がれている．小林貞一の古い秋吉造山帯の海側に新しい佐川造山帯が発達するという考えは，ベルトラン，スティレの影響なしには考えられない．スティレと小林貞一はともに造山帯から対の特色ある地帯を取り出して論じている．しかし，その実質は著しく異なる．スティレの対はフランシスカン複合岩体とグレートヴァレー地層群の対である．いまの言葉でいえば付加体と前弧海盆の対である．小林貞一の対は領家帯と三波川帯の対で，都城秋穂の高温変成帯と高圧変成帯の対である (Miyashiro, 1961)．スティレの「地向斜」にはシェラネヴァダバソリスが抜けている．

対の変成帯の概念が理解されると，現在の日本列島をモデルとした造山論が展開された．Takeuchi and Uyeda (1965) は火山帯と海溝の対であると考えた．対の変成帯の提唱者の都城もより詳細な考察を行ったが，発表されたのがデンマークの地質学雑誌だったため多数の日本人の目に触れたかは疑問である (Miyashiro, 1967)．1960年代はプレートテクトニクス登場の前夜であり，いずれの論文も変動の枠組みは Otuka (1938) を出なかった．

海洋底を沈み込ませる造山論は Matsuda and Uyeda (1971)，堀越 (1972) が早い．とくに Matsuda and Uyeda (1971) は引用指数が著しく高かった論文である．しかし日本の造山論についての実質上の大変革は 1980 年頃から始まった．地層からコノドント，放散虫などの微化石を抽出するようになり，日本列島の地層・岩石の年代の認識が変わった．さらにメランジュなどの新しい概念が導入されたからである．これより先，Ishihara (1977) は花崗岩類における磁鉄鉱系とチタン鉄鉱系を提唱した．この分類はそれまでの岩石学のパラダイムとは異質である．異なるパラダイムからは異なる造山論が見えてくる．

領家と三波川の対の変成帯はチタン鉄鉱系花崗岩類を伴う高温変成帯と高

圧変成帯の対である．北米コルディレラは磁鉄鉱系花崗岩類を伴う高温変成帯と高圧変成帯の対である．三波川変成帯の対の相手として朝鮮半島のキョンサン（慶尚）盆地，さらに中国東南部のウェンチョウ（温州）からフーチョウ（福州）へ延びる変成帯を選ぶならば，北米コルディレラの対の変成帯の枠組みと同じになる．領家変成帯は変動に伴って地殻下部が現れたもので，日高変成帯と同じく，沈み込みに伴う火成帯とは関係がないかもしれない．

1-4. 新しい地球像

プレートテクトニクスの枠組みは，いずれも相対的な移動である．各プレートは地球上の絶対静止点に対してどのような運動をしているのか，という問題がある．もっとも絶対静止点とは何か，という疑問も生まれる．

1-4-1. 地球の構造

地球には地殻・マントル・核からなる成層構造がある．地殻はモホと呼ばれる地震波の不連続面の上で，海嶺で約 3 km，衝突型の造山帯で 70 km ほどの厚さがある．マントルの内部には 410 km と 660 km の深さに地震波速度の不連続面があり，660 km 不連続面の上が上部マントル，下が下部マントルである．われわれが実体について多少の情報を所有しているのは上部マントルの上部約 200 km ほどで，カンラン石を主とするペリドタイトからなる．核は融解した自然鉄などからなる外核と固体の内核からなる．

リソスフェアーとアセノスフェアーという分類はこれらとは異なる．リソスフェアーと呼ばれる地球の強靱な外殻は 50〜300 km の厚さがある．地殻からマントル上部を含み，地球の表面を移動するプレートを構成する．アセノスフェアーはリソスフェアーの下底面から 660 km 不連続面までである．アセノスフェアーの最上部には地震波速度が遅く，減衰が著しい低速度層がふつうは深さ 70〜250 km あたりまでのところに存在する．地球表面のプレートの移動に重要な役割をはたすのはこの低速度層で，比較的弱く，粘性が低い．410 km の不連続面は鉱物が相転移する深さらしい．高圧実験の結果によれば，マグネシウムに富むカンラン石は漸移帯を経てスピネル構造に転

移する.

　下部マントルと上部マントルで化学組成が異なるのかどうか，確実なことはわかっていない．鉱物が相転移する深さとすると Mg_2SiO_4 がペロヴスカイト (perovskite) とマグネシウムブスタイト (magnesiowustite) の混合物へ転移することが考えられる (Christensen, 1995)．コンドライトの Mg/Si は重量比で 0.95 ぐらいである．ところが上部マントルの Mg/Si は重量比で 1.15 ぐらいで，上部マントルはコンドライトと比較するとシリカに乏しい．したがって地球内部のどこかにシリカに富む部分が存在する必要がある．

　核は表面から約 2900 km 以深の部分である．下部マントルと核の間に厚さ 100〜500 km の D″ と呼ばれる層の存在が推定されている．地震波速度が著しく不均質な層で，おそらく化学組成的にも不均質なのであろう．ペロヴスカイトが溶融鉄と反応してポストペロヴスカイト，シリカの高圧相，ブスタイト (FeO)，珪化鉄 (FeSi) などの混合物に分解していることが考えられる．さらに沈み込んだリソスフェアーとの混合も起こり得るのであろう．

1-4-2. プレートテクトニクス

　地向斜説は，当初から「現在の地向斜はどこか」という質問に答えられないという致命的な欠陥をもっていた．それに対してプレートテクトニクスは，現在のプレート境界を観察して定量的に計測することができる．プレートは海洋中央海嶺で生まれる．ここが発散型プレート境界である．プレートは増加した分だけ海溝へ沈み込み，マントルへ帰る．収束型プレート境界という．もう1つプレート境界には，プレートがすれ違うだけの平行移動型境界がある．これがトランスフォーム断層である（図 1-6 c）．

　収束型プレート境界では地殻の性質の進化が著しく，活動的縁辺域ともいわれる．堆積物の付加があり，地震が起こり，マグマが発生する．これに対して，プレート境界を形成しない大西洋の両岸のような海陸境界が非活動的縁辺域である．大陸地殻がプレートに乗って移動すると収束型プレート境界の海溝に達する．しかし大陸地殻は比重が小さいためにマントルへは沈み込めない．そこで，沈み込まれる側のプレートとの間に衝突が起きる．これが衝突型の造山帯である．

海山のような海底の突起物は海溝底で破壊され，海溝底堆積物と混合する．海嶺規模の非地震性の衝突は島弧を変形させ，プレートの定常的な沈み込みを妨げ，火山活動を中断させるという考えがある（Nur and Ben-Avraham, 1989）．太平洋の海底には微小大陸・海山列・島弧などのさまざまな突起があり，今後これらが次つぎと日本列島へ衝突・付加するはずである（Taira et al., 1989）．

　海溝で大陸地殻が次からつぎへと衝突・融合すると，地球上に1つの大陸と1つの海洋が形成される．これがペルム紀後期の超大陸パンゲア（Pangea）と超海洋パンサラッサ（Panthalassa）である．この状態は長続きしないらしい．超大陸は分解して地球の反対側での衝突に向かって移動し，また新しい超大陸と超海洋が形成される．このような大陸の離合集散の繰り返しはトゥーゾー・ウィルソンにちなんでウィルソンサイクル（Wilson cycle）と名づけられた．

1-4-3. ハワイ・天皇海山列

　絶対静止点に対するプレートの移動を最初に議論したのはトゥーゾー・ウィルソンである．彼はハワイ島の下位にはマントルに固定した温度が高い地点，ホットスポット（hotspot）があり，そこからマグマが湧き上がってキラウエア火山の活動を起こしていると考えた．太平洋プレートはハワイホットスポットの上を西へ移動している．したがってマントル内の固定点に対するプレートの移動は，過去の火山活動の軌跡としてハワイ島から北西へ連なる火山列に記録されている（Wilson, 1963）．この画期的な論文が世界的に有名な学術雑誌から掲載を断られたことはよく知られている．

　地球上の主要な火山活動の場は海洋中央海嶺と弧火山帯である．ところがこれらに分類できないプレートの内部に位置する火山が知られており，ホットスポットであるとされてきた．しかし多少の例外はあって，たとえばアイスランドのごとくプレート境界に位置する火山もホットスポットとされている（図1-7）．

　現在のハワイホットスポットはハワイ島の南岸から30～50 km離れている海底海山のロイヒ（Loihi）の下にある．ハワイ島のキラウエア，マウナロ

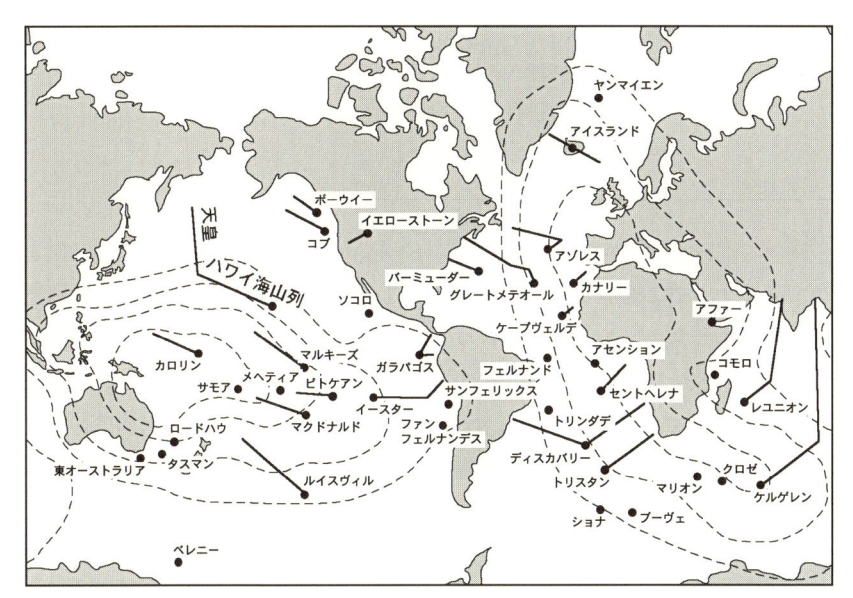

図1-7 ホットスポット(黒丸)の分布とジオイドの膨張域(点線)との関係 (Crough, 1983；Duncan, 1991から作成).
黒丸からの実線はホットスポットの移動跡．等高線の間隔は20m．

ア火山からミッドウェー島までは山体が海面上に現れている火山列で，それより先の火山列は海面下である．リソスフェアーが冷却とともに重くなって沈降するためである．火山の年代はロイヒの0 Maから順次古くなってミッドウェー島が16 Ma，その先の42 Maの雄略海山のあたりで火山列は北へ曲り北北西へ連続している．アリューシャン海溝にもっとも近いデトロイト海山が80 Maである．ハワイ島からデトロイト海山までの火山列をハワイ・天皇海山列 (Hawaii-Emperor Seamounts Chain) と呼ぶ (図1-7)．

現在の地球上にホットスポット起源とされている火山は約40カ所存在する．ホットスポットが地球内部の固定点から上昇するならば，地球上のすべてのホットスポットはプレートの移動方向を示す尾を引いているはずである (Crough, 1983)．これらのホットスポットの軌跡を示す一部の火山の年代が測定されている．たとえば南太平洋には北西へ延びるルイスヴィル (Louisville) 海山列が存在する．この北西端は約70 Maで，その先はトン

1-4. 新しい地球像——21

ガ・ケルマディック海溝へ沈み込んでいる．東南端から北西へ古くなる海山列はハワイ・天皇海山列の性質と類似しているが，約 42 Ma の屈曲は認められない（図 1-7）．

1-4-4. プルームテクトニクス

1980 年頃から，地球に対する CAT（computer-aided tomography）探査が実用化された．検査に使用されるのは X 線ではなくて地震波，その P 波である．地震波の伝播速度はほぼマントルの密度により，マントル物質の密度はその温度の関数である．このような原理から，地震波トモグラフィーと呼ばれる方法によってマントル内部の温度分布を立体的に描き出すことができる．その結果はマントル内部の温度分布の不均質性を浮き彫りにした．しかし，マントルの含水量が地震波速度に与える影響などはわかっていない．

ペロヴスカイト・ブスタイト転移面の熱力学的性質から，スラブは 660 km の不連続面を突き抜けにくいことが考えられている（Christensen, 1995）．CAT 探査の結果はスラブがこの面の上に滞留しているように判断できる箇所もあり，660 km 不連続面を突き破っているように見える箇所もある．おそらくある程度滞留したスラブは，さらに下部マントル内をマントル・核境界へ向かって沈降するのであろう．

マントルを伝わる地震波速度が著しく速いのは，P 波・S 波ともに太平洋の周囲からプレートが沈み込んでいる地帯である．沈降した冷たいスラブの塊はアジアの下にあると考えられている．これに対して，現在の地球でマントルの温度が高いのは太平洋南部で，アフリカ西半分もやや高い．これらの地域には大規模な高温のマントルの湧き上がりがあるとされ，スーパープルーム（superplume）と呼ばれる．マントル対流も存在するが，マントル全体にわたる対流なのか，あるいは 660 km の不連続面を境界とする二層対流なのかは必ずしも決定されていない．このような対流があるにもかかわらずマントルが湧き上がることができるのは，その速度である．マントルプルームの上昇速度の方がマントル対流の速度よりも 2 桁以上速いと考えられている．

1-4-5. 2つのパラダイム

　最近提唱されている地球上の大規模な変動，プルームテクトニクスと呼ばれる変動の原因はD″層に求められている．融解した核に熱せられる下部マントルは固体であるため熱伝導率が悪く，軽くなって上昇を始める（図1-8 a）．このように湧き上がるマントルはリソスフェアーをもち上げる．人工衛星データの解析によると，マントルが高温である地域ではジオイドが50 m以上もち上げられている（図1-7；Duncan, 1991）．マントルプルーム（mantle plume）を「湧き上がるマントル」と翻訳すると巨大なマントル湧昇流のイメージであるが，文献上に図化されているマントル湧昇流は「上へ

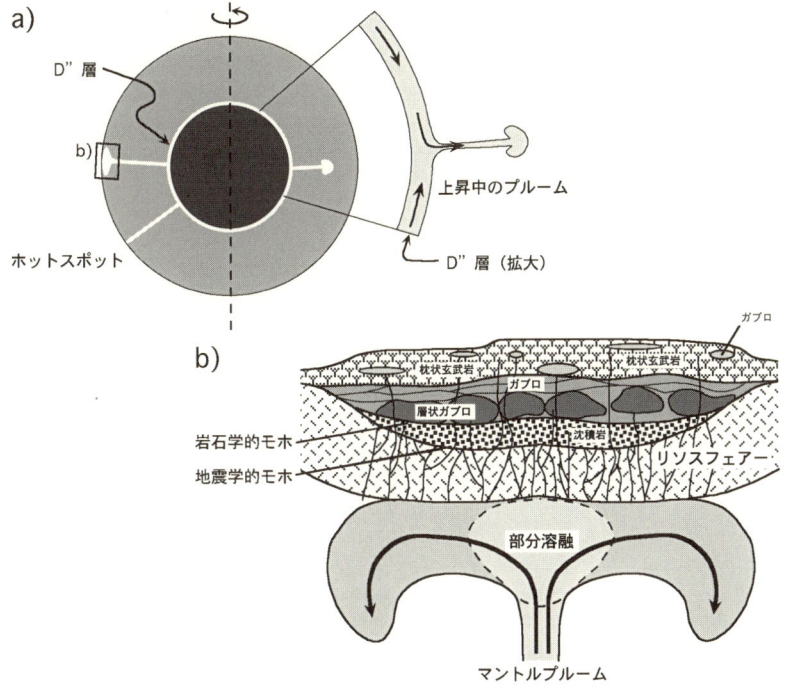

図1-8　マントルプルームの概念図．
　　a) プルームの生成・上昇を示す模式図（Condie, 2001から）．ホットスポット，ジオイドの膨張域が赤道周辺に多いので，地球の自転と何らかの関連があるらしい．b) マントルプルームが海底へ噴出して海台を形成した場合の仮想的断面図（Kerr et al., 1998から）．

細くなる棒」である．マントル対流による応力の影響で「上へ細くなる板」を考える研究者もいる (Sleep, 1992)．日本の教科書にあるような巨大な湧き上がりを考える研究者は少数派である．

　低速度層に達した「湧き上がるマントルの板」はリソスフェアーの下底部に滞留するらしい．ホットスポットの分布は湧き上がるマントルの存在が推定される地域に偏在している（図 1-7）．この滞留したマントルが部分溶融した一部がホットスポットとして地球の表面へ現れる (Kerr *et al.*, 1998)．

　粘性の高いリソスフェアーと粘性の低い低速度層の境界の物理的条件も，下部マントルと核の境界との関係に類似している．しかし海洋中央海嶺に噴出するマグマのテクトニクスは D″ 層で発生するマントル湧昇流とは異なる．おそらくリソスフェアーの割れによる圧力低下によりマグマが発生し，受動的にリソスフェアーの割れ目に噴出するのであろう．リソスフェアーの変動に起因するプレートテクトニクスと，下部マントル・核境界からのマントル湧昇流が引き起こす変動は本質的に別のパラダイムによって支配されている．しかし偶然に起きる相互作用もいろいろと考察されている．リソスフェアーが下部マントル・核境界へ落下する反動でマントルの湧き上がりが生じるとする考えもある．近い将来，2 つのパラダイムを統一するテクトニクスが提唱されるかもしれない．

引用文献（第 1 章）

Agricola, G. (1556) : De Re Metallica, Froben, Basel, Folio. (英訳版) Translated by H. C. Hoover and L. H. Hoover (1912) ; Mining Magazine, London (1950) : Dover Pub., Inc., New York, 638 p.

Ampfrer, O. and Hammer, W. (1911) : Geologischer Querschnitt durch die Ostalpen vom Allgau zum Gardasee. *Jb. k. k. Geol. Reichsanst*, **61**, 531-710.

Argand, E. (1924) : La tectonique de l'Asie. Extent du Comptes-Rendus, XIIIe Congrès géologique International, 1922, Liege, 171-372.

Beringer, J. B. A. (1726) : Lithographiae Wirceburgensis, University of Würzburg, Germany, Mark Anthony Engmann.

Bertrand, M. A. (1884) : Rapports de structure des Alps de Glaris et du basin houiller du Nord. *Bull. Soc. géol. France 3e ser.*, **12**, 318-330.

Bertrand, M. A. (1887) : La chaine des Alpes et la formation du continent europeen. *Bull. Soc. géol. France 3e ser.*, **15**, 423-447.

Christensen, U. R. (1995) : Effects of phase transitions on mantle convection. *Annu.*

Rev. Earth Planet. Sci., **23**, 65-87.
Condie, K. C. (2001) : Mantle Plumes and their Record in Earth History, Cambridge Univ. Press, 306 p.
Crough, T. S. (1983) : Hotspot swells. *Annu. Rev. Earth Planet. Sci.*, **11**, 165-194.
Cuvier, C. (1825) : Discours sur les révolusions de la surface du globe et sur les changements qu'elles ont produits dans le règne animal, Dufour et d'Ocagne, Paris.
Dana, J. D. (1873 a) : On the origin of mountains. *Amer. J. Sci.*, **5**, 347-350.
Dana, J. D. (1873 b) : On some results of the Earth's contraction from cooling, including a discussion of the origin of mountains and the nature of the Earth's interior, part 1. *Amer. J. Sci.*, **5**, 423-443.
Dietz, R. S. (1961) : Continent and ocean basin evolution by spreading of the sea floor. *Nature*, **190**, 854-857.
Drake, C. L., Ewing, M. and Sutton, G. H. (1959) : Continental margins and geosynclines: the east coast of North America north of Cape Hatteras. *In* L. H. Ahrens, F. Press, K. Rankama and S. K. Runcorn, eds., Physics and Chemistry, vol. 3, 110-198, Pergamon Press, New York, 464 p.
Duncan, R. A. (1991) : Ocean drilling and volcanic record of hotspots. *GSA Today*, **1**, 214-219.
du Toit, A. L. (1937) : Our Wandering Continents, Oliver and Boyd, Edinburg.
Élie de Beaumont, L. (1852) : Notice sur les Systèmes des Montagnes, 3 vols., P. Bertrand, Paris.
Hall, J. (1859) : Natural History of New York. Part IV. Paleontology, vol. 3, Albany, New York.
Harada, T. (1888) : Briefliche Mitteilung über die geologische Darstellung des Quanto und der grenzenden Gebiete in Japan, Wien.
早坂一郎 (1943) : 化石論史話. 随筆地質学, 118-128, 東都書籍, 303 p.
Heim, A. (1919-21) : Geologie der Schweiz, 3 vols., Tauchnitz, Leipzig, 1721 p.
Hess, H. H. (1962) : The History of Ocean Basin. *In* A. E. J. Engel, H. L. James and B. F. Leonards, eds., Petrologic Studies : A Volume to Honor A. F. Buddington, Geol. Soc. Amer., Boulder, 599-620.
Holmquist, P. J. (1901) : Bidrag till diskussionen om den skandinaviska fjallkedjans tektonik. *Geol. Fören. Förhandl.*, **32**, 55-71.
Holmes, A. (1928-29) : Radioactivity and earth movements. *Trans. Geol. Soc. Glasgow*, **18**, 559-606.
堀越 叡 (1972) : 日本列島の造山帯とプレート. 科学, **42**, 665-673.
Hutton, J. (1795) : Theory of the Earth, with Proofs and Illustrations, 2 vols., William Creech, Edinburgh.
Hutton, J. (1899) : Theory of the Earth, with Proofs and Illustrations, vol. 3, Sir Archibald Geikie, ed., Geological Society, London.
Isacks, B., Oliver, J. and Sykes, L. R. (1968) : Seismology and the new global tectonics. *J. Geophys. Res.*, **73**, 5855-5899.
Ishihara, S. (1977) : The magnetite-series and ilmenite-series granitic rocks. *Mining Geol.*, **27**, 293-305.
Kay, M. (1951) : North American Geosynclines. Geol. Soc. Amer., Memoir 48, 143 p.
Kerr, A. C., Tarney, J., Nivia, A., Marriner, G. F. and Saunders, A. D. (1998) : The

internal structure of oceanic plateaus: Inferences from obducted Cretaceous terranes in western Columbia and Caribbian. *Tectonophysics*, **292**, 173-188.
Kobayashi, T. (1941): The Sakawa orogenic cycle and its bearing on the origin of the Japanese Islands. *J. Fac. Sci. Imp. Univ. Tokyo, Sect. II*, Vol. V, Part 7, 219-578.
小林貞一 (1951): 総論—日本の起源と佐川輪廻. 日本地方地質誌, 朝倉書店, 353 p.
小林貞一 (1949): 地殻変動. 小林貞一他編, 地学概論下巻, 第8章, 122-133, 朝倉書店, 269 p.
小林貞一 (1991): 欧羅巴地学巡礼記. Fossils, No. 51, 46-50.
Köppen, W. and Wegener, A. (1924): Die Klimate der geologischen Vorzeit, Bornträger, Berlin, 256 p.
Le Pichon, X. (1968): Sea-floor spreading and continental drift. *J. Geophys. Res.*, **73**, 3661-3697.
Lyell, C. (1830-33): Principles of Geology, Being an Attempt to explain the Former Changes of the Earth's Surface, by Reference to Causes Now in Operations, 3 vols.
Matsuda, T. and Uyeda, S. (1971): On the Pacific-type orogeny and its model: Extension of the paired metamorphic belts concept and possible origin of marginal seas. *Tectonophysics*, **11**, 5-27.
Miyashiro, A. (1961): Evolution of metamorphic belts. *J. Petrology*, **2**, 277-311.
Miyashiro, A. (1967): Orogeny, regional metamorphism, and magmatism in the Japanese Islands. *Medd. fra Dansk Geol. Forening*, **17**, 390-446.
Naumann, E. (1885): Über den Bau und die Entstehung der Japanischen Inseln, Berlin.
Nur, A. and Ben-Avraham, Z. (1989): Oceanic plateaus and the Pacific Ocean margins. *In* Z. Ben-Avraham, ed., The Evolution of the Pacific Ocean Margins, Oxford Monograph, Geology and Geophysics, No. 8, 7-19, 234 p.
Otuka, Y. (1938): A geologic interpretation on the underground structure of the Sitito-Mariana island arc in the Pacific Ocean. *Bull. Earthq. Res. Inst.*, **16**, 201-211.
Ozawa, Y. (1925): The post-Palaeozoic and late Mesozoic earth movements in the Inner Zone of Japan. *J. Fac. Sci. Imp. Univ. Tokyo, Sect. 2*, vol. 1, pt. 2,
Playfair, J. (1802): Illustrations of the Huttonian Theory of the Earth, Dover Pub., New York, (1956), 528 p.
Schwarzbach, M. (1980): Alfred Wegener, Wissenschaftliche Verlagsgesellschaft mbH, 160 p.
Sleep, N. H. (1992): Hotspot volcanism and mantle plumes. *Annu. Rev. Earth Planet. Sci.*, **20**, 19-43.
Snider-Pellegrini, A. (1858): La creation et ses mysteres devoiles, Ouvrage ou l'on expose l'origine de l'Amerique et de ses habitants primitifs, Franck et Dentu, Paris.
Stille, H. (1940): Einfuhrung in den Bau Amerikas, Gebruder Bornträger, Berlin.
Suess, E. (1875): Die Entstehung der Alpen, W. Braumuller, Wien, 168 p.
Suess, E. (1885-1909): Das Antlitz der Erde, 3 vols., F. Tempsky, Wien u. Freytag, Leipztig. (英訳版) Suess, E. (1904-09): The Face of the Earth, 4 vols., authorized English translation by H. B. C. Sollas, Clarendon Press, Oxford.
Taira, A., Tokuyama, H. and Soh, W. (1989): Accretion tectonics and evolution of Japan. *In* Z. Ben-Avraham, ed., The Evolution of the Pacific Ocean Margins, Oxford Monograph, Geology and Geophysics, No. 8, 100-123, 234 p.
竹内　均・上田誠也 (1964): 地球の科学, 日本放送出版協会, 252 p.

Takeuchi, H. and Uyeda, S. (1965): A possibility of present-day regional metamorphism. *Tectonophysics*, **2**, 59-68.
Taylor, E. B. (1910): Bearing of the Tertiary mountain belts on the origin of the earth's plan. *Bull. Geol. Soc. Amer.*, **21**, 179-226.
Wegener, A. (1915): Die Entstehung der Kontinente und Ozeane, Vieweg und Sohn, Braunschweig, 94 p.
Wegener, A. (1929): Die Entstehung der Kontinente und Ozeane (4th ed.), Vieweg und Sohn, Braunschweig, 231 p.
ウェーゲナー (1981): 大陸と海洋の起源（上・下），岩波書店，(都城秋穂・紫藤文子訳)，244 p, 249 p.
Weiss, J. (1963): Die "Würzburger Lügensteine". *Abh. Naturwiss. Ver. Würtzburg.*, **4**, 107-136.
Wilson, J. Tuzo (1963): Evidence from islands on the spreading of ocean floors. *Nature*, **197**, 536-538.

概説書

[古典的造山論]

シェンゲヲル，ジェラル (1979)：古典的造山論．岩波講座地球科学 12，変動する地球III—造山運動, 1-34, 265 p, (都城秋穂訳).
　　ウェルナー以後の歴史であるがドイツ語圏での研究に詳しい．
ゴオー，ガブリエル (1987)：地質学の歴史，みすず書房，330 p, (菅谷　暁訳).
　　著者はフランス人で，日本で普及している英語圏の著者によって書かれた造山論とは異なる視野が開けてくる．
今井　功 (1966)：黎明期の日本地質学，ラティス，193 p.
　　人物史であるが，初期の日本の研究者の造山論の片鱗を知ることができる．

[プレートテクトニクスならびに造山論]

ハラム，アンソニー (1973)：移動する大陸，講談社現代新書，213 p, (浅田　敏訳).
　　プレートテクトニクス登場までのドラマが生き生きと描写されている．
ウッド，ロバート・M. (2001)：地球の科学史，朝倉書店，278 p, (谷本　勉訳).
Menard, H. W. (1986): The Ocean of Truth, Princeton Univ. Press, 353 p.
　　上記の2冊は，プレートテクトニクス登場の裏面史を知りたい方にお勧め．ウッドの本の原題名は "The Dark Side of the Earth" で，この題名が内容に近い．
都城秋穂 (1979)：プレート・テクトニクスにもとづく造山論．岩波講座地球科学 12，変動する地球III—造山運動, 35-144, 265 p.
　　プレートテクトニクスの登場によって造山論が変貌してきた初期の段階を解説している．
磯﨑行雄・丸山茂徳 (1991)：日本におけるプレート造山論の歴史と日本列島の新しい地体構造区分．地学雑誌，**100**, 697-761.
　　プレートテクトニクス登場後，比較的最近までの造山論について総括している．
上田誠也 (1989)：プレート・テクトニクス，岩波書店，268 p.
　　プレートテクトニクスを解説する日本語の本は，序論で解説するのを含めると多くの種類が出版されている．主として地球物理学者によって書かれているが，この本は地質的変動をも扱っている点でなじみやすい．

# 第2章 地殻の誕生

4.6 Ga から 4.0 Ga までが冥王代（Hadean），4.0 Ga から 2.5 Ga までが太古代（Archean）である．二次イオン質量分析法の実用化でジルコンの U-Pb 年代の測定が進み，原始地球の姿の断片が見えてきた．最古の岩石は 4.0 Ga であるが，テクトニクスについて議論できるほどに試料がそろうのは 3.5 Ga 頃からである．

2-1. 地球の形成

地球の誕生は 46 億年前とされる．なぜなら多くの未分化隕石の同位体年代が約 46 億年を与えるからである．原始時代の地球の痕跡は，その後の地殻変動によってほとんど失われてしまった．

2-1-1. 隕石

地球上に落下してくる隕石は太陽系を形成した素材を知る貴重な試料である．多様な隕石の中で直径約 1 mm のコンドリュール（chondrule）と呼ばれる小球を含む隕石をコンドライトと呼ぶ．コンドライトの中の炭素質コンドライト，その中でも CI コンドライトと分類される隕石は地球を形成した始原物質であると考えられている．それは元素存在度が太陽の元素存在度に類似しているからである．もっとも例外の元素もあって，揮発性の高い元素，水素・ヘリウム・炭素・窒素・酸素などは太陽に濃縮しているが，CI コンドライトには少ない．これらの元素は CI コンドライトから散逸したと考えられている．それでも CI コンドライトは揮発性元素に比較的富むコンドライトである．

CI コンドライトの研究にはいくつかの困難がある．まず落下数が非常に

少ない．日本の南極観測隊が採集した隕石は2001年7月現在で5810個とされるが，その中でCIコンドライトはたったの3個である．さらに蛇紋石などの水酸基をもつ珪酸塩鉱物を含んでいるため，隕石の落下から短期間のうちに回収されたものしか研究には適さないと考えられている．現在までにこれらの条件を満たすCIコンドライトは総重量1gなどというものも含めて5個ほどである．結果としてCIコンドライトの研究は1864年にフランスのオルゲーイユ（Orgueil）に落下した20個のCIコンドライトに限られている．この総重量は約10 kgである．

CIコンドライトにはコンドリュールが認められない．代表的なコンドライトにコンドリュールがないというのは奇妙といえるが，研究の結果，コンドライトの特別なものにそのような隕石があるということになった．CIコンドライトには蛇紋石などの含水珪酸塩鉱物の中に17〜22%の水が含まれている．薄片では含水珪酸塩鉱物は磁鉄鉱の超微粒子にまぶされて黒色を呈し，そのほかには少量の磁硫鉄鉱・炭素質物質が知られている．コンドライトの同位体年代の測定にはRb-Sr法が適している．いままでに多くの測定値が発表されているが，ほとんどの値が4.56〜4.45 Gaの間に入る．隕石形成後の変成を考慮すると古くでた値の信頼度が高いと考えられ，一般に隕石の形成は46億年前とされている．

2000年1月18日にカナダの南部ユーコンで火球が観察された．1週間ほど後，ホワイトホース（Whitehorse）近くの氷結したタギッシュ（Tagish）湖の上から，数十個の総重量約8.5 kgほどの隕石が手で触れないようにして回収された．これらは炭素質コンドライトであったが，研究の結果は謎をよぶことになった（Brown et al., 2000）．CIコンドライトに近縁なグループにCMコンドライトというのがある．タギッシュレイク隕石は記載岩石学的にはコンドリュールがあるCMコンドライトである．しかし化学組成は炭素の含有量が高いなどCIコンドライト的である．さらに炭酸塩鉱物の化学組成に変化があるなど，CMコンドライトにも，CIコンドライトにも認められない特性も明らかになった．タギッシュレイク隕石の分類上の位置はまだ決着していない．CIコンドライトよりは原始的であるとする考えがある一方で，まったく新しい隕石であるとする考えもある．

2-1-2. マグマオーシャン

　原始の月の表層は隕石の衝突によって深さ数百kmまで融解し，マグマは結晶分化をした．カンラン石などは沈んで月のマントルを形成し，斜長石はマグマの海に浮いて月の高地，すなわち月の地殻を形成した．高地の岩石は斜長岩である．もっとも古い年代としては4.45 Gaが得られている．月の地殻が形成された後に落下した隕石は，月の海の火山活動の引き金になった．噴出した玄武岩質マグマは超マフィック岩の部分溶融で形成されたと考えられている．化学組成は地球の中央海嶺玄武岩に類似しているが，鉄の含有量が高く，チタンに富むものもある．月の海の火山活動が終了したのは約3.0 Gaである．

　原始地球には，その大きい引力に引かれて，月よりも多量の隕石が降り注いだであろう．衝突の熱エネルギーと，その際に放出される炭酸ガス・水・窒素などの始原大気による保温効果で，地球の質量が現在の1/6になると地球表面が融け出した．これがマグマの海 (magma ocean) である．この海に浮いた斜長石などから原始地殻が形成された．しかし，この時期に形成された斜長岩は残っていないらしい．隕石落下のもっとも古い証拠は南アフリカのフィッグツリー (Fig Tree) 層群最下部の球果層 (spherule bed) で，これが約3.22 Gaである (Shukolyukov et al., 2000)．

　ところが最近，原始月にマグマオーシャンが存在したという筋書が怪しくなってきた (Walker, 1983)．珪酸塩鉱物に含まれる水の働きが問題なのである．その結果は地球上のマグマオーシャン実在説にも影響を与えている．それどころか創世期の地球はいままで考えられていたより穏やかで，水も早くから存在したとする説も発表されている (Valley et al., 2002)．グリーンランドからの証拠によれば，3.8〜3.6 Gaの時代に水が存在したことは確かである (Nutman et al., 1997)．現在の地球の熱放出における伝導と対流の比はほぼ10：1であるが，太古代のそれは1：1であったという計算がある．かりに太古代にマントル湧昇流の活動が活発であったとすると，マントルの高温とあいまって，効果的な熱の放出機構としての中央海嶺を現在よりは多く必要としたであろう．原始の海に溶け込んだ炭酸ガスは岩石と反応して堆積岩の中に固定された．地球はゆっくりと冷却していった．

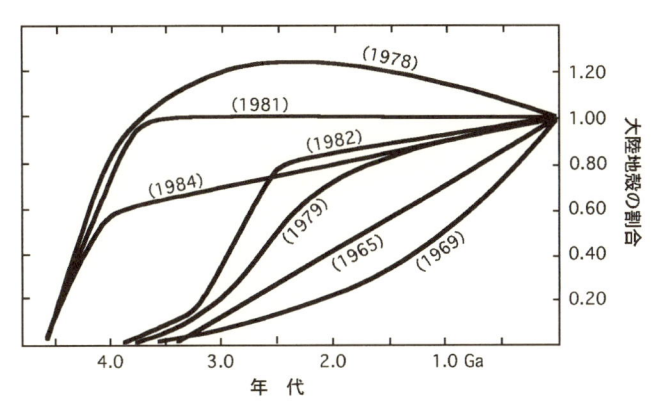

図 2-1 地質時代の大陸地殻量の推定（Taylor and McLennan, 1985）．
時代とともに地殻の形成は地球誕生のほぼ初期に限られると考える論文が増えている．個々の文献は上記論文を参照．

大陸地殻の成長については，今までにいくつかの見積りが発表されている．以前は大陸の成長とともに大陸地殻が増加したと考える研究者が多かった．しかし最近では太古代最前期以後はあまり増えていないと考える研究者が多い（図 2-1）．大陸地殻，すなわち花崗岩類の中で花崗岩類が生成するようになると大陸地殻物質はリサイクルされ，純増にはつながらないようである（Taylor and McLennan, 1985）．

2-1-3. シュリンプ年代

二次イオン質量分析法（SIMS: secondary ion mass spectrometry）によるジルコンの U-Pb 年代は，電子顕微鏡の下で測定点を決めるので，鉱物の結晶粒中の径 10〜15 μm の特定の点の年代が測定できる．多くの場合，ジルコンは起源結晶を核として変成作用を受けるごとに成長している．したがって帯状部の年代を測定することによって変成年代も明らかになる．プレカンブリア時代の年代で誤差が ±1 m.y. 以内に収まるといわれている．1980 年代の中頃より実用化され，シュリンプ（SHRIMP: sensitive high resolution ion microprobe）と呼ばれる同位体年代測定専用の機器も売り出されている．シュリンプ年代といわれるのがこれである．シュリンプ年代測定の実用化は，プレカンブリア時代の岩石の同位体年代の測定に画期的な進歩をも

たらした．

これに対して何らかの方法でジルコンを磨き，変成作用などで後成的に成長した外側の帯状部を磨き取ってしまう方法もある．ジルコンを磨けば磨くほど残っているのは初生的に結晶したジルコンである可能性が高い．清酒の吟醸米を精製する要領である．このようにして得られたジルコンの通常の方法による U-Pb 年代は，ジルコンの最初の晶出年代を示していると考えられる．カナダのスーペリオル区などから大量に報告されているジルコン年代の多くはこの方法によっている．

2-2. 太古代

太古代の岩石は大陸棚を含む現在の大陸地殻表面の約 4.5% を占める．顕生代の地層に覆われている地域を考慮すると約 10% になる (Goodwin, 1996)．その多くは 3.5 Ga 頃からの太古代中〜新期の岩石である（図 2-2）．

2-2-1. 太古代の年代

プレカンブリア時代の細分については，研究者の間で必ずしも意見の一致を見ていない．顕生代の地質時代区分は多くの地域でほぼ同時と考えられている生物界の変化に基づいている．そこで模式地を決めて各地質時代を定義し，直接的間接的にその境界の同位体年代が決められてきた．しかしプレカンブリア時代の時代区分は地殻変動に基づいており，世界各地で必ずしも同時代の変動が認められるわけではない．

たとえばカナダでは太古代の末として 2.39 Ga が提唱された時代がある．この年代は主としてアビティビ亜区の変動の終結として考えられた年代である．しかし同位体年代の測定の進歩によりこの年代は古くなり，現在では 2.67 Ga 頃には変動が終了したと考えられている．1981 年に太古代と原生代の境界として 2.5 Ga が提案されて以来，その年代は変わっていない．地球進化史の上での意義が明瞭でないならば，端数のない値がふさわしいであろう．2.5 Ga という年代値は 100 の 1/4 で，1 つの区切りの年代値にふさわしい．カナダ地質調査所は 1981 年に太古代として 4.0〜2.5 Ga の年代値

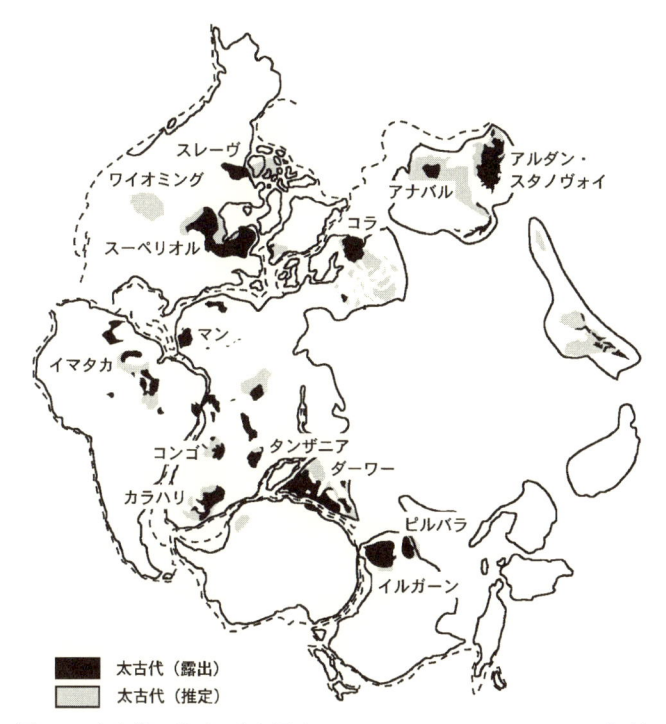

図2-2　太古代の岩石の分布図（Scotese, 1994 ; Goodwin, 1996 から作成）．
全体としてパンゲアの内部に太古代の分布が多い傾向がある．

を提唱したが，最近になって4.0 Gaの世界最古の岩石が発見されてカナダ人の顔が立った．

　太古代の細分についてはカナダ地質調査所，アメリカ合衆国地質調査所，国際層序委員会，それぞれに異なる．ここでは古期太古代4.0〜3.5 Ga，中期太古代3.5〜3.0 Ga，新期太古代3.0〜2.5 Gaという三分法を採用することにする（Harland et al., 1990）．地球の形成から太古代までの間が冥王代である．太古代の岩石は地球上の20地域以上で知られている（図2-2）．それらは大陸棚を含む現在の大陸地殻表面の約4.5％を占める．顕生代の地層に覆われている地域を考慮すると約10％になる．その多くは3.5 Ga頃からの中期〜新期太古代の岩石で，古期太古代の岩石となると限られている．

　日本では未だに「始生代（Archeozoic）」を使用する研究者もいる．この

名称はデーナの提唱で用語としては大変古い．しかし「zoic」は動物を示す用語であるので，始生代とは「生命がいたか，その可能性があるプレカンブリアの時代」という定義もある．プレカンブリア時代の岩石の多くの同位体年代が測定された現在では，このような名称は適当でなく混乱を招く．そこで国際委員会は1976年に太古代 (Archean) を使用することを提案し，以来国際的には太古代が使用されている．

2-2-2. グリーンストン・花崗岩帯と高度変成帯

太古代の地質をグリーンストン・花崗岩帯とグラニュライト・片麻岩帯に分けることが多い．グリーンストン・花崗岩帯の変成度はたかだか緑色片岩相で初生の構造・組織・鉱物をよく残している．これに対してグラニュライト・片麻岩帯はグラニュライトなどの高度変成岩類から構成されていることが多く，高度変成帯とも呼ばれる．グラニュライト・片麻岩帯は変成作用によって初生の情報の多くが失われ，ほとんど何もわかっていない．野外ではグリーンストンが片麻岩類の上に構造的に重なっていることが多いが，初生の関係については多くの議論がある．

グリーンストン火山岩類にはソレアイト系列とカルクアルカリ系列があり，島弧的でタービダイトなどの変動帯堆積物を伴う．花崗岩類の貫入により内側に凸な弧で囲まれることが多い．各地域の層序も類似している．当時の中央海嶺で形成されたオフィオライトの有力候補はグリーンストンであるが，オフィオライト層序は発見されていない．太古代の海洋底断面は現在とは異なっていた可能性もある．

産出がほとんど太古代に限られている火成岩にコマチアイトがある．超マフィック岩の溶岩流で MgO の含有量が高く，Al_2O_3 に乏しい．記載的な定義としては MgO 含有量が18％以上とされているが，32％ぐらいのものまでが知られている．コマチアイトには急冷したマグマからカンラン石が晶出したことを示すスピニフェックス組織が観察される．コマチアイトの流出温度は約1600℃と推定されている．したがって生成時は2000℃ぐらいであったであろう．古期太古代のマントルの温度推定の結果では地下600 kmぐらいである．古期太古代のコマチアイトマグマは地下600 kmぐらいのマント

ルプルーム内部で発生し，プルームとともに深部から地表へ運ばれた可能性がある．プルームの先端・外側は冷えるので玄武岩を生成するであろう (Campbell et al., 1989)．この推定はコマチアイトがつねに玄武岩を伴っている野外観測事実と調和的である．

2-2-3. インドのグラニュライト・片麻岩帯

インド半島の南部に太古代のダーワー (Dharwar) 剛塊が分布する．南北に延びる 2.5 Ga の花崗岩によって東西に分けられている．西側が古い西ダーワー剛塊でグリーンストン帯とされる．もっとも古いのが超マフィック～マフィック火山岩類に富むサーグー (Sargur) 層群で，変成年代は 3.4～3.0 Ga である．広く分布する 3.0～2.6 Ga のダーワー層群は陸棚相で，サーグー層群を不整合に覆うとされている．南方へ変成度が上がり角閃岩相からグラニュライト相に達する．変成年代として 2.6 Ga が得られており，一般にはペニンシュラ (Peninsular) 片麻岩として知られている (Radhakrishna and Naqvi, 1986)．

インド半島の南端部に位置する高度変成帯は，カルカッタ市の生みの親 Job Charnock の墓石，チャルノク岩の模式地として知られている．岩石学的にはグラニュライト相の花崗岩類で，石英・正長石・斜長石・斜方輝石の鉱物組み合わせを示す．チャルノク岩の流体包有物は H_2O を含まず CO_2 からなっているが，角閃岩相になると CO_2 が認められなくなる．炭酸ガスが水の活動度を下げて脱水反応を容易にしたのであろう (Hansen et al., 1984)．太古代に豊富なグラニュライトの形成については炭酸ガスの影響が重要視された時代もあった．しかしペニンシュラ片麻岩の研究以後，炭酸ガスの活動の寄与が報告されたグラニュライトはほとんどない．

太古代マントル高温説にはコマチアイト以外の確実な証拠に乏しい．太古代のグラニュライトについての地質圧力温度計による研究も，顕生代の大陸地殻の地下増温率より著しく高い値は得られていない．太古代末のビットワータースランド (Witwatersrand) 累層群から砕屑粒子としてダイアモンドが発見されている．約 3.2 Ga という同位体年代の報告もある．当時のカープファール剛塊の下部はダイアモンドを生成するほど厚く，冷たくなってい

たらしい (Burke and Kidd, 1978). しかし太古代を通じて地球の熱の発生は半分になったとする推計がある. 太古代のグラニュライトは大陸地殻周辺で形成されたのであろう. 多くの場合, 衝突型造山運動によって構造的に露出するらしい.

2-2-4. 花崗岩類

太古代花崗岩類の化学組成は, 原生代以降の花崗岩類と比較すると著しく異なっている (図2-3a). その多くはナトリウムに富むトーナル岩 (tonalite)・トロニエム岩 (trondhjemite)・花崗閃緑岩 (granodiorite) からなるので, しばしばTTGと呼ばれる. またその色彩から灰色片麻岩, あ

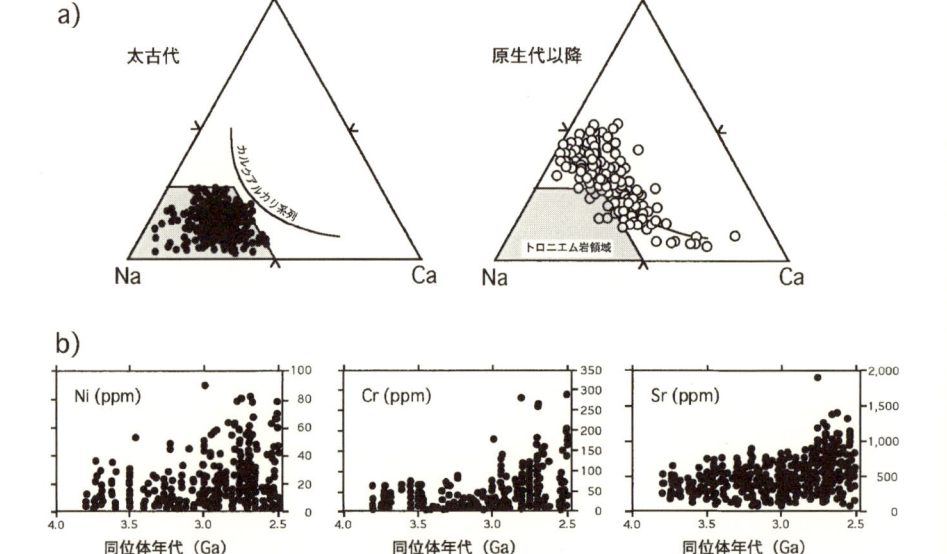

図2-3 太古代の初生花崗岩類の化学組成の特徴.
　a) 太古代と原生代以降の花崗岩類のCa-Na-K組成図 (Martin, 1994), 太古代の花崗岩類はトロニエム岩の性質を示し, 原生代以降の花崗岩類になるとカルクアルカリ岩の分化傾向を示す.
　b) 太古代花崗岩類における微量成分の進化 (Martin and Moyen, 2002), 時代が下がるとともにNi, Cr, Srが増加することは, マントル上部の冷却に伴い, ザクロ石の安定なより深部へ海洋地殻の溶融が移動したことを示す.

るいは鉱物組み合わせから石英長石質片麻岩とも呼ばれる．その化学組成上の特徴は沈み込むプレートが融解して生じたとされる現世のアダク岩（adakite）に類似している．TTGの成因も含水玄武岩の部分溶融によって生成したと考えられており，ザクロ石角閃岩もしくはエクロジャイトが融け残ったことが示されている．

　TTGにも太古代を通じて化学組成の変化が認められる．古期から新期へ花崗岩の中のニッケル，クロム，そしてストロンチウムが増加する傾向がある（図 2-3 b）．この事実は太古代の初めにはマントルの温度が高く比較的浅い箇所でプレートが融解して大陸地殻の中へ貫入した．しかし時代が下がるにつれて融解が深部で起きるようになり，上昇の過程でマントル物質の混染を受けるようになったと解釈されている．斜長石はストロンチウムを取り込むので，時代が下がって斜長石が不安定でザクロ石が安定な深部で融解が生じるようになると，ストロンチウムは液相の方へ移る (Martin and Moyen, 2002)．さらにマントルの温度が下がった太古代の末期になると，沈み込む海洋地殻はほとんど融けなくなり，少量生じたマグマも上位のマントルと反応して地表へは達しにくくなる．これが太古代末期のカリ花崗岩類であるのかもしれない (Moyen *et al.*, 2001)．

　現在の地球では非常に特殊な環境でしか沈み込む海洋地殻が融解することがない．太古代に徐々にマントルの温度が下がり，海洋地殻が融解しなくなったという点で現在と同様なマントルに変化した．これが太古代から原生代への変化の本質らしい．原生代以降の花崗岩類の化学組成はいわゆるカルクアルカリ系列である（図 2-3 a）．

2-3. 地球最古の岩石

　変動状態の地球の中から安定地塊が生まれた．これが Kratogen で，コーベル (L. Kober；1883〜1970) の命名である．日本では剛塊と訳された．新しく開発されたシュリンプを使って剛塊の中から地球上最古の岩石が探し求められた．

2-3-1. ナリアー片麻岩複合岩体

　オーストラリアには2つの太古代の地塊がある．南西部のイルガーン地塊（Yilgarn Block）の西北のへりに，3.0 Gaより古いナリアー（Narryer）片麻岩複合岩体が分布している（図2-2；図3-8 a）．イルガーン地塊は大変露出の悪い地域であるが，ナリアー片麻岩複合岩体の北からジャック丘（Jack Hills），ドゥーゲル山（Mt. Dugel），ナリアー山，マーチソン山（Mt. Murchison）と，約150 kmにわたり点々と続く北西へ弧を描く地形的な高まりに露出がある．地質の大部分はモンゾ花崗岩類と閃長花崗岩類が変成した石英長石質片麻岩で，その中に取り込まれて表成岩類がある．典型的な浅海相で礫岩・石灰質砕屑岩などが多く，火山岩類がまったく見出されないことが特徴である（Nutman *et al.*, 1991）．

　ナリアー山北麓からのコーツァイトの中の砕屑性ジルコンのシュリンプ年代として4.2〜4.1 Gaが得られ（Froude *et al.*, 1983），世界最古と日本の新聞でも報道された．このジルコンはフェルシック岩起源であると考えられている．この時代の地球にマントルから分化したフェルシックな火成岩が存在したことは確からしい．しかし，それが少量のフェルシック火山岩類であったのか，あるいは大陸地殻であったのかはわからない．その後ナリアー山の約60 km北東のジャック丘から4.276 ± 0.006 Gaの年代が報告された（Compston and Pidgeon, 1986）．古いジルコンが含まれている割合から，最古の陸塊？はジャック丘に近い地域に存在したという議論に発展した．さらに4.404 ± 0.008 Gaの年代も報告されている．このジルコンについては酸素同位体比も測定され，表成岩類が関与した花崗岩質マグマから晶出したと結論づけられている（Wilde *et al.*, 2001）．

　周囲の花崗岩類についてシュリンプを使ってジルコンの詳細な年代測定が進行するにつれて，ナリアー片麻岩複合岩体の形成史は大変複雑であることがわかってきた．部分的には3.38〜3.35 Gaのドゥーゲル片麻岩，3.49〜3.44 Gaのユーラダ（Eurada）片麻岩のようにまとまった年代を示す特定の岩体も存在するが，ナリアー山の両翼に分布するモンゾ花崗岩が変成したミーベリー（Meeberrie）片麻岩は3.73〜3.30 Gaの範囲の年代を示す．その後に複数回のミグマタイト化作用を伴う変成作用を受けて，ジルコンの中に

も最初に固結した年代は残存していないと考えられている (Kinny and Nutman, 1996).

2-3-2. スレーヴ区

太古代の剛塊スレーヴ区 (Slave Province) はカナダの北西の北極圏に位置し，750×400 km の広さがある (図 2-4 a). 中央スレーヴ基盤複合岩体 (Central Slave Basement Complex) の露出はイエローナイフの北にアントン複合岩体 (Anton Complex)，その東にスリーピードラゴン (Sleepy Dragon) 複合岩体が知られている. 同位体年代は 3.3～2.9 Ga である. 鉛の同位体比の値に基づくと，コロネーション湾からスリーピードラゴン複合岩体の東側を通ってグレートスレーヴ湖へとほぼ南北に走る線の西側にはより古い基盤がある (図 2-4 a). 基盤複合岩体は珪岩・縞状鉄鉱層・流紋岩の層序を示す中央スレーヴ被覆層群 (Central Slave Cover Group) に不整合に覆われている. 2.92～2.81 Ga の同位体年代を示すので，基盤岩類は 2.9 Ga 頃までには単一の大陸地殻を形成していたらしい.

中央スレーヴ被覆層群は 2.72～2.70 Ga のソレアイト質玄武岩類からなるカム (Kam) 層群に覆われている. カム層群の基底は剪断帯で，2.73～2.69 Ga の岩脈が貫入している. したがって基底の不連続面はそれ以前に形成された. カム層群は太古代のオフィオライトであるとする説が発表されている (Helmstaedt et al., 1986). しかしオフィオライト層序は発見されていない. 最近では大陸地殻の中のリフトに噴出したという説と縁海であるとする説が発表されている. カム層群に挟まれる火山性砕屑岩の砕屑性ジルコンの年代は中央スレーヴ基盤複合岩体の値に近く，近くに大陸性の基盤複合岩体が露出していたらしい.

東部ではカム層群がハッケットリバー (Hackett River) 弧と呼ばれるカルクアルカリ火山岩類に覆われている. 同位体年代はほぼ 2.70～2.68 Ga で，島弧の火山岩類らしい. 火山岩類を覆って 2.69～2.60 Ga にタービダイトが堆積している. 2.63～2.58 Ga の年代を示す大量の花崗岩類はこの後に貫入している. 西部の花崗岩類には明らかに基盤の影響があり，東部では新しく大陸地殻が形成された. 変成作用は下部緑色片岩相から角閃岩相に達

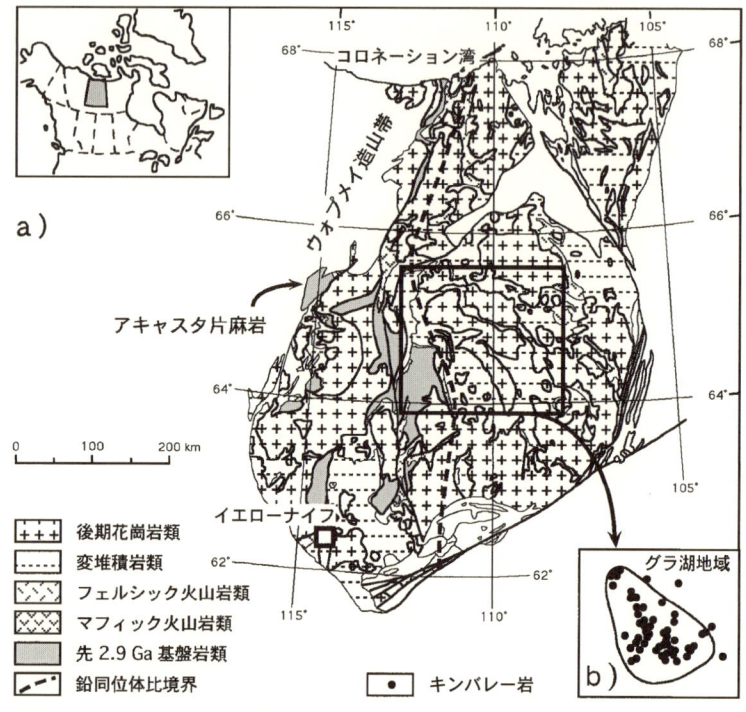

図 2-4 スレーヴ区の地質概念図.
 a) スレーヴ剛塊の地質図 (van der Velden and Cook, 2002).
 b) スレーヴ剛塊中央部, グラ湖地域のキンバレー岩の分布 (Kopylova, 2000).

している.変動後の 2.59～2.58 Ga の間に伸張場となり,スレーヴ区全域にわたって出現した堆積盆には礫岩・砂岩が堆積している (van der Velden and Cook, 2002).

2-3-3. アキャスタ片麻岩

スレーヴ区の西側は原生代のウォプメイ (Wopmay) 造山帯の大陸棚相の堆積物に覆われている.被覆層が現れて約 40 km 西側に南北性の背斜様構造があり,スレーヴ区の片麻岩類が露出している.これがアキャスタ (Acasta) 片麻岩類で,分布面積は約 20 km² に過ぎない.この背斜様構造の存在自体は古くから知られており,エクスマウス背斜様構造 (Exmouth

Antiform) と呼ばれていた (図 2-4 a). イエローナイフの北約 300 km の地点である. Pb-Pb 法により 3.84 Ga の年代が, ネオジムの同位体比から原岩は 4.0 Ga より古いとする論文が発表されていた (Bowring et al., 1989 a).

1989 年にアキャスタ・トーナル岩質片麻岩のジルコンの核からシュリンプで 3.962±0.003 Ga が得られた. 地球上の最古の岩石の年代である (Bowring et al., 1989 b). そもそもこの地域の地質調査を企画したのはカナダの地質調査所であるが, 同位体年代はオーストラリア国立大学のシュリンプで測定された. カナダとしては面白くないわけで, さっそくカナダ地質調査所は特別なプロジェクトを組んで徹底的な調査を始めた. その結果が発表されているが, とくに論文の表題に "using Canada's SHRIMP" とあるのが面白い. 再測定の結果は原岩の年代が約 4.03 Ga で, 約 3.36 Ga に変成作用を受けていると結論された (Stern and Bleeker, 1998). 四捨五入で 40 億年である.

アキャスタ片麻岩は背斜様構造の軸部に露出しており, 中央スレーヴ基盤複合岩体との関係は明らかでない. テクトニクスも多様な説が発表されている (van der Velden and Cook, 2002). おそらくアキャスタ地質体, アントン地質体, スリーピードラゴン地質体などが 2.9 Ga 頃までに衝突して現在の西部スレーヴ区が形成されたのであろう.

2-3-4. 含ダイアモンドキンバレー岩

1991 年にスレーヴ区のグラ湖 (Lac de Gras) の近くで最初の含ダイアモンドキンバレー岩が見つかった. イエローナイフの北東約 300 km の地域である. 氷礫岩に含まれるキンバレー岩の構成鉱物をたどって, 最終的にはボーリングで確認された. 最初のボーリングコアー 59 kg の中には 81 個のダイアモンドが含まれていた. 以来, いままでにグラ湖を中心に 200 以上のキンバレー岩の円筒が発見され, ダイアモンドを含むものも多い (図 2-4 b). 最初に発見されたキンバレー岩パイプは経済的価値から開発されないことになったが, ほかのキンバレー岩パイプがエカティ (Ekati) 鉱山として操業されている.

キンバレー岩マグマは多くの捕獲岩・外来結晶をつかんで上昇してくる.

これらの圧力・温度を推定することによって，下部のマントル・地殻の構造を地震波探査などよりも具体的に明らかにすることができる．スレーヴ区の場合，非常に広範囲にわたって数多くのキンバレー岩の岩体が分布するため，世界に例がないほどに広域的なマントルの情報が得られた．スレーヴ区のマントルは水平的にも垂直的にも非常に不均質である．キンバレー岩のザクロ石の明瞭な差異に基づいて，北北東〜南南西方向の境界をもつ3つの区域に分けられている．グラ湖周辺は中央区の中央部である．中央海嶺の枯渇したマントルにも匹敵するカンラン石に富むマントルが約150 kmの深部まで連続しているが，北西・南東へ薄くなっている．さらに下部250 kmまでのマントルの枯渇度は小さい．このような層状構造は2.75〜2.6 Gaに形成された(Kopylova, 2000)．

キンバレー岩からのもう1つの重要な情報は侵食し去られた地層である．噴出当時の上部の地殻を構成していた岩石が落ち込んだ捕獲岩がある．スレーヴ区のキンバレー岩の捕獲岩からはデヴォン紀中期のコノドント，白亜紀後期〜古第三紀の花粉などが抽出されている．グラ湖周辺のキンバレー岩噴出の年代は83〜73 Ma (白亜紀後期)と52 Ma (始新世)であるが，これらは若いグループで，古いものには540 Ma (カンブリア紀最前期)が知られている．これに対してダイアモンドの年代は1 Gaよりは古く，多くが3.2 Gaを示す(Kopylova, 2000)．

2-4. グリーンランド西海岸

古期太古代の岩石が比較的広く露出しているのはグリーンランドの西海岸である．露出面積は約3000 km²で，東京都の5割増しという広さである．1980年代の終り頃からシュリンプ年代の測定が進み，それまでの太古代の地史がかなり変わった．

2-4-1. イスア表成岩帯

グリーンランド西海岸の中心は行政の中心地ヌーク (Nuuk；旧名Godthab) で，ヌークから北北東へ100 km以上内陸部へ入って大陸氷床に接す

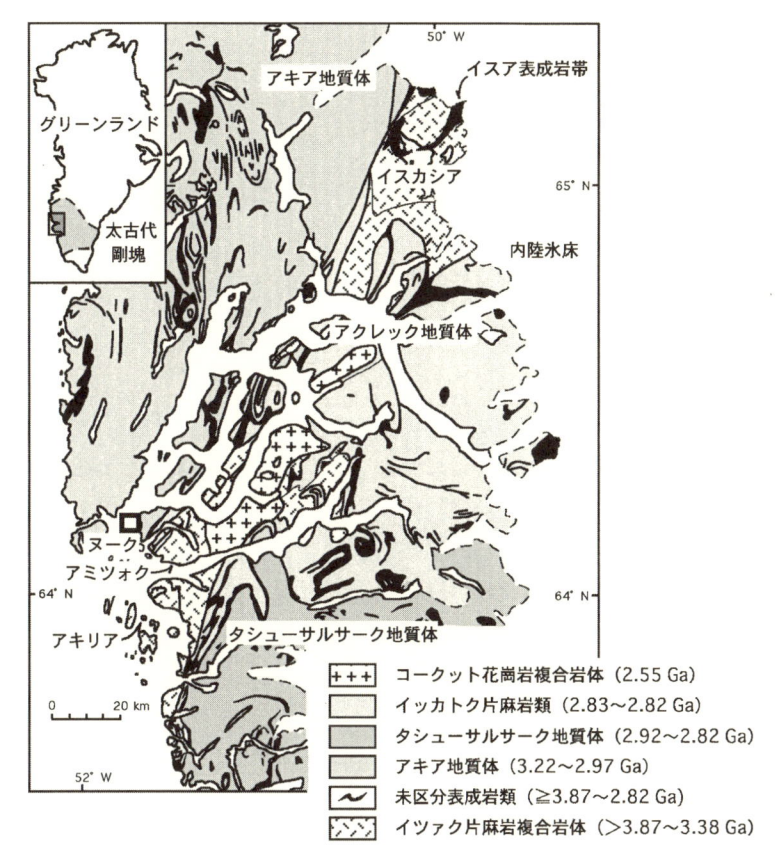

図 2-5　ヌーク～イスカシア地帯 (アクレック地質体) ならびに周辺の地質概略図 (Nutman *et al.*, 1996).
　　各地質体は衝突型造山運動によって現在の分布を形成したらしい.

る地域がイスカシア (Isukasia) である (図 2-5). ヌークを基地としたヌーク～イスカシア間の地質調査が同位体年代の測定と平行して行われるようになったのは 1970 年代になってからである (McGregor, 1973).

　イスカシア地域には, 主として表成岩類からなるイスア (Isua) 表成岩帯が長径約 20 km の楕円状に分布している (図 2-5). 玄武岩が変成を受けた角閃岩が約 50% に達する. 稀ではあるが枕状構造も残存している. フェルシック火山岩・晶質石灰岩・縞状鉄鉱層 (BIF)・珪岩などが知られている

2-4.　グリーンランド西海岸——43

(Bridgwater et al., 1976). 縞状鉄鉱層の総量は Fe 38% で 20 億トンに達し，採掘が計画されたこともある．1973 年に，この縞状鉄鉱層から Pb-Pb 法により 3.76±0.07 Ga の同位体年代が得られた (Moorbath et al., 1973). アキャスタ片麻岩が登場するまでの十数年間，地球上最古の岩石の名誉を保った．38 億年前の岩石が記載される頃には 10 万分の 1 の地質図が発表されるなど，地質の概要が明らかになった．

イスア表成岩帯の一部は層状構造に平行に近い衝上断層によって 14 のトラクト (tract：広がり) に分けられている．トラクトのそれぞれには下位より低カリウムソレアイト，チャート，縞状鉄鉱層，タービダイトの層序が認められる．このような地質構造は顕生代のプレートの沈み込みに伴う付加体に類似している (Komiya et al., 1999). イスア表成岩帯は太古代の付加体であるかもしれないが，化石による年代層序区分の設定は不可能である．

イスカシア地域の表成岩類は衝突型造山帯に多いと考えられている中圧型変成作用を受け，藍晶石が発見されている．イスア表成岩帯の変成度は角閃岩相で変形も著しいが，北東の大陸氷床へ向かって変成度が下がり緑色片岩相になり変形も弱くなる．イスア表成岩帯のフェルシック岩類の厚層から得られたジルコンは 3.71 Ga である．イスア表成岩帯を切るトーナル岩質片麻岩のもっとも古い年代は 3.79 Ga なので，イスア表成岩類にはこの年代より古いものがあることになる．

2-4-2. イツァク片麻岩複合岩体

グリーンランド西海岸の石英長石質片麻岩類はアミツォク (Amitsoq) 片麻岩類と呼ばれていた (Black et al., 1971). 現在，この地域の古期太古代の変成岩類をイツァク片麻岩複合岩体 (Itsaq Gneiss Complex) と呼ぶ提案がある．イツァク片麻岩複合岩体が分布する南南西方向へ延びる地帯がアクレック (Akulleq) 地質体で，3.87〜3.57 Ga のシュリンプ年代を示す．古期太古代のアクレック地質体の分布はヌーク〜イスカシアの間で，海岸で幅約 25 km，大陸氷床に接する地域では幅約 100 km の地帯に限られている．この中央部に 2.55 Ga のカリウムに富むコークット (Qorqut) 花崗岩複合岩体が貫入して北部と南部に分断した (図 2-5).

北部の石英長石質片麻岩類の同位体年代は3.81～3.69 Gaの範囲である．その後，優白色花崗岩類のシート，ペグマタイト，マフィック岩脈などが貫入して主要な変動を終了した．南部の石英長石質片麻岩類の年代は3.87～3.69 Gaの範囲で，3.57 Gaの花崗岩質片麻岩の貫入が最後の変動である．もっとも古いシュリンプ年代が得られたのはヌークの南25 kmのアキリア（Akilia）島の表成岩類を貫く石英閃緑岩質片麻岩からの3.87 Gaで，3.65 Gaと2.72 Gaに変成作用を受けている．アキリア島周辺の珪岩の中の砕屑性ジルコンからは3.87～3.60 Gaという年代が得られている．イスア表成岩帯からの砕屑性ジルコンも類似の年代の範囲を与える（Nutman et al., 1996）．これらの事実は当時の地表を構成する岩石がかなり多様であったことを示している．片麻岩類の原岩のトーナル岩はアキリア島とイスカシア地域を結ぶ地帯に2億年ほどにわたり繰り返し貫入したらしい．

　アクレック地質体に隣接する北西側が3.22～2.97 Gaのアキア（Akia）地質体，南東側が2.92～2.82 Gaのタシューサルサーク（Tasiusarusuaq）地質体である．各地質体の境界は断層で構造的に不連続である．イスカシア地域の南部の大陸氷床に近い地域には，約2.82 Gaに貫入した花崗岩類が変成したイッカトク（Ikkattoq）片麻岩類が分布している（Nutman et al., 1996）．この岩体は地質体の境界で切れている（図2-5）．アクレック・アキア・タシューサルサークの各地質体を切る2.71 Gaの花崗岩質シートが知られているので，各地質体は2.82～2.71 Gaの間に合体したのであろう．

　イツァク片麻岩類では各岩体ごとの年代が決められており，ナリアー地域とは著しく異なる．グリーンランドの西海岸は露出がよいので，試料がおのずと歪の少ない地点から採集されるためであろう．

2-4-3. ラブラドルのネーン区

　カナダ，ラブラドルの大西洋岸沿いのネーン（Nain）地域に露出している岩石は，ラブラドル海が拡大する以前のイツァク片麻岩複合岩体の連続である．海岸沿いの絶壁に露出する幅10 km未満の断続的な分布で，西側はマイロナイトを伴う断層で切られている（図4-9）．層序的な最下位はヌリアク地層群（Nulliak Assemblage）と呼ばれる火山岩，縞状鉄鉱層，石灰質岩石

などの表成岩類で，グラニュライト相の変成作用を受けている．フェルシック火山岩からのジルコンの U-Pb 年代は 3.78 Ga である．

ウイバク（Uivak）I 片麻岩の原岩はヌリアク地層群に貫入している．細粒〜中粒の灰色片麻岩とミグマタイトの互層で，この地域の約 80% を占める．ジルコンの年代は 3.73 Ga であるが，ジルコンの核を形成する包有物からは 3863 ± 12 Ma の年代が得られている．この年代はヌリアク地層群よりも古い．おそらくヌリアク地層群が堆積した基盤を示すのであろう．さらに 3.4 Ga に貫入して角閃岩相の変成作用を受けたウイバク II 片麻岩が識別されている．一部では後退変成作用が認められる．この後，サグレク（Saglek）岩脈が貫入してアパーナビク（Upernavik）表成岩類が堆積した．その後も複数回の花崗岩類の貫入とグラニュライトに達する変成作用があり，コークット花崗岩類に対比される 2.5 Ga のカリウムに富むイグクシュアク（Igukshuak）花崗岩類の貫入で太古代の変動が終了した（Schiøtte et al., 1990）．

2-4-4. イツァク片麻岩類の地球化学

イツァク片麻岩複合岩体の約 2% が層状角閃岩類である．花崗岩類が変成した正片麻岩に比べると量的にわずかだが，表成岩類の約 50% に達する．層状角閃岩類はマフィック岩起源の変成岩であるが，化学組成の特徴は大別すると 2 つのグループに分けられる．フェルシック火山岩類と互層するイスア表成岩帯の岩石などは，低い Ti/Zr 比を示すなど弧火成帯の岩石に似た特徴を示す．もう 1 つのグループは 3.8 Ga より古い岩石に限られ，プルーム起源の火山岩類の特徴を示す（図 2-6 a）．太古代の収束するプレート境界ないしはホットスポットで生成した可能性が高い（Nutman et al., 1996）．

アクレック地質体からはダナイト・ハルツバージャイト・ガブロそして玄武岩など，太古代の海洋地殻の要素と考えてもよい岩体が発見されている．しかしオフィオライト層序は発見されていない．これらの玄武岩の中で化学組成が現在の中央海嶺玄武岩に近いものを太古代の中央海嶺玄武岩と見なすとすれば，それはカリウムに乏しいソレアイトである．現在の中央海嶺玄武岩と比較すると全鉄の量がやや高く 10〜15% で，ジルコニウムに対してチ

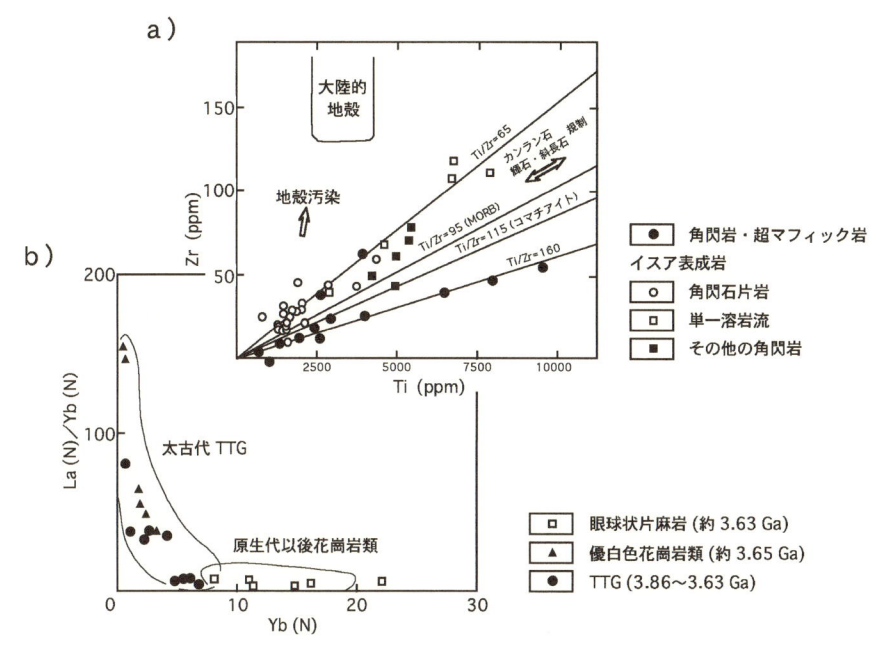

図 2-6 イツァク片麻岩複合岩体の地球化学的性質（Nutman *et al.*, 1996）.
　a）マフィック・超マフィック岩類の Zr-Ti 図．マグマが大陸物質を取り込んだ場合は「地殻汚染」の方向へ，カンラン石・輝石・斜長石などを融かしたり融け残したりした場合は「規制」の双矢印の方向へ移動する．
　b）コンドライトで規格化した花崗岩類の La (N)/Yb (N)–Yb (N) 図．実線で示した範囲は Martin (1986) による．太古代の TTG と呼ばれる花崗岩類は重希土類のイッテルビウムに乏しい．イッテルビウムはザクロ石・角閃石に濃集している．したがってそのような鉱物を含む岩石（玄武岩が高圧変成を受けたエクロジャイトなど）がマグマ発生時に融け残ったことを示している．

タニウムに乏しい（Nutman *et al.*, 1996）.

　灰色片麻岩類はイツァク片麻岩複合岩体の約 70〜80％に達する．原岩はトーナル岩質が圧倒的に多く，Nb-Y 識別図表では造山時もしくは火山弧花崗岩類に分類され，ユーロピウム（Eu）異常が認められないという特徴をもっている．希土類元素の中でも Eu は斜長石に取り込まれる．Eu 異常が認められないという事実は，斜長石が不安定でザクロ石が安定な深部でマグマが生成したことを示している．La/Yb 比が著しく高い特徴も，マグマ発生の際に角閃石・ザクロ石が融け残ったことを示している（Nutman *et al.*,

1996；図 2-6 b)．

2-4-5. 古期太古代のテクトニクス

　地球の固化した表皮は熱く，軽く，プレートの寿命は短かったであろう．顕生代の冷たく重いプレートのように収束境界で円滑に沈み込むことができなかった．沈みそこなった海洋地殻はプレートの収束境界で重なり合い，マフィック岩の厚さは 20 km を越えた．温度圧力が増加した下部では脱水反応と変成作用が進み，マフィック岩の部分溶融でトーナル岩質のマグマが生成した (de Wit, 1998)．アクレック地質体は角閃岩相から，一部ではグラニュライト相に至る変成作用を受けている．特徴は変形の度合い，歪が非常に不均質で，一定の応力の方向を見出し難く，変形の時期もさまざまな点である．イツァク片麻岩複合岩体がさまざまな年代を示すのは，このような定常的でない破壊的な過程によってマグマが生成したからであろう (Nutman *et al*., 1996)．

　小規模でも軽い大陸地殻が形成されると，海洋地殻の沈み込みは比較的順調に進行するようになる．太古代の大陸地殻は現在より薄く，斜長石がギリギリ安定な約 20 km ほどであるという推定がある．そのような大陸地殻の下へ浅く沈み込んだプレートの玄武岩部分の部分溶融でトーナル岩が生成する．3.65 Ga 頃から花崗岩が出現する．この頃から，大陸地殻は花崗岩を生成するほど十分に厚くなってきたのであろう．最後のカリウムに富む花崗岩類はほとんど変成作用を受けていない．ストロンチウム同位体比の初生値が 0.7081 と高く，Eu 異常があり，地殻起源である (Moorbath *et al*., 1981)．

2-5. 生命の発生

　シカゴ大学の大学院生であったミラー (Miller, 1953) は，当時信じられていたメタンに富む地球の原始大気の成分を封入したフラスコの中の火花放電によって，アミノ酸ほかの有機物を合成した．この実験は生命誕生の実験的研究を促進した．

2-5-1. 生命の起源

　飽食の結果，若い人にも増えている糖尿病に対する唯一の治療法に使われるインスリンは，アミノ酸が鎖のように並んだ一種の蛋白質である．ミラーの実験の翌年，インスリンのアミノ酸の配列が決定された．これがきっかけになって，いろいろな蛋白質の中のアミノ酸の配列が決定されるようになった．このようなアミノ酸の配列は比較的近い生物の間では似ている．世代を経るにしたがって少しずつ一定の速さで変化するらしい．この経験則を利用して種が分離した年代を推定できるようになった．現在ではアミノ酸の配列の代りにリボ核酸・デオキシリボ核酸の塩基の配列から進化が論じられる．核酸の塩基の配列の方が技術的に早く決定できることが理由の1つである．

　生物の多くは遺伝情報をDNA（デオキシリボ核酸）に保管し，RNA（リボ核酸）を経由してアミノ酸から蛋白質を生成している．DNAはRNAから合成されるから，最初にRNAが出現し，進化の過程で遺伝情報をDNAとして分離したのではないかと考えられている．問題は蛋白質とRNAの前後関係である．核酸の生成には蛋白質の働きが必要である．ところが蛋白質は核酸によって作られている．還元的な原始海洋には，蛋白質・核酸の前駆物質が蓄積された時期があったのであろう．この状態は「薄いスープ」と表現される．これらの有機物の分子が化学反応を繰り返して複雑な有機物を生成し，原始生命の誕生があったのであろう．このような機構を最初に提唱したのがオパーリンで，化学進化説と呼ぶ (Oparin, 1953)．

2-5-2. 生命誕生の環境

　生物の分類の単位は「種」である．分類の大枠は系統的に類似しているものを枠でくくって階層が形成されている．教科書がよく使うのは二分類法で，原核生物 (Prokaryota) と真核生物 (Eukaryota) に分ける．ところが酸素のない環境でメタンを発生して生存する細菌のグループのRNAを調べたところ，原核生物のものとも，真核生物とも異なっていた．そこで最近の生物学の教科書では真正細菌 (Eubacteria)，古細菌 (Archaebacteria)，そして真核生物の三分類法が提案されている．古細菌を始原菌 (Archaea) と呼ぼうという提案もある．古細菌の中にはメタン菌のほかにも硫黄を代謝して

90°C以上の高温で成育する硫黄代謝性超好熱菌とか，20%以上の塩分の中で成育する高度好塩菌などの特異なものが含まれている．真正細菌の中にもこれらの条件下で生存できるものがあるが，すべてのメタン菌が古細菌である点については例外がない．

　古細菌の発見の2年後1979年に，東太平洋海膨の北緯21°付近で硫化物の沈殿を伴う熱水の噴出が発見され，周辺には多量のバクテリアと大型生物が生存していた (RISE Project Group, 1980)．高圧下の深海の生命は太陽光なしに硫化水素をエネルギー源として生活していた．遺伝情報を子孫に伝えるDNAは紫外線に弱い．したがって，昔から最初の生命は水中で誕生したと考えられていた．それも波浪によって海面へもち上げられない静かな入江か，湖が有力候補であった．しかし東太平洋海膨からの生命の発見の後は，地質学者の多くは生命高温高圧起源説へと傾斜していった．

2-5-3. 化学的化石

　古典的な化石は生体・生痕であったが，最近では生命の存在の化学的証拠としてケロジェンの $\delta^{13}C$ などが研究されている．太古代の地層から抽出されたケロジェンの炭素同位体比の値には$-30‰$よりも著しく軽いものがある．メタン菌の発生するメタンガスの炭素同位体比の値には$-75‰$ぐらいのものが知られている．したがって，このような炭素が地層に取り込まれると，地層中のケロジェンの炭素同位体比の値が軽くなるはずである．メタン菌の世界は地球の大気が酸化的になる2.0 Ga頃までは続いたかもしれない．著しく低い炭素同位体比の値が得られるのも，ほぼその頃までの地層である (Strauss et al., 1992)．

　プレカンブリア時代を通じて石灰岩の $\delta^{13}C$ は0‰ぐらいであるが，有機物炭素の $\delta^{13}C$ は$-25‰$ぐらいである．これらの値は現在の地球上の値とほぼ同じである．しかし，地質時代のケロジェンの炭素同位体比の値については変成作用の影響を無視することはできない．ケロジェンが変成作用を受けて分解した最終産物は石墨であるが，反応の間に一部の炭素はメタン・炭酸ガスなどになって逸散する．この時に軽い炭素がより多く逃げるので，残ったケロジェンの炭素同位体比の値は重くなる．したがって$-25‰$という値

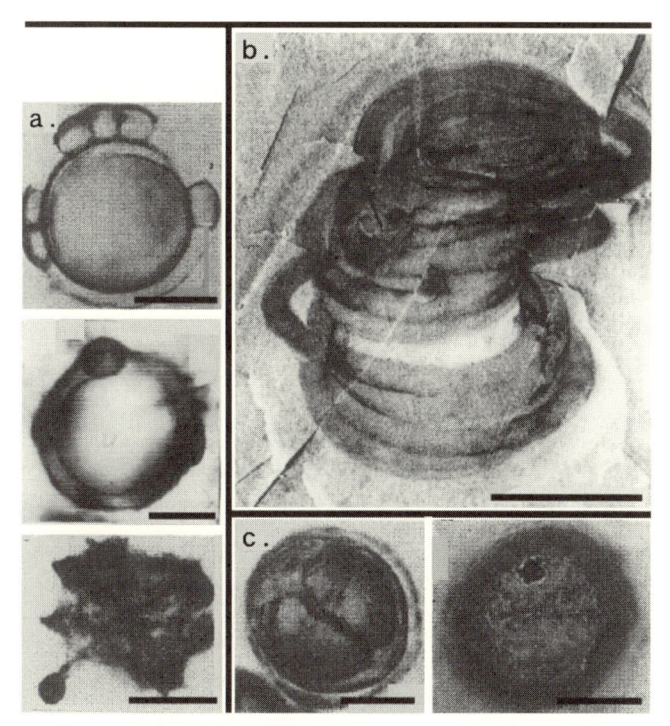

図 2-7 プレカンブリア時代の化石.
　a) スーペリオル区を不整合に覆うマルケレンジ累層群ガンフリント層 (～2.1 Ga) からの化石 (尺度線：10 μm). ガンフリント層は多様な化石を産することで知られている.
　b) *Grypania* (尺度線：1 cm). ロータス層 (～1.3 Ga), インド. グリパニアの内部構造は見出されていないが, その大きさから判断して多細胞真核生物の化石であろうと考えられている.
　c) オーストラリアのビタースプリングス層のチャート (～850 Ma) からの化石 (尺度線：10 μm). Schopf (1999) による.

は初生のケロジェンの最大値と考えられる. 変成作用の影響が少ないバーバートン山地 (Barberton Mountain Land) のスワジランド (Swaziland) 累層群, 西オーストラリアピルバラ地塊 (Pilbara Block) のピルバラ累層群などからの炭素同位体比の平均値は−30‰ぐらいである.
　光合成を行うシアノバクテリア (藍藻) は炭酸ガスを分解して酸素を放出する. この過程で同位体分別を起こし, 軽い炭素をより多く取り込む. 石灰

岩とケロジェンの$\delta^{13}C$の値は地質時代を通じてほぼ同じなので，35億年前にはすでにシアノバクテリアが誕生していたとする考えもある．しかしメタン菌もまた同位体分別を起こすので，炭素同位体比の値からシアノバクテリアの存在を確認することは難しい．

2-5-4. 最古の化石

太古代の地層から報告された微化石は約30種ぐらいである．3.8 Gaのイスアの堆積岩からも微化石の報告がある．バーバートン山地のスワジランド累層群から化石を発見したとする論文の数は群を抜いて多い．しかし，生物である証拠が不確かなものが多く，いまのところ3.5 Ga前後の年代の「化石」とされたもので確実に生物体といえるものはない．報告が多いのはオンファーワクト層群のクロンベルク(Kromberg)層である．約3.42 Gaの地層であるが(図3-2)，その下のフッゲノオク(Fooggenoeg)層からも報告がある(Walsh and Lowe, 1985)．

ピルバラ地塊のマーブルバーの10 kmほど西側に分布するアペックス(Apex)チャートから光合成を営むシアノバクテリアとして報告された糸状・球状の物体は，一時最古の化石といわれた(Schopf, 1993)が，これを含む岩石は二次的な石英脈で初生的な地層ではなく，形態的にも中間型があることなどから，否定的な意見が強くなった(Brasier et al., 2002)．アペックスチャートはドゥッファー亜層群の最上部に対比され(図3-7)，年代は上下の火山岩類の同位体年代から約3.47 Gaと推定されている(Schopf, 1999)．サルガッシュ亜層群の最下部のタワーズ(Towers)層からも同様なものが報告されているが，これも確度が低い．

引用文献 (第2章)

Black, L. P., Gale, N. H., Moorbath, S., Pankhurst, R. J. and McGregor, V. R. (1971) : Isotopic dating of very early Precambrian amphibolite facies gneisses from the Godthaab District, West Greenland. *Earth Planet. Sci. Lett.*, **12**, 245-259.

Bowring, S. A., King, J. E., Housh, T. B., Isachsen, C. E. and Podosek, F. A. (1989 a) : Neodymium and lead isotope evidence for enriched early Archaean crust in North America. *Nature*, **340**, 222-225.

Bowring, S. A., Williams, I. S. and Compston, W. (1989 b) : 3.96 Ga gneisses from the Slave Province, Northwest Territories, Canada. *Geology*, **17**, 971-975.
Brasire, M. D., Green, O. R., Jephcoat, A. P., Kleppe, A. K., van Kranendonk, M. J., Lindsay, J. F., Steele, A. and Grassineau, N. V. (2002) Questioning the evidence for Earth's oldest fossils. *Nature*, **416**, 76-81.
Bridgwater, D., Keto, L., McGregor, V. R. and Myers, J. S. (1976) : Archaean gneiss complex of Greenland. *In* A. Escher and W. S. Watt, eds., Geology of Greenland, 19-75, G. S. Greenland, 603 p.
Brown and 21 others (2000) : The fall, recovery, orbit, and composition of the Tagish Lake meteorite : a new type of carbonaceous chondrite. *Science*, **290**, 320-325.
Burke, K. and Kidd, W. S. F. (1978) : Were Archaean continental geothermal gradients much steeper than those of today? *Nature*, **262**, 240-241.
Campbell, I. H., Griffiths, R. W. and Hill, R. I. (1989) : Melting in an Archaean mantle plume : heads it's basalts, tails it's komatiites. *Nature*, **339**, 697-699.
Compstone, W. and Pidgeon, R. T. (1986) : Jack Hills, evidence for more very old detrital zircons in Western Australia. *Nature*, **321**, 766-769.
de Wit, M. J. (1998) : On Archean granites, greenstones, craton and tectonics : does the evidence demand a verdict? *Precam. Res.*, **91**, 181-226.
Froude, C. D., Ireland, T. R., Kinny, P. D., Williams, I. S., Compston, W., Williams, I. R. and Myers, J. S. (1983) : Ion microprobe identification of 4,100-4,200 Myr-old terrestrial zircons. *Nature*, **304**, 616-618.
Goodwin, A. M. (1996) : Principles of Precambrian Geology, Academic Press, London, 327 p.
Hansen, E. C., Newton, R. C. and Janardhan, A. S. (1984) : Fluid inclusions in rocks from the amphibolite-facies gneiss to charnockite progression in southern Karnataka, India : direct evidence concerning the fluids of granulite metamorphism. *J. Metam. Geol.*, **2**, 249-264.
Harland, W. B., Armstrrong, R. L., Cox, A. V., Craig, L. E., Smith, A. G. and Smith, D. G. (1990) : A Geologic Time Scale 1989, Cambridge Univ. Press, 263 p.
Helmstaedt, H., Padgham, W. A. and Brophy, J. A. (1986) : Multiple dikes in lower Kam Group, Yellowknife Greenston Belt : Evidence for Archean sea-floor spreading? *Geology*, **14**, 562-566.
Kinny, P. D. and Nutman, A. P. (1996) : Zirconology of the Meeberrie gneiss, Yilgarn Craton, Western Australia : an early Archaean migmatite. *Precam. Res.*, **78**, 165-178.
Komiya, T., Maruyama, S., Masuda, T., Nohda, S., Hayashi, M. and Okamoto, K. (1999) : Plate tecrtonics at 3.8-3.7 Ga : field evidence from the Isua accretionary complex, southern West Greenland. *J. Geology*, **107**, 515-554.
Kopylova, M. G. (2000) : Unique chemical stratification and lateral heterogeneity of the Slave cratonic mantle. *Geology*, **29**, Part 2, 8-9.
Martin, H. (1986) : Effect of steeper Archaean geothermal gradient on geochemistry of subduction-zone magmas. *Geology*, **14**, 753-756.
Martin, H. (1994) : The Archean grey gneisses and the genesis of continental crust. *In* K. C. Condie, ed., Archean Crustal Evolution, Chapt. 6., 205-259, Elsevier, 528 p.
Martin, H. and Moyen, J.-F. (2002) : Secular changes in tonalite-trondhjemite-granodiorite composition as makers of the progressive cooling of Earth. *Geology*, **30**,

319-322.
McGregor, V. R. (1973) : The early Precambrian gneisses of the Godthab District, West Greenland. *Phil. Trans. Roy. Soc. London*, **A 273**, 343-358.
Miller, S. L. (1953) : A production of amino acids under possible primitive Earth conditions. *Science*, **117**, 528-529.
Moorbath, S., O'Nions, R. K. and Pankhurst, R. J. (1973) : Early Archaean age for the Isua Iron Formation, West Greenland. *Nature*, **245**, 138-139.
Moorbath, S., Taylor, P. N. and Goodwin, R. (1981) : Origin of granitic magma by crustal remobilisation : Rb-Sr and Pb/Pb geochronology and isotope geochemistry of the late Archaean Qorqut Granite Complex of southern West Greenland. *Geochim. Cosmochim. Acta*, **45**, 1051-1060.
Moyen, J-F., Martin, H. and Jayananda, M. (2001) : Multi-element geochemical modelling of crust-mantle interactions during late Archaean crustal growth : The Closepet Granite (South India). *Precam. Res.*, **112**, 87-105.
Nutman, A. P., Kinny, P. D., Compston, W., and Williams, I. S. (1991) : SHRIMP U-Pb zircon geochronology of the Narryer Gneiss Complex, Western Australia. *Precam. Res.*, **52**, 275-300.
Nutman, A. P., McGregor, V. R., Friend, C. R. L., Bennett, V. C. and Kinny, P. D. (1996) : The Itsaq Gneiss Complex of southern West Greenland ; the world's most extensive record of early crustal evolution (3900-3600 Ma). *Precam. Res.*, **78**, 1-39.
Nutman, A. P., Mojzsis, S. J. and Friend, C. R. L. (1997) : Recognition of ≧3850 Ma water-lain sediments in West Greenland and their significance for the early Archean Earth. *Geochim. Cosmochim. Acta*, **61**, 2475-2484.
Oparin, A. I. (1953) : The Origin of Life, Dover, New York, 157 p.
Radhakrishna, B. P. and Naqvi, S. M. (1986) : Precambrian continental crust of India and its evolution. *J. Geol.*, **94**, 145-166.
RISE Project Group (1980) : East Pacific Rise : Hot springs and geophysical experiments. *Science*, **207**, 1421-1433.
Schiøtte, L., Noble, S. and Bridgwater, D. (1990) : U-Pb mineral ages from northern Labrador : Possible evidence for interlayering of Early and Middle Archean tectonic slices. *Geosci. Canada*, **17**, 227-231.
Schopf, J. W. (1993) : Microfossils of the Early Archean Apex Chert ; New evidence of the antiquity of life. *Science*, **260**, 640-646.
Schopf, J. W. (1999) : Cradle of Life, Princeton Univ. Press, Princeton, New Jersey, 367 p.
Scotese, C. R. (1994) : Late Permian paleogeographic map. *In* G. D. Klein, ed., Pangea ; Paleoclimate, Tectonics, and Sedimentaion during Accretion, Zenith and Breakup of a Supercontinent, Geol. Soc. Amer., Spec. Pap., 288, 6, 295 p.
Shukolyukov, A., Kyte, F. T., Lugmair, G. W., Lowe, D. R. and Byerly, G. R. (2000) : The oldest impact deposits on earth—First confirmation of an extraterrestrial component. *In* I. Gilmour and C. Koeberl, eds., Impacts and the Early Earth, 99-115, Springer, 445 p.
Stern, R. A. and Bleeker, W. (1998) : Age of the World' s oldest rocks refined using Canada's SHRIMP : The Acasta Gneiss Complex, Northwest Territories, Canada. *Geosci. Canada*, **25**, 27-31.

Strauss, H., Des Marais, D. J., Hayes, J. M. and Summons, R. E. (1992) : The carbon-isotopic record. *In* J. W. Schopf and C. Klein, eds., The Proterozoic Biosphere, 117-127, Cambridge Univ. Press, 1348 p.
Taylor, S. R. and McLennan, S. M. (1985) : The Continental Crust : Its Composition and Evolution, Blackwell Sci. Pub., Oxford, 212 p.
Valley, J. W., Peck, W. H., King, E. M. and Wilde, S. A. (2002) : A cool early Earth. *Geology*, **30**, 351-354.
van der Velden, A. J. and Cook, F. A. (2002) : Product of 2.65-2.58 Ga orogenesis in the Slave Province correlated with Slave-Northern Cordillera Lithospheric Evolution (SNORCLE) seismic reflection pattern. *Can. J. Earth Sci.*, **39**, 1189-1200.
Walker, D. (1983) : Lunar and terrestrial crust formation. *J. Geophys. Res.*, **88**, Suppl., B 17-27.
Walsh, M. M. and Lowe, D. R. (1985) : Filamentous microfossils from the 3,500-Myr-old Onverwacht Group, Barberton Mountain Land, South Africa. *Nature*, **314**, 530-532.
Wilde, S. A., Valley, J. W., Peck, W. H. and Graham, C. M. (2001) : Evidence from zircons for the existence of continental crust and oceans on the Earth 4.4 Gyr ago. *Nature*, **409**, 175-178.

概説書

McCall, G. J. H. (1977) : The Archean : Search for the beginning, Dowden, Hutchinson & Ross, Inc., 505 p.
　太古代についての関心が急速に高まった背景には，この本の出版があるらしい．この頃流行したベンチマークシリーズの1冊であるが，コマチアイトについての最初の記載，Viljoen, M. J. and Viljoen, R. P. (1971) などが再印刷されている．この年にWindley, B. F. (1977) : The Evolving Continents, 1st ed., John Wiley & Sons, 385 p. が出版された．1995年に第3版が出版されている．
Nisbet, E. G. (1987) : The Young Earth, 184, Allen & Unwin, 402 p.
Codie, C. N. (1994) : Archaean Crustal Evolution, Elsevier, Amsterdam, 528 p.
　上記の2冊は太古代についての広い視点からの解説書である．
Bleeker, W. and Davis, W. J. (1999) : The 1991-1996 NATMAP Slave Province Project : Introduction. *Can. J. Earth Sci.*, **36**, 1033-1042.
　地球上の最古の岩石アキャスタ片麻岩についてはカナダの地質学雑誌が1999年に特集号を出している．この論文はその序論である．
　原始地球の形成史については，日本語の本も多い．
丸山茂徳・磯崎行雄 (1998) : 生命と地球の歴史，岩波新書，543, 275 p.
　原始地球の形成とともに生命の誕生から進化について触れている．
丸山茂徳 (1993) : 46億年，地球は何をしてきたか？　地球を丸ごと考える2，岩波書店，134 p.
　グリーンランドのイスアには日本の調査隊も入った．その成果が触れられている．
大島泰郎 (1995) : 生命は熱水から始まった，東京化学同人，141 p.
NHK取材班 (1994) : 海からの創世，生命-40億年はるかな旅，NHKサイエンススペシャル1，日本放送出版協会，134 p.
　生命の起源については多くの書籍が日本語で出版されている．中でもNHKの出版物はテレビで放映された番組の印刷であるが，見て楽しい．

ショップ (1998)：失われた化石記録，阿部勝巳（訳），講談社，342 p.
　　最近，ショップは生命の起源についての概説書を出版したが，阿部勝巳による邦訳は書き下ろしの別の原稿である．
フォーティ (2003)：生命 40 億年全史，渡辺政隆（訳），草思社，493 p.
　　生命の誕生だけではないが，書評が複数の新聞などに発表されて評判がよい．

第3章
グリーンストン・花崗岩帯

　太古代の岩石は60％が花崗岩質片麻岩，30％が塊状花崗岩，残りの10％がグリーンストンであると計算されている．グラニュライト相に達する変成作用を受けた変成岩が4割に達するのが特徴である．一般にグリーンストン・花崗岩帯は変成度が低く，地下資源が豊富で地質の解明が進んでいる．

3-1. カープファール剛塊

　カープファール剛塊（Kaapvaal Craton）（4-1節を参照）とジンバブエ（Zimbabwe）剛塊は太古代の末に衝突して一体となった．両剛塊を一括してカラハリ（Karahari）剛塊とも呼ぶ（図3-4）．一部のグリーンストンは鉱産資源が豊富で，地質の解明が非常に進んでいる．

3-1-1. バーバートン山地

　太古代の地殻は金の主要な産出地域で，世界で産出した金の58％は太古代のグリーンストン・花崗岩帯の中熱水性金鉱床に起源をもつという推計がある．南アフリカ共和国の北部に分布するカープファール剛塊のバーバートン山地（Barberton Mountain Land）のグリーンストン帯からは1883年に金鉱脈が発見され，バーバートンの町を中心としてゴールドラッシュが始まった（図3-1）．1971年にオーストラリアでその地質が紹介され，1983年には南アフリカ地質学会から特別号が出版された．

　バーバートン山地にはグリーンストンより古い古代片麻岩複合岩体（Ancient Gneiss Complex）が分布している．大部分はTTG（tonalite-trondhjemite-granodiorite）が変成した片麻岩と少量の角閃岩の複雑な互層から

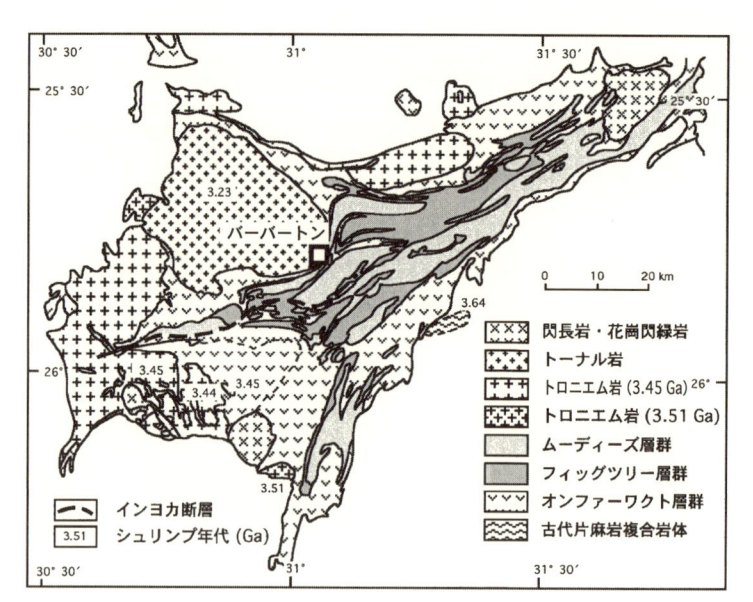

図 3-1　バーバートン山地の地質図 (de Ronde and de Wit, 1994).
地質体衝突の縫合線と考えられるインヨカ断層の北東延長については，まだよくわかっていない．バーバートン山地の位置については (図 4-1) を参照．

なる．トーナル岩のジルコンの核から，シュリンプにより 3.64 Ga の年代が得られている．グリーンストンとの関係は構造的であるらしい．超マフィック火山岩溶岩を特徴的に挟む表成岩のグリーンストンは，オンファーワクト (Onverwacht) 層群と呼ばれ，周囲を花崗岩の貫入岩体により囲まれ，内に凸な弧で限られている (図 3-1)．地層は全体として向斜構造をなしていると考えられていたが，シュリンプによる同位体年代の測定の進捗に伴って，構造が複雑であることが明らかになった．

南端部から南西翼にかけて，多くの古い異地性の岩体が分布している．その中のステインスドープ地塊 (Steynsdorp Block) のジースプルート (Theespruit) 層は，見かけの厚さが約 7 km に達する (図 3-2)．主としてチャートを伴うフェルシックな溶岩・火砕岩類からなり，強い変形・剪断を受けている．フェルシック火砕岩の年代が 3.55 Ga で，3.51 Ga の TTG に貫入されている．さらにジースプルート層を切る剪断面に挟まれて 3.57 Ga

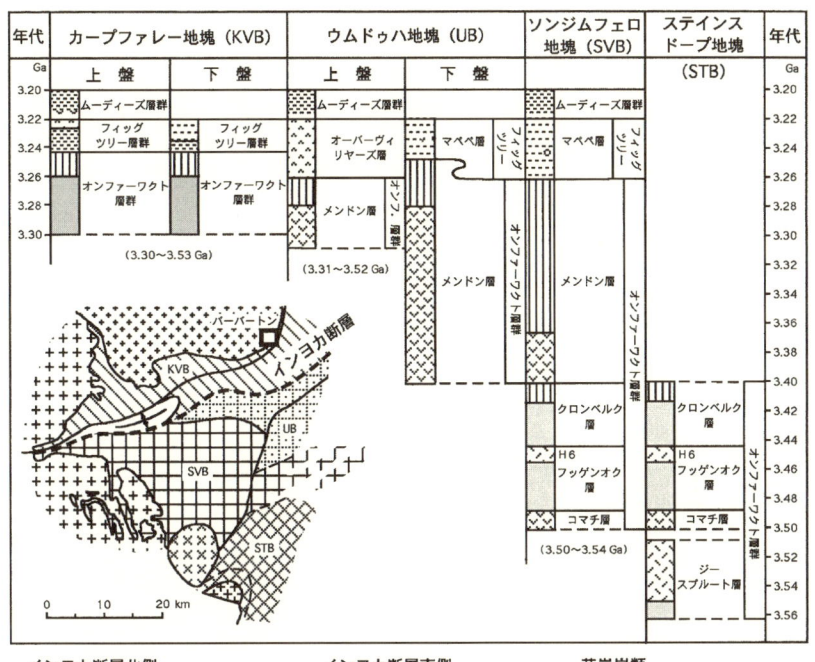

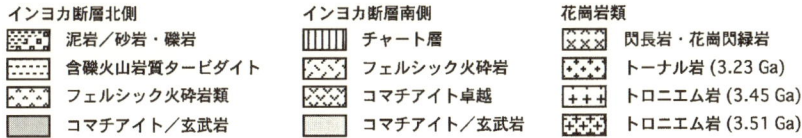

図 3-2 バーバートングリーンストンを構成する各地塊の層序と同位体年代
(Lowe, 1999).
　　　柱状図の下の年代は外来ジルコンの同位体年代.

のトーナル岩質片麻岩が発見されており，ジースプルート層に貫入しているステインスドープ深成岩体の外来ジルコンからは 3.70 Ga の年代が得られている．基盤により古い岩体が存在することは確実である (Kroner et al., 1996).

3-1-2. オンファーワクト層群の層序

　バーバートン山地の火山岩類に富む地層はオンファーワクト層群として一括されている．オンファーワクト層群の中部に連続する厚さ約 10 m のチャ

3-1. カープファール剛塊——59

ート・石灰岩の互層と，その上に重なる厚さ10 cmほどの火砕岩質粗粒砕屑岩の層があり，ミドルマーカー (Middle Marker) と呼ばれる．この層準を境界として下位のコマチ (Komati) 層と上位のフッゲンオク (Hooggenoeg) 層に分ける（図3-2）．ミドルマーカーのジルコンからは3.47 Gaの年代が得られている．

　コマチ層の層厚は約3.5 kmで，ジースプルート層とコマチ断層で接する．太古代に特有なコマチアイトの溶岩流は，ここで初めて発見されて記載された (Viljoen and Viljoen, 1969)．その名はコマチ川に由来する．コマチ層の下部には塊状のコマチアイトが多く，上部へコマチアイト質玄武岩が増加してスピニフェックス組織が観察されるようになる．単位溶岩流の厚さは0.35〜30 mで，コマチアイト質玄武岩が65%を占める．スピニフェックス組織が発達する溶岩流の下部はカンラン石の沈積岩である．

　フッゲンオク層の見かけの厚さは約7 kmである．コマチ層とは異なり主にカルクアルカリ岩質で，ソレアイト玄武岩から安山岩を経て流紋デイサイトに至る化学組成の周期的な変化が複数認められる．フッゲンオク層と上位のクロンベルク (Kromberg) 層のチャートからはストロマトライトが発見されている．しばしば炭酸塩鉱物の小球が含まれており，原始的な生命の化石と考える研究者もいる．上部のデイサイト凝灰岩から3.45〜3.42 Ga，フェルシックな貫入岩から3.46〜3.44 Gaの年代が得られている (Byerly et al., 1996)．オンファーワクト層群を通じて，チャートは少ないが重要な構成岩である．

3-1-3. 砕屑岩類と花崗岩類

　オンファーワクト層群は，上位へ主としてグレイワッケ・頁岩からなるフィッグツリー (Fig Tree) 層群へ漸移する（図3-2）．層状チャート・鉄鉱層の薄層を挟み，海底扇状地堆積物と考えられている．最下部の砕屑性ジルコンのシュリンプ年代は3.46 Gaに集中するので，オンファーワクト層群からの堆積物であるらしい．上方へ花崗岩類に由来する砕屑物が増加する．3.26 Gaの珪化した火山岩類に覆われる．向斜部の中心には，フィッグツリー層群を不整合に覆ってムーディーズ (Moodies) 層群が分布している．河

川性ないし三角州など著しく浅い海の堆積物で，礫岩，砂岩，頁岩の周期的堆積があり，斜交葉理・漣痕・乾燥割れ目などが観察される．最下部のフェルシック火山岩の年代が 3.23 Ga，貫入しているもっとも古い花崗岩類が 3.11 Ga である．

　バーバートン山地には構造的に運ばれた花崗岩類，あるいはオンファーワクト層群に貫入している花崗岩類など，さまざまな深成岩類が分布している．バーバートンの町の西北に広がるダイアピル状のカープファレー深成岩 (Kaap Valley Pluton) は磁鉄鉱系トーナル岩質片麻岩で (図 3-1)，シュリンプ年代が 3.23 Ga である．地殻の比較的浅いところに貫入するとともに，地層の中へもシート状に貫入している．3.23～3.13 Ga にトーナル岩の小規模な貫入があった．約 3.22 Ga からカリウムに富む閃長岩～花崗閃緑岩の活動が始まり，3.11 Ga には終了した (de Ronde and de Wit, 1994)．

3-1-4. バーバートンのテクトニクス

　バーバートン山地は 3.57～3.05 Ga の約 500 m.y. の間の変動を受けている (図 3-3)．バーバートン山地の個々の地点における層序は類似しているが，最下部の岩石の年代は南東から北西へ若くなる．ジースプルート層が分布するのは南端部だけである (図 3-2)．中央部を南西—北東へ走るサドルバック・インヨカ (Saddleback-Inyoka) 断層の存在が推定されているが (図 3-1)，ミドルマーカーが認められるのはこの断層の南側だけである．このような下部の層序的な欠落から，類似の層序をもつ地塊の衝突が考えられている (de Ronde and de Wit, 1994；Lowe, 1999)．

　もっとも古い変形は主として南南西翼から中央部へかけて観察される．横臥褶曲が形成されて地層が逆転し，海洋的な地層のクリッペが形成された．おそらく南西方向からの衝上で，3.49～3.45 Ga の変動らしい．ジースプルート層は当時の陸塊で，その下へ海洋的なコマチ層，フッゲンオク層が沈み込んでいたと考えられている (Lowe, 1999)．引き続く変動は主として北東—南西方向に軸をもつ等斜褶曲で，初期の変動を免れたバーバートン山地全域に広がっている．この変動は地塊の衝突によって引き起こされ，年代は 3.23 Ga と推定されている (de Ronde and de Wit, 1994)．ムーディーズ層群

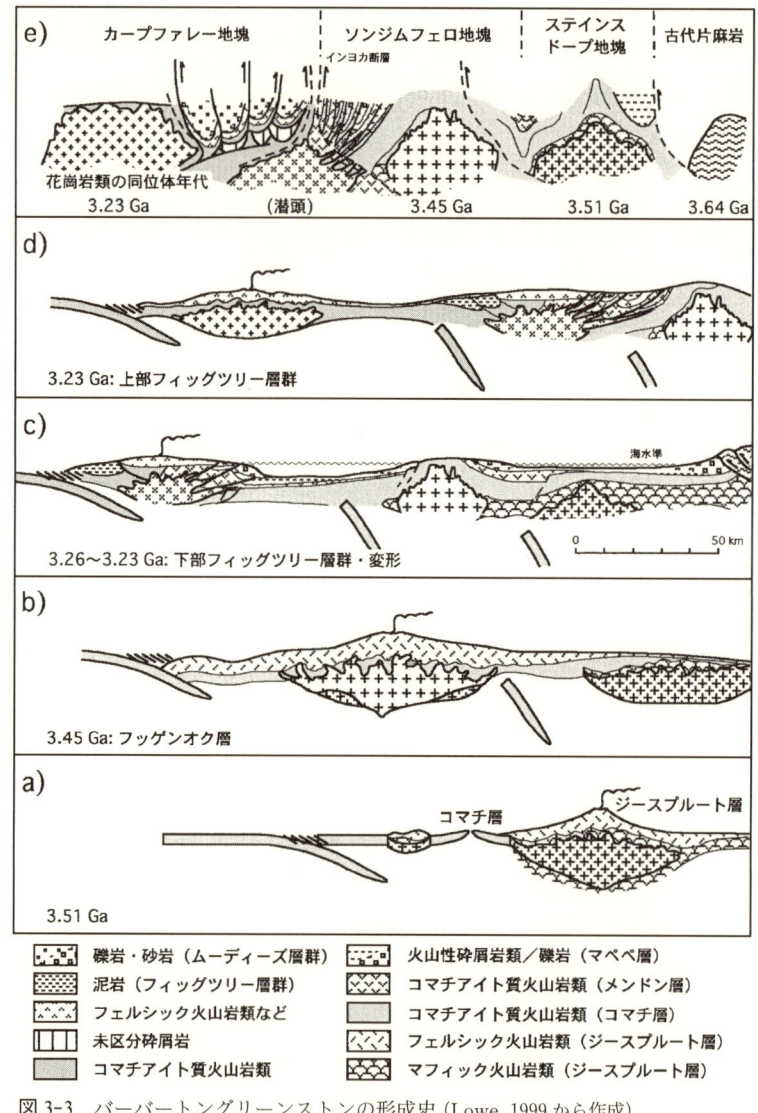

図 3-3 バーバートングリーンストンの形成史 (Lowe, 1999 から作成).
インヨカ断層周辺の下位には島弧下部の花崗岩類が存在すると考えられている.

は衝突後のモラッセである（図3-2）．

　北西翼にはシェバ（Sheba）断層と呼ばれる北東に延びる左ずれの剪断帯が発達している．バーバートン山地の最後の変動である．剪断帯はムーディーズ層群の層理面にほぼ平行な正断層成分や，南側が衝上する逆断層成分を伴う．これらの剪断帯の中か，あるいはその近くに金鉱脈が存在する．3.13～3.08 Ga の生成年代が得られており，花崗岩活動の最末期に対比される．おそらくこの変動の後に圧縮応力場から伸張応力場へ転換したのであろう．約 3.07 Ga には伸張場の下でビットワータースランド（Witwatersrand）堆積盆の形成が始まった（de Ronde and de Wit, 1994）．

3-2. ジンバブエ剛塊

　ジンバブエ剛塊はジンバブエの東部に露出しており，その南西の延長がボツワナへ入る（図3-4 a）．南部のベリングウェ（Belingwe）グリーンストンの地質は比較的わかっているが，グリーンストン全体の層序区分・花崗岩類の年代については異説が多い．

3-2-1. トクウエ地質体

　ジンバブエ剛塊は北西側を原生代以降の地層に覆われ，南東側はリンポポ変動帯（Limpopo Mobile Belt）である（図3-4 a）．剛塊の南部の中央に位置するベリングウェグリーンストンは1970年頃よりオックスフォード大学の研究者によって繰り返し調査された（図3-5）．このような経緯からグリーンストンの層序の模式地となっているが，対比は主として岩相によっている．

　ベリングウェグリーンストンの東側に露出するトクウエ（Tokwe）片麻岩複合岩体からは Rb-Sr の全岩アイソクロン年代で 3.5 ± 0.4 Ga が得られている．しかしシュリンプ年代の測定が進んだ現在でも，3.5 Ga の岩石・外来ジルコンはベリングウェグリーンストン周辺以外からは発見されていない．ベリングウェグリーンストン周辺に比較的小さな 3.5 Ga の基盤が存在するのかもしれない（Wilson et al., 1995）．原岩の構造は著しく複雑で，詳しいことはわかっていない．

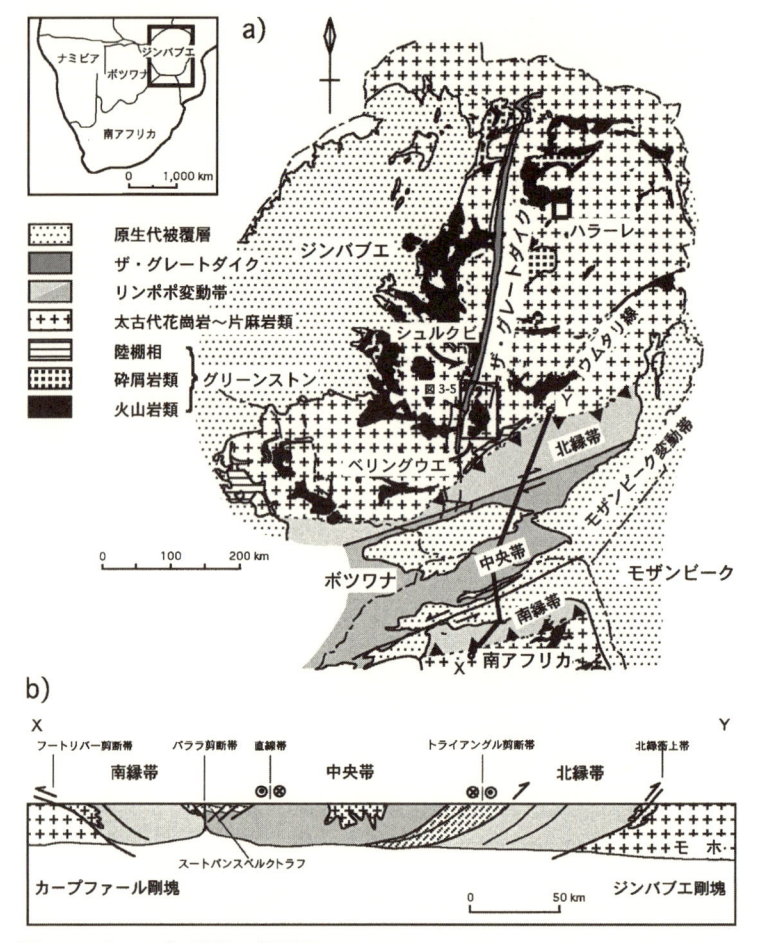

図 3-4 ジンバブエ剛塊の地質図.
　a) ジンバブエグリーンストン・花崗岩帯とリンポポ変動帯の地質図 (Kusky, 1998 ; Holzer *et al*., 1998 などから作成).
　b) リンポポ変動帯の地殻断面図 (Holzer *et al*., 1998).

3-2-2. ベリングウエ累層群

　ジンバブエ剛塊のグリーンストンは下位よりベリングウエ，ブーラワーヨ (Bulawayan)，シャンヴァ (Shamvaian) の各累層群に分けられている．多くの場合，各累層群はコマチアイト〜マフィック岩から上方へ，マフィック・フェルシック岩に至る複数の周期的な火山岩の噴出と，変動時〜後変動

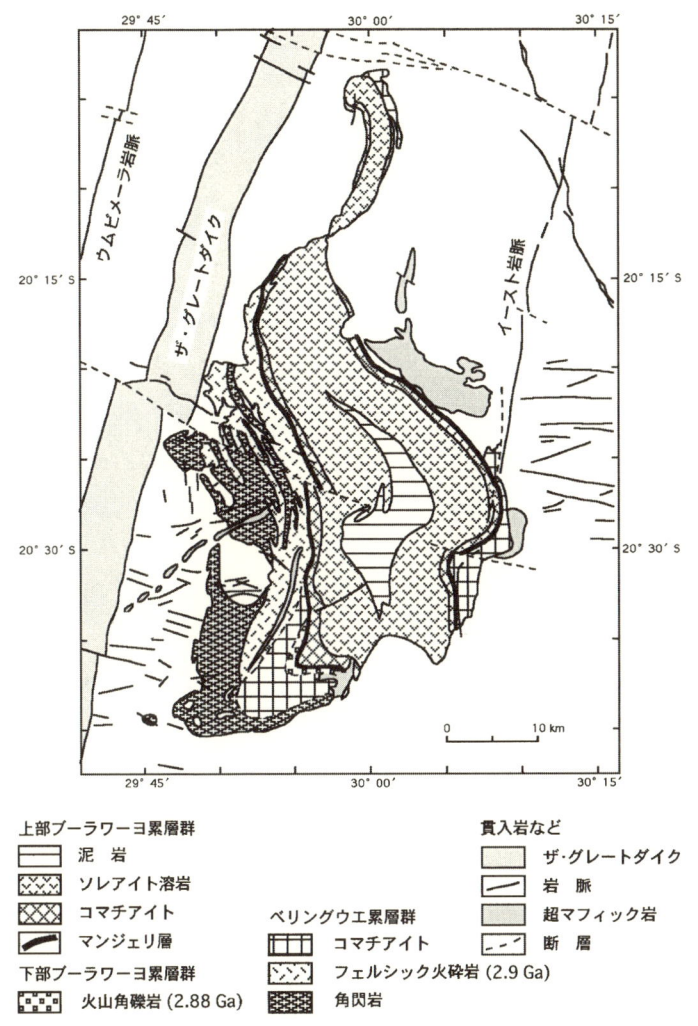

図3-5 ベリングウェグリーンストンの地質図（Martin et al., 1993）．

上部ブーラワーヨ累層群
- 泥岩
- ソレアイト溶岩
- コマチアイト
- マンジェリ層

下部ブーラワーヨ累層群
- 火山角礫岩 (2.88 Ga)

ベリングウェ累層群
- コマチアイト
- フェルシック火砕岩 (2.9 Ga)
- 角閃岩

貫入岩など
- ザ・グレートダイク
- 岩脈
- 超マフィック岩
- 断層

時花崗岩類の貫入という一連の火成活動の推移を繰り返している（Wilson et al., 1995）．ベリングウェ累層群は約 2.9 Ga の火山岩類で，不整合を間に挟んで下部と上部に分けられる．下部ベリングウェ累層群には周期的な火山岩の噴出が認められ，少量の鉄鉱層を挟んでいる．上部ベリングウェ累層群はコマチアイト〜マフィック岩だけからなり，鉄鉱層が多い（図3-5）．

3-2. ジンバブエ剛塊——65

シュルクビ（Shurugwi）付近のグリーンストンは火山岩類と堆積岩類からなり，角閃岩相の変成作用を受けている（図3-4a）．火山岩類は主としてソレアイトであるが，下部にはコマチアイトの変成岩と考えられる岩石がある．おそらく上部ベリングウエ累層群に対比されるのであろう．これらにシュルクビ超マフィック岩体が貫入している．カンラン石沈積岩と輝石沈積岩の境界部に，現在ではオフィオライトだけに見出されているアルプス型のクロム鉄鉱鉱床がある．1922〜1931年には世界最大のクロム鉄鉱の産出地であった．

3-2-3. ブーラワーヨ累層群

下部ブーラワーヨ累層群は，変形したベリングウエ累層群を不整合に覆っている．フェルシックな火山岩だけからなり，2.83 Ga と 2.80 Ga のシュリンプ年代が得られている．下部ブーラワーヨ累層群を不整合に覆うのが上部ブーラワーヨ累層群である．上部ブーラワーヨ累層群に対比されてきたフェルシック火山岩類のシュリンプ年代は約 2.70 Ga と約 2.65 Ga の 2 つのグループに分かれる（Wilson et al., 1995）．その基底が層厚 600 m ほどの堆積岩類，マンジェリ（Manjeri）層である（図3-5）．

ベリングウエ地域のマンジェリ層はトクウエ片麻岩複合岩体を不整合に覆っており，グリーンストンが大陸地殻の上に堆積した証拠とされている（Blenkinsop et al., 1993）．マンジェリ層の下部は礫岩・砂岩，さらに硫化物相の鉄鉱層・砂質ドロマイトなど，浅い堆積環境を示す薄い地層が発達している．上部は級化層理を示す泥岩・グレイワッケなどからなる．ジンバブエ剛塊でもっとも古いストロマトライトは，マンジェリ層の石灰岩から見出された．ベリングウエグリーンストンは向斜構造を形成している．マンジェリ層より上位にはコマチアイト〜玄武岩質コマチアイト，塊状〜枕状玄武岩の順に重なり，層厚 6 km を越える．火山岩層より上位では細粒の砕屑岩からなる東側に対して，西側ではバイモーダルな火山岩類である．両岩相は漸移しているのであろう．

シャンヴァ累層群は 2.7 Ga 以前のすべてのグリーンストンを不整合に覆っている．変形の度合いも少ない．ジンバブエの首都のハラーレ（Harare）

から北部に多く，砕屑岩類に石灰岩，さらに少量の鉄鉱層を伴う．挟在するフェルシック火山岩類から U-Pb 年代で 2.66〜2.64 Ga が得られている．

3-2-4. 花崗岩類

　最初に貫入したのがチンゲジ（Chingezi）片麻岩類である．主として TTG であるが，閃緑岩・モンゾ花崗岩を含んでいる．年代は 2.9〜2.8 Ga である．見かけの岩相は複雑で片麻岩類から花崗岩類までが認められる．これらの花崗岩類の貫入はベリングウエ累層群の火山活動，とくに下部ベリングウエ累層群のフェルシック火山岩類の活動に対応しているらしい．チンゲジ火成岩類は主としてジンバブエ剛塊中央の南部に分布している．

　剛塊の西の中央部に 2.70 Ga のセソンビ（Sesombi）花崗岩類が貫入している．上部ブーラワーヨ累層群に北北東の方向性をもって貫入し，一部では片麻岩質になっている．上部ブーラワーヨ累層群の分布とほぼ対応しているので，その同時火山性花崗岩類であると考えられている．全岩化学組成，Sr 同位体比の 0.701 という低い初生値などから考えて，マントル起源もしくはグラニュライトの下部が溶融したらしい．新しく命名されたワザ（Wadza）花崗岩類の系列は剛塊の東部から北部，とくに首都ハラーレの北方に分布しているらしい．同位体年代は約 2.65 Ga で，上部ブーラワーヨ累層群もしくはシャンヴァ累層群の火山活動に対応しているようである（Wilson *et al*., 1995）．

　剪断帯は北北東—南南西の走向で東傾斜が多いといわれる．大きな中熱水性金鉱床はこの剪断帯の中に存在する．鉱床の分布を支配する因子とされるのが岩相である．ジンバブエのグリーンストン帯は西部が火山岩類に富んでいるが，鉱床はこの地域に圧倒的に多く，鉱脈の 61% はマフィック岩を母岩としている．金鉱脈形成後の約 2.60 Ga にカリに富むチリマンジ（Chilimanzi）花崗岩類が剛塊の中央部から東部に大規模に貫入し，シャンヴァ累層群へも貫入した．モンゾ花崗岩類からなる．Sr 同位体比の初生値が 0.7025〜0.7045 の範囲で，セソンビ花崗岩類よりも大陸地殻的である．チリマンジ花崗岩類の貫入によってジンバブエ剛塊は安定化した．

3-2-5. ジンバブエ剛塊のテクトニクス

ジンバブエ剛塊の基盤になった高度片麻岩類は 2.95 Ga には完成した．この後のジンバブエグリーンストンの形成についてはよくわかっていない．模式地のベリングウエグリーンストンが一連整合で手がかりが少なく，現状では 20 以上あるとされるグリーンストンを総合的に扱うデータが不足している．最近，模式地の上部ブーラワーヨ累層群は異地性岩体であるとしてジンバブエグリーンストンの形成を説明する説が発表された（Kusky, 1998）．脇役として登場したのは堆積岩類である．

剛塊の東南縁近くにはマイロナイト化を伴う北東—南西に走る剪断帯があり，ウムタリ線と呼ばれる．ほぼグリーンストンの分布の東南縁を結んだ線である．この剪断帯に沿って砕屑岩類と鉄鉱層からなる層厚 4 km を越える陸棚相の堆積岩類が分布している．一部では東方へ深い層相になり強い変形を受けている．年代は 3.09〜2.86 Ga である．また西部のボツワナには厚い炭酸塩岩相が現れる（図 3-4 a）．

トクウエ地質体を含む陸塊の東南側にウムタリ海（Sea of Umtali）が拡大したのは 3.09〜2.86 Ga と推定されている．同じ頃に剛塊の上のリフトで火山活動が始まった．ベリングウエ累層群の堆積で，リフトの形成に伴う火山活動・堆積の特徴を示している．2.7 Ga 頃より剛塊の北西側の海洋底が沈み込みを始めた．ジンバブエ剛塊の北西側に分布する上部ブーラワーヨ累層群とセソンビ花崗岩類は，プレートの沈み込み帯に典型的な弧火成帯の産物で，カルクアルカリ火山岩類からなっている．2.65 Ga 頃よりウムタリ海の崩壊が始まって海洋地殻が陸塊へ衝上し始めた．陸塊は沈降して内部までマンジェリ層が堆積した．さらにマンジェリ層を覆ってフリッシュが堆積し始めた．同じく 2.65 Ga 頃のことである．模式地のマンジェリ層についてはボーリングによる調査も実施されている．しかし上部ブーラワーヨ累層群を異地性とする説については反対意見がある．

3-2-6. リンポポ変動帯

カープファール剛塊とジンバブエ剛塊の衝突によって形成された変動帯がリンポポ変動帯（Limpopo Mobile Belt）である．北東—南西方向の剪断帯

により，北縁帯（Northern Marginal Zone）・中央（Central）帯・南縁帯に分ける（図3-4 a）．3.8～2.6 Ga の間に繰り返しグラニュライト相に達する変成作用を受けた．

最下部が縞状サンドリバー（Sand River）片麻岩で，マフィック岩脈を伴う灰色の石英閃緑岩質片麻岩と優白色の花崗閃緑岩質片麻岩からなっている．Rb-Sr 法による 3.79 Ga の年代はアフリカ大陸でもっとも古い．ベイトブリッジ複合岩体（Beit Bridge Complex）は陸棚堆積物が変成した岩石である．サンドリバー片麻岩を不整合に覆っているらしいが，両岩体の境界はどこでも剪断されている．メッシナ（Messina）貫入岩群と呼ばれる斜長岩～優白色ガブロが 3.27 Ga に貫入している．グラニュライトの圧力・温度が最高になったのは 3.15 Ga で，圧力 1 GPa，温度 800℃を越えている（Spear, 1992）．

中央帯の南限には延性変形をする左ずれのパララ（Palala）剪断帯が発達しているが，グラニュライト相の部分はさらに南へ延びている．層理に平行に北へ傾斜する多くの衝上断層があり，後退変成作用の角閃岩相の地帯を経てカープファール剛塊の弱変成の地帯へ漸移する．これが南縁帯である（Van Reenen *et al.*, 1992）．北縁帯と中央帯とは右ずれのトライアングル剪断帯で境されている．北限には南傾斜の衝上断層があり，構造は南縁帯と対称的である（図3-4 b）．

リンポポ変動帯の現在の地殻の厚さは約 35 km である．したがって 2.7 Ga 頃の地殻の厚さは 65 km を越えていたと推定されている．カープファール剛塊とジンバブエ剛塊の衝突により著しく厚い地殻が形成されたらしい．2.65 Ga の変成作用の後の 50 m.y. ほどの間に，場所によっては 0.5 GPa にも達する圧力の急激な減少があった．アイソスタシーの回復のために中央帯が著しく隆起し，北縁帯と南縁帯は中央帯から離れる方向へ衝上したのであろう（Van Reenen *et al.*, 1987）．変成作用のピークの後に中央帯は西方へ移動した．

3-3. ピルバラ地塊

　西オーストラリアのピルバラ地塊（Pilbara Block）は東西約 500 km で，その地質については，マーブルバー（Marble Bar）周辺が模式層序とされてきた．しかし現在では，剪断帯や層相の相違をもとに複数の領域（domain）に区切って各領域ごとの考察が行われる（図 3-6）．

3-3-1. ワラウーナ層群

　ピルバラ地塊では太古代の表成岩類がドーム状の花崗岩類の隙間を埋めるように分布している．最古の地層は第 3 領域に分布するクンタルーナ（Coontarunah）層群で，シュリンプ年代が 3.52 Ga である．第 2 領域のマ

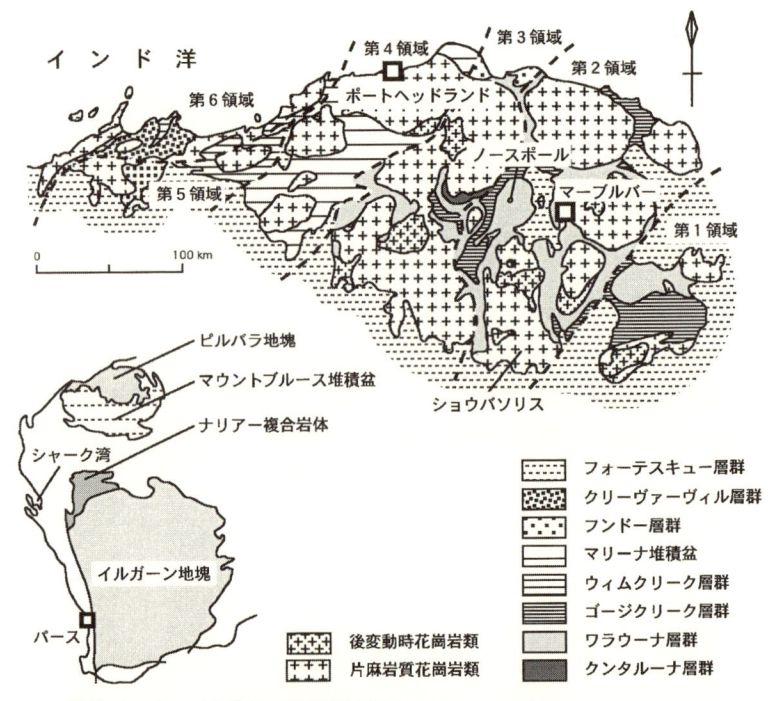

図 3-6　ピルバラ地塊の地質概念図（Hickman, 1983）．
　　　　「領域」と呼ばれている各地域は地質体に対応する可能性がある．

ーブルバー周辺に広く分布するのがワラウーナ（Warrawoona）層群である．マーブルバーの西北西約 40 km の地点にノースポール（North Pole）ドームと呼ばれる隆起があり，中心部にジルコンの U-Pb 年代で 3.46 Ga のノースポール石英モンゾニ岩が貫入している．この構造のため，約 10〜20 km の範囲でワラウーナ層群の下部を観察することができる（図 3-6）．地層の傾斜は緩く，変成度も低い．

ワラウーナ層群の最下部はタルガタルガ（Talga Talga）亜層群で，見かけの層序は複数のチャート層を挟む厚さ 2 km ほどの玄武岩類からなる．最下部にノースポールチャートと呼ばれる複数のチャート層があり，5 つのユニットに分けられている．亜層群の中部にもう 1 枚のチャートがあって，このチャートがもっとも厚く 100 m に達する．年代は 3.49 Ga と推定されている（Nijman *et al*., 1998）．しかしタルガタルガ亜層群は付加体で，同じチャートが繰り返しているとする考えもある（Kitajima *et al*., 2001）．

タルガタルガ亜層群の上位のドゥッファー（Duffer）亜層群はデイサイト溶岩・火砕岩の互層からなる著しく厚い地層で，一部の地域では厚さ 8 km に達する．シュリンプ年代を含むジルコンの U-Pb 年代は 3.48〜3.46 Ga の範囲である．ドゥッファー亜層群に整合で重なるサルガッシュ（Salgash）亜層群は玄武岩〜コマチアイト類にフェルシック岩類を挟む地層で，3.32 Ga の年代が得られている（図 3-7）．

ワラウーナ層群は 3.49〜3.32 Ga の地層で層厚は約 10 km に達するが，層序については異論がある．ノースポールドームの東側から南側へかけての各層の連続は比較的よいが，西側ならびに北側での対比には困難がある．厚さの割には変成度が低いので，地層の重複が考えられている．しかしドゥッファー亜層群が鍵層になり同位体年代も報告されているので，ワラウーナ層群の内部に大規模な重複が存在する可能性は少ない．

3-3-2. 世界最古の硫酸塩鉱床

ノースポールチャート最下位のユニット 1 のチャートの層厚は 50 m を越える部分があり，ドレッサー（Dresser）鉱山として稼行された重晶石の厚層を覆っている．堆積の前に南北性の伸張場が発達し，割れ目から熱水が供

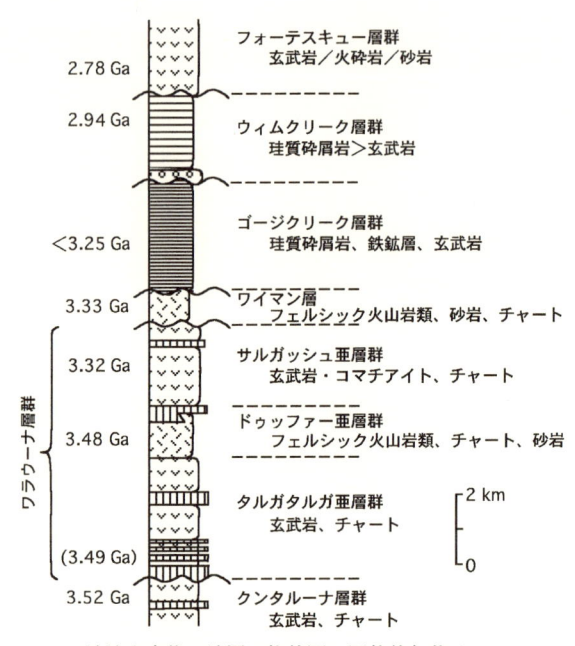

図 3-7　ピルバラ地塊太古代の地層の柱状図と同位体年代 (Nijman *et al.*, 1998).

給された．脈の部分には重晶石・石英からなる黒色チャート脈（black chert veins）が沈殿し，海底に重晶石を沈殿した．ノースポールチャート堆積時の海の深さは約 50 m と推定されている (Nijman *et al.*, 1998)．このような浅い海では高温熱水は沸騰してしまうので，金属鉱物はほとんど含まれていない．

　古期太古代の海水の塩濃度が現在の海水と同じくらいであると，熱水が沸騰する深さは 1000 m よりは浅い．古期太古代の地層には火山性海底熱水堆積硫化物鉱床がほとんど存在しない．太古代の初期の玄武岩類の噴火はマントル湧昇流による海台型で海が浅く，熱水が沸騰して硫化物鉱床は生成しなかった．後期になると中央海嶺などのリフト型玄武岩類の活動が始まり，深い海の海底で熱水堆積硫化物鉱床が生成したのかもしれない．しかしタルガタルガ亜層群が堆積した深さを 1500 m と著しく深く考える推定値も発表されている (Kitajima *et al.*, 2001)．

　太古代の硫酸塩硫黄の試料は非常に少ない．ドレッサー鉱床の重晶石の硫

酸塩硫黄同位体比は$\delta^{34}S=+3〜+6.3‰$の範囲で，現在の海水と比較すると大変軽い．$^{87}Sr/^{86}Sr$の初生値についても0.7002という著しく低い値が報告されている．太古代のそのほかの地域からの重晶石を含めて，報告された多くの値が$\delta^{34}S<+10‰$である．ストロンチウムの同位体比の初生値もドレッサー鉱床と同様に低い．このような値は太古代の海水に対してマントルの寄与が高いことを示している．

3-3-3. 上位層群と花崗岩類

ワイマン（Wyman）層は部分的にワラウーナ層群を覆うが，広く覆うのは主として堆積岩類からなるゴージクリーク（Gorge Creek）層群である．礫岩の礫に花崗岩が混じり，3.33 Gaの凝灰岩の挟みがある．最上位のウィムクリーク（Whim Creek）層群はゴージクリーク層群に不整合で重なる．2.94 Gaの年代が報告されている．ゴージクリーク層群からウィムクリーク層群までは3.3〜2.9 Gaにわたる地層で，厚さは約13 kmと計算されている（図3-7）．フォーテスキュー（Fortescue）層群はこれらを広く不整合に覆っているが，その年代は2.78 Gaからとされている．

第6領域の中の海岸に達する地帯に，北北東へ延びるクリーヴァーヴィル（Cleaverville）層群が露出している（図3-6）．枕状玄武岩がフェルシック凝灰岩に覆われ，さらに上位層準はチャート・鉄に富む化学的堆積物になる．このような単位が複数観察され，上位の単位ほど浅海から深海性になり，単位の層厚が薄くなる．これらの地層には陸源物質を含まないが，最上位には不整合で陸源砕屑粒からなる砂岩，フェルシック凝灰岩からなる地層が重なる．クリーヴァーヴィル層群は島弧からその周辺の堆積物で，島弧が原始ピルバラ地塊へ衝突したと考えられている（Kiyokawa and Taira, 1998）．年代は3.2 Gaである（Kiyokawa et al., 2002）．

ピルバラ地塊の花崗岩類の円形の形態は複数の岩体から構成されており，外形は固体貫入によって形成された二次的なものとされている（図3-6）．マーブルバーの南西に位置するトーナル岩〜花崗閃緑岩のショウ（Shaw）バソリスからは3.50〜3.43 Gaの年代が得られているが，ドーム状の固体貫入は3.00 Ga頃に起こったとする考えがある（Bickle et al., 1993）．しかし最

近になってこのような二次的貫入説に反対する説も発表されるようになった (Kloppenburg *et al*., 2001)．

3-4. イルガーン地塊

オーストラリア南西部のイルガーン地塊 (Yilgarn Block) は主として 3.0〜2.6 Ga の間に形成された太古代の地塊である．しかし 3.0 Ga より古い基盤があることは確かである．西部のグラニュライト相から南東方向へ変成度が下降する．

3-4-1. 地質体区分

イルガーン地塊は南北 1000 km，東西 700 km ほどの東へ頂点を向けた三角形をしている．降雨がほとんどなく，中生代からの風化面がそのまま残っているといわれるくらい露出の悪い地域である．中央部から南部は，西から東へ南西複合地質体 (Southwest Composite Terrane)，サザンクロス超地質体 (Southern Cross Superterrane)，東部ゴールドフィールド (Eastern Goldfields) 超地質体に区分される．個々の地質体は北北西―南南東方向に配列している．さらにこの北西部にマーチソン (Murchison) 地質体があり，その北縁にあるのが，地球上最古の砕屑性ジルコンが発見されたナリアー (Narryer) 地質体である (図 3-8 a)．イルガーン地塊の西を限るのが南北性，西傾斜のダーリング (Darling) 断層で，主要都市のパース (Perth)，現世のストロマトライトで有名なシャーク (Shark) 湾などはダーリング断層の西側の低地に位置する (図 3-6；図 3-8 a)．

3-4-2. 東部ゴールドフィールドのグリーンストン

カルグーリ (Kalgoorlie) という町は昔から人文地理の教科書に登場した．19 世紀の末，この地域に砂金が発見されてゴールドラッシュが起きた．無人の野に町ができて急速に発展したが，砂金を取り尽くすとともにゴーストタウンになった．そのカルグーリがまた活気を取り戻したのは 1960 年代である．1965 年にカルグーリの南南東 50 km のカンバルダ (Kambalda) でニ

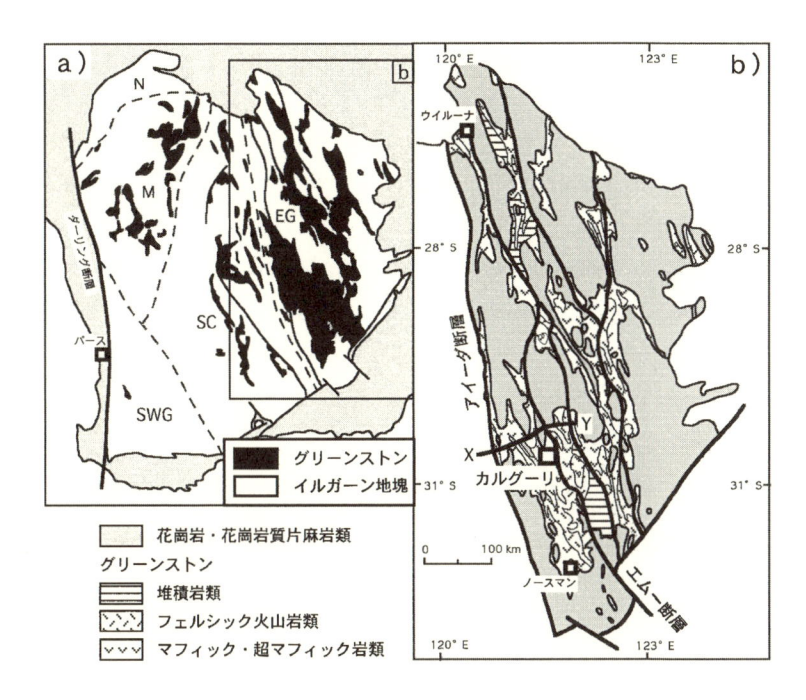

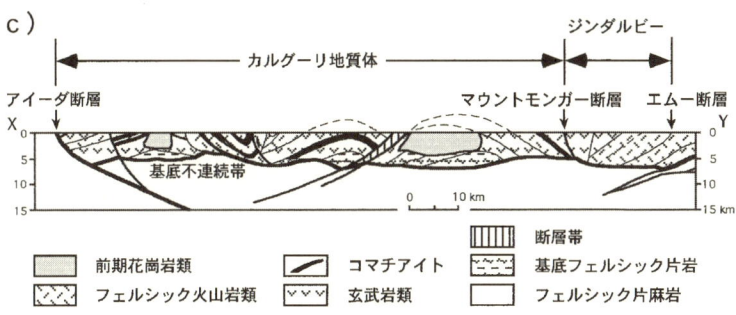

図 3-8 イルガーン地塊の地質.
 a) イルガーン地塊の地質体区分 (Myers, 1997). SWG：南西複合地質体，SC：サザンクロス超地質体，EG：東部ゴールドフィールド超地質体，M：マーチソン地質体，N：ナリアー地質体.
 b) 東部ゴールドフィールド超地質体区の地質略図.
 c) カルグーリ，ジンダルビー地質体の地質断面図 (Swager et al., 1997). 地質断面線は概略の位置を b) 中に示してある.

3-4. イルガーン地塊——75

ッケル鉱床が発見された．一時は産出量で世界最大のニッケル鉱床サドバリー（Sudbury）に迫ったが，その後は金にとって代わられた．

カルグーリの西方約50 kmの地点を北北西—南南東に東傾斜の正断層，アイーダ（Ida）断層が走る．この断層から東が東部ゴールドフィールド超地質体で，中心がカルグーリである（図3-8 b）．イルガーン地塊の主として南部についての地球物理的探査の結果によれば，東傾斜の剪断帯で全体が複数の衝上体に分けられる（図3-8 c）．多くは東から西方へ衝上しているらしい（Swager et al., 1997）．西からカルグーリ，ジンダルビー（Gindalbie），クアナルピ（Kurnalpi），ラバートン（Laverton），エデュディナ（Edjudina）の5つの地質体に分けられている（Wilde et al., 1996）．

東部ゴールドフィールド区の70％は花崗岩類で，花崗岩類の海に浮いたような状態で層序が類似した複数のグリーンストンが分布する．低カリソレアイトが多い下部の超マフィック〜マフィック岩類が約50％を占め，鉄鉱層も重要な構成岩類である．上部がカルクアルカリ岩質のフェルシック火山岩類で，砕屑岩類の厚層が最上部を占める．

カルグーリの町を中心として，とくにグリーンストンが多い地帯をノースマンウィルーナ（Norseman-Wiluna）帯と呼ぶ．地質体ではカルグーリ地質体である．南北延長800 km，幅が100 kmほどの広がりをもつ（図3-8 b）．その中でもカンバルダからセントアイビス（St. Ivis）をへてトラムウェイズ（Tramways）に至るカンバルダトラムウェイズ回廊が，オーストラリアから産出するニッケル硫化物鉱石の75％を占める．幅10 km，延長40 kmほどの地帯である．

3-4-3. 正マグマ性ニッケル鉱床

層序的に最下位の下部玄武岩層は，厚さ10 mぐらいのソレアイト枕状溶岩と塊状溶岩の互層で，もっとも厚いところでは2 kmに達する．その上に重なるコマチアイト層中のフェルシック岩の挟みのシュリンプ年代は2.71 Gaである．その上位にカッパイ（Kapai）スレート，上部玄武岩，火砕性堆積岩と互層するフェルシック岩の順に重なる．フェルシック岩の挟みから2.69〜2.68 Gaのシュリンプ年代が報告されている．最上部は陸源の泥岩・

砂岩からなり，厚さは3kmに達すると見積られている．外来ジルコンの同位体年代によると，基盤には少なくとも3.46 Gaの花崗岩類がある（図3-8 c；Nelson, 1997）．

ニッケル硫化物鉱床は噴出時に珪酸塩マグマと不混和になった硫化物マグマで，下部玄武岩流出時の上面に形成された南南東へ延びる凹みに規制されている．鉱床は東西の末端部では薄くなり，下部玄武岩層の最上部の堆積岩を覆うが，鉱床の主要部の下位では堆積岩を欠き，玄武岩層を直接覆う．基底にニッケル鉱物のペントランド鉱を伴うチャンネル（channel）相と呼ばれるコマチアイトは，1枚の厚さが100 mを越える複数の溶岩流である．南北へは10 kmの連続があるが，東西方向へは500 m未満である．東西両側に現れるのがシートフロウ（sheet flow）相で，結晶分化が進んだコマチアイトである．コマチアイト単位溶岩の厚さは東と西で急速に減少して10～20 mになる．上方へ単位溶岩の厚さが減少し，マグネシウム含有量が減少する．溶岩流間堆積物を挟み，層厚は1000 mに達する（Findlay, 1998）．

ノースマンウィルーナ帯はグリーンストンが厚く，この帯だけが縞状鉄鉱層を欠いている．西部から中央部へ，カッパイスレートが斜交葉理を示す浅海相からタービダイト相へ変化する．ノースマンウィルーナ帯は地溝であったらしい．マフィック溶岩流に挟まれる黒色頁岩の硫黄同位体比は$\delta^{34}S=1$～5.5‰で，大規模な生物活動の影響は認められない．

3-4-4. 中熱水性金鉱床

単位面積あたりの含金量を示す金資産値（gold endowment）という指数は，イルガーン地塊の4.8 kg/km²に対してピルバラ地塊は0.5 kg/km²である．金の存在はグリーンストン帯に集中しているので，グリーンストンだけを抜き出すと，その差はさらに開いて35.9対1.6になる．さらにノースマンウィルーナ帯だけの金資産値は94.7 kg/km²に達する（Woodall, 1990）．九州の金資産値はほぼイルガーン地塊と等しく，佐渡島は90 kg/km²でほぼノースマンウィルーナ帯と同じである．

ノースマンウィルーナ帯のほぼ中央部をボールダーレフロイ（Boulder-Lefroy）断層が北北西—南南東に走っている．金量にして1388トンに達す

るオーストラリア最大の金鉱床ゴールデンマイル（Golden Mile）など，主要な金鉱床の多くはこの断層の変位によって生じた脆性〜塑性変形の範囲に存在する．広域的な変形・変成作用の後に鉱化作用が起きた．母岩はFe/(Fe+Mg)が高いソレアイト玄武岩溶岩あるいは貫入岩床であることが多い．硫化物が少ないことは太古代の中熱水性金鉱床の特徴の1つである．太古代の金鉱床の成因については花崗岩関連説のほかに，変成作用に伴うという膨張説（dilation model）がある（Kerrich, 1983）．

3-4-5. 東部ゴールドフィールドのテクトニクス

　花崗岩類はモンゾ花崗岩から花崗閃緑岩類で，典型的な太古代のTTGとは異なっている．2.68 Ga頃に東西圧縮の褶曲を受け，褶曲を受けていない花崗岩類の同位体年代は2.68〜2.60 Gaである．ほとんどが磁鉄鉱系の花崗岩類で，花崗岩質マグマを還元する炭質物が十分に存在しなかったためであるとする考えがある（Nelson, 1997）．花崗岩類の地球化学的性質は，ジンダルビー地質体とクアナルピ地質体の境界のエムー（Emu）断層を境に変化している（図3-8 b, c）．クアナルピ地質体の花崗岩類の方がTiO_2, ΣFeO, MgOが低く，Na_2Oが高い．起源物質としてのTTGがよりトーナル岩質であったらしい．グリーンストンの噴出の前に異なるTTGからなる2つの地質体の衝突があり，その縫合線が再活動したのがエムー断層であるのかもしれない（Smithies and Witt, 1997）．

　東部ゴールドフィールドのグリーンストン火山活動の年代はほぼ同じで2.72〜2.67 Gaの範囲である．したがってグリーンストン火山活動の時代に各地質体は連続で，相互の衝突はなかったと考えられている．西から東へ各地質体の火山岩類の特徴を見ると，カルグーリ地質体はコマチアイト，ジンダルビー地質体はバイモーダル，クアナルピ地質体は安山岩と見なせる．したがってジンダルビー火山岩類は伸張場での弧火山岩類，クアナルピ火山岩類は圧縮場での弧火山岩類であるとする考えがある（Swager, 1997）．

　カルグーリ地質体からイルガーン地塊の東の端まで約400 kmである．東側からプレートの沈み込みがあったと考えるとノースマンウィルーナ地溝は現在の背弧側の伸張場に対応する．縁海の拡大にまでは至らなかったので

failed rift，あるいは aborted rift である．問題は 2.68 Ga 頃の東西圧縮の褶曲である．東方からのプレートの沈み込みを考える研究者は微小大陸の衝突を推定する（Nelson, 1997; Swager, 1997）．

3-5. スーペリオル区

カナダのスーペリオル区（Superior Province）は東西 2000 km，南北 1700 km の広がりがあり，世界の太古代の地層の約 20% がこの地区に分布している．しかしハドソン湾を挟んだ両側のスーペリオル区の北部は近づくのも困難である（図 3-9）．

3-5-1. 亜区の分布

スーペリオル湖の西南方を南東へ流れるミネソタ川の川底に，内座層とし

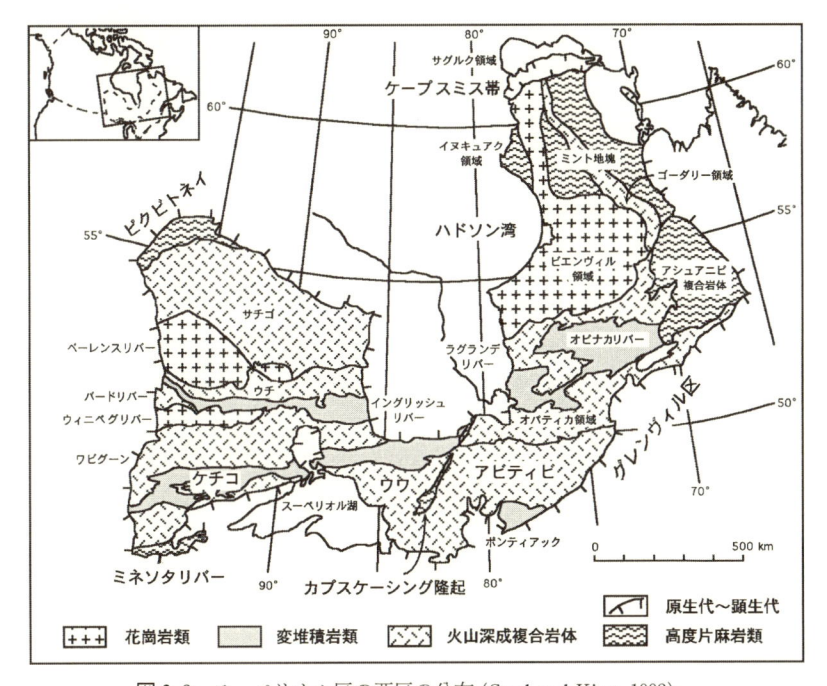

図 3-9　スーペリオル区の亜区の分布（Card and King, 1992）．

てミネソタ前地 (foreland) と呼ばれる変成岩類が露出している．角閃岩を包有するトーナル岩〜花崗閃緑岩類を主とする．原岩の年代は 3.66 Ga で，3.05 Ga と 2.70 Ga に花崗岩類の貫入があり，著しい変形・変成作用を受けた．グレート湖構造帯 (Great Lake Tectonic Zone) を隔てた北側がスーペリオル区で (図 3-9；図 4-6)，ほぼ西南西—東北東に延びる火山岩に富む帯と堆積岩に富む帯が交互に分布し，これらは島弧と付加体であると考えられている．

スーペリオル区の西半分では各亜区がほぼ東西に配列している．ミネソタ前地から北へ，ワワ (Wawa)，ケチコ (Quetico)，ワビグーン (Wabigoon)，バードリバー (Bird River)，イングリッシュリバー，ウチ (Uchi) 亜区と配列している．ウチ亜区より北はよくわかっていないのでサチゴ (Sachigo) 亜区として一括されている．ケチコとイングリッシュリバー亜区が堆積岩類に富む付加体で，他は典型的なグリーンストン・花崗岩帯である．そのほかの亜区でウィニペグリバー (Winnipeg River) 亜区は微小地塊，ベーレンスリバー (Berens River) 亜区はウチ・サチゴ両亜区の基盤が露出していると考えられている (図 3-9)．

3-5-2. ワワ亜区

グレート湖構造帯は 30°ほど北北西へ傾斜している．その北がワワ亜区である (図 3-9)．太古代の地層では層序ならびに対比の確立が困難な場合が多いので，不連続面で囲まれた地層の集合を assemblage の名称で呼ぶことがある．ここでは地層群と訳しておく．1つあるいは複数の地層群がグリーンストン帯を構成し，さらにその上の単位が亜区あるいは地質体という階層になっている．

スーペリオル湖に面するワワ (Wawa) の町の周辺に分布する表成岩類をミチピコーテン (Michipicoten) グリーンストン帯という．140×45 km の広がりをもち，変成度も低く緑色片岩相である．ミチピコーテングリーンストン帯はホーク (Hawk)，ワワ，キャットフィッシュ (Catfish) の各地層群からなっている．ホーク地層群の下部はコマチアイト・塊状〜枕状玄武岩で，フェルシックな火山岩類に覆われている．この地層群に 2.89 Ga のホーク

花崗岩が貫入しているが，この年代はワワ亜区の中では例外的に古い．ワワ，キャットフィッシュ地層群はそれぞれ 2.75 Ga, 2.70 Ga を中心とした火山岩層で，周辺の花崗岩類も類似の年代を示す (Williams et al., 1991)．

ワワ地層群の上部に今世紀の初めから採掘されたアルゴマ (Algoma) 型の縞状鉄鉱層が発達する．堆積岩に伴うスーペリオル湖型と比較して薄く，稼行できるのは構造的に厚くなっている部分に限られる．したがって鉱体の範囲は小規模で最大層厚 30 m，走向延長数 km といわれる．経済的な価値は低くてもアルゴマ型の鉄鉱層は野外でよく追跡できることが多く，酸化物相の他に炭酸塩相・硫化物相の地層を含めて有効な鍵層になっている．エクサーライト (exhalite) などとも呼ばれる．

3-5-3. カプスケーシング隆起帯

ワワ亜区の変成度は北北東へ延びるアイヴァンホー湖破砕帯 (Ivanhoe Lake cataclastic zone) へ向かって上昇し，緑色片岩相から角閃岩相を経てグラニュライト相になる．このグラニュライト相の地帯がカプスケーシング隆起帯 (Kapuskasing Uplift) である (図 3-9)．南部では角閃岩相から東方のグラニュライト相へ完全に漸移するが，北部では断層である．

グラニュライト相の変成岩類は不均質で雑多な岩石からなっている．マフィックな片麻岩を含む表成岩起源の片麻岩がある．おそらくは再融解により生じたトーナル岩質の層が 20% 以上も含まれ，その中にトーナル岩質片麻岩が貫入している．さらに 50×15 km の規模の斜長岩が周囲の片麻状組織に平行に貫入している (図 3-10 b)．アイヴァンホー湖破砕帯の東縁部の 1〜2 km には岩石が圧砕されて融解し，その後急冷固化したシュードタキライトと呼ばれる構造を含むカタクラサイト，あるいはマイロナイトが発達している．グラニュライトの圧力は 0.7〜0.9 GPa，温度 700〜800°C と推定されている．この変成帯は厚さ 20 km にわたる太古代の地殻断面を示している (Percival, 1990)．地表でのアイヴァンホー湖破砕帯の傾斜はさまざまであるが，下部では著しく低角になっている (図 3-10 a)．

いろいろの方法で測定された同位体年代は地殻深部へ向かって若くなる．ジルコンの U-Pb 年代は上部から下部へ 2.70 Ga から 2.62 Ga になる．黒雲

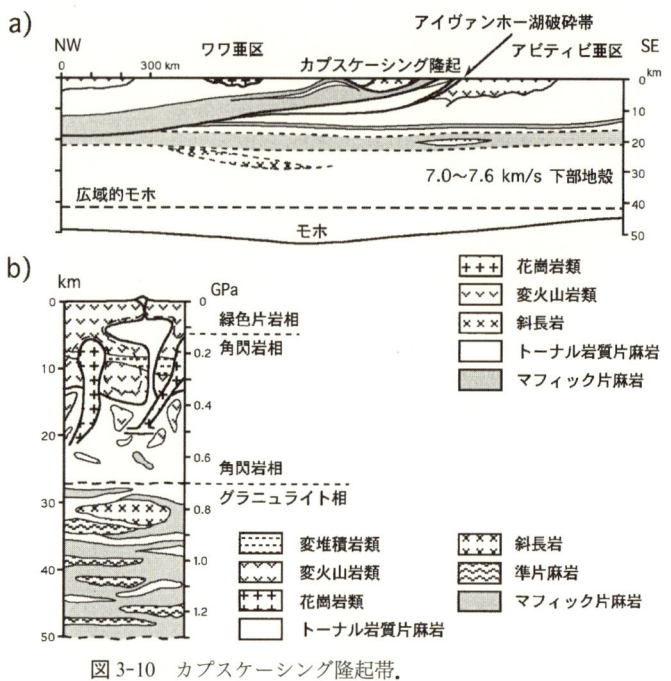

図 3-10 カプスケーシング隆起帯．
a) 地質構造断面図 (Clowes *et al*., 1992)．
b) 復元された太古代の地殻断面 (Percival, 1990)．

母の Rb-Sr 年代はより若く 2.50 Ga から 1.93 Ga になる．この事実はカプスケーシング隆起帯の地殻が形成された 2.7 Ga の後にゆっくりと熱伝導だけで冷却したことを示している (Clowes *et al*., 1992)．アイヴァンホー湖破砕帯の東側がアビティビ亜区である (図 3-9；図 3-10 a)．西側には 1.87 Ga の複数のカーボナタイトが知られている．

3-5-4. ケチコ亜区

ワワ亜区の北側はケチコ (Quetico) 亜区で延長が 1200 km, 幅は 100 km 以内の狭い地帯である (図 3-9)．境界は北傾斜の強度の剪断帯でケチコ亜区がワワ亜区へ衝上している．ケチコ亜区は北方上位のタービダイトが原岩で種々の堆積構造が観察される．砕屑性ジルコンの年代から 2.70〜2.69 Ga の堆積物である．ワビグーン亜区とは明瞭な右ずれ断層で隔てられている

(Percival and Williams, 1989).

　内部には軸が東へゆるく傾斜する褶曲が広域的に発達する．この変形は変成鉱物の成長の前から最盛期にかけて 2.69～2.67 Ga に起きたと考えられている．北北西方向の圧縮場により北側が上昇する剪断により形成された．ケチコ亜区の南北の縁辺部には黒雲母・十字石・ザクロ石の中圧型の組み合わせが認められるが，多くは高温型の変成作用で中軸部へ貫入する花崗岩類の分布と関連している．後造山時花崗岩類の同位体年代は 2.67～2.65 Ga の範囲が多く，周辺のグリーンストン・花崗岩帯の花崗岩類より有意に若い．

3-5-5. アシュアニピ複合岩体とミント地塊

　スーペリオル区の北東部に分布する高度変成岩類の実体がわかってきたのは，ごく最近である．南部がアシュアニピ(Ashuanipi)複合岩体で 300×300 km の広がりがある(図 3-9)．表成岩はすべて堆積岩類で，比較的シリカ含有量が低くグレイワッケ起源の付加堆積物と考えられている．グラニュライト相に達する変成作用を受け，砕屑性ジルコンから 3.35～2.70 Ga の年代が得られている．2.69～2.68 Ga に島弧的なトーナル岩が貫入したが，大部分を構成しているのは 2.68～2.67 Ga に貫入した斜方輝石含有花崗閃緑岩である．2.63 Ga のネフェリン含有閃長岩が一番若い(Percival et al., 1992).

　北部のミント(Minto)地塊は 500×500 km の範囲に広がる(図 3-9)．北東一南西へ横断する調査から複数の地質体が識別されている．地質体の境界は空中磁気図による区分とよく合っている(Percival and Card, 1992)．50％以上を占めるのが深成岩類で，塊状もしくは弱い葉理を示す角閃石含有花崗閃緑岩・トーナル岩などからなっている．幅が著しく広い割に同位体年代は比較的均質で 2.73 Ga ぐらいの年代を主としている．包有岩の中のジルコンの核から 3.50 Ga の年代が得られており，より古い基盤が存在するらしい．地殻～マントル物質の部分溶融によってマグマが形成されている(Stern et al., 1994).

　ミント地塊の中央部に北北西へ延びるゴーダリー領域(Goudalie Domain)が識別されている(図 3-9)．ミント地塊の変成度は全体としてグ

ラニュライト相に達しているが，ゴーダリー領域の変成度は角閃岩相とやや低く初生の組織をよく残している．トーナル岩に貫入されたグリーンストンが，さらに花崗岩類に貫入されている．これらの表成岩・深成岩類から3.0～2.7 Gaの範囲の年代が得られている．ヴィチーン (Vizien) 帯と呼ばれる表成岩類はもっとも大きなグリーンストンの残存で10×40 kmの広さがある．変形は2.72～2.69 Gaの間に起きている (Stern $et\ al.$, 1994)．

ミント地魂南西部の広大な地域が花崗岩類からなるビエンヴィル (Bienville) 領域である．この地域を含めてミント地塊は3.00～2.69 Gaの間の変動帯で，アシュアニピ複合岩体と同じく北北西の構造を示している．おそらく3.0 Gaの基盤の上に形成された大陸縁の火成帯で，表成岩類がヴィチーン帯に残されているらしい．ミント地塊はベーレンスリバー亜区に，ゴーダリー領域はウチ・サチゴ亜区のグリーンストン・花崗岩帯に類似している．変動の終末期に東西方向の左ずれ延性剪断帯が形成された．

3-6. アビティビ亜区

スーペリオル区南東部のアビティビ亜区 (Abitibi Subprovince) の地表はマフィック岩46%，フェルシック岩4%，堆積岩16%からなり，それらに貫入している花崗岩が32%を占める (図3-11 a)．安山岩が少ないバイモーダルな火山岩類が噴出した．

3-6-1. 火山岩類

現在までにアビティビ亜区の火成岩からは100を越えるジルコンのU-Pb年代が報告されている．火山岩類の同位体年代だけを取り出すと，北部から南部へ若くなる傾向がある．しかし火成活動の開始は北部でも南部でも2.73 Ga頃で，主要な火成活動は2.70 Ga頃に終了している (Davis $et\ al.$, 2000)．変成度は主として緑色片岩相であるが，一部にブドウ石・パンペリー石相の地域がある．主要な火成活動の終了後の2.70～2.68 Ga頃に全域にわたる右ずれ変動ならびに衝上変動があった．

アビティビ亜区を北帯・中央帯・南帯に区分する (図3-11 a)．カサバラ

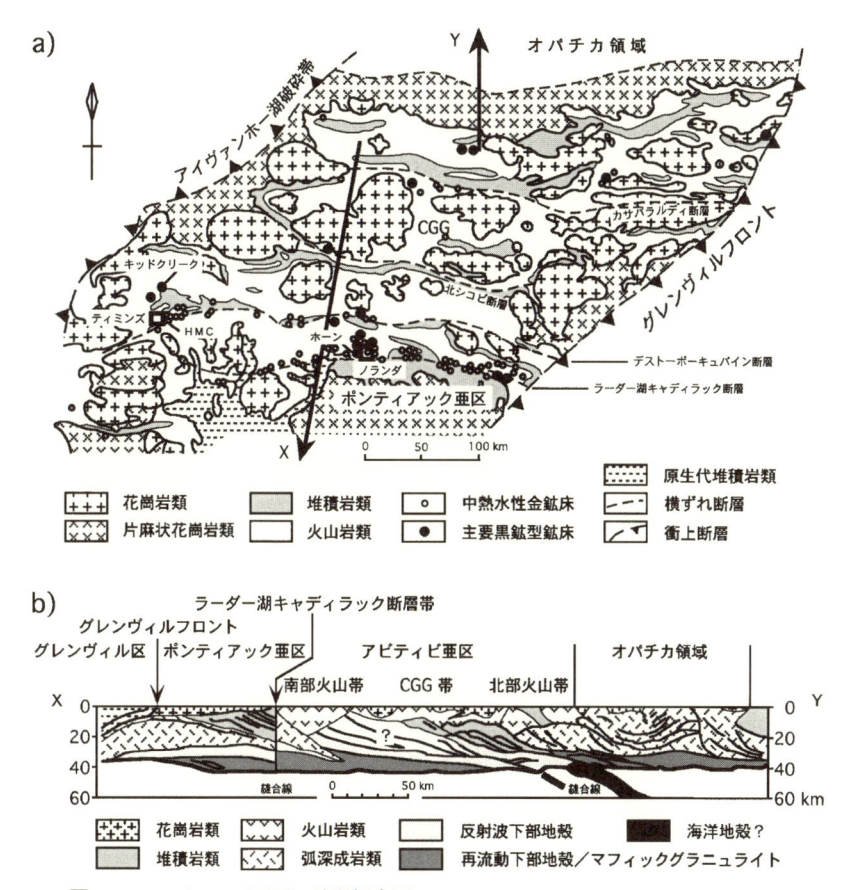

図 3-11 アビティビ亜区の地質概念図.
 a) 地質図 (Mueller and Donaldson, 1992). HMC は本文 p. 89 を参照.
 b) 断面図 (Kerrich and Ludden, 2000). 複数の測線に沿う反射法による地震波探査の結果から合成した地質断面図であるので,必ずしも測線 X-Y の地質断面を示していない. CGG：中央花崗岩～片麻岩帯.

ルディ (Casa-Barardi) 断層以北が北帯である. 玄武岩質の火山岩が優勢で, マフィック・超マフィック貫入岩類を伴っている. 海洋玄武岩台地 (oceanic plateau) を形成した火成岩類ではないかと考えられている. マフィックとフェルシックな火山岩類の周期的な噴出が認められるのは東部のシブガムー (Chibougamau) 地域だけである (Chown et al., 1992).

北シコビ (North Chicobi) 断層までが中央帯で (図 3-11 a)，中央花崗岩〜片麻岩帯 (Central Granite-Gneiss Zone；CGG) とも呼ばれる花崗岩類の多い地帯である．主要な岩体はトーナル岩質片麻岩・石英閃緑岩・トロニエム岩・トーナル岩・花崗閃緑岩などのナトリウムに富む系列である (図 3-12)．アビティビ亜区の名称の起源になったアビティビ湖バソリスは花崗閃緑岩・石英閃緑岩・モンゾ花崗岩などからなる複合岩体で，2.69 Ga の同位体年代が得られている．

南帯にはコマチアイトが多い．ティミンズ (Timmins) の町の東のムンロータウンシップ (Munro Township) のコマチアイトは研究者の名前から Pyke Hill と呼ばれる．素晴らしい記載が発表され (Pyke *et al.*, 1973)，模式地のバーバートン山地のコマチアイトより有名になった．厚さは 11 km に達する．一部のコマチアイト溶岩流の底部にはカンラン石とともにニッケル硫化物溶融体が沈積しており，同じ層準から 2.71 Ga の同位体年代が得られている．コマチアイト質火山岩類から始まり，ソレアイト質からカルクアルカリ質火山活動になるいくつかの周期があるらしい．

アビティビ亜区の地下構造はかなりよくわかっている (図 3-11 b)．これらと同位体年代・断層・剪断帯に基づいて数多くのテクトニクスが発表されている．南帯には北帯にはない 2.71〜2.70 Ga の火山岩類が分布する．アビティビ亜区は 2.72〜2.71 Ga 頃に割れたとする考えもある (Ludden *et al.*, 1986)．

3-6-2. 黒鉱型鉱床

デストーポーキュパイン (Destor-Porcupine) 断層帯より南がカークランド湖ノランダ (Kirkland Lake-Noranda) 地域である．カナダの主要都市に近いので，早くから地質の解明が進んで多くの鉱床が発見された．ノランダ地区で鉱床探査が始まったのは 1920 年頃からである．1923 年にホーン (Horne) 鉱床が発見され (図 3-11 a)，1927 年から 1976 年の閉山までの間に Cu 2.2%，Au 5.3 g/t の鉱石が 5700 万トン採掘された．その後にノランダ地区で発見された黒鉱型鉱床は 22 以上に達し，総鉱量は 2 億 6000 万トンと推定されている．日本の北鹿地域の約 2 倍である．日本の黒鉱鉱床につい

て多くの研究が発表される1970年頃までは，黒鉱型鉱床はノランダ型鉱床と呼ばれていた．ノランダ地域の黒鉱型鉱床の多くは流紋岩ドーム〜溶岩のへりに生成してアムール（Amulet）安山岩に覆われている．直径約10 kmの範囲に分布し，火山性陥没構造に規制されていると考えられている．

1963年に発見されたキッドクリーク（Kidd Creek）鉱床はアビティビ亜区の西端で，ティミンズの町の北方約27 kmに位置する（図3-11 a）．下位の流紋岩からはジルコンのU-Pb年代で2.72 Gaが得られている．確認された鉱量は1億3000万トンであるが，総鉱量3億トンと推定される世界最大の黒鉱型鉱床の1つである．1985年までにAg 116 g/t，Cu 1.92%，Pb 0.28%，Zn 7.61%の鉱石が6800万トン採掘された．変成・変形を受けているが，その地質は黒鉱の小坂鉱山内の岱西鉱床に著しく類似している（Walker $et\ al.$, 1975）．

アビティビ亜区の黒鉱型鉱床はフェルシックな火山活動に伴う点では日本

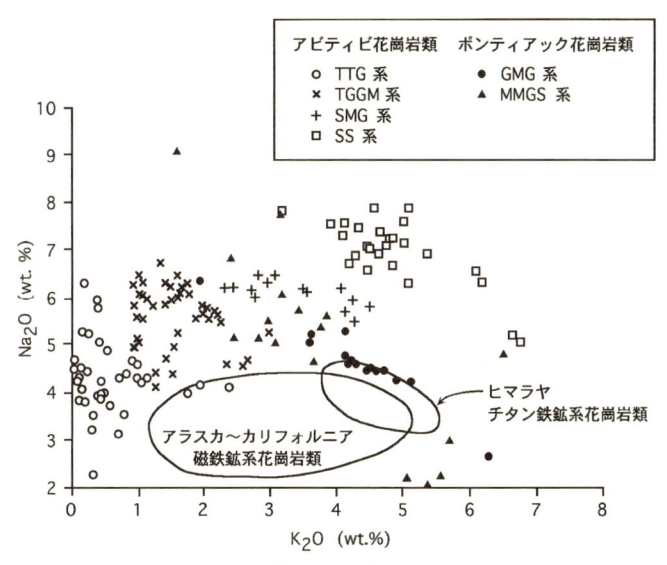

図3-12 カークランド湖ノランダ地域の花崗岩類の化学的特徴（Feng and Kerrich, 1992）．
　太古代の花崗岩類は一般的に顕生代の花崗岩類に比べてアルカリ，とくにナトリウムに富んでいる．同じアルカリでもカリウム富む花崗岩類が出現するのは太古代の末期である．

の黒鉱鉱床に類似しているが，鉛同位体比はマントル型でむしろ別子型である．鉱石中に鉛が少ない特徴は地殻の進化に対応しているのであろう．一般に鉱床下盤の強変質を受けた火山岩類は，弱変質部と比較すると全岩の酸素同位体比の値が軽くなる．ところが巨大なホーン鉱床とキッドクリーク鉱床では下盤変質帯の酸素同位体比の値が異常に重い．蒸発岩からの濃厚塩水の寄与があるらしい．

3-6-3. 南縁部の変動

ほぼノランダの町を通る東西性のラーダー湖キャディラック (Larder Lake-Cadillac) 断層帯の南側が砕屑岩相のポンティアック (Pontiac) 亜区である（図3-11 a, b）．主として2.69 Ga頃のタービダイトで全層厚は1000 mを越える．全体としては北傾斜で南方造山極性の褶曲をしている．中圧型の変成作用を受けており，断層帯に近い地域の緑色片岩相から南へ角閃岩相になる．花崗岩類はモンゾ閃緑岩・モンゾニ岩・花崗閃緑岩・閃長岩 (MMGS) で，アビティビ亜区の花崗岩類と比較するとナトリウムに乏しい岩体が多い（図3-12）．同位体年代は2.69〜2.65 Gaの範囲である．2.66〜2.63 Ga頃からアビティビ・ポンティアック両亜区に共通の変動が現れる (Kerrich and Feng, 1992)．

ラーダー湖キャディラック断層帯の北側に分布する河川堆積物がティミスカミング (Timiskaming) 層群で，ラーダー湖キャディラック断層帯の右ずれ変動に伴うプルアパート盆に堆積したモラッセであると考えられている (Mueller and Donaldson, 1992)．アビティビ亜区のグリーンストンを不整合に覆い，ポンティアック亜区の地層とは一部不整合，一部整合であると考えられている．砕屑性ジルコンの年代として>2.68 Gaが得られている．サニディン，リューサイトの仮像を含むアルカリ火山岩類を挟み，2.68 Gaの閃長岩・モンゾニ岩・花崗岩 (SMG) の噴出相である（図3-12）．このように変動の最末期にアルカリ岩が噴出するのは，現在の島弧変動との共通点である (Ujike, 1985)．

デストーポーキュパイン断層帯はラーダー湖キャディラック断層帯の北約40 kmを走っている．中熱水性金鉱床の分布は両断層帯に沿った地域に集

中している（図3-11a）．日本列島全体からの産金量は約1600トンであるが，この地域からの産金量・鉱量は約3500トンと推定されている．最大の鉱床はデストーポーキュパイン断層帯の西端のすぐ北側に位置するホーリンガー（Hollinger）鉱山で，産金量・鉱量あわせて650トンである．しかし同じ金鉱脈の北東延長をマッキンタイアー（McIntyre）鉱山とコニオウラム（Coniaurum）鉱山が稼行しているので，まとめてHMC鉱床と呼ばれる．1909年の発見以来1989年までに鉱床群をあわせて平均Au 8.6g/tの鉱石から1055トンの金を産出した．鉱脈中の熱水性ジルコンのシュリンプ年代は2.68 Gaで，アビティビ亜区南部の火成活動の最末期に対応している（Rye and Edmunds, 1990）．

3-6-4. スーペリオル区の形成

　スーペリオル区の火山岩類の年代は南の亜区ほど新しくなるが，東西方向へは著しく均一である．このような細長い火山帯としては島弧が考えられる．これに対して堆積岩類からなるケチコとイングリッシュリバー亜区は主としてフェルシック火山岩類を後背地とするタービダイトから構成されている．海洋底の沈み込みに伴う付加体であるらしい（Percival and Williams, 1989）．アビティビ亜区の火山岩類は海洋的な環境でマグマが生成しており，コマチアイト，ソレアイトの多くは海洋底玄武岩台地であると考えられている（Desrochers et al., 1993）．しかしより北方の亜区には太古代中期の大陸地殻の関与を示す証拠があり，2.8 Gaより古い変動が残っている．とくにウィニペグリバー亜区の片麻岩複合岩体は3.17～2.84 Gaで，微小地塊であるらしい．

　スーペリオル区の変動に先立って，ウチ，サチゴ亜区からミント地塊へかけては陸塊があったのであろう．現在の方向で南東から沈み込む海洋性のプレートはイングリッシュリバー付加体を形成し，ベーレンスリバー，ビエンヴィル花崗閃緑岩類からなる大陸性の火山弧を形成した．沈み込む海洋プレートが伴ったワビグーン島弧はウチ・サチゴ・ミント陸塊へ衝突した．衝突したワビグーン島弧への沈み込みによってケチコ付加体が形成され，南北圧縮が示す2.69～2.67 Gaの頃にワワ・アビティビ島弧が衝突した．ミネソ

夕前地を伴う海洋底のワワ・アビティビ亜区への沈み込みは，ポンティアック亜区を構成する砕屑岩類を付加した（図3-13）．ワワ・アビティビ島弧の火山活動は2.70 Gaまでである．その後に延性さらに脆性変形が始まり，後変動時花崗岩類ならびにアルカリ火山岩類の活動は2.68～2.65 Gaである．ミネソタ前地を構成する陸塊は2.70～2.67 Gaの頃にワワ・アビティビ島弧と衝突したと考えられている（Card and Poulsen, 1998）．

　この最後の変動がケノール（Kenoran）造山である（Stockwell, 1982）．いずれの衝突変動も南北性の圧縮の後に右ずれの変動が起きている．海洋底の沈み込みは島弧に対して直角ではなく，現在の位置で東南から西北へ沈み込

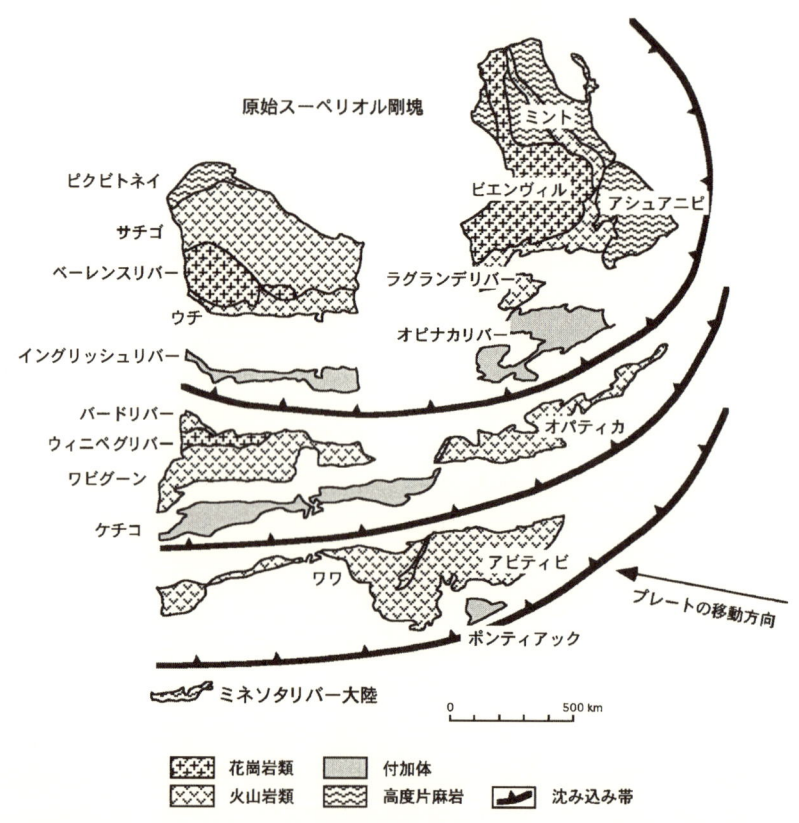

図3-13　スーペリオル区の形成を示す概念図（Langford and Morin, 1976；Stern *et al.*, 1994から作成）．

んでいたらしい（図3-13）。この時に形成された太古代の大陸に対してケノール大陸 (Kenorland) の名称が提案されているが，現在知られている以上に大規模な大陸であったかもしれない (Roscoe and Card, 1993)。

引用文献 (第3章)

Bickle, M. J., Bettenay, L. F., Chapman, H. J., Groves, D. I., McNaughton, N. J., Campell, I. H. and de Laeter, J. R. (1993) : The age and origin of younger granitic plutons of the Shaw Batholith in the Archaean Pilbara Block, Western Australia. *Contrib. Mineral. Petrol.*, **101**, 361-376.

Blenkinsop, T. G., Fedo, C. M., Bickle, M. J., Eriksson, K. A., Martin, A., Nisbet, E. G. and Wilson, J. F. (1993) : Ensialic origin for the Ngezi Group, Belingwe Greenstone Belt, Zimbabwe. *Geology*, **21**, 1135-1138.

Byerly, G. R., Kroner, A., Lowe, D. R. and Walsh, M. M. (1996) : Prolonged magmatism and time constraints for sediment deposition in the early Archean Barberton Greenstone Belt: evidence from the upper Onverwacht and Fig Tree Groups. *Precam. Res.*, **78**, 125-138.

Card, K. D. and King, J. E. (1992) : The tectonic evolution of the Superior and Slave Provinces of the Canadian Shield : Introduction. *Can. J. Earth Sci.*, **29**, 2059-2065.

Card, K. D. and Poulsen, K. H. (1998) : Geology and mineral deposits of the Superior Province of the Canadian Shield. *In* S. B. Lucas and M. R. St-Onge, eds., Geology of the Precambrian Superior and Grenville Provinces and Precambrian Fossils in North America, Geology of Canada, no. 7, 13-194, Geol. Surv. Can., 387 p.

Chown, E. H., Daigneault, R., Mueller, W. and Mortensen, J. K. (1992) : Tectonic evolution of the Northern Volcanic Zone, Abitibi Belt, Quebec. *Can. J. Earth Sci.*, **29**, 2211-2225.

Clowes, R. M., Cook, F. A., Green, A. G., Keen, C. E., Ludden, J. N., Percival, J. A., Quinlan, G. M. and West, G. F. (1992) : Lithoprobe : new perspectives on crustal evolution. *Can. J. Earth Sci.*, **29**, 1813-1864.

Davis, W. J., Lacroix, S., Gariepy, C. and Machado, N. (2000) : Geochronology and radiogenic isotope geochemistry of plutonic rocks from the central Abitibi Subprovince : significance to the internal subdivision and plutono-tectonic evolution of the Abitibi Belt. *Can. J. Earth Sci.*, **37**, 117-133.

de Ronde, C. E. J. and de Wit, M. J. (1994) : Tectonic history of the Barberton Greenstone Belt, South Africa : 490 million years of Archean crustal evolution. *Tectonics*, **13**, 983-1005.

Desrochers, J. P., Hubert, C., Ludden, J. N. and Pilote, P. (1993) : Accretion of oceanic plateau fragments in the Abitibi Greenstone Belt, Canada. *Geology*, **21**, 451-454.

Feng, R. and Kerriich, R. (1992) : Geodynamic evolution of the southern Abitibi and Pontiac Terranes : evidence from geochemistry of granitoid magma series (2700- 2630 Ma). *Can. J. Earth Sci.*, **29**, 2266-2286.

Findlay, D. (1998) : Boudinage on radial fractures : an alternative to magmatic models for the emplacement of nickel ores, Lunnon Shoot, Kambalda, Western

Australia. *Austral. J. Earth Sci.*, **45**, 943-954.
Hickman, A. H. (1983) : Geology of the Pilbara Block and its environs. *Geol. Surv. West. Austral. Bull.*, No. 127, 268 p.
Holzer, L., Frei, R., Barton, J. M., Jr., and Kramers, J. D. (1998) : Unraveling the record of successive high grade events in the Central Zone of the Limpopo Belt using Pb single phase dating of metamorphic minerals. *Precam. Res.*, **87**, 87-115.
Kerrich, R. (1983) : Geochemistry of gold deposits in the Abitibi Greenstone Belt. *Can. Inst. Min. Metall. Spec. Vol.*, 27, 75 p.
Kerrich, R. and Feng, R. (1992) : Archean geodynamics and the Abitibi-Pontiac collision : implications for advection of fluids at transpressive collisional boundaries and the origin of giant quartz vein systems. *Earth Sci. Rev.*, **32**, 33-60.
Kerrich, R. and Ludden, J. (2000) : The role of fluids during formation and evolution of the southern Superior Province lithosphere : an Overview. *Can. J. Earth Sci.*, **37**, 135-164.
Kitajima, K., Maruyama, S., Utsunomiya, S. and Liou, G. (2001) : Seafloor hydrothermal alteration at an Archaean mid-ocean ridge. *J. Metamorphic Geol.*, **19**, 581-597.
Kiyokawa, S. and Taira, A. (1998) : The Cleaverville Group in the West Pilbara Coastal Granitoid-Greenstone Terrain of Western Australia : an example of a Mid-Archaean immature oceanic island-arc succession. *Precam. Res.*, **88**, 109-142.
Kiyokawa, S., Taira, A., Byrne, T., Bowring, S. and Sano, Y. (2002) : Structural evolution of the middle Archean coastal Pilbara terrane, Western Australia. *Tectonics*, **21** (5), 1044, doi : 10. 1029/2001 TC 001296.
Kloppenburg, A. (2001) : Structural evolution of the Warrawoona Greenstone Belt and adjoining granitoid complexes, Pilbara Craton, Australia : implications for Archaean tectonic processes. *Precam. Res.*, **112**, 107-147.
Kroner, A., Hegner, E., Wendt, J. I. and Byerly, G. R. (1996) : The oldest part of the Barberton Granitoid-Greenstone Terrain, South Africa : evidence for crust formation between 3.5 and 3.7 Ga. *Precam. Res.*, **78**, 105-124.
Kusky, T. M. (1998) : Tectonic setting and terrane accretion of the Archean Zimbabwe Craton. *Geology*, **26**, 163-166.
Langford, F. F. and Morin, J. A. (1976) : The development of the Superior Province of Northwestern Ontario by merging island arcs. *Amer. J. Sci.*, **276**, 1023-1034.
Lowe, D. R. (1999) : Geologic evolution of the Barberton Greenston Belt and vicinity. In D. R. Lowe and G. R. Byerly, eds., Geologic Evolution of the Barberton Greenstone Belt, South Africa, Geol. Soc. Amer., Spec. Pap., 329, 287-312.
Ludden, J. N., Hubert, C. and Gariepy, C. (1986) : The tectonic evolution of the Abitibi Greenstone Belt of Canada. *Geol. Mag.*, **123**, 1563-166.
Martin, A., Nisbet, E. G., Bickle, M. J., and Orpen, J. L. (1993) : Rock units and stratigraphy of the Belingwe Greenstone Belt : The complexity of the tectonic setting. In M. J. Bickle and E. G. Nisbet, eds., The Geology of the Belingwe Greenstone Belt, Zimbabwe, 13-37, Geol. Soc. Zimbabwe, Spec. Pub., 2, p 239.
Mueller, W. and Donaldson, J. A. (1992) : Develpment of sedimentary basins in the Archean Abitibi Belt, Canada : an Overview. *Can. J. Earth Sci.*, **29**, 2249-2265.
Myers, J. S. (1997) : Preface : Archaean geology of the Eastern Goldfields of Western Australia—regional overview. *Precam. Res.*, **83**, 1-10.

Nelson, D. R. (1997) : Evolution of the Archaean granite-greenstone terranes of the Eastern Goldfields, Western Australia : SHRIMP U-Pb zircon constraints. *Precam. Res.*, **83**, 57-81.
Nijman, W., de Bruijne, K. H. and Valkering, M. E. (1998) : Growth fault control of Early Archaean cherts, barite mountds and chert-barite veins, North Pole Dome, Eastern Pilbara, Western Australia. *Precam. Res.*, **88**, 25-52.
Percival, J. A. (1990) : Archean tectonic setting of granulite terranes of the Superior Province, Canada : A view from the bottom. *In* D. Vielzeuf and P. Vidal, eds., Granulites and Crustal Evolution, 171-193, Kluwer, Dortrecht.
Percival, J. A. and Card, K. D. (1992) : Vizien greenstone belt and adjacent high grade domains in the Minto block, Ungava Peninsula, Quevec. *In* Current Research, Pt. C, Geol. Surv. Can., Pap. 92-1 C, 69-80, 319 p.
Percival, J. A., Mortensen, J. K., Stern, R. A. and Card, K. D. (1992) : Giant granulite terranes of northeastern Superior Province : the Ashuanipi Complex and Minto Block. *Can. J. Earth Sci.*, **29**, 2287-2308.
Percival, J. A. and Williams, H. R. (1989) : The Quetico Accretionary Complex, Superior Province, Canada. *Geology*, **17**, 23-25.
Pyke, D. R., Naldrett, A. J. and Eckstrand, A. P. (1973) : Archean ultramafic flows in the Munro-Township, Ontario. *Geol. Soc. Amer. Bull.*, **84**, 955-978.
Roscoe, S. M. and Card, K. D. (1993) : The reappearance of the Huronian in Wyoming ; rifting and drifting of ancient continents. *Can. J. Earth Sci.*, **30**, 2475-2480.
Rye, K. A. and Edmunds, F. C. (1990) : Hollinger-McIntyre-Coniaurum gold-quartz system. *In* J. A. Fyon and A. H. Green, eds., Geology and Ore Deposits of the Timmins District, Ontario, 85-102, Geol. Surv. Can., Open File 2161, 156 p.
Smithies, R. H. and Witt, W. K. (1997) : Distinct basement terranes identified from granite geochemistry in late Archaean granite-greenstones, Yilgarn Craton, Western Australia. *Precam. Res.*, **83**, 185-201.
Spear, F. S. (1992) : Thermobarometry and P-T paths from granulite facies rocks : an introduction. *Precam. Res.*, **55**, 201-207.
Stern, R. A., Percival, J. A. and Mortensen, J. K. (1994) : Geochemical evolution of the Minto block : a 2.7 Ga continental magmatic arc built on the Superior proto-craton. *Precam. Res.*, **65**, 115-153.
Stockwell, C. H. (1982) : Proposals for time classification and correlation of Precambrian rocks and events in Canada and adjacent areas of the Canadian shield. Part 1 : time classification of Precambrian rocks and events. Geol. Surv. Can. Pap., 80-19, 135 p.
Swager, C. P. (1997) : Tectono-stratigraphy of late Archaean greenstone terranes in the southern Eastern Goldfields, Western Australia. *Precam. Res.*, **83**, 11-42.
Swager, C. P., Goleby, B. R., Drummond, B. J., Rattenbury, M. S. and Williams, P. R. (1997) : Crustal structure of granite-greenstone terranes in the Eastern Goldfields, Yilgarn Craton, as revealed by seismic reflection profiling. *Precam. Res.*, **83**, 43-56.
Ujike, O. (1985) : Geochemistry of Archean alkalic volcanic rocks from the Crystal Lake area, east of Kirkland Lake, Ontario, Canada. *Earth Planet. Sci. Lett.*, **73**, 333-344.
Van Reenen, D. D., Barton, Jr., J. M., Roering, C., Smith, A. C., and Van Schalkwyk, J.

F. (1987): Deep crustal response to continental collision: The Limpopo Belt of Southern Africa. *Geology*, **15**, 11-14.

Van Reenen, D. D., Roering, C., Ashwal, L. D. and de Wit, M. J. (1992): Regional geological setting of the Limpopo Belt. *Precam. Res.*, **55**, 1-5.

Viljoen, M. J. and Viljoen, R. P. (1969): Geology and geochemistry of the lower ultramafic unit of the Onverwacht Group and a proposed new class of igneous rocks. Geol. Soc. South Africa, Spec. Pub., 2, 55-86.

Walker, R. R., Matulich, A., Amos, A. C., Watkins, J. J. and Mannard, G. W. (1975): The geology of the Kidd Creek Mine. *Econ. Geol.*, **70**, 80-89.

Wilde, S. A., Middleton, M. F. and Evans, B. J. (1996): Terrane accretion in the southwestern Yilgarn Craton: evidence from a deep seismic crustal profile. *Precam. Res.*, **78**, 179-196.

Williams, H. R., Stott, G. M., Heather, K. B., Muir, T. L. and Sage, R. P. (1991): Wawa Subprovince. *In* P. C. Thurston, H. R. Williams, R. H. Sutcliffe and G. M. Stott, eds., Geology of Ontario, 485-539, Ontario Geol. Surv. Spec. Vol. 4, Pt. 1, 711 p.

Wilson, J. F., Nesbitt, R. W. and Fanning, C. M. (1995): Zircon geochronology of Archaean felsic sequences in the Zimbabwe Craton: a revision of greenstone stratigraphy and a model for crustal growth. *In* M. P. Coward and A. C. Ries, eds., Early Precambrian Process, Geol. Soc. Spec. Pub., 95, 109-126, 295 p.

Woodall, R. (1990): Gold in Australia. *In* F. E. Hughes, ed., Geology of the Mineral Deposits of Australia and Papua New Guinea, Vol. 1, 45-67, Austral. Inst. Min. Metall., 1828 p.

概説書

Lowe, D. R. and Byerly, G. R., eds. (1999): Geologic Evolution of the Barberton Greenstone Belt, South Africa, Geol. Soc. Amer., Spec. Pap., 329, 319 p.
  バーバートン山地についての最新の研究成果が総括されている．

Anhaeusser, C. R. and Maske, S., eds. (1986): Mineral Deposits of Southern Africa, Geol. Soc. South Africa, 1020 p.
  鉱床記載の本であるが，プレカンブリアのほとんどの地質の記載が含まれている．このような視点が日本の鉱床記載の出版物とは異なる．

Anhaeusser, C. R., ed. (1983): Contributions to the Geology of the Barberton Mountain Land, Geol. Soc. South Africa, Spec. Pub., 9, 223 p.
  南アフリカ地質学会の特別号第2号 (1969) に初めてコマチ川のコマチアイトが報告された．この出版物の最初の論文も「コマチ川のコマチアイト」である．

Bickle, M. J. and Nisbet, E. G., eds. (1993): The geology of the Belingwe Greenstone Belt, Zimbabwe. Geol. Soc. Zimbabwe, Spec. Pub., 2, 239 p.
  数少ないジンバブエの地質に関する本である．記述はジンバブエ剛塊南端部に近いベーリングエグリーンストンだけであるが，貴重な1冊である．

Hughes, F. E., ed. (1990): Geology of the Mineral Deposits of Australia and Papua New Guinea. Austral. Inst. Min. Metall. Monogr., 14, 1828 p.
  鉱床の記述が目的であるが，地域地質の記載も詳細である．

Lucas, S. B. and St-Onge, M. R., eds. (1998): Geology of the Precambrian Superior and Grenville Provinces and Precambrian Fossils in North America. Geology of Canada, 7, Geol. Surv. Can., 387 p.

アメリカ合衆国地質学会創立100年を記念した北米の地質のシリーズの中でカナダ地質調査所によって企画された1冊であるが，大変遅れて出版された．題名から明らかな如く，スーペリオル区とグレンヴィル区のプレカンブリアと北米にグリーンランドを含む地域のプレカンブリアの化石が扱われている．

Thurston, P. C., Williams, H. R., Sutcliffe, R. H. and Stott, G. M., eds. (1991): Geology of Ontario. Ontario Geol. Surv. Spec., Vol. 4, 1525 p.

オンタリオ州の地質調査所の出版物であるので，ケベック州に属するアビティビ亜区東部の記述が欠けている．しかしスーペリオル区の西部は北端のサチゴ亜区にいたるまでオンタリオ州であるので，詳細に記載されている．

Hannington, M. D. and Barrie, C. T., eds. (1999): The Giant Kidd Creek Volcanogenic Massive Sulfide Deposit, Western Abitibi Subprovince, Canada. Econ. Geol. Monograph 10, Econ. Geol. Pub. Co., 672 p.

おそらく世界最大の黒鉱型鉱床であるキッドクリーク鉱床研究の集大成である．

第4章
盾状地堆積物

　太古代の剛塊の上に海進が進行した．これらの堆積物の多くは，その後の変動が軽微である．大規模火成岩体の貫入・縞状鉄鉱層の堆積・大氷河時代は，原生代を特徴づける三大事件といわれる．これらの中で縞状鉄鉱層の堆積は原生代の初期に集中している．スーペリオル区は成長してローレンシア大陸が癒合した．

4-1. カープファール剛塊の盾状地堆積物

　カープファール剛塊は地球上で最初の安定した地塊を形成し，その上に盾状地堆積物（cratonic cover）が堆積した．当時の「クールスポット」と表現されることがある．カープファール剛塊には太古代のみならず原生代を特徴づけるすべてが存在する．

4-1-1. ポンゴラ累層群

　カープファール剛塊のもっとも古い盾状地堆積物はポンゴラ（Pongola）累層群である．剛塊の南東部，南アフリカとスワジランドの境界部に分布している．断片的な露出を含めると南北 250 km，東西 80 km の範囲に広がり（図 4-1），ゆるやかな波曲構造があるが傾斜は 30°を越えない．火山岩類に富む下部と砕屑岩類に富む上部に二分される．

　北部のポンゴラ累層群は東傾斜で層厚は 11 km と厚く，南部では東西性で北傾斜になり層厚 2.5 km ぐらいに薄くなる．北部では基底礫岩で始まり，下部はソレアイト質玄武岩を主とする火山岩類で，ストロマトライトを含むドロマイト層を挟む石英質砂岩に覆われる．南部では火山岩類が少ないが縞状鉄鉱層が発達している．不整合で火山岩類を覆う砕屑岩類は主として潮間

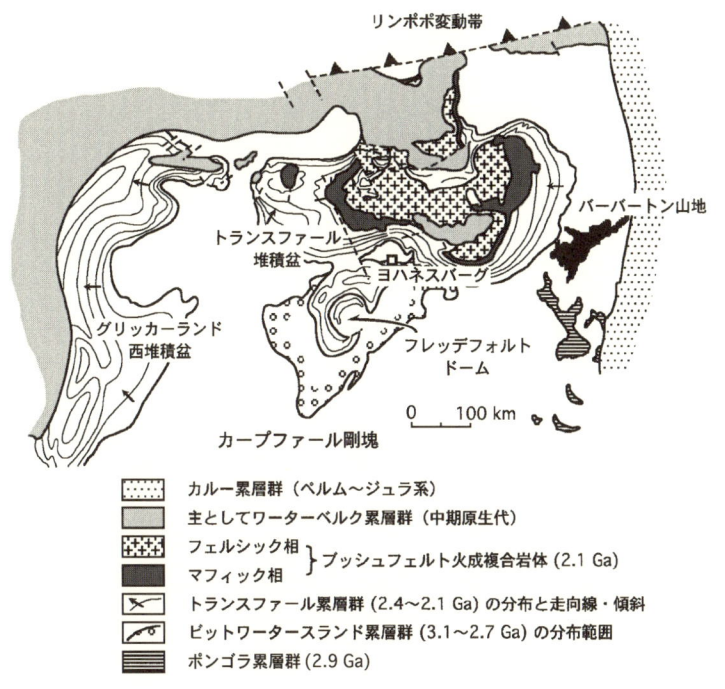

図 4-1　カープファール剛塊北部の地質概念図（Hunter and Hamilton, 1978 などから作成）．
　　　トランスファール累層群の基底面の等高線図の概略を示してある．

帯の堆積物であるが，浅海の堆積物も含まれて層相変化が激しい．上方細粒化と上方粗粒化のシーケンスが繰り返し，海進・海退環境の堆積物である．斜交層理などの堆積構造が発達し，乾裂も認められる．間欠的に河川水の流入があったらしい．浅海の堆積物はしばしば鉄に富む（Watchorn, 1980）．上部約 400 m の間に 4 層の氷礫岩があり，これが世界最古の氷成堆積物である（Young et al., 1998）．

　ポンゴラ累層群は広域的に低度の変成作用を受け，アルミニウムに富む堆積物には紅柱石が現れる．基盤のカープファール剛塊から 3.10 Ga，ポンゴラ累層群の下部を構成する火山岩から 2.94 Ga，ポンゴラ累層群に貫入する超マフィック～マフィック岩のウシュシュワナ（Ushushwana）岩体から 2.87 Ga の同位体年代が得られている．南北性の断層に規制された半地溝に

堆積し，火山岩類の噴出も地溝の形成に関係があるらしい．

4-1-2. ビットワータースランド累層群

　ビットワータースランド（Witwatersrand）累層群の分布の北限はほぼヨハネスバーグで，北東—南西方向へ350 km，北西—南東方向へ200 kmという楕円形の向斜構造を形成している（図4-1）．下部のドミニオン（Dominion）層群の溶岩から3.06 Ga，ビットワータースランド累層群を不整合で覆うフェンタースドープ（Ventersdorp）累層群から2.71 Gaというシュリンプ年代が得られている．およそ3.06〜2.71 Gaの間の堆積物である．ポンゴラ累層群の分布とは120 kmほど離れており，全体としてポンゴラ累層群よりは新しい．

　ビットワータースランド累層群の積算された層厚は1万1000 mほどになる．しかしボーリングにより確認された厚さは7500 mが一番厚い．堆積盆の北西縁は東北東—西南西に走る断層で，地形的には半地溝の堆積盆であると考えられている．火山活動があったという事実とともにポンゴラ累層群の堆積盆の特徴に類似している．

　基盤岩類の上位に，基底礫岩を挟んで最下部のドミニオン層群が重なる．本層群は堆積盆の北西側に広く分布し，全体の1/4を占める．ソレアイト玄武岩と流紋岩からなり，バイモーダル火山活動の特徴を示している．ドミニオン層群の上に重なる砕屑岩層は下部がウエストランド（West Rand）層群，上部がセントラルランド（Central Rand）層群である．ウエストランド層群は外洋の堆積物でグレイワッケを主とするが，複数の層準に氷礫岩を挟んでいる．

　セントラルランド層群は厚さ7〜10 kmの浅海性堆積物で，多くは砂岩と頁岩の互層であるが上部に薄い礫岩を挟む．この礫岩が世界的に有名なビットワータースランド含金礫岩である．1886年に発見されて以来，平均して9.57 g/tの金を含む鉱石から現在までに採掘された金は，少なくとも3万7000トンに達する．かっては世界の産金量の半分がこの礫岩から採掘されたが，現在では約20％に落ちている．鉱石から金を採集した残りの廃石の中にウラニウムが含まれていることが発見されたのは比較的新しい．

ビットワータースランド堆積盆の北翼には，断層による崖があったと考える研究者が多い．ここからの河川の堆積盆への流入路ならびに堆積盆内での流れの方向が明らかになっている．堆積盆の中心部へ向かって礫の直径が減少するとともに金の含有量が減少し，金に対するウラニウムの割合が増大する．この金鉱床の成因については議論もあったが，古砂金鉱床であることが確立している．

4-1-3. トランスファール累層群

トランスファール（Transvaal）累層群はカープファール剛塊あるいは盾状地堆積物を不整合に広く覆っている．現在，侵食を免れて残っているのは 25 万 km^2 ほどであるが，もともとは 50 万 km^2 ぐらいの広がりがあったらしい．現在の分布は東北のトランスファール堆積盆と西南のグリッカーランド（Griquarand）西堆積盆に分離している（図 4-1）．2.35 Ga 頃から堆積が始まり，ブッシュフェルト（Bushveld）火成複合岩体が貫入した 2.05 Ga 頃に堆積が終了した．東北部では基盤の谷などを埋積する地層から始まり，この上に化学的堆積物に富む地層が堆積している．

最古の炭酸塩岩卓状地を構成する岩石は東部ではチャートの割合が多いが，西部の剛塊縁へ向かってドロマイトに富むようになる．全体としてドーム状のストロマトライト石灰岩で，剛塊のへりと推定されている地帯には柱状のストロマトライトが現れ，ドロマイト化を受けていない石灰岩も見出される．外洋に面した地帯では水の循環がよかったのであろう．炭酸塩岩卓状地の厚さは 600 m ほどであるが，剛塊のへりを越えた西側では消失し，厚さ 300 m ほどの石灰岩タービダイトと遠洋性堆積物が発達する（図 4-2）．西側には南北性のトラフがあったと考えられている（Klein and Beukes, 1989）．

ストロマトライト炭酸塩岩相の中の有機炭素・Al_2O_3 の含有量は縞状鉄鉱層よりも高く，礁湖あるいは閉じた海盆の堆積物であると考えられている．主要部は炭酸塩岩の葉理と，葉理が乱された炭酸塩岩の互層である．上部は炭酸塩岩質の頁岩で，緑泥石に富む部分とケロジェンに富む部分からなる細かい葉理を示す．黄鉄鉱は普通に含まれている．炭酸塩岩相は漸移帯を経て縞状鉄鉱相になる．漸移帯では石灰岩は上位へチャート質の炭酸塩岩になり，

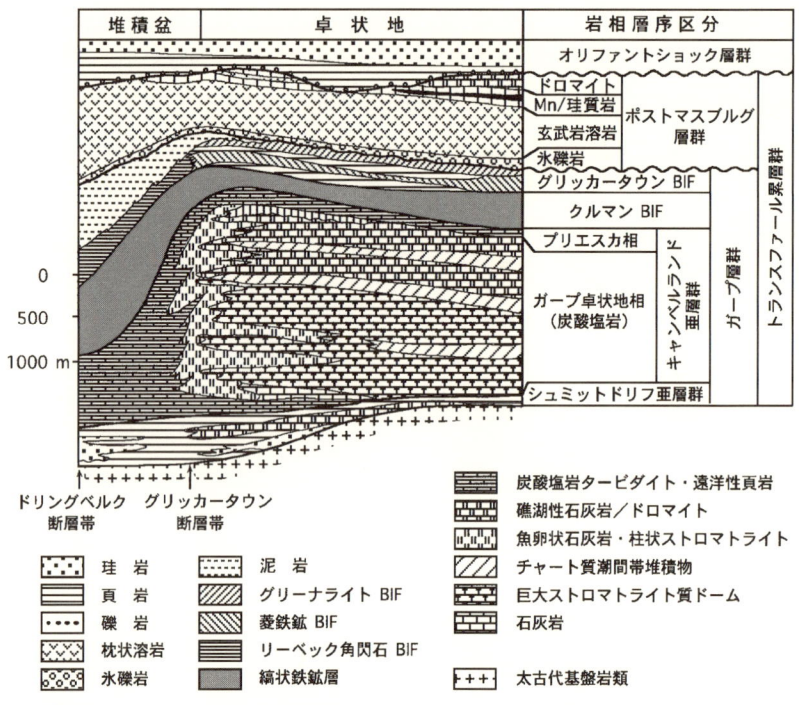

図 4-2 カープファール剛塊西縁のトランスファール累層群の岩相変化 (Beukes, 1986).
　ほぼ東西断面．氷成堆積物の下位の盾状地堆積物は，下部の卓状地堆積物の石灰岩と上部の縞状鉄鉱層 (BIF) に分けられる．ストロマトライトの形態は，環境の影響を受けているらしい．

一部を除いてストロマトライトが消失する．海進に伴って鉄が沈殿し，より深い海での堆積から上部へ浅海相になる．縞状鉄鉱層の最上部ではチャートの代わりにグリーナライトが出現し，砕屑岩の挟みが多くなる．グリッカータウン (Griquatown) 層である．グリッカータウン層堆積の後に大規模な風化作用が進行した．

グリッカータウン層を不整合に覆う氷河性堆積物がある．この上位がトランスファール堆積盆ではプレトリア (Pretoria) 層群，グリッカーランド西堆積盆ではポストマスブルグ (Postmasburg) 層群である．両層群には風化生成物が多量に混入し，アルミニウムの含有量が非常に高い．さらに石灰質

の堆積物には，縞状鉄鉱層とともに魚卵状組織を示すミネット型の鉄鉱層が含まれている．ポストマスブルグ層群の縞状鉄鉱層に挟まれる石灰質堆積物にはマンガンが含まれ，世界最大のカラハリマンガン鉱床地域を形成している（Klein and Beukes, 1989）．

4-1-4. クルマン縞状鉄鉱層

主要な縞状鉄鉱層は東部ではペンゲ（Penge）層，西部ではクルマン（Kuruman）層である．もっとも厚い地域の層厚は東部で約600 m，西部ではより大規模に発達して2000 mに達する．トランスファール堆積盆の中央部にはブッシュフェルト火成複合岩体が位置しているので，地層はその熱による変成作用を受けている．したがって，縞状鉄鉱層の成因の解明にはブッシュフェルト火成複合岩体から遠い西部が適しており，研究も多い．

クルマン層の平均の厚さは卓状地の上で170 m，西縁のトラフの中で約750 mになる．最下部はアンケル石〜層状チャートである．主要部は平均の厚さ1〜10 mで，厚さ10 cmぐらいのスティルプノメレン〜頁岩の薄層で区切られる鉄に富む葉理の周期的繰り返しである．マイクロバンド（microbands），メソバンド（mesobands），規模の大きいマクロバンド（macrobands）などの階層構造を形成する縞状組織が発達し，著しくよく連続する．平均すると単位マイクロバンドの厚さは0.58 ± 0.38 mmで，おびただしい磁鉄鉱と鉄に富む炭酸塩鉱物・菱鉄鉱のマイクロバンドの互層から構成されている．このような酸化物に富むマイクロバンドからなるメソバンドにはケロジェンはまったく認められない．しかしチャート・菱鉄鉱からなるメソバンドでは，チャートの中にケロジェンが見出される．上部は菱鉄鉱に富む縞状鉄鉱層で，砕屑組織が顕著な鉄鉱層である（Klein and Beukes, 1989）．

4-1-5. 縞状鉄鉱層の成因

縞状鉄鉱層（banded iron formation；BIF）は一般に縞状の葉理があり，異常に高い鉄の含有を示す化学的堆積岩である．最古の縞状鉄鉱層はグリーンランド西海岸のイスアで38億年，30億年代のものがカープファール剛塊

やジンバブエ剛塊にある．世界最大とされるピルバラ地塊のハマーズレイ (Hamersley) 地域の鉱床が約25億年，トランスファール累層群の鉱床が23億年である．この後にスーペリオル湖，ニューケベック変動帯などの鉱床が生成した．例外的な原生代末の鉱床を除くと，2.6〜1.8 Gaの間の古原生代に集中している（図4-3）．この事実が研究者の関心をよんで成因をめぐってさまざまな説が出された．

　古原生代の頃までの海洋は，酸素に富む表層水と酸素に乏しい深層水との2層構造をしていた．このような海洋の状態の下では深層水へ供給された鉄はFe^{2+}のまま酸化されず，深層水は巨大な量の鉄を溶存することができた．海退期には透光帯が浅い海底を広く覆う．生物は活発に光合成を営み，多くの有機物を供給した．還元的でFe^{2+}に富む深層水が湧昇流によって上昇して酸素に富む浅海に達しても有機物によって還元された．海進期には透光帯が海底から離れ，有機物の生産が激減する．このような条件下で深層水が湧昇流によって上昇して酸素に富む表層水と混合すると，Fe^{2+}は酸化されて水に不溶性なFe^{3+}として沈殿した（Klein and Beukes, 1992）．

　古原生代の海洋には海水中のシリカを取り込む放散虫などの生物がいなかったので，海水はシリカに飽和しがちであった．シリカに飽和している海水からシリカを沈殿させるため，上のモデルに季節を関連させる説もある（Morris, 1993）．縞状組織のヴァーヴ説である．「ヴァーヴ」という単語はス

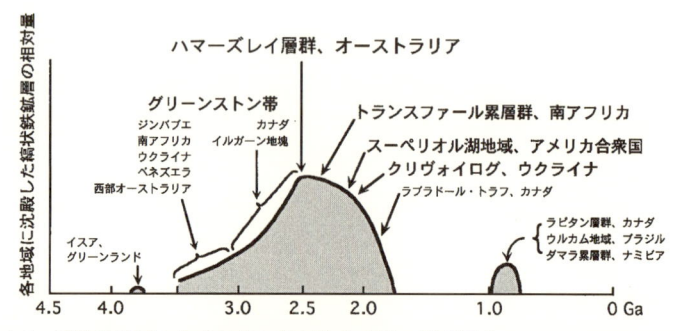

図4-3　縞状鉄鉱層の生成年代と相対的生成量の模式図（Klein and Beukes, 1992）．縞状鉄鉱層の同位体年代の正確な測定については，いろいろな困難がある．しかし，原生代初期に集中しているらしいことは，かなり以前から推定されていた．1 Ga頃からの縞状鉄鉱層の沈殿については第6章を参照．

ウェーデン語の varv（周期的な繰り返し）に由来し，氷縞粘土が示す季節的な縞状組織を指す．縞状鉄鉱層を構成する鉄は海底火山活動によって海中に供給されたのであろう．一般に太古代の縞状鉄鉱層は火山岩に伴う鉱床が多い．そこで火山岩に伴う鉱床をアルゴマ型（Algoma-type），堆積岩に伴うものをスーペリオル湖型（Lake Superior-type）として区別することがある．アルゴマ型の縞状鉄鉱層は近起源型（proximal-type），スーペリオル湖型は遠起源型（distal-type）である．

4-2. 原生代初期の巨大貫入岩体

種々の大規模貫入岩体の出現が，原生代に入ったことを特徴づけている．もっとも初期の大規模貫入岩体は，ジンバブエ剛塊を貫いた大岩脈，ザ・グレートダイクである．原生代にはほかにも特異な岩体が数多く知られている．

4-2-1. ザ・グレートダイク

巨大なアルカリカンラン石玄武岩の岩脈が 2.46 Ga にジンバブエ剛塊へ貫入した．1本の大岩脈と3本の小岩脈からなる．大岩脈は長さ約 830 km，平均の幅が 6 km に達する．これが世界最大の岩脈，ザ・グレートダイク（The Great Dike）である（図 3-4）．最近はラーメンにも 'the' がつくが，地質岩体に 'the' がつくのはこれだけである．割れ目が形成されるほど大陸地殻が強靱に厚くなったことを示しているのであろう．

ザ・グレートダイクは4つのロポリスが融合したものである．北半分を占める最大のハートレイ（Hartley）複合岩体は，下部の厚さ 2100 m の超マフィック岩と上部の厚さ 900 m のマフィック岩からなる．下部の超マフィック岩の中にはクロム鉄鉱，ダナイト，ハルツバージャイト，カンラン石ブロンザイト岩，ブロンザイト岩の順の周期的沈積が 15 回は繰り返されている．上位のサイクルほど下部の単位を欠く傾向があるので，クロム鉄鉱の薄層は厚さ 2〜12 cm のものが 11 枚知られている．

マグマの中に含まれるクロムは極微量である．そのようなマグマからクロム鉄鉱だけが沈積することはありそうにない．クロム鉄鉱だけが晶出する機

構としてマグマ混合，あるいは地殻物質の取り込みが考えられている（Irvine, 1975）．

4-2-2. ブッシュフェルト火成複合岩体

　カープファール剛塊に堆積した原生代のトランスファール累層群が盆状構造を形成する部分へ，約2.10 Gaにブッシュフェルト火成複合岩体が貫入した．この貫入形態がロポリスである．マフィック相の広がりは480×380 km，厚さが約9 kmに達する地球上最大の貫入岩体である（図4-1）．結晶分化をして下部の超マフィック岩と上部のマフィック岩からなる（図4-4）．

　主要なクロム鉄鉱層は下部急冷周縁相から上1.5～2 km，マフィック岩の最下部にある．厚さ約1 mのメレンスキーリーフ（Merensky Reef）は複合岩体全体の下から約1/3の層準のマフィック岩の中にある．岩石学的にはペグマタイト質のパイロクシナイトで，約2%の磁硫鉄鉱・ペントランド鉱・黄銅鉱などを含み，白金族元素（PGE）が濃集している．さらにメレン

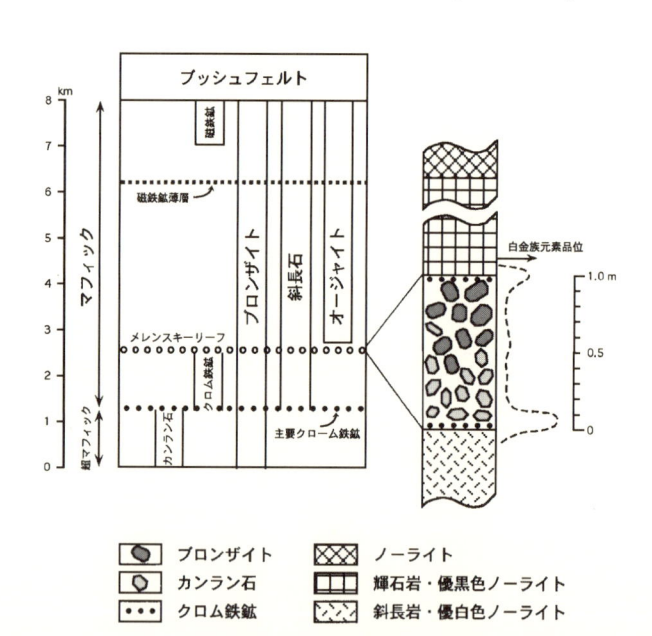

図4-4　ブッシュフェルト火成複合岩体の簡略化した層序と沈積相（Macdonald, 1987）．

スキーリーフの下位,約15〜370mに厚さ0.15〜2.55mのUG2と呼ばれるクロム鉄鉱・白金族元素鉱床がある.珪酸塩鉱物の共生はメレンスキーリーフに類似するが,クロム鉄鉱の量が60〜90%と多い.複合岩体の上部約2kmの範囲にはバナジウム含有磁鉄鉱の薄層が数多くある(図4-4;Macdonald, 1987).

クロム鉄鉱が沈積する機構としては,ザ・グレートダイクと同じくマグマ混合が考えられているが,白金族元素が濃集する原因についてはよくわかっていない.いずれにしても驚異的な岩体で,地球上に濃集しているクロムの約70%,白金の約90%がブッシュフェルト火成複合岩体に含まれていると計算されている.世界のクロムの30%,白金の50%を産出している.

4-2-3. スティルワーター火成複合岩体

スーペリオル区の西方に位置するのが太古代のワイオミング区である(図4-7).地表露出が大変に少なく,推定される分布範囲の約4%が露出しているに過ぎない.この太古代の地塊が特異な点は,同位体年代から3.1 Gaより古いと考えられる大陸地殻の分布が下位に推定されることと,地層に大陸棚相が多いことである.これらの中に2.9〜2.7 Gaの火山岩類が存在し,2.7〜2.6 Gaの花崗岩類によって貫入されている.

ワイオミング州イエローストンの北のモンタナ州にスティルワーター(Stillwater)火成複合岩体がある.貫入時には水平であったと考えられる層状貫入岩体であるが,現在は急角度に傾斜している.岩体の下部が走向方向に48 km,幅5.5 kmにわたって露出しているが,上部は古生層に覆われている.下部の超マフィック岩の中にクロム鉄鉱の薄層が,上部のマフィック岩の中にJ-Mリーフ(J-M Reef)と呼ばれる白金族元素に富む層がある.この貫入岩体から2.75〜2.70 Gaのジルコン年代が得られている.この年代は母岩の変成岩に貫入しているモンゾニ岩ストックのジルコン年代と一致し,さらにワイオミング区の多くの花崗岩類の貫入年代ともほぼ同じである.

スティルワーター火成複合岩体は経済的な価値が低いため,その採掘は断続的である.このような鉱山は学問の進歩に著しい寄与をすることがある.ボーリング試料を利用でき,作業をしていないので調査をしやすい,などの

利点がある．スティルワーター岩体を開発の初期に研究したのが海洋底拡大説のヘス（1906～1969）で，成果は海洋底拡大説の論文の寸前に発表された（Hess, 1960）．

4-3. スーペリオル区の盾状地堆積物

　スーペリオル区が完成したのは約 2.7 Ga である．盾状地堆積物の堆積はピルバラ地塊と同じく玄武岩類の噴出で始まる．剛塊が分解し，陸棚から陸棚斜面へかけて縞状鉄鉱層が堆積した．

4-3-1. ヒューロン累層群

　スーペリオル区の南部に太古代の地層を不整合に覆うヒューロン（Huronian）累層群が分布している．ヒューロン湖の北側が分布の中心で（図4-5），2.49～2.33 Ga の堆積物である．主として砕屑岩類で南部へ厚くなり，層厚は 12 km に達する．スーセントマリー（Sault Ste. Marie）からサドバリー（Sudbury）地域へ走るマーレー（Murray）断層の南側で変成度が上がり，十字石を生じている．南から原生代のペノケア島弧が衝突したのが 1.85 Ga のペノケア（Penokean）造山である（図4-5）．

　ヒューロン累層群の最下部が基底礫岩で始まるエリオットレイク（Elliot Lake）層群である．下部は主として洪水玄武岩と考えられるソレアイト玄武岩類からなるが，フェルシック火砕岩類によって覆われている．火山活動は 2.49～2.48 Ga と推定されている．その上位は砕屑岩類である（図4-6）．砕屑岩類の最下部のマチネンダ（Matinenda）層の最大の厚さは 600 m を越えない．主として長石質砂岩に挟まれる礫岩で，閃ウラン鉱を含む重鉱物に富む厚さ 0.5～1 cm の葉理がある．一部の地域ではマチネンダ層の下部のウラニウムに富む部分が採掘された．総鉱量は 50 万トンに達し，少量の Th，Y が含まれている（Bennett *et al.*, 1991）．

　エリオットレイク層群の上位は，下位からフーレイク（Hough Lake），カークレイク（Quirke Lake），コバルト（Cobalt）層群の順である．それぞれの層群が下部から上部へ氷礫岩，泥岩，シルト，粗粒砂岩という周期的な

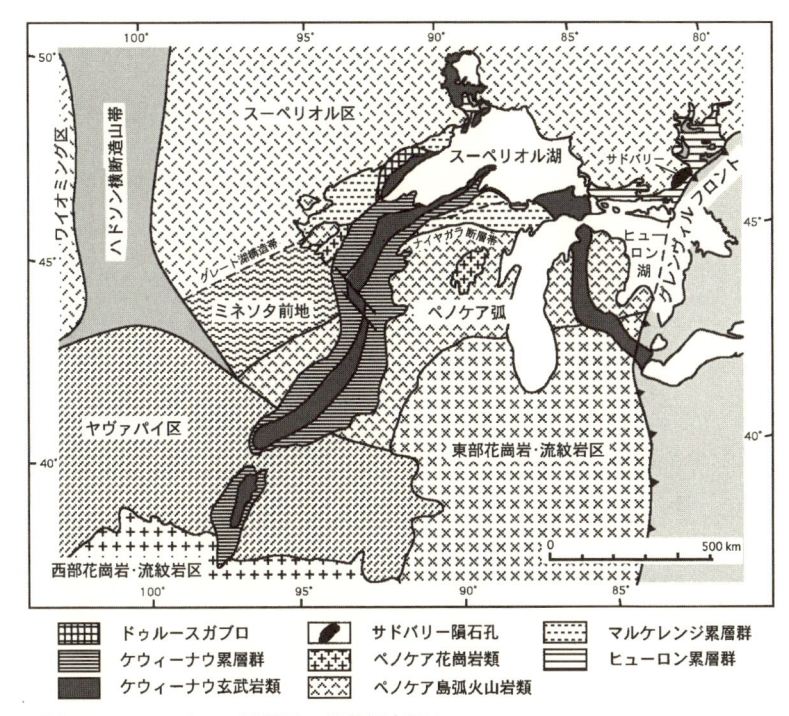

図4-5 スーペリオル湖周辺の地質概念図(Thurston, 1991 ; Van Schmus *et al.*, 1993などから作成).

堆積相の変化を示す.なかでもコバルト層群の最下部の氷礫岩を含むゴウガンダ(Gowganda)層がもっとも広範囲に分布し,近くに分布する更新世の氷礫岩との比較でよく知られている(図4-6).ヒューロン累層群の堆積岩類は上位ほどユーロピウム異常が顕著で,地殻起源の花崗岩類からの供給が増加したことを示している(Taylor and McLennan, 1985).

4-3-2. ブラックヒルズ

ワイオミング区の東の端のブラックヒルズ(Black Hills)には南北90 km,東西40 kmほどの範囲に古生層に囲まれたプレカンブリア時代の基盤が露出している(図4-7).太古代の地層の露出はごくわずかであるが,西側のワイオミング区から供給された原生代の大陸縁膨(continental rise)堆積物が

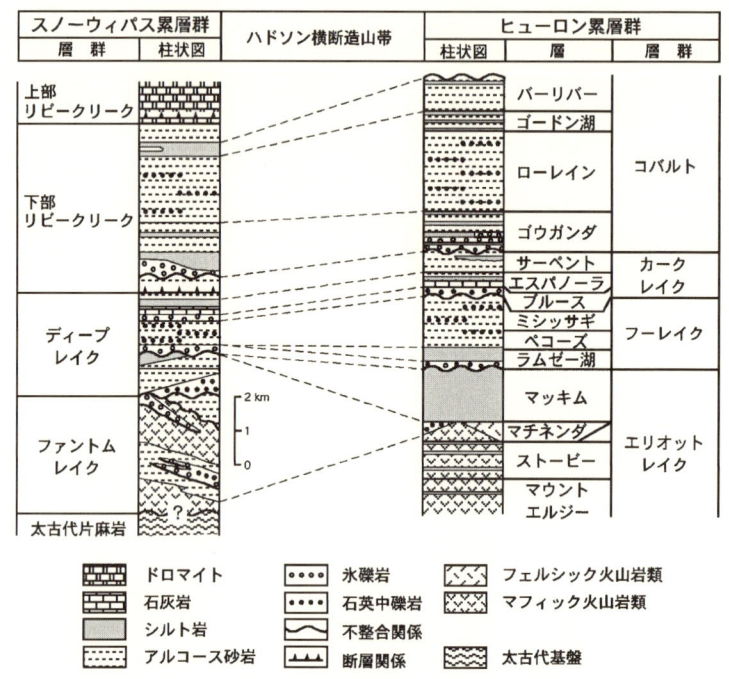

図 4-6 スーペリオル区のヒューロン累層群とワイオミング区のスノーウィパス累層群の層序の比較 (Roscoe and Card, 1993).
対比の決め手となる鍵層は，閃ウラン鉱の砕屑粒と氷礫岩を含む層準である．

分布し，2.17 Ga 頃から海が深くなってタービダイトが堆積した．この中に約 1.97 Ga のホームステーキ（Homestake）層と呼ばれる炭酸塩岩相の縞状鉄鉱層がある．

　ブラックヒルズ地域はアメリカ合衆国最大の金鉱床地帯である．ホームステーキ層の縞状鉄鉱層の中に硫砒鉄鉱が増えると金の品位が上がる．なかでも北米最大といわれるのがホームステーキ鉱床である．1874 年に発見され，平均品位 12 g/t の鉱石 1 億 2600 万トンから金 1116 トンを産出した．現在，採掘現場の最下底は地表から 2500 m を越えており，世界でもっとも深いところで採掘している鉱山の 1 つである（Bachman and Caddey, 1990）．鉱床の成因については同生説と後生説が唱えられている．

　ブラックヒルズの北端には，ほぼ東西に主としてアルカリ火山岩類が点々

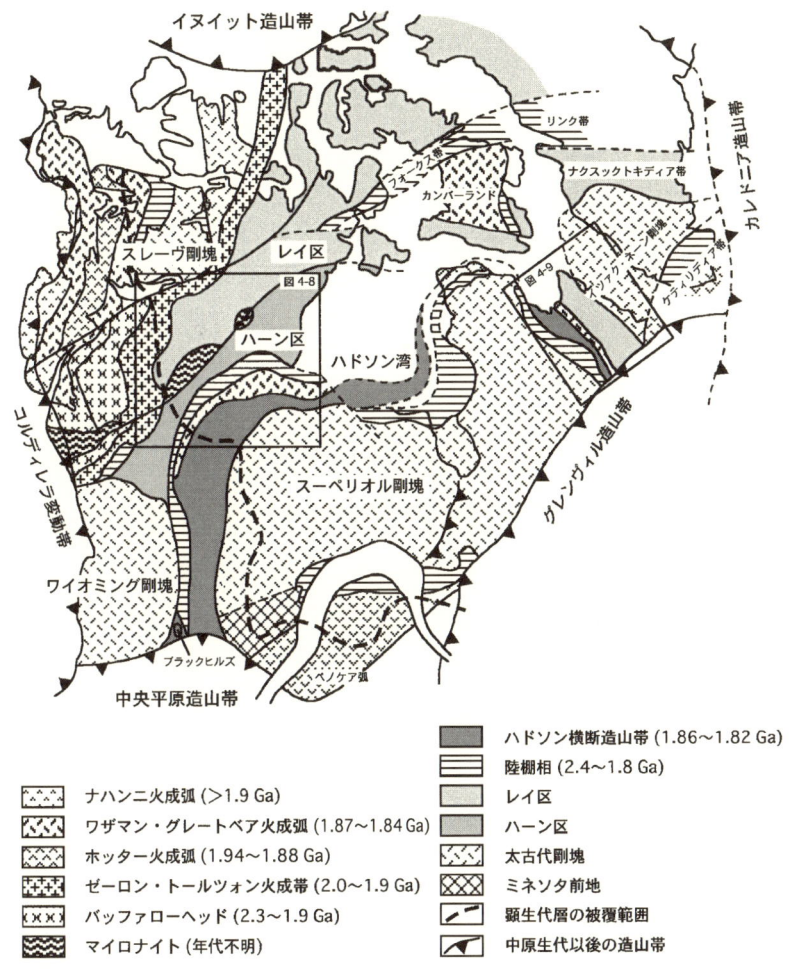

図 4-7 北米剛塊のプレカンブリア時代の主要な地質構造要素 (Lewry and Collerson, 1990).
グリーンランドの位置はデービス海峡が拡大する前に復元してある.

と分布している．同位体年代は 60〜40 Ma で古第三紀である．これらの火山岩類も金を含んでおり，火山岩ごと金鉱石として採掘し，青酸カリのプールに浸して金を抽出している．この鉱床群の成因については基盤のホームステーキ型金鉱床を取り込んだという考えに一致している．このような鉱床を再生鉱床という．

4-3. スーペリオル区の盾状地堆積物 ─ 109

4-3-3. マルケレンジ累層群

スーペリオル湖の北西岸と南岸にスーペリオル区の太古代層を不整合に覆って古原生代のマルケレンジ(Marquette Range)累層群が分布する(図4-5). ヒューロン累層群よりやや若く,2.10〜1.85 Ga 頃の堆積物である. スーペリオル区の剛塊の上では大陸棚相で非常に薄いが,南方へ厚くなり 3000 m を越える. マルケレンジ累層群の堆積は火山活動を伴うトラフの形成で始まったらしい. ペノケア島弧の衝突による変形を受けている. ペノケア島弧との境界が東西性のナイアガラ断層帯(Niagara Fault Zone)である(図4-5).

マルケレンジ累層群を構成する地層の中で広く分布するのがアニミキー(Animikie)層群で,スーペリオル湖の北西岸と南岸に分かれている. 北西部はドゥルース(Duluth)複合岩体の貫入により東部と西部に分断されている. 北東部のアニミキー層群の下部が変成度の低いガンフリント(Gunflint)層である. 北西部はビワビク(Biwabik)層,南部はネゴーニー(Negaunee)層と呼ばれる. いずれも縞状鉄鉱層を含んでいる(図4-5).

ガンフリント層の厚さは 100 m に満たない地域が多い. 化石に著しく富んでおり,プレカンブリア時代の多様な化石が初めて記載されて有名になった(図 2-7 a : Tyler and Barghoorn, 1954). 基盤ないし基底礫岩の上に発達するバイオハームから海進が始まり,ストロマトライトが上部へ向かって多様化するのが観察される. 全体として下部に頁岩,上部では石灰岩が卓越しているが,下部に厚さ約 10 m の降下火山灰層を挟んでいる. 下部層の最上部が厚さ 10 m ほどのチャート・炭酸塩岩で,これが縞状鉄鉱層に対比される地層で初生の層相が残っている(Shegelski, 1990).

4-3-4. ビワビク層

メサビレンジ(Mesabi Range)における縞状鉄鉱層の露頭がビワビク層である. 走向方向へ約 200 km,厚さ 100〜250 m で南へ 5〜15° 傾斜している. ガンフリント層から西南西へ顕生代の地層に覆われるまでの走向延長は 650 km に達し,層厚は挟在する石灰質頁岩・シルト岩・グレイワッケを含めると 900 m よりは厚い. ビワビク層はスーペリオル区の基盤を不整合に

覆い，最下部にはガンフリント層の基底部と同じく暗灰～黒色の葉理を示す降下火山灰層がある．その上位の 100～200 m が鉄に富む部分である．海退の時には粒状を示すチャート質の縞状鉄鉱層が，海進の時には縞状組織を示すスレート質の縞状鉄鉱層が堆積した (Ojakangas, 1983)．南方へ厚く数百 m になり上位はタービダイトからなる．硫化物の含有が多く，火山岩類の挟みが増加する．深い海の層相で地殻が沈降したことを示している．この中の流紋岩から 1.91 Ga のジルコン年代が得られている．

アメリカ合衆国の興隆をになった鉄鉱石の原料は，メサビレンジが 70% 以上を供給している．いわゆるスーペリオル湖型の縞状鉄鉱層である．19 世紀の中頃から風化帯の富鉱部が採掘され，メサビ地域の縞状鉄鉱層が発見されたのは 1890 年である．スーペリオル湖周辺の鉄鉱石の鉱量は 160 億トンといわれるが，これらは初生のタコナイト (taconite) で，鉄の含有量は平均すると金属鉄で 25～35%，鉄酸化物で 40～50% である．1950 年代になってペレット法が登場して低品位鉄鉱石の問題が解決した．

4-3-5. ケノール大陸

ワイオミング区のスノーウィパス (Snowy Pass) 累層群 (図 4-6) は玄武岩類の噴出から堆積が始まる．中部から上部の砕屑岩層の中には閃ウラン鉱・モナズ石などの重鉱物に富む層があり，複数の氷礫岩を挟んでいる (Roscoe and Card, 1993)．砕屑性ジルコンと貫入岩の年代によると 2.45～2.10 Ga の間の地層である．スノーウィパス累層群の層序がヒューロン累層群の層序に類似していることは今世紀の初めから指摘されていた (図 4-6)．堆積年代もほぼ同じである．両累層群の堆積が始まった 2.5 Ga の頃，スーペリオル区とワイオミング区は単一の剛塊を形成していたらしい．あるいはスレーヴ区，ネーン区，さらにはバルト盾状地も一緒であったのかもしれない．スーペリオル区が完成したときの剛塊は現在の方向でさらに西へ，南へと広がっていたらしい．この大陸をケノール大陸 (Kenorland) という (Roscoe and Card, 1993)．

2.2 Ga 頃からケノール大陸の分解が始まった．スーペリオル区とワイオミング区の間の伸張場の最初の兆候は，ヒューロン堆積盆の北から北北西へ

延びる2.6 Gaのマタチェワン (Matachewan) 岩脈群の貫入である.同じ頃,スーペリオル区の南部には2.2～2.1 Gaのマフィック岩脈群が知られている.ブラックヒルズのタービダイトは2.2 Ga頃から発達する.おそらく2.0 Ga頃から海洋底の拡大が始まったのであろう.アニミキー堆積盆が深くなるのは1.9 Ga頃からである.

ヒューロン堆積盆の南部に三重会合点が形成されて海洋底が拡大したと考えるならば,ケノール大陸は3つの地塊に分割されたはずである.ワイオミング区が再びスーペリオル区と合体するのは約1.8 Gaのハドソン横断造山帯を通じてである.ヒューロン,スノーウィパス両累層群の古流系の測定結果によると,ワイオミング区がスーペリオル区から分離して合体するまでの間に,時計まわりに約140°の回転をしたと考えられている (Roscoe and Card, 1993).

4-3-6. 多細胞生物の誕生

真核生物の成立については細胞内共生説 (endosymbiotic theory) が唱えられている.アメーバー状の古細菌が光合成を行う好気性真正細菌を取り込んで共生することから始まる.その後もほかの機能をもつ真正細菌を取り込んで真核生物の祖形が形成され,進化の過程で現在の真核生物が成立した.化石からは真正細菌と古細菌を識別できないが,細菌類に比べ真核生物の細胞ははるかに大きく,また核が存在していたはずである.最古の真核生物の化石を発見したという報告は1.6～1.0 Ga頃の地層から増加する.もっとも古く,かつ確かであるのはビタースプリングス層のチャートからの真核生物の化石であるといわれる (図2-7 c).真核生物が成立して初めて大型生物の誕生の条件が整う.

Grypania spiralis という化石は幅2 mmぐらいの炭質物のフィルムで,直径0.5～2.5 cmのコイルになっている (図2-7 b).伸ばすと5～15 cmの長さがある.内部構造はわからないが,多くの研究者はその大きさから考えて多細胞真核生物の化石説を容認している.グリパニアは初めウォルコット (C. D. Walcott) が1899年,モンタナの原生界中部,ベルト累層群 (p. 165参照) から発見,命名した (Walcott, 1899; Walter *et al.*, 1976).その後,カ

ナダのコルディレラに分布する氷礫岩を含むラピタン層群の下位,リトルデール (Little Dale) 層群という 880～770 Ma の地層からも発見されている.現在では中国・インド・アメリカ合衆国などから報告されているが,なかでももっとも古いのはスーペリオル湖の南岸のガンフリント層に対比されるネゴーニー層からの産出であるといわれる.下位の地層の流紋岩からジルコンの U-Pb 年代で 1.91 Ga が得られている.

4-4. ハドソン横断造山帯

スーペリオル区の北側のマニケワ (Manikewan) 洋が北西へ沈み込み,太古代の基盤をもつ地塊と衝突してハドソン横断造山帯 (Trans-Hudson Orogen) を形成した (図 4-7).衝突年代の多くは 1.86-1.82 Ga の中に入る.

4-4-1. トンプソンニッケル帯

スーペリオル区の北西端は大変露出が悪い地域であるが,コマチアイトに伴うニッケル鉱床が発見されてから解明が進んだ.スーペリオル区の北西端はサチゴ亜区の下部が隆起したピクビトネイ隆起 (Pikwitonei Uplift) である (図 3-9).その西側に北北東―南南西へ延びるミグマタイト質のフェルシック片麻岩があり,トンプソン (Thompson) ニッケル帯という (図 4-8).1.88 Ga 頃からの衝突の初期段階に表成岩類は北西からの押しによりほぼ水平な軸面をもつ等斜褶曲をつくっている.衝突はチャーチル (Churchill) 区 (図 5-9) との境界断層とほぼ平行な軸面をもち,雁行して走る短縮変動で示される.プレート境界が左ずれ断層に変化したのであろう (Bleeker, 1990).

スーペリオル区の北側のフォックスリバー (Fox River) 帯は北へ急傾斜する表成岩を主とする (図 4-8).変成度が低くブドウ石・パンペリー石相である.主として超マフィック岩～玄武岩の溶岩・貫入岩が分布するが,下部に前縁盆地に堆積した砕屑岩類がある.トンプソンニッケル帯とフォックスリバー帯の構成岩類はほぼ対比できる (Lewry and Collerson, 1990).

問題はスーペリオル区の北端部である.オルレイク地塊 (Orr Lake Block),スプリットレイク (Sprit Lake) 地塊などがいままでに識別されて

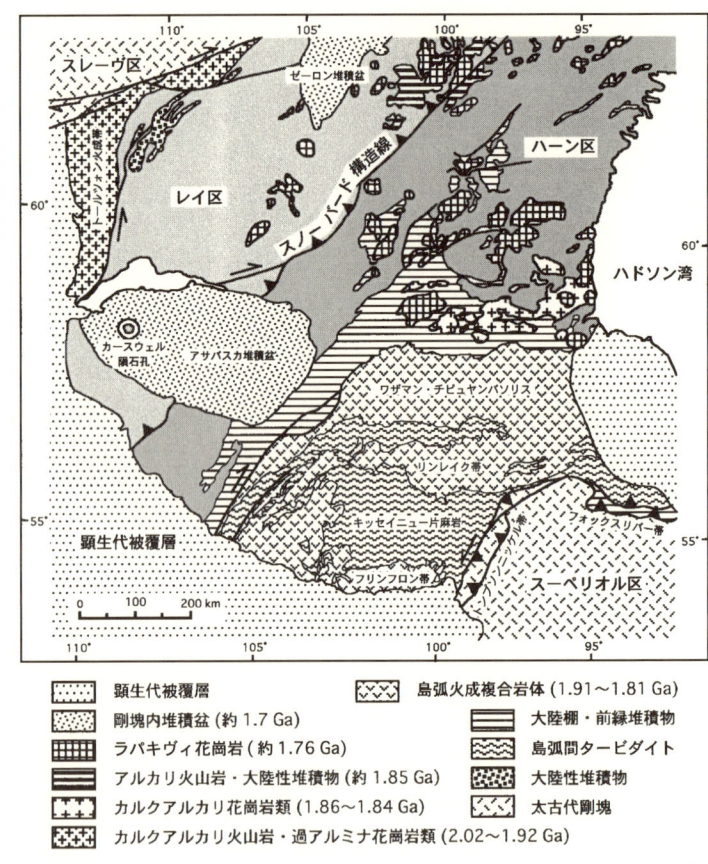

図4-8 スーペリオル区の北西端からスレーヴ区南端へかけての地質概念図 (Hoffman, 1989から作成).

いて，チャーチル区はそれらの地塊の北側であるとされていた．ところが最近になってさらに北側のトーナル岩から3.54 GaのU-Pbジルコン年代が報告された．さらに変グレイワッケの中の砕屑性ジルコンは≧3.75 Gaである．これらの年代はスーペリオル区に知られる年代としては著しく古い．周辺のどこかにこの古い岩石が残っている可能性もある (Bohm et al., 2000)．

4-4-2. レインディア帯

境界断層から北西側の地質は著しく複雑でレインディア (Rein Deer) 帯

と呼ばれた．衝突に伴ってスーペリオル区側へ付加した島弧などからなっている．チャーチル区側に分布するのは1.9 Gaの原生代の地殻である．中央部にタービダイトが変成したキッセイニュー（Kisseynew）片麻岩が分布し，それを西から取り囲むように島弧的な火山岩類が分布する．北側がリンレイク（Lynn Lake）帯，南側がフリンフロン（Flin Flon）帯で（図4-8），南へ変成度が下がり緑色片岩相になる（Syme, 1990）．

フリンフロン帯は黒鉱型鉱床の開発に伴い地質の解明が進んだ．最大の鉱床がフリンフロン鉱山で鉱量が6000万トンを越える．最下位が厚さ500 mの枕状玄武岩，さらに厚さ30〜350 mの安山岩凝灰角礫岩類があり，硫化物鉱床になる．アビティビ地域とは異なり火山岩層に玄武岩が多く，鉱石は亜鉛の含有量が低く銅の含有量が高い．鉱床は層状部に加えて網状部が安山岩凝灰角礫岩の中に深く発達している．

北部には広範囲にワザマン・チピュヤン（Wathaman-Chipewyan）バソリスが分布する．カルクアルカリ岩系の花崗閃緑岩・花崗岩類からなり，島弧の下部が侵食により露出したらしい（図4-8）．島弧の火山活動は1.91〜1.88 Ga，ワザマン・チピュヤン花崗岩類が1.86〜1.84 Ga，変成作用と片麻岩帯のアナテクシスは1.82〜1.81 Gaに起きた．

ハドソン横断造山帯の北縁は著しい正のブーゲー異常の地帯で，試錐により超マフィック岩の存在が確認されている．同じく比抵抗異常帯もトンプソンニッケル帯から南へ大平原の下へ延びてブラックヒルズの東側へ連続している．これはスーペリオル区の太古界の末端を示していると考えられている．南の端は1.79〜1.63 Gaの中央平原造山帯に切られている（図4-7）．ハドソン横断造山帯の北側がボラストン・シールリバー（Wollastone-Seal River）褶曲帯である．ハーン（Hearne）区の基盤の上に堆積した地層が角閃岩相からグラニュライト相の変成作用を受け，多くの花崗岩類が分布する．

4-4-3. ケープスミス帯

ハドソン横断造山帯の東方への延長はハドソン湾の東岸に現れて，ベルチャー諸島のベルチャー（Belcher）褶曲帯，さらにスーペリオル区が北方へ突出しているミント亜区の先端のケープスミス（Cape Smith）帯から南へ反

転してニューケベック (New Quebec) 造山帯になる (図4-9).

　ケープスミス帯は，南部のスーペリオル区の上に北方から衝上する20以上の衝上シートからなる．太古代の大陸縁に生じた非対称なリフトの中に縁海が拡大し，縁海が北方へ沈み込むことにより，欠けた大陸地殻の上に島弧が発達した．この島弧がスーペリオル区と衝突して南方へ衝上して形成されたのがケープスミス帯である．島弧とスーペリオル区との縫合線は，衝上シート群の東端部にわずかに露出している．ケープスミス帯が割れたのが2.01 Ga，縁海の沈み込みが1.87 Gaの頃で，衝上変動はそれより後である．岬の北端は基盤をもつ島弧のサグルク (Sugluk) 領域である (Picard *et al.*, 1989).

4-4-4. ニューケベック造山帯

　ニューケベック造山帯は昔のラブラドルトラフ (Labrador Trough) で，2.68 Gaのスーペリオル区と2.8 Gaのレイ区との衝突帯である．一番西側の原地性の地帯から東方のレイ区までの造山帯には南北性，西方造山極性の多くの衝上断層が発達している (図4-9). 変動の年代はケープスミス帯と同じく約1.86 Gaで，レイ区との境界は右ずれ断層である (Wardle *et al.*, 2002).

　スーペリオル区を不整合に覆う原地性の地層がシオーク (Chioak) 帯である．衝上断層の東側の準原地性の地帯がメレズ・シェファーヴィル (Melezes-Schefferville) 帯で，非整合を境に下部層群と上部層群に分けられる．下部層群は太古代を不整合に覆う陸成層の上の浅い陸棚の堆積岩から始まる．上部層群も海岸に近い非常に浅い海に堆積した．斜交層理が認められる厚さ15〜20 cmの珪岩を基底として縞状鉄鉱層のソコマン (Sokoman) 層が重なる．初生の組織と考えられる魚卵状組織が残存しているので，ゲルのような状態で沈殿して続成作用・変成作用を通じて結晶度が上昇したらしい．すぐ上位のアルカリ岩の同位体年代が1.88 Gaで，黒色頁岩，タービダイトに覆われている．

　メレズ・シェファーヴィル帯の東側にはベビー・ハウス (Baby-Howse)，ドゥブレー (Doublet) 帯などが分布する．西南造山極性の衝上断層・褶曲帯が発達する異地性地層群であるが，ベビー・ハウス帯の地層の多くはメレ

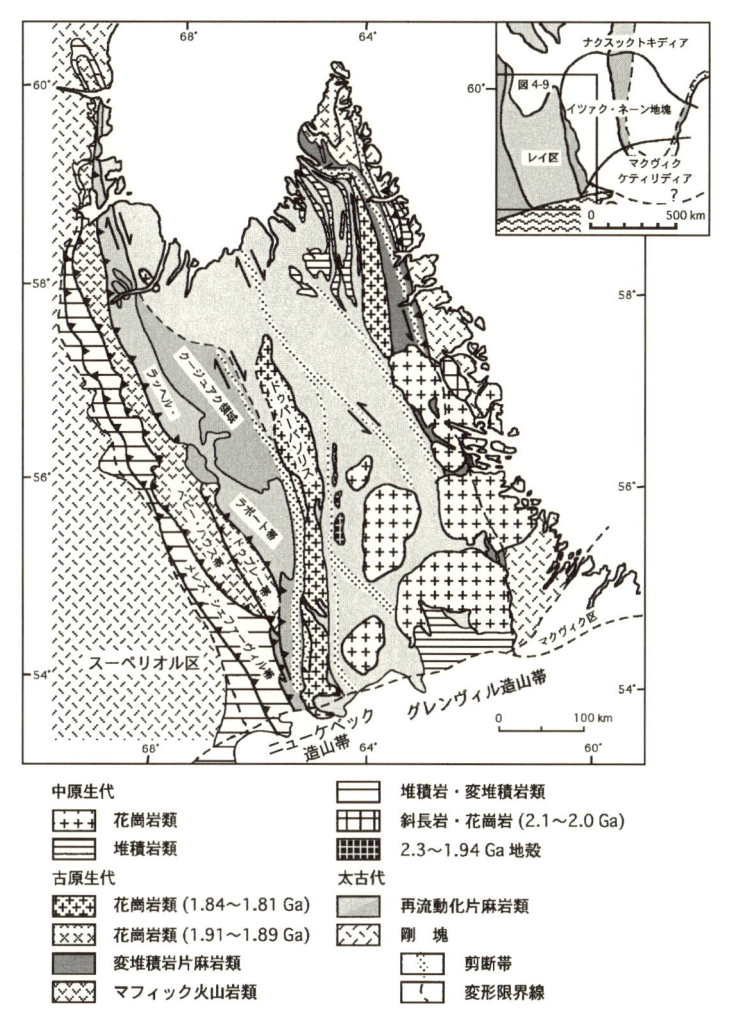

図4-9 ニューケベック造山帯とトーンガット造山帯周辺の地質構造概念図（Wardle *et al.*, 2002）.

中原生代
- 花崗岩類
- 堆積岩類

古原生代
- 花崗岩類（1.84〜1.81 Ga）
- 花崗岩類（1.91〜1.89 Ga）
- 変堆積岩片麻岩類
- マフィック火山岩類
- 堆積岩・変堆積岩類
- 斜長岩・花崗岩（2.1〜2.0 Ga）
- 2.3〜1.94 Ga 地殻

太古代
- 再流動化片麻岩類
- 剛塊
- 剪断帯
- 変形限界線

ズ・シェファーヴィル帯の地層に対比できる．タービダイトに挟まれて玄武岩溶岩類ならびに大量のガブロ質貫入岩が存在する．下部層群のガブロから 2.17 Ga，玄武岩に挟まれる薄い流紋岩から 2.14 Ga の U-Pb ジルコン年代が得られている．この年代にスーペリオル区が割れたのであろう．上部層群

4-4. ハドソン横断造山帯──117

は 1.88 Ga である．ドゥブレー帯の地層対比は不明であるが，地球化学的特徴は海洋性ソレアイトを示している．

ラッヘル・ラポート（Rachel-Laporte）帯は，おそらくタービダイト起源のグレイワッケが変成した黒雲母片岩からなるが，その層序は明らかになっていない．部分的に太古代の基盤のスライスが知られている．ラッヘル・ラポート帯には太古代の変堆積岩からなるクージュアク（Kuujjuaq）領域が衝上している．クージュアク領域とレイ区との境界は右ずれのテュドールレイク（Lac Tudor）剪断帯で，剪断帯の東側には 1.84～1.81 Ga にドゥパー（De Pas）バソリスが貫入している（Wardle et al., 1990）．ドゥパーバソリスの東側がレイ区である（図 4-9）．

4-5. 北米大陸内部の癒合

太古代の地塊に囲まれた北米大陸の内部は露出が悪いチャーチル区である．1.97～1.82 Ga の原生代前期の変動を通じて融合した．これがハドソン造山（Hudsonian Orogeny）で，ローレンシア（Laurensia）大陸の主要部が完成した．

4-5-1. ハーン区

カナダノースウェストテリトリーズの南部，サスカチアン州に近いところにスノーバード（Snow Bird）湖がある．この湖に幅数 km のマイロナイトが露出しており，さらにその延長がハドソン湾岸に露出している．これがスノーバード構造線で，スーペリオル区とスレーヴ区の間を北東─南西方向へ走っている．スノーバード構造線の南側がハーン（Hearne）区，北側がレイ（Rae）区である（図 4-8）．スノーバード構造線はハーン区とレイ区の縫合線と考える研究者も多い（たとえば Hoffman, 1989）．このように地質の概要が明らかになるとともに，チャーチル区の名称はあまり使われなくなった．

ハーン区の全域にわたって太古代の基盤が存在すると考えられている．露出している限りの太古代の多くは角閃岩相高温部からグラニュライト相の片麻岩類である．同位体年代は 3.48～2.67 Ga の広い範囲にわたっている．

中央の北端部には，変成度の弱い地域があり，緑色片岩相ないし角閃岩相低温部の島弧的なマフィック～フェルシック火山岩類と，それらに伴う種々の貫入岩が認められる．2.70～2.68 Ga という同位体年代が発表されている．変成度の弱い地域には主として大陸棚あるいは前縁盆地の原生代の地層が分布し，1.76 Ga のラパキヴィ花崗岩類に貫入されている．

4-5-2. レイ区

　レイ区の東方延長はカナダの極北で2つに分れ，分岐の1つが東方のニューケベック造山帯へまわり込むように見える．北東へ延びる枝はゼーロン(Thelon)火成帯と南のフォークス(Foxe)褶曲帯に挟まれてバッフィン島からグリーンランドへ達しているらしい（図 4-7）．レイ区の分岐の原因については，いろいろと考察が試みられている．

　レイ区の基盤を形成している太古代の大部分はフェルシックな片麻岩で，一部に火山岩類と堆積岩類が知られている．3.3 Ga という同位体年代も得られているが，多くは 2.9～2.6 Ga の範囲に入る．原生代の地層はレイ区の延びの方向に平行な北東方向の向斜構造を形成して，太古代の岩石に挟み込まれるように分布する．基底部には石英質砂岩，鉄に富む陸源砂岩，珪質ドロマイト，黒色頁岩などが多いが，上部へ向かって石英長石質シルト・砂岩などが増加する．変成作用を受けたのは 1.85 Ga より前であるらしい．

　レイ区の北西側を限るのがゼーロン火成帯である（図 4-7）．2.0～1.9 Ga の火成帯で，正の磁気異常帯としてスレーヴ区の東側から北は北極圏へ入り，北緯75°のあたりまでは確認されている．南の延長はスレーヴ区の南東側を通り，グレートスレーヴ湖の南岸を通る右ずれのグレートスレーヴ湖剪断帯によってずれ，その先がトールツォン(Taltson)火成帯になる．トールツォン火成帯はさらにスノーバード構造線に切られる（図 4-8）．ゼーロン・トールツォン火成帯の地球化学的性質は大陸縁の火山帯とは異なり，プレートの沈み込みに無関係であるとされている(Chacko *et al.*, 2000)．

4-5-3. トーンガット造山帯

　イツァク片麻岩複合岩体とネーン区の太古代を併せた地塊の北側にナクス

ックトキディア (Nagssugtoqidian),南側にはケティリディア (Ketilidian),さらに西側にはトーンガット (Torngat) の各変動帯がある.地球上最古の地塊の1つのイツァク・ネーン地塊は周囲にこれらの変動帯が付加して成長した(図4-9).トーンガット造山帯は東方造山極性でネーン地塊へ衝上し,西側は左ずれの断層でレイ区と接している.

トーンガット造山帯は主としてグラニュライト相花崗片麻岩・マフィック片麻岩・準片麻岩などからなっている.その内部には多くの北北西～南南東方向の左ずれ剪断が発達している.なかでも顕著なのはアブロヴィアク (Abloviak) 剪断帯で,北部に発達して中部でネーン区との境界断層に切られている (Wardle et al., 1990).アブロヴィアク剪断帯の周辺の地帯ではいくつかの領域が識別されているが,主として泥質岩起源のザクロ石に富むマイロナイトが卓越している(図4-9).

グリーンランドのケティリディア造山帯の西方延長はカナダではマクヴィク (Makkovik) 区と呼ばれる(図4-9).ネーン区の南東を限る剪断帯に沿って再流動した太古代の岩石がある.マクヴィク区の原生代の地層の変成度は,南東方向へ下部緑色片岩相から中部角閃岩相へ上昇し,変成度の高い地域に1.91 Gaの花崗閃緑岩が貫入している.下部層は珪岩・グレイワッケ・玄武岩などの地層で,構造的により上位に重なる地層は陸成堆積岩のほかに1.86～1.81 Gaの陸上噴火の安山岩～流紋岩類などからなる.約1.80 Gaの変動帯で,おそらく島弧の衝突により形成された (Scharer et al., 1988).

4-6. 隕石孔

太古代の陸塊には多くの隕石が落下したと考えられるが,これらの痕跡は変動に伴って消滅したらしい.しかし原生代の盾状地堆積物に形成された隕石孔には,その構造をよく残しているものがある.

4-6-1. フレッデフォルトドーム

ヨハネスバーグから南西へ約120 kmの地点に,ほぼ円形のフレッデフォルトドーム (Vredefort Dome) と呼ばれる構造がある(図4-1).ビットワ

ータースランド累層群の分布の南部のほぼ中央にあたり，直径約28 kmの範囲に基盤のカープファール剛塊が露出している．中心部は3.5 Gaの主としてフェルシック火山岩起源のグラニュライトで，それを取り巻いて3.0 Gaの花崗岩質片麻岩が分布している．フレッデフォルトドーム周辺の盾状地堆積物は約15 kmの厚さがある．これらはまくれ上がり，一部では逆転している．フレッデフォルトドームには太古代の地殻断面が約20 kmにわたり露出していると考えられている．太古代の地殻の厚さのほぼ半分である．シュードタキライトが花崗岩類とまくれ上がった整然層の中に発達し，シャッターコーン (shatter cone) が存在し，さらにスティショフ石・コース石も発見されている (Gibson and Reimold, 2000)．

フレッデフォルトドームは約2.1 Gaに隕石が落下して形成された構造である．太古代の大陸地殻の断面は，カプスケーシング隆起帯と同じく (図3-10)，大陸地殻下部がグラニュライトであることを示している．地殻下部を代表するグラニュライトはSr, Rb, U, Thなどの放射壊変により熱を出す元素に乏しい．これらの元素は変成作用を通じて炭酸ガスに富む流体相によって上部へ運ばれたと考えられている (Nicolaysen et al., 1981)．

4-6-2. サドバリー隕石孔

サドバリー (Sudbury) 隕石孔を形成した巨大隕石はヒューロン累層群の分布の北縁に落下した (図4-5；図5-10)．ジルコンのU-Pb年代が1.85 Gaである．形成された隕石孔の地表露出は東北東―西南西に長軸をもつ60×30 kmの範囲である．隕石孔に最初に堆積したのは火砕岩類のオナッピン (Onaping) 層で，空中高く舞い上がった大陸地殻の岩片が堆積した地層である．厚さは約1600 mで，一部では溶結している．その上位の炭質物に富むオンワチン (Onwatin) 層，タービダイトのチェルムスフォード (Chelmsford) 層を合せると，深さ3000 mに近い孔があいた計算になる (図4-10)．隕石落下の衝撃で形成されたシャッターコーンの分布は隕石孔より10 kmは広く，基盤が破砕された角礫岩は100 km離れた地域からも発見されている．

オナッピン層は0.5〜1％の有機炭素を含んでおり，その中から地球外起

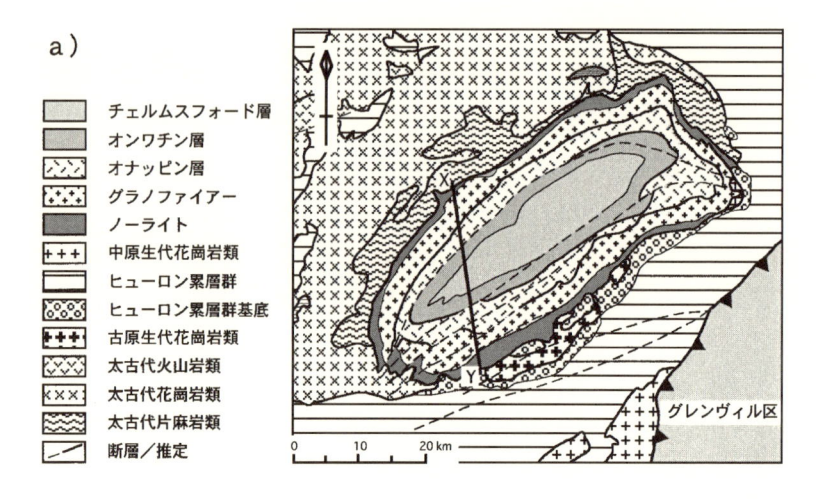

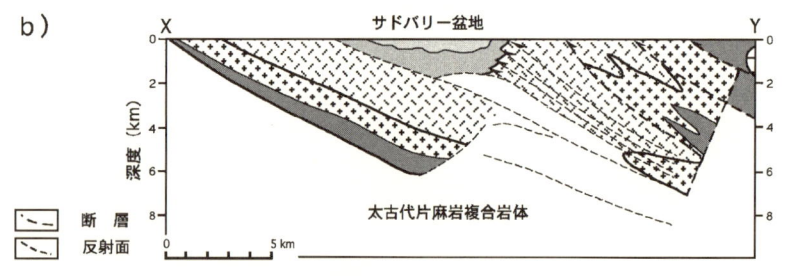

図4-10 サドバリー隕石孔の地質構造図.
　a) 地質図（Roscoe and Card, 1992）．
　b) 断面図（Adam et al., 2000）．断面線は a) に X-Y 線で示されているが，複数の地震波断面から合成されているため，あまり正確な位置ではない．

源と考えられるフラーレン（fullerenes）が記載されている．フラーレンと呼ばれる物質は 60 から 2000 個の炭素元素が球状に結びついた分子で，サドバリーから見出されたのは C_{60} と C_{70} である（Mossman et al., 2003）．

　これらの地層の基底にサドバリー火成複合岩体が貫入した．主要部は下部のノーライトと上部のグラノファイアーからなる．主として同位体の研究から，ノーライトの 70％以上は上部地殻物質が溶融したものであると結論されている（Naldrett and Hewins, 1984）．ノーライトの基底部にサブレイアー（sublayer）と呼ばれる捕獲岩に富む火成岩と角礫岩を主とする部分がある．このサブレイアーの中の異質な捕獲岩と密接に関係してニッケル鉱床が形成

されている．主要な鉱石鉱物は磁硫鉄鉱・黄銅鉱・ペントランド鉱で，鉱石の中の白金族元素・金の含有量も比較的高い．

かつては世界のニッケルの半分以上がサドバリーのサブレイアーから産出した．昔は坑内を秘密にしていた鉱山が多く，このニッケル鉱床の成因についてはいろいろの憶測が流れた．そのような時代にDietz (1964) は「サドバリーは隕石孔でニッケルは隕鉄に由来する」と主張して物議をかもした．隕石孔説は残った．隕石孔が円形でないのはペノケア造山の南方造山極性 (2.4～2.2 Ga) の変動の後に隕石が落下し，北方造山極性 (1.9～1.7 Ga) の変動により変形したためである (Riller and Schwerdtner, 1997)．

4-6-3. カースウェル構造

原生代初期の変動が終了した後のローレンシア大陸にはアサバスカ (Athabasca)，ゼーロン堆積盆 (図4-8)，さらにスレーヴ区の北西のカッパーマインホモクライン (Coppermine Homocline) に原生代の地層が堆積した．年代は約 1.75 Ga である．

アサバスカ層群の多くは海成層であるらしい．現在の分布範囲は約10万 km^3 で，地層は約 5 km の厚さがあったと推定されている．アサバスカ堆積盆の西部にカースウェル (Carswell) 構造と呼ばれる直径約 35 km の円形の隕石孔がある．中心に周囲の基盤から 2 km ほどもち上がって変成岩が露出し，そのまわりをアサバスカ層群が取り巻いている．主として基盤とアサバスカ層群の境界の複数の箇所から知られているクラフ角礫岩 (Cluff Breccia) にはシュードタキライトが発達し，シャッターコーンがあり，石英に変形葉片などが観察される (Pagel et al., 1985)．

アサバスカ層群の基盤には約 50 m に達する風化帯がある．この不整合面から多くのウラン鉱床が発見された．初生のウラン鉱物は閃ウラン鉱の変種のピッチブレンドとコフィナイトであるが，そのほかにも多種多様な二次鉱物を産する．アサバスカ層群から下降した酸化的な濃厚塩水と基盤から上昇した還元的な濃厚塩水が不整合面で混合して鉱床を生成したらしい．初生ウラン鉱物の同位体年代は 1.3 Ga 頃の値が多いが，変質帯としてのカオリン帯が形成されたのは石炭紀～ペルム紀らしい (Sibbald et al., 1990)．

アサバスカ鉱床のようなウラン鉱床は不整合型（unconformity-type）と呼ばれる．鉱床の型としては比較的新しく，1968年にアサバスカ盆地の東の端でラビットレイク（Rabbit Lake）鉱床が発見されたのが最初である．しかし鉱量がU_3O_8で20万トンに達する世界最大のオーストラリアのジュビルカ（Jubiluka）鉱床，鉱石の品位が金属ウラン12.3%で世界最高品位のアサバスカ盆地のシガーレイク（Cigar Lake）鉱床など，世界の主要なウラン鉱床はいずれもこの型である．

引用文献（第4章）

Adam, E., Perron, G., Milkereit, B., Wu, J., Calvert, A. J., Salisbury, M., Verpaelst, P. and Dion, D.-J. (2000): A review of high-resolution seismic profiling across the Sudbury, Selbaie, Noranda, and Matagami mining camps. *Can. J. Earth Sci.*, **37**, 503-516.

Bachman, R. L. and Caddey, S. W. (1990): The Homestake mine, Lead, South Dakota: an overview. *In* C. J. Paterson and A. L. Lisenbee, eds., Metallogeny of Gold in the Black Hills, South Dakota, Guidebook Series 7, 89-94, Econ. Geol., 190 p.

Bennett, G., Dressler, B. O. and Robertson, J. A. (1991): The Huronian Supergroup and associated intrusive rocks. *In* P. C. Thurston, H. R. Williams, R. H. Sutcliffe and G. M. Stott, eds., Geology of Ontario, Spec. Vol. 4, Part 1, 543-546, Ontario Geol. Surv., 711 p.

Beukes, N. J. (1986): The Transvaal sequence in Griqualand West. *In* C. R. Anhaeusser and S. Maske, eds., Mineral Deposits of Southern Africa, 819-828, Geol. Soc. South Africa, Vol. 1, 223 p.

Bleeker, W. (1990): New structural-metamorphic constraints on Early Proterozoic oblique collision along the Thompson Nickel belt, Manitoba, Canada. *In* J. F. Lewry and M. R. Stauffer, eds., The Early Proterozoic Trans-Hudson Orogen of North America, Geol. Ass. Can., Spec. Pap., 37, 57-78, 505 p.

Bohm, C. O., Heaman, L. M., Creaser, R. A. and Corkery, M. T. (2000): Discovery of pre-3.5 Ga exotic crust at the northwestern Superior Province margin, Manitoba. *Geology*, **28**, 75-78.

Chacko, T., De, S. K., Creaser, R. A. and Muehlenbachs, K. (2000): Tectonic setting of the Taltson magmatic zone at 1.9〜2.0 Ga: a granitoid-based perspective. *Can. J. Earth Sci.*, **37**, 1597-1609.

Dietz, R. S. (1964): Sudbury structure as an astrobleme. *J. Geol.*, **72**, 412-434.

Gibson, R. L. and Reimold, W. U. (2000): Deeply exhumed impact structures: A case study of the Vredefort structure, South Africa. *In* I. Gilmour and C. Koeberl, eds., Impacts and the Early Earth, 249-277, Springer, 245 p.

Hess, H. H. (1960): Stillwater igneous complex, Montana: a quantitative mineralogical study. *Geol. Soc. Amer. Memoir*, **80**, 230 p.

Hoffman, P. F. (1989): Precambrian geology and tectonic history of North America.

In A. W. Bally and A. R. Palmer, eds., The Geology of North America ; An Overview, 447-512, Geol. Soc. Amer., 619 p.

Hunter, D. R. and Hamilton, P. J. (1978) : The Bushveld Complex. *In* D. H. Tarling, ed., Evolution of the Earth's Crust, 107-173, Academic Press, London, 443 p.

Irvine, T. N. (1975) : Crystallization sequences in the Muscox intrusion and other layered intrusions ; II. Origin of chromitite layers and similar deposits of magmatic ores. *Geochim. Cosmochim. Acta*, **39**, 991-1020.

Klein, C. and Beukes, N. J. (1989) : Geochemistry and sedimentology of a facies transition from limestone to iron-formation deposition in the early Proterozoic Transvaal Superrgroup, South Africa. *Econ. Geol.*, **84**, 1733-1774.

Klein, C. and Beukes, N. J. (1992) : Proterozoic Iron-Formation. *In* K. C. Condie, ed., Proterozoic Crustal Evolution, 383-413, Elsevier, Amsterdam, 537 p.

Lewry, J. F. and Collerson, K. D. (1990) : The Trans-Hudson Orogen : extent, subdivision, and problems. *In* J. F. Lewry and M. R. Stauffer, eds., The Early Proterozoic Trans-Hudson Orogen of North America, Geol. Ass. Can., Spec. Pap., 37, 1-14, 505 p.

Macdonald, A. J. (1987) : The platinum group element deposits : classification and genesis. *Geosci. Can.*, **14**, 155-166.

Morris, R. C. (1993) : Genetic modelling for banded iron-formation of the Hamersley Group, Pilbara Craton, Western Australia. *Precamb. Res.*, **60**, 243-286.

Mossman, D., Eigendorf, G., Tokaryk, D., Gauthier-Lafaye, F., Guckert, K. D., Melezhik, V. and Farrow, C. E. G. (2003) : Testing for fullerenes in geologic materials : Oklo carbonaceous substances, Karelian shungites, Sudbury Black Tuff. *Geology*, **31**, 255-258.

Naldrett, A. J. and Hewins, R. H. (1984) : The main mass of the Sudbury Igneous Complex. *In* The Geology and Ore Deposits of the Sudbury Structure, Ontario Geol. Surv., Spec. Vol. 1, 235-251.

Nicolaysen, L. O., Hart, R. J. and Gale, N. H. (1981) : The Vredefort radioelement profile extended to supracrustal strata at Carltonville, with implications for continental heat flow. *J. Geophys. Res.*, **86**, 10653-10661.

Ojakangas, R. W. (1983) : Tidal deposits in the early Proterozoic basin of the Lake Superior region ; Palms and Pokegama Formations ; Evidence for subtidal-shelf deposition of the Superior-type banded iron formation. *In* L. G. Medaris, Jr., ed., Early Proterozoic Geology of the Great Lakes Region, *Geol. Soc. Amer. Memoir*, **160**, 49-66.

Pagel, M., Wheatley, K. and Ey, F. (1985) : The origin of the Carswell circular structure. *In* R. Laine, D. Alonso and M. Svab, eds., The Carswell Structure Uranium Deposits, Saskatchewan, Geol. Ass. Can., Spec. Pap., 29, 213-223, 230 p.

Picard, C., Giovenazzo, D. and Lamothe, D. (1989) : Geotectonic evolution by asymmetric rifting of the Proterozoic Cape Smith Belt, New Quebec. *Geosci. Can.*, **16**, 130-134.

Riller, U. and Schwerdtner, W. M. (1997) : Mid-crustal deformation at the southern flank of the Sudbury Basin, central Ontario, Canada. *Geol. Soc. Amer. Bull.*, **109**, 841-854.

Roscoe, S. M. and Card, K. D. (1992) : Early Proterozoic tectonics and metallogeny of the Lake Huron region of the Canadian Shield. *Precamb. Res.*, **58**, 99-119.

Roscoe, S. M. and Card, K. D. (1993) : The reappearance of the Huronian in Wyoming : rifting and drifting of ancient continent. *Can. J. Earth Sci.*, **30**, 2475-2480.
Scharer, U., Krogh, T. E., Wardle, R. J., Ryan, B. and Gandhi, S. S. (1988) : U-Pb ages of Lower and Middle Proterozoic volcanism and metamorphism in the Makkovik orogen, Labrador. *Can. J. Earth Sci.*, **25**, 1098-1107.
Shegelski, R. J. (1990) : The Gunflint Formation in the Thunder Bay area. *In* J. M. Franklin, B. R. Schnieders and E. R. Koopman, eds., Field Trip Gidebook, 8th IAGOD Symposium, Field Trip 9, 111-122, Geol. Surv. Can., 141 p.
Sibbald, T. I. I., Quirt, D. H. and Gracie, A. J. (1990) : Uranium deposits of the Athabasca basin, Saskatchewan. Geol. Surv. Can., Open File, 2166, 56 p.
Syme, E. C. (1990) : Stratigraphy and geochemistry of the Lynn Lake and Flin Flon metavolcanic belts, Manitoba. *In* J. F. Lewry and M. R. Stauffer, eds., The Early Proterozoic Trans-Hudson Orogen of North America, Geol. Ass. Canada, Spec. Pap., 37, 143-161, 505 p.
Taylor, S. R. and McLennan, S. M. (1985) : The Continental Crust : Its Composition and Evolution, Blackwell Sci. Pub., Oxford, 312 p.
Thurston, P. C. (1991) : Proterozoic Geology of Ontario : Introduction. *In* P. C. Thurston, H. R. Williams, R. H. Sutcliffe and G. M. Stott, eds., Geology of Ontario, Spec. Vol. 4, Part 1, 543-546, Ontario Geol. Surv., 711 p.
Tyler, S. A., and Barghoorn, E. S. (1954) : Occurrence of structurally preserved plants in Pre-Cambrian rocks of the Canadian Shield. *Science*, **119**, 606-608.
Van Schmus, W. R., Bickford, M. E. and Condie, K. C. (1993) : Early Proterozoic crustal evolution. *In* J. C. Reed, Jr., M. E. Bickford, R. S. Houston, P. K. Link, D. W. Rankin, P. K. Sims and W. R. Van Schmus, eds., Precambrian : Conterminous U. S., 270-334, Geol. Soc. Amer., 657 p.
Walcott, C. D. (1899) : Pre-Cambrian fossiliferous formations. *Geol. Soc. Amer. Bull.*, **10**, 199-244.
Walter, M. R., Oehler, J. H. and Oehler, D. Z. (1976) : Megascopic algae 1300 million years old from the Belt Supergroup, Montana : A reinterpretation of Walcott's Helminthoidichnites. *J. Paleontol.*, **50**, 872-881.
Wardle, R. J., Ryan, B., Nunn, G. A. G. and Mengel, F. C. (1990) : Labrador segment of the Trans-Hudson orogen : Crustal development through oblique convergence and collision. *In* J. F. Lewry and M. R. Stauffer, eds., The Early Proterozoic Trans-Hudson Orogen of North America, Geol. Ass. Can., Spec. Pap., 37, 353-369, 505 p.
Wardle, R. J., James, D. T., Scott, D. J. and Hall, J. (2002) : The southeastern Churchill Province : synthesis of a Paleoproterozoic transpressional orogen. *Can. J. Earth Sci.*, **39**, 639-663.
Watchorn, M. A. (1980) : Fluvial and tidal sedimentation in the 3000 Ma Mozaan Basin, South Africa. *Precam. Res.*, **13**, 27-42.
Young, G. M., von Brunn, V., Gold, G. J. C. and Minter, W. E. L. (1998) : Earth's oldest reported glaciation : physical and chemical evidence from the Archean Mozaan Group (〜2.9 Ga) of South Africa. *J. Geol.*, **106**, 523-538.

概説書

Condie, K. C., ed. (1992) : Proterozoic Crustal Evolution, Elsevier, Amsterdam, 537 p.

主として火成岩類を中心として原生代の概略に触れている.

Anhaeusser, C. R. and Maske, S., eds. (1986): Mineral Deposits of Southern Africa, Geol. Soc. South Africa, Vol. 1, 223 p.

カープファール剛塊の文献となると,盾状堆積物でも鉱床記載の本になる.多くの鉱床記載の隙間に埋められている地質の記述を拾い出すのは結構難事である.

Wager, L. R. and Brown, G. M. (1967): Layered Igneous Rocks, Freeman and Co., San Francisco, 588 p.

層状貫入岩体の研究は戦前のスケアガールド岩体の研究から始まる.岩体は1930年に発見され,その論文 Wager and Deer (1939) は多くの研究者に衝撃を与えた.論文は1962年に復刻されているが,学術雑誌としては希有の例である.第二次世界大戦を経て探検は1953年から再開された.この本の共著者にはスケアガールド岩体の発見者の一人の Wager が含まれており,スケアガールド岩体の記載を主としている.しかし,当時までに知られていた多くの層状貫入岩体についても記載されている.

Reed, Jr., J. C., Bickford, M. E., Houston, R. S., Link, P. K., Rankin, D. W., Sims, P. K. and Van Schums, W. R. (1993): Precambrian: Conterminous U. S., The Geology of North Amrica, Volume C-2, Geol. Soc. Amer., 657 p.

Lewry, J. F. and Stauffer, M. R., eds. (1990): The Early Proterozoic Trans-Hudson Orogen of North America, Geol. Ass. Can., Spec. Pap., 37, 353-369, 505 p.

昔のラブラドルトラフ,ベルチャー褶曲帯などがスーペリオル区を取り囲む縫合線であることは,プレートテクトニクスの登場とともに指摘された.1980年代に入ってカナダの地質調査所がラブラドルトラフとベルチャー褶曲帯の間,ケープスミス帯の地質の解明に取り組み,さらに西への延長が明らかになった時点でまとめられた特別号である.

Gilmour, I. and Koeberl, C., eds. (2000): Impacts and the Early Earth, Springer, 245 p.

1998年にケンブリッジ大学で開かれた隕石落下が地球に与えた影響についてのシンポジウムで発表された論文集である.このような論文集はとかく題目が偏りがちなものであるが,比較的広い範囲の論文が集まっている.

Laine, R., Alonso, D. and Svab, M., eds. (1985): The Carsewell Structure Uranium Deposits, Saskatchewan, Geol. Ass. Can., Spec. Pap., No. 29, 230 p.

カースウェル構造についてカナダ地質学会から出版された特別号である.

第5章
剛塊の成長

　原生代には太古代の剛塊が分解され，衝突した．太古代に形成された剛塊の縁に細長い造山帯が出現することは早くから認識されていた．剛塊に細長い変動帯が付加することによって大陸が成長し，分解する．成長，分解する大陸の進化は，トゥーゾー・ウィルソンの業績にちなんでウィルソンサイクルと名づけられた．

5-1. アンガラ剛塊

　東アジア最大のアンガラ (Angara) 剛塊はジュースの命名である．北部と南東部に露出があるが，多くはプレカンブリア最末期から顕生代の地層に覆われている．地表露出に磁気・重力異常図などを総合して，剛塊の地体構造区分が提唱されている (Rosen et al., 1994)．

5-1-1. アナバル盾状地

　北部のアナバル (Anabar) 盾状地は，北極海へ注ぐアナバル川の上流にほぼ一辺 400 km の三角形の範囲に分布する．走向が北西－南東で北東へ傾斜する2つの剪断帯により西からマガン (Magan)，アナバル，オレニョーク (Olenek) の各区に分けられる．さらに西側にツングース (Tungus) 区が存在する．各区の境界は西方へ衝上した断層であるらしい．アンガラ剛塊の西を限るのがアンガラ造山帯で，1.9～1.85 Ga に変成作用を受けている (図 5-1)．

　アナバル区の東西両側を限る剪断帯は磁気・重力異常が非常に明瞭で，約 1200 km にわたって連続する．剪断帯の露頭の幅は 10～30 km ある．アナバル区の露出は著しく圧力が高いグラニュライト相の変成岩類からなる．表

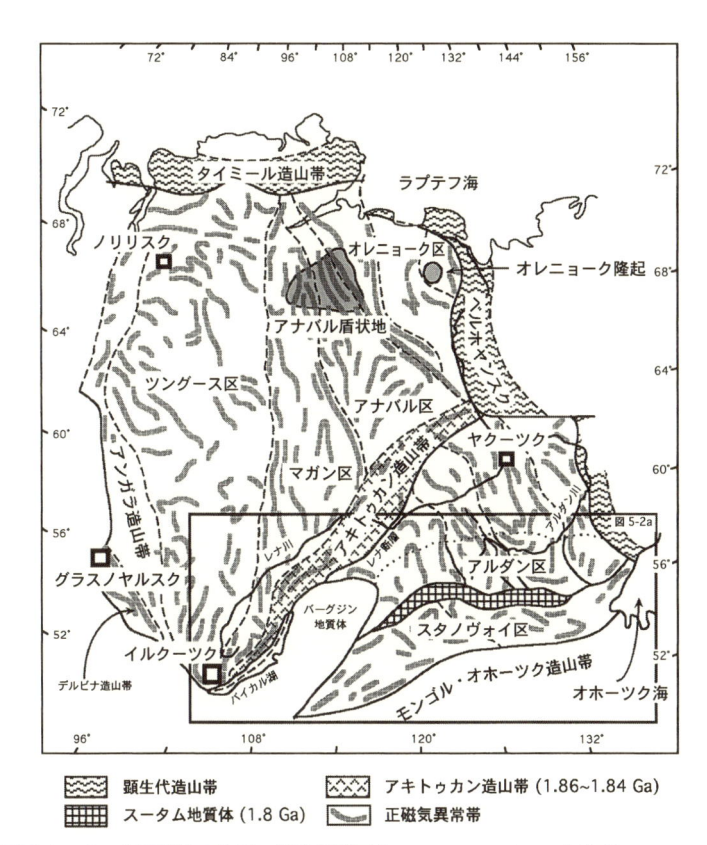

図 5-1 アンガラ剛塊の地質・構造概略図（Rosen *et al.*, 1994 から作成）．
アルダン区の点線以北の多くは顕生代の地層に覆われている．本文を参照．

成岩類の多くは火山岩類で 3.0 Ga に噴出した．なかでも安山岩が 46% と多く、残りはフェルシック岩とマフィック岩が半々である．貫入岩類はチャルノク岩になっている．グリーンストン・TTG 帯と考えられ，ジルコンの U-Pb 年代は 2.8 Ga と 1.9 Ga に変成作用が起きたことを示す．このような北部の地表露出に対して，南部は磁気・重力異常の性格が異なっている．花崗岩類の存在が推定される地域がある．キンバレー岩の捕獲岩片にはマフィック岩から中間組成の火山岩類が卓越して，これらがグラニュライト相の変成作用を受けている．南北を分けて北部をダルディン（Daldyn）地質体，南部をマーカ（Markha）地質体と呼ぶこともある．

西側のマガン区はチャルノク岩を主とし，グラニュライトが少ない点を除いてアナバル区と類似している．1.9 Ga にアナバル区と衝突した．北東側のオレニョーク区の原岩は石灰質堆積岩類が 40％ を占め，片麻岩類はフェルシック岩起源の物質を含むグレイワッケであるらしい．角閃岩相からグラニュライト相の変成作用を受けているが，その温度・圧力はアナバル区よりは低い．

シベリア卓状地の北東端にオレニョーク隆起という直径約 100 km の露頭がある（図 5-1）．フェルシック火山岩類が分布し，変動時・後変動時花崗岩類に貫入されている．全体としては変成度が低いブドウ石−パンペリー石相である．このような地質はアナバル盾状地に露出するオレニョーク区の地質とは異なっている．そこで北西−南東方向の明瞭な磁気異常帯を境として，南西側をハプシャン（Hapschan）地質体，北東側をビレクテ（Birekte）地質体，オレネク隆起の地帯をエーキット（Aekit）造山帯と呼んでいる（Rosen et al., 1994）．

5-1-2. アキトゥカン造山帯

アキトゥカン（Akitkan）造山帯は，北東−南西方向の磁気異常を示す．バイカル湖の南端から北東方向へ，幅 50〜250 km の範囲で約 1500 km 連続してベルホヤンスク山脈に達する．アキトゥカン造山帯の両側は断層で，南東側のレナ（Lena）断層がほぼバイカル湖の北西岸に対応して地表露出も知られている（図 5-1；図 5-2 a）．

バイカル湖周辺のプレカンブリア界の露出をバイカル隆起という．このあたりのアキトゥカン造山帯の地質は北西側と南東側で異なっている．北西側には緑色片岩〜角閃岩相の変成作用を受けた砕屑岩類とフェルシック火山岩類が分布している．ジルコンから 1.86 Ga，1.84 Ga の年代が報告されている．南東側は頁岩・晶質石灰岩・BIF を伴うマフィックなグラニュライトであるが，強い後退変成作用を受けている．アキトゥカン造山帯を通じて 1.90〜1.87 Ga の変動時花崗岩が貫入している．ジルコンの外来結晶から 2.18 Ga の年代が得られており，基盤のマガン区の変成岩に由来するらしい．

アキトゥカン造山帯は古生代にも変形している．この変動のジルコン年代

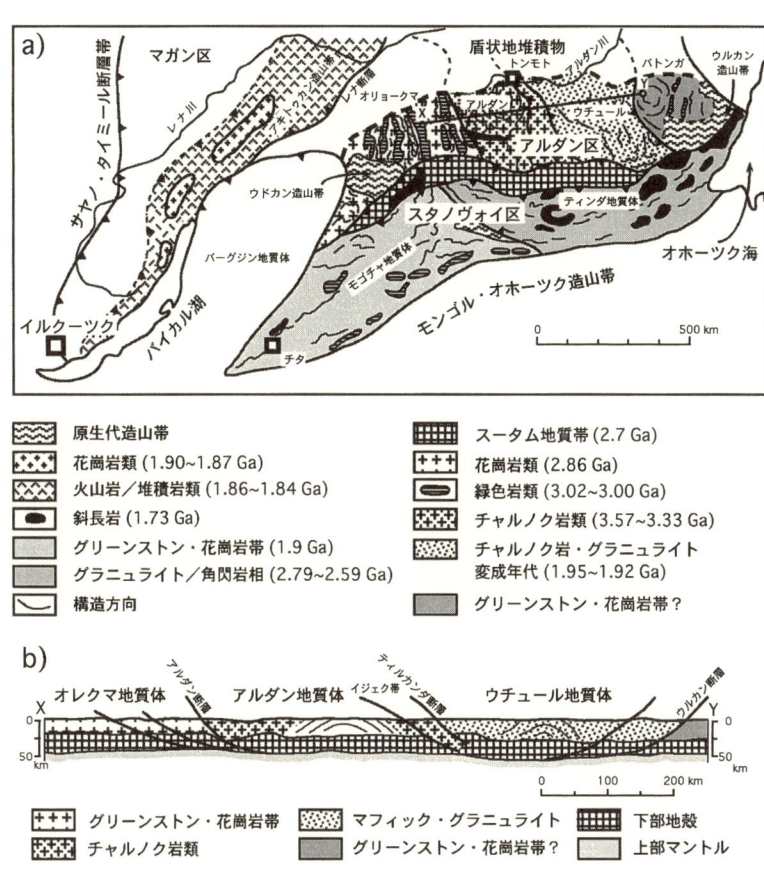

図 5-2 アルダン盾状地の地質概略図 (Rosen *et al.*, 1994 から作成).
アルダン区, スタノヴォイ区の露出がある地域の地質のみを示す.

は主として 500〜450 Ma (カンブリア紀後期〜オルドヴィス紀後期) に集中している. アキトゥカン造山帯の南半分の南東側はバーグジン (Barguzin) 地質体である (図 5-1; 図 5-2 a). 主として約 1 Ga のプレカンブリア界であるが, レナ断層に沿って約 700 Ma のバイモーダル火山岩類が知られている. バーグジン地質体がアンガラ剛塊へ衝突した変動を示しているらしい (Rosen *et al.*, 1994).

5-1-3. アルダン盾状地

アンガラ剛塊南東部のアルダン (Aldan) 盾状地は，アキトゥカン造山帯の南東側に北東－南西へ広がっている．北がアルダン区，南がスタノヴォイ (Stanovoy) 区で，アルダン区は西からオリョークマ (Olekma)，アルダン，ウチュール (Uchur)，バトンガ (Batomga) の各地質体に分けられている (図 5-2 a, b)．オリョークマ地質体はアルダン区の中でもっとも研究された地域である．典型的な太古代のグリーンストン・花崗岩帯で，変成度は弱い．層序は一般のグリーンストンと同じく，上位のサイクルほどフェルシックな火山岩類に富んでいる．片麻岩からのジルコンの U-Pb 年代，3.25 Ga がもっとも古い．全体としては火山岩類が 3.02～3.00 Ga，TTG が 2.85 Ga，変成作用が 1.90 Ga，後変動時花崗岩類が 1.8 Ga である．

アルダン地質体は走向南北，東傾斜の断層で，1.95～1.92 Ga にオリョークマ地質体に衝上している．比較的小さな地質体で，グラニュライト片麻岩を含む花崗岩類が変成したチャルノク岩が約半分を占める．アルダン地質体の北部にはドーム構造が知られており (図 5-2 b)，古い同位体年代はドームの北西部から知られている．シュリンプ年代の多くは 3.39～3.33 Ga であるが，北部の TTG からの 3.57±0.05 Ga がアンガラ剛塊では最古の同位体年代である (Nutman *et al*., 1992)．しかしジルコンの U-Pb 年代は約 1.92 Ga で，2.23 Ga がもっとも古い (Frost *et al*., 1998)．ウチュール地質体との境界に沿ってイジェク (Izhek) 帯が識別されている (図 5-2 b)．岩石学的にはチャルノク岩であるが，変成の温度が 840～970℃，圧力が 0.86～1.07 GPa と著しく高く，ジルコンの U-Pb 年代が 1.92 Ga と若い．

ウチュール地質体はアルダン地質体へ衝上している．チャルノク岩とマフィックグラニュライトからなっている．おそらくグリーンストン・花崗岩帯がグラニュライト相の変成作用を受けたのであろう．堆積岩起源の変成岩が表成岩類の約 30％を占める．1.95～1.92 Ga という変成年代はオリョークマ・アルダン・ウチュールの各地質体に共通している．変成の年代が断層の形成年代であり，3 つの地質体の衝突はほぼ同時に起きたと考えられている (Rosen *et al*., 1994)．アルダン区の東の端のバトンガ地質体については，あまりよくわかっていない．ウチュール地質体との境界は西傾斜の断層である

らしい(図5-2b)．露出している限りでは角閃岩相の TTG と表成岩類からなっている(Frost et al., 1998)．

5-1-4. スタノヴォイ区

アルダン区とスタノヴォイ区の間に，南北を南傾斜の断層で挟まれた構造的なスライスとして幅100kmに満たないスータム(Sutam)地質体が存在する(図5-1; 図5-2a)．重力・磁気異常は断層をよく反映している．密度が $2.95～3.5\,\mathrm{g/cm^3}$ と高く，温度・圧力も820～920℃, 0.8～1.1GPaと測定されている．主として斜長石チャルノク岩・マフィック・グラニュライトからなり，中～下部地殻の岩片であるらしい．ジルコンのU-Pb年代によると原岩の年代は2.7Ga, 変成年代は1.8Gaである．

スタノヴォイ区の西側はバーグジン地質体，さらにアキトゥカン造山帯であるが，アルダン・スタノヴォイ区ともにこれらの西側には現れていない．スタノヴォイ区の西半分をモゴチャ(Mogocha)地質体という(図5-2a)．典型的なグリーンストン・花崗岩帯であるが，地質が判明しているのは南部だけである．全体として角閃岩相の変成作用を受けているが，中央部にはジルコン年代が約1.9Gaのグラニュライト相の変成岩が知られている．しかしジルコン年代は変成年代を示しており，原岩は太古代であると考える研究者が多い．

東側のティンダ(Tynda)地質体は北西－南東の断層でモゴチャ地質体へ衝上している(図5-2a)．剪断帯で境された複数のグラニュライト相と角閃岩相の複合岩体からなる．グラニュライト相は斜長石チャルノク岩，超マフィック片岩がそれぞれ1/3ずつで，残りは堆積岩類である．これに対して角閃岩相の地域ではTTGが50％以上を占め，残りは火山岩類と砕屑岩類である．グラニュライトのザクロ石から分離されたジルコンが2.59Ga, トーナル岩のジルコンの核が2.79Ga, 殻が1.96Gaという年代が発表されている．この地質体には斜長岩類が比較的多く(図5-2a)，貫入年代は1.73Gaである．スタノヴォイ区には大量の中生代の花崗岩類が貫入している．その割合は全体の30％とも，60％ともいわれる(Rosen et al., 1994).

5-2. オーストラリアの地質

ピルバラとイルガーン両地塊は1.7 Ga頃に衝突してカプリコーン (Capricorn) 造山帯を形成した (図5-3). 一般に原生代の変動帯は沈降して露出が乏しいが, 太古代の地塊の上の堆積物は詳しく調査されている (Myers, 1993).

5-2-1. マウントブルース累層群

ピルバラ地塊の盾状地堆積物をマウントブルース (Mount Bruce) 累層群という. 下位からフォーテスキュー (Fortescue), ハマーズレイ (Hamersley), トゥリークリーク (Turee Creek) の各層群がそれぞれ整合に重なる. フォーテスキュー層群は2.77〜2.69 Gaの地層で太古代である. 少量のフ

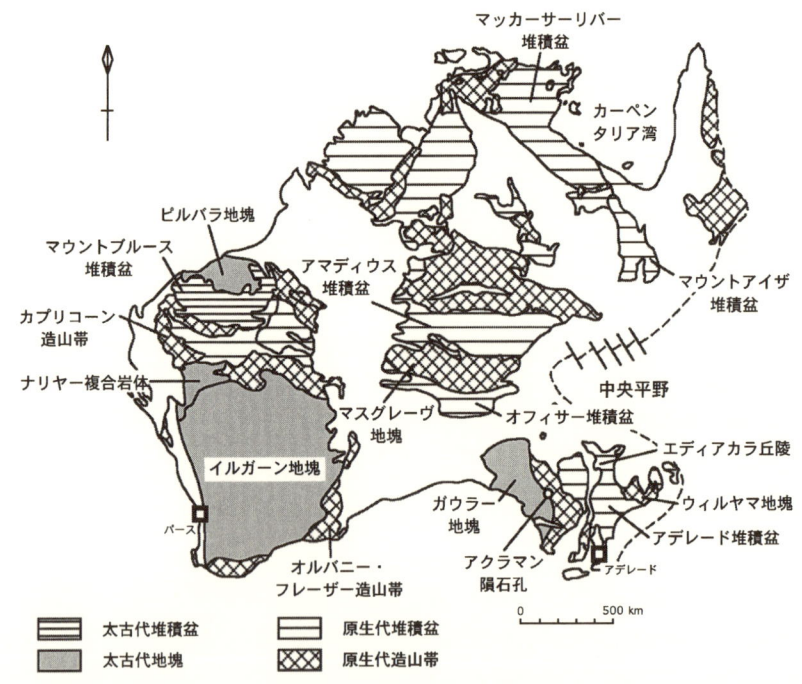

図5-3 オーストラリアの太古代の剛塊, 原生代の造山帯と堆積盆 (Rutland et al., 1990).

ェルシック火山岩類を伴う玄武岩類と砕屑岩類からなっている．おそらくピルバラ地塊の西南の隅に三重会合点が形成され，太古代の剛塊の分解が起きたのであろう (Myers, 1993)．

　フォーテスキュー層群を整合に覆うのがハマーズレイ層群である．2.60〜2.47 Ga の同位体年代が報告されており，太古代から原生代へかけての堆積物である（図5-4）．ピルバラ地塊南部の 600×350 km の範囲に分布し，主要部の層厚は約 2400 m であるが南方へさらに厚くなる．縞状鉄鉱層のほか，頁岩・チャート・ドロストン・凝灰岩などからなる．2.42 Ga におびただしい粗粒玄武岩のシルが貫入し，さらに 2.30 Ga の流紋岩の巨大なシルも知られている．マウントブルース累層群の最上部のトゥリークリーク層群は主として砕屑岩類からなり，下部に氷成堆積物を挟んでいる．

5-2-2. ハマーズレイ縞状鉄鉱層

　ハマーズレイ層群の中には主要な縞状鉄鉱層が3層ある．下位からマラマンバ (Marra Mamba)，ブロックマン (Brockman)，そしてブルギーダ (Boolgeeda) 鉄鉱層である．全層厚は 1000 m を越える．なかでも層厚 600 m ほどあるブロックマン鉄鉱層が一番有名で，経済的な価値も高い（図5-4）．下位からダールスゴージ (Dales Gorge) 部層，ホエールスバック (Whalesback) 頁岩部層，ジョフレ (Joffre) 部層，ヤンディクギナ (Yandicoogina) 頁岩部層に分けられる．もっとも厚い縞状鉄鉱層はジョフレ部層で層厚が 360 m ほどある．

　ブロックマン縞状鉄鉱層の中には，階層構造を示す葉理部が発達する．マクロバンドは厚さ 3〜15 m の鉄鉱層と鉄に富む頁岩の互層からなる．このマクロバンドは厚さ 1〜80 mm のメソバンドからなり，メソバンドは厚さ 0.5〜1 mm のマイクロバンドと呼ばれる鉄酸化物とチャートの細かい葉理からなっている．1枚のメソバンドは規則正しく 23.3 ± 0.3 枚のマイクロバンドから構成され，100 km 以上離れても対比できる (Ewers and Morris, 1981)．ハマーズレイ層群の中の縞については早くから年周期を示す年縞であるとする説が発表された (Trendall, 1973)．

　ハマーズレイ層群の鉄鉱石は，品位55%以上のものが278億トンあると

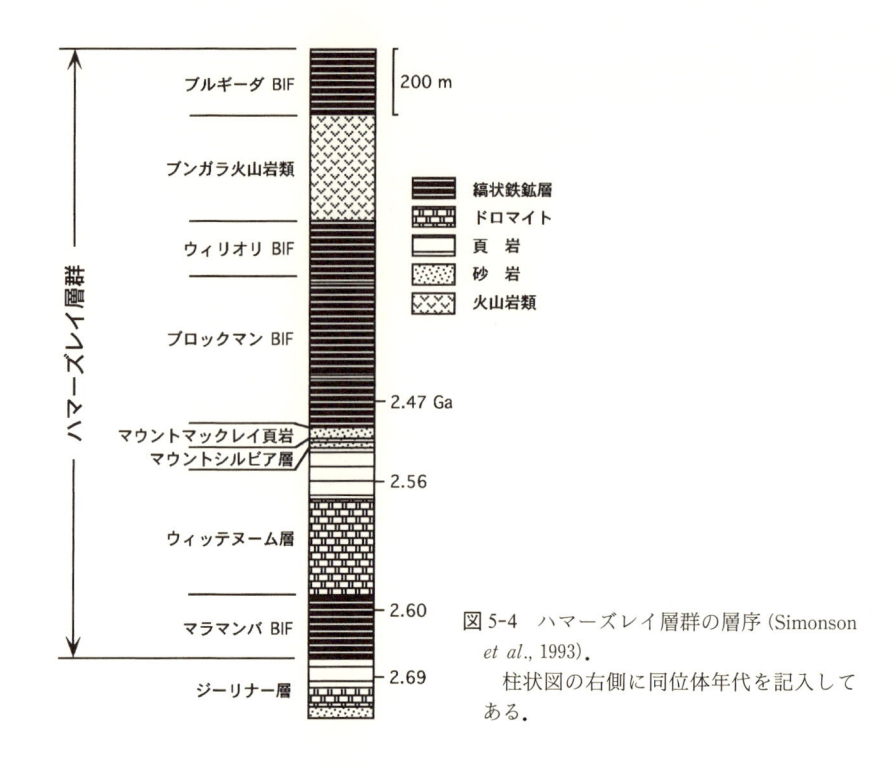

図 5-4 ハマーズレイ層群の層序 (Simonson et al., 1993).
　　　柱状図の右側に同位体年代を記入してある．

いわれる．現在採掘される鉄鉱石は年間 8500 万トンぐらいであるから，300年以上採掘できる分の鉱石がある．強い二次富化作用を受けた高品位鉱である．通常の風化作用は地表から進行し，その及ぶ範囲は地下 100 m 程度までといわれる．ところが試錐の試料によると，ハマーズレイ層群の縞状鉄鉱層は地下 1500 m に至るまで二次富化作用を受けている．この事実を説明するために下からの風化作用を主張する説もある (Morris, 1980)．

5-2-3. 中原生代の造山帯

　オーストラリアの南部中央，サウスオーストラリア州の州都のアデレード (Adelaide) 周辺地域の基盤が，太古代を含むガウラー (Gawler) 地塊である．この地塊を不整合に覆ってリフトを埋積したとされる中〜新原生代，さらにカンブリア紀に至る地層が点々と分布している（図5-3）．アデレードの北西 1200 km の地点に東西約 800 km，南北約 300 km のマスグレーヴ地塊

(Musgrave Block) と呼ばれる露頭があり，変成岩類が分布している．マスグレーヴ造山帯で島弧起源と考えられている．この造山帯がガウラー地塊の北限であるらしい．マスグレーヴ造山帯はイルガーン地塊の南東側を限る原生代中期のオルバニー・フレーザー (Albany-Fraser) 造山帯へ連続し，一部は分岐してピルバラ地塊の東へ達しているようである (図5-3).

　マスグレーヴ造山帯は $1.3 \sim 1.2\,Ga$ に高度変成作用を受けている．オルバニー・フレーザー造山帯の変成作用は，$1.8 \sim 1.6\,Ga$ と $1.3 \sim 1.1\,Ga$ とされている．引き続き $1.18 \sim 1.14\,Ga$ に非造山性花崗岩類が貫入した．この後にバイモーダル火山活動が始まり，岩脈群が貫入した．これらすべてが $1.06\,Ga$ にグラニュライト相の変成作用を受けている．岩脈群はマスグレーヴ造山帯の北側にも分布し，$1.08\,Ga$ の同位体年代が得られている．約 $1.1\,Ga$ にすべての変動が終了した．マスグレーヴ造山運動の性格はグレンヴィル造山運動に著しく類似している．

5-2-4. 堆積性噴気鉱床

　オーストラリア北部地方のダーウィンから南東へカーペンタリア湾 (Bay of Carpentaria) に沿う地域には $1.8 \sim 1.4\,Ga$ に非造山性火成活動があり，地殻の冷却に伴って $1.4 \sim 1.0\,Ga$ に堆積盆が形成された．北がマッカーサーリバー (McArthur River) 堆積盆，南がマウントアイザ (Mt. Isa) 堆積盆である (図5-3). これらの原生代のトラフには巨大な堆積性噴気鉱床 (SEDEX ; sedimentary exhalative deposits) が存在する．

　1923年に発見されたマウントアイザの鉱量が1億3000万トン，マッカーサーリバーの H. Y. C. (Here' Your Chance) 鉱床はさらに巨大で鉱量2億4000万トン，Ag 41 g/t, Cu 0.2%, Pb 4.1%, Zn 9.2%である．母岩のマッカーサー層群はドロマイトに富み，蒸発岩が形成された証拠がある．平均の厚さ55 m の H. Y. C. 鉱床は主として単一鉱物の微粒な硫化鉱物からなり，葉理組織が著しくスランプ構造が発達している．限られた供給源からの硫酸塩の還元によって鉱物が晶出したらしい (Eldridge *et al.*, 1993).

　オーストラリア南東部のブロークンヒル (Broken Hill) 鉱床は，ガウラー地塊の中の砕屑岩を主とするウィルヤマ (Willyama) 累層群の中にある

（図5-3）．変成度が角閃岩～グラニュライト相と非常に高く，成因については いろいろな議論がある．1888年の発見から1987年までに Pb 10.2％, Zn 11.1％, Ag 78 g/t の鉱石7350万トンを採掘し，Pb 8％, Zn 13％, Ag 70 g/t の鉱石5380万トンが残っているといわれていた．ブロークンヒル鉱床からの方鉛鉱は，鉛の同位体比の進化の考察には必ず登場する．

5-3. バルト盾状地

ウラル山脈の西側からカレドニア造山帯まで広がるプレカンブリア界が東ヨーロッパ剛塊で，ロシア卓状地の基盤を形成している．地表露出はフィンランドからスカンディナヴィア半島に分布する西部のバルト (Baltic) 盾状地が広く，南部にウクライナ盾状地がある．

5-3-1. コラ半島

ロシアの北西端のコラ (Kola) 半島のプレカンブリア界はバルト盾状地の核である（図5-5）．1960年ヘルシンキで開催された万国地質学会で，バルト盾状地の変成岩の同位体年代が総括された．このときに発表されたコラ半島からの 3.5 Ga という年代は当時としては驚きであった．しかし何らかの技術的な問題があったらしく，その後の測定ではこれほど古い値は得られていない．ともかく剛塊はコラ半島から南西方へ成長した．北部のムルマンスク地塊，中央の中央コラ地塊に分けられる．中央コラ地塊の中央に超マフィック～マフィックな火山岩類に富むレンズが，コラ半島を横断して約 1000 km にわたって断続的に現れる．ペチェンガ・ヴァーズガ (Pechenga-Varzuga) 帯である（図5-5；図5-6）．ノルウェーではペチェンガ・ヴァーズガ帯の南側をイナリ (Inari) 地塊というが，ロシアでは中央コラ地塊と識別できない．

ムルマンスク地塊は角閃岩～グラニュライト相のトーナル岩，花崗閃緑岩，角閃岩などからなっている．片麻岩の年代は 2.9～2.7 Ga で新太古代の花崗岩類に貫入されている．中央コラ地塊との境界は高角の衝上断層で，幅数 km にわたってマイロナイト質片麻岩が発達している．中央コラ地塊はグリ

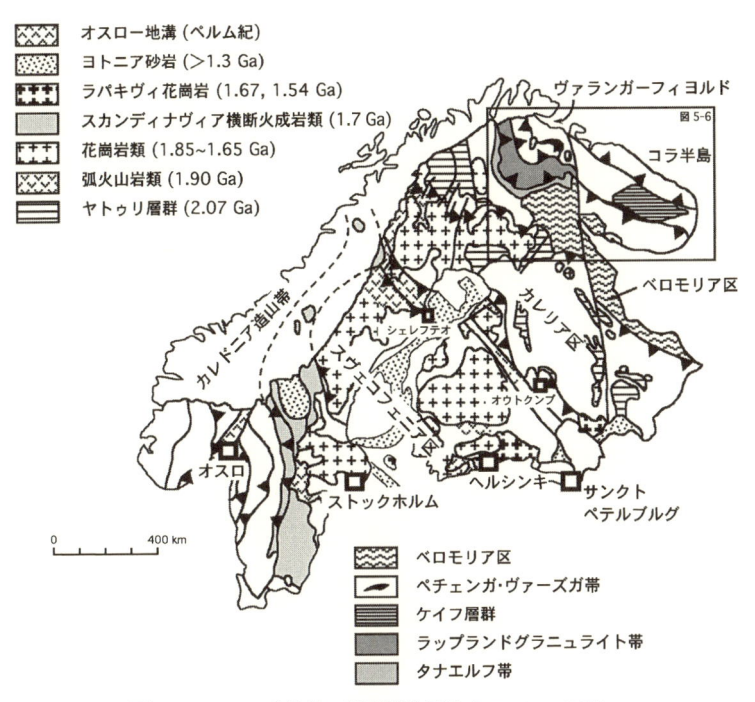

図5-5 バルト盾状地の地質構造区分 (Windley, 1992).

ーンストンと堆積岩類からなり，角閃岩〜グラニュライト相の変成作用を受けている．グリーンストンは背弧もしくは弧火山帯で，堆積岩類はタービダイトからなる付加体らしい．2.55〜2.50 Ga の花崗岩類に貫入され，2.0〜1.9 Ga のケイフ (Keiv) 層群に覆われている (Mitrofanov ed., 1995).

西部のペチェンガ岩体は延長約 100 km，幅約 50 km である（図 5-6）．約 70% が火山岩類で堆積岩類を挟んでいる．全層厚は約 1 万 6000 m で，同位体年代の値は 2.5〜1.8 Ga である．北西〜南東に走るポリタシュ (Poritash) 断層によって北側 2/3 ほどの北亜帯と南側の南亜帯に分けられる．北亜帯は主として大陸内部のリフトに噴出したソレアイト玄武岩類からなる．超深層ボーリングは北亜帯から掘削されて中央コラ地塊の変成岩に達した．南亜帯は北亜帯よりも火山岩類の年代は若い．安山岩・デイサイトの量が多く，一部にバイモーダルな火山岩類が認められる (Melezhik and Sturt, 1994).

コラ半島最大のアルカリ貫入岩体がヴァーズガ帯の西部に貫入したキビナ (Khibina) アルカリ深成複合岩体で (図 5-6), 同位体年代は 378〜362 Ma (後期デヴォン紀) の範囲に入る. 現在でもこれらの岩体のネフェリンからアルミニウムを精錬し, 燐灰石から燐と希土類元素を抽出している. キビナ岩体は複数の貫入岩体を伴っている. その1つがフィンランドのソクリ (Sokli) カーボナタイト複合岩体である (図 5-6). この岩体は経済的に採掘できずに放棄されたが, 発見当初から希土類元素などの分析手法の開発に 10 年を要した.

5-3-2. ラップランドグラニュライト帯

フィンランドの最北部にガーネットを含むグラニュライトのラップランド (Lapland) グラニュライト帯が分布する (図 5-5; 図 5-6). 表成岩類が変成

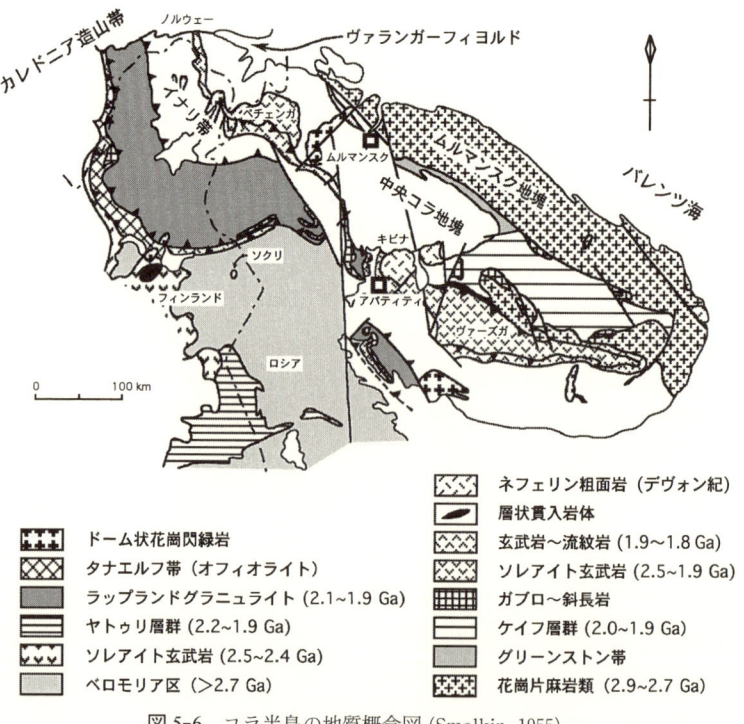

図 5-6 コラ半島の地質概念図 (Smolkin, 1955).

した非常に特徴的な地質帯で，コラ地塊の南西の境界である．幅約100 kmで南西へ凸な分布をして，北東へ傾斜する明瞭な片状構造を示して南西側へ衝上している．変成年代は2.10〜1.90 Gaである．ラップランドグラニュライト帯の構造的下位に，タナエルフ(Tanaelv)帯と呼ばれる高度の延性衝上断層帯がある．ソレアイト質角閃岩，カルクアルカリ質片麻岩などの挟みの他にガブロ，エクロガイト，超マフィック岩などのレンズが知られている．沈み込んだ縁海の縫合線と考えられている(Berthelsen and Marker, 1986)．

主として表成岩類からなるベロモリア(Belomorian)区は，白海の南西岸に沿って延びる幅約150 kmの地帯である(図5-5；図5-6)．グラニュライト相の変成岩が2.7 Gaに花崗岩類の貫入を受けて角閃岩相の変成岩になっている．

バルト盾状地から東へロシアに入ると，プレカンブリアの基盤は顕生代の地層に覆われる．そこからウラル山脈までが東ヨーロッパ卓状地である．ボーリング資料と地球物理学的探査の結果によると，卓状地堆積物の基盤のプレカンブリア界には中原生代の頃から多くの地溝－リフトが形成された(Zapolnov, 1993)．これらのリフトがオラーコジン(aulacogen)と呼ばれる地質構造の模式地である．

5-3-3. カレリア区の変動

カレリア区の基盤，カレリア地塊の南東の端の片麻岩から3.5 Gaのジルコン年代が得られている．しかし広範囲に分布するミグマタイト〜片麻岩類は2.84 Gaと2.65 Gaの2回の変成作用を受けている．同位体年代の類似から，カレリア地塊はコラ地塊と連続していたと考える研究者が多い．2.65 Ga頃からグリーンストン・花崗岩帯の形成が始まった．表成岩の90％は火山岩類で，40〜70％が枕状構造が普通に観察されるソレアイト玄武岩である．上部には中間ないしフェルシックな岩石が多く，2.5 Gaの同位体年代が得られている．2.5 Ga頃より貫入が始まる花崗岩類は，フェルシック火山岩類の深成岩相であるらしい．最末期のカリ花崗岩類は2.41 Gaである(Sjostrand et al., 1986)．これらの変動をフェノサーム(Fennosaamian)造山とい

う．

　フェノサーム造山では伸張場の影響が始まり，リフトが形成されて北西方向へマフィックな岩脈群が貫入し始める．ガブロ～ノーライトなどの層状貫入岩体からは 2.45～2.39 Ga の年代が報告されている．ケミ (Kemi) のクロム鉄鉱鉱床も，この時期の貫入岩体の中に存在する．もっとも若い岩脈の年代として 2.0 Ga が報告されている．カレリア地塊の沈降とともに，陸上あるいは浅海性の環境では礫岩・珪岩・縞状鉄鉱層・ドロストンなどが堆積した．これらの大陸棚相がヤトゥリ (Jatulian) 層群である．Pb-Pb 法で縞状鉄鉱層から 2.08 Ga，炭酸塩岩から 2.05 Ga の年代が得られている (Sjostrand et al., 1986)．これらの年代は南西側に広がるスヴェコフェニア区の構成岩類の年代とほぼ同じである．

5-3-4. ヨルムアオフィオライト

　カレリア地塊の南西縁に位置するオウトクンプ (Outokumpu) 鉱床は，鉱量 4000 万トン，Cu 3.5%，Co 0.25% で，フィンランド最大の鉱床の 1 つである．鉱床の周辺がオウトクンプ地層群 (assemblage) と呼ばれる地層の模式地である．1.90 Ga 頃の衝上運動により，オウトクンプ地層群が北ないし北東の方向へ衝上してオウトクンプナップを形成した．オウトクンプ地層群の基底の蛇紋岩が，その上の角閃岩，ガブロ，枕状溶岩，オウトクンプ鉱床などとともに，フリッシュが変成した雲母片岩を伴って衝上している．

　オウトクンプ地層群を伴う異地性岩体は，オウトクンプから北北西へ約 300 km にわたって点々と分布している (図 5-5)．その北端に発見されたのがヨルムア (Jormua) オフィオライトである (Kontinen, 1987)．衝上しているオフィオライトの同位体年代が 1.97 Ga で，世界でもっとも古いオフィオライト層序の 1 つである (図 5-7)．さらにこのオフィオライトの西側に接して，太古代の大陸的なマントルが露出している．このマントルからのジルコン年代は 3.11～2.72 Ga という広い範囲を示している．この事実は，カレリア地塊の南西側に縁海が拡大した時に太古代のマントルが露出したのであろうと考えられている．さまざまなジルコン年代は太古代のマントルが交代されなおかつ十分に冷却していたことを示している (Peltonen et al., 2003)．

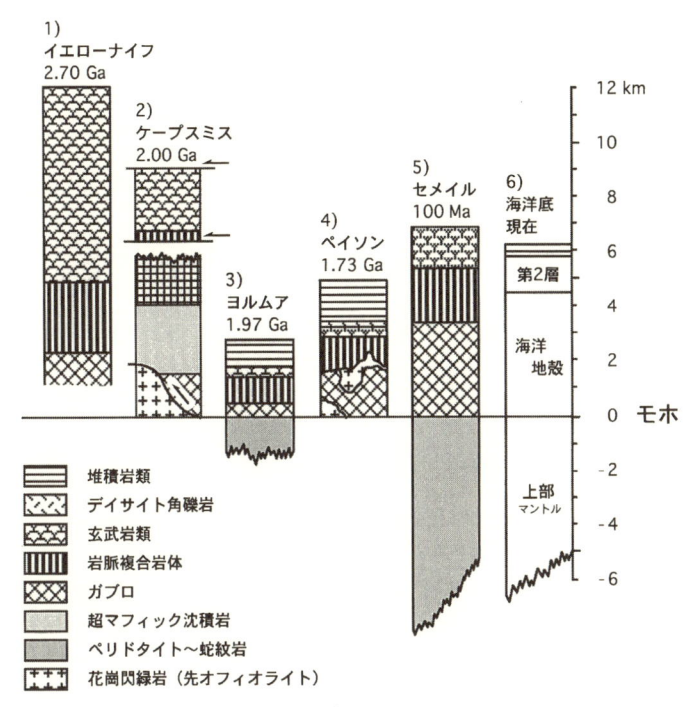

図 5-7 ヨルムアオフィオライトの層序 (Helmstaedt and Scott, 1992).
　主要な太古代〜古原生代のオフィオライト，ならびにオマーンのオフィオライトと現在の海洋底の層序も比較のために示してある．1) スレーヴ剛塊のスリーピードラゴン (Sleepy Dragon) 地質体，2) ハドソン横断造山帯のケープスミス帯のワット (Watts) 層群，4) アリゾナのマザツァル造山帯のペイソン (Payson)，5) オマーンのセメイル (Samail) の各オフィオライトの層序．

5-3-5. スヴェコフェニア区

　スヴェコフェニア区は花崗岩類が75%を占め，その地質構造の詳細はよくわかっていない．太古代の基盤は存在しないと考えられている．北緯65°のボスニア湾に流れ込むシェレフテ (Skellefte) 川の流域に表成岩類が分布している (図5-5)．層序的最下部がフェルシック火山岩類で，その上の層準に100 kmにわたって約80の黒鉱型鉱床があり，約1.95 Gaのバイモーダルな火山岩類に覆われている．1924年に発見されたボリーデン (Boliden) 鉱床からは，1967年の終掘までに Au 15.5 g/t, Ag 50 g/t, Cu 1.4%, Zn 0.9%, Pb 0.3%, As 6.8%の鉱石が830万トン採掘された．かつては世

界最大の砒素の鉱床であり，ヨーロッパ最大の金山であった．

ストックホルムを西から囲むベルグスラーゲン（Bergslagen）地域は多様な形式の鉱床からなる大鉱床地帯である．その層序は明確ではないが，火山岩類に富む表成岩類からのジルコンのU-Pb年代は2.1〜1.85 Gaの範囲で緑色片岩相から角閃岩相に達する変成作用を受けている．黒鉱型のストーラカッパーベルゲ（Stora Kopparberget）鉱床には1080年に銅が採掘されていたことを示す記録がある．17世紀には当時の世界の年間産銅量の2/3に達する3000トンの銅が生産されたといわれる．以来3500万トンの鉱石が採掘された．鉄の生産量も莫大で，1740年には世界の鉄鉱石の38%がマルムベルゲ（Malmberget）鉱床などから生産されたといわれる．資源素材の輸出で蓄えた財力が当時の強国としてのスウェーデンを支えた．

キールナヴァーラ（Kiirunavaara）鉄鉱床はスウェーデンの北部のキルナ地域に位置している．基盤は2.80〜2.75 Gaの花崗岩質片麻岩を覆う枕状玄武岩類で，礫岩を挟んで不整合で流紋岩・閃長岩などが重なる．磁鉄鉱の溶岩流とされるキールナヴァーラ鉱床の下位の閃長斑岩から1.90〜1.88 Gaの同位体年代が得られている．鉱石は緻密な弗素燐灰石・磁鉄鉱で，走向延長4000 m，平均の幅90 mで，下部は－2000 mまで確認されている．－1500 mまでの鉱量が18億トン，Fe 60〜65%，P 0〜2%である．キルナ地域には太古代の基盤が存在するにもかかわらず，ベルグスラーゲン地域の鉄鉱床との類似からスヴェコフェニア区とされている．下位に構造的不連続面があるらしい．

5-3-6. スヴェコ・カレリア造山帯のテクトニクス

バルト盾状地には3.1 Gaより古い基盤があると考えられている．これを形成したのがサーム造山（Saamian）である．その後のフェノサーム造山を通じてコラ・カレリア地塊が形成され，両地塊が衝突したのが約2.0 Gaである．コラ・カレリア地塊の陸棚相とスヴェコフェニア区の岩石が変動を受けた地域がスヴェコ・カレリア造山帯（Sveco-Karelides）である．

カレリア地塊の南西側に，2.0 Gaの頃に縁海が形成された．シェレフテ地域の火山岩類の延長はボスニア湾を越えてフィンランドへ入り，さらに東

南へ延びてヘルシンキの北方に達する．ヨルムアオフィオライトの存在によって示される縁海の拡大によって形成された島弧である．ベルグスラーゲン火山岩類の東への延長は，ストックホルムの北からボスニア湾を越えてヘルシンキの北へ達する．両火山列は西の端では 600 km ほど離れているが，ヘルシンキの北では約 300 km になる．両地域の火山岩類からは 1.95〜1.85 Ga の範囲の同位体年代が得られている．両火山列は同一の島弧であるのかもしれない (Gaal, 1987)．

両火山列に挟まれたスウェーデンとフィンランドの間のボスニア湾を中心とする地域は，フリッシュを主とする砕屑岩類に富み，ボスニア堆積盆 (Bothnian Basin) と呼ばれる．フリッシュからの砕屑性ジルコンの年代の多くは 2.1〜1.9 Ga で，堆積岩類は火山岩類より上位と考えられている．スヴェコフェニア造山帯の花崗岩類は，ボスニア堆積盆の堆積岩類にも貫入している．変動時花崗岩類の年代は 1.85〜1.75 Ga，後変動時花崗岩類の年代は 1.73〜1.65 Ga の範囲である．大量の花崗岩類の成因については，複数の島弧列の活動によって厚い地殻が形成され，それを溶融して花崗岩類を生成したとするモデルが唱えられている (Nurmi and Haapala, 1986)．

ヨトニア (Jotonian) 累層群は断層で切られた堆積盆にほぼ水平に堆積している．赤色砂岩を主とし，礫岩・玄武岩を伴い，斜交層理・漣痕・雨滴痕などが発見されている（図 5-5）．1.22 Ga の玄武岩の岩脈によって切られている．

5-4. ローレンシア縁辺部の成長

古原生代には太古代の剛塊へ多くの微小大陸の衝突－付加があり，北米からグリーンランドをへてバルト盾状地に達する剛塊が形成された．これが総延長 7000 km にわたる北大西洋剛塊 (North Atlantic Craton) である．

5-4-1. ウォプメイ造山帯

プレカンブリア時代の地質を特別視した時代も，1960 年代の終り頃になると変化が現れた．スレーヴ剛塊の西の縁には，顕生代の造山帯に類似した

地帯が存在することが認識された．「コロネーション地向斜（Coronation Geosyncline）」である（Hoffman et al., 1970）．これが現在のウォプメイ（Wopmay）造山帯で，そのテクトニクスが発表されたウィルソン記念シンポジウムにウィルソンサイクルが登場した（Hoffman, 1980）．

スレーヴ剛塊の東南にアサプスコウ（Athapuscow）オラーコジンが形成され，2.10 Ga にアルカリ岩が噴出した．ウォプメイ造山の始まりである．スレーヴ剛塊の西側が割れ，リフトの中にマフィック～フェルシックな火山岩類が噴出した．火成活動が終るとリフトの中にドロマイトの礁が形成され，西へ開いた大陸縁にコロネーション累層群が堆積した．海岸平野・陸棚相の堆積物で，東西 150 km，南北 350 km ほどの地域に分布する．東部の原地性の地層はスレーヴ剛塊を不整合に覆い，1.97 Ga という同位体年代が得られている．原地性堆積物の西側からウォプメイ断層までは異地性の地層である．層厚は西へ著しく増大して，多くの断層によって東方へ衝上している．ウォプメイ断層までは太古代の基盤があるらしい（図 5-8 a）．

ウォプメイ断層の西側がグレートベア（Great Bear）火山弧である．1.87～1.84 Ga の非常に厚い溶結凝灰岩類は 1.86～1.84 Ga の磁鉄鉱系花崗岩類を伴い，陸成堆積岩を挟んでいる．さらにその西側，グレートベア湖の湖畔にホッター（Hottah）火山弧がわずかに露出している（図 5-8 a）．2.3～2.1 Ga の基盤の上に成長した島弧である．最下部は層厚 1.5 km のソレアイト玄武岩で，厚さ 2 km に達する流紋岩凝灰岩は溶結してカルデラを形成している．上部は厚さ 5 km に達する安山岩・デイサイト・流紋岩の繰り返しで 1.94～1.90 Ga の年代が得られている．1.89～1.88 Ga の年代を示すチタン鉄鉱系ヘップバーン花崗岩類が貫入して変成帯を形成した（Bowring and Grotzinger, 1992）．

ホッター島弧とスレーヴ区との間の海洋底は，西方のホッター島弧の下へ沈み込んでいた．ホッター火山弧は 1.91～1.90 Ga に強い変形を受けているので，スレーヴ区との衝突はこの頃であろう．チタン鉄鉱系花崗岩類の貫入はこの後の変動である．衝突の後，ホッター島弧の西側の海洋底が東方へ沈み込み，火山弧はホッター弧からグレートベア弧へ移動した．磁鉄鉱系花崗岩類はグレートベア火山岩類の深成岩相であろう（図 5-8 b）．ホッター島

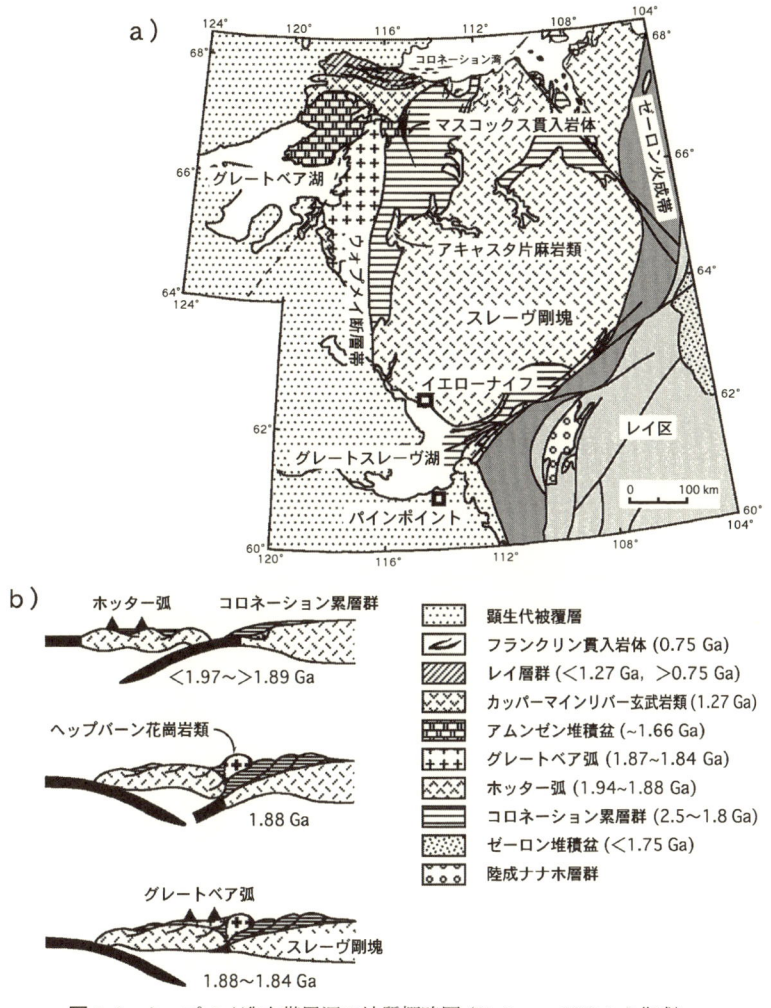

図 5-8 ウォプメイ造山帯周辺の地質概略図（Hoffman, 1989 から作成）．

弧の西側に，ほぼ同年代のフォートシンプソン（Fort Simpson）火成帯，さらに年代未詳のナハンニ（Nahanni）火成帯が識別されている（図 4-7）．ローレンシア大陸の北西部には中原生代を通じて多くの島弧の付加があったらしい．

5-4．ローレンシア縁辺部の成長——147

5-4-2. ヤヴァパイ・マザツァル区

アメリカ合衆国でジルコンのU-Pb年代の測定が実用化されて最初に研究の対象に選ばれたのが，コロラド平原の南西側，アリゾナ州のプレカンブリアの岩体である．北部の岩体は1.80～1.72 Gaで，南部は1.65 Gaより若くなる傾向があった．古い方の岩体がヤヴァパイ（Yavapai）区，若い岩体がマザツァル（Mazatzal）区の模式地である．ヤヴァパイ区の東方延長は，中央大陸リフト系の東へ達している．マザツァル区はヤヴァパイ区の南側を併走するが，中央大陸リフト系の南に西部花崗岩・流紋岩区（Western Granite-Rhyolite Province）が現れ，東に東部花崗岩・流紋岩区が存在する．さらに東側はグレンヴィルフロント（Grenville Front）を隔ててグレンヴィル区である（図5-9）．

ヤヴァパイ区の模式地では，最下部の枕状溶岩から上部へフェルシックな岩石に富むようになり，多くの化学的堆積物が現れる．ジェローム（Jerome）黒鉱型鉱床はこの層準である．さらに上部は火砕岩類からタービダイトになる．島弧を含む1.80～1.72 Gaのさまざまな地質体が衝突・付加したらしい．これらに貫入する1.80～1.70 Gaの花崗岩類が知られており，約1.74 Gaに変形を受けている．グランドキャニオンに露出するのはヤヴァパイ区の構成岩類であるが，地層はより若いグランドキャニオン累層群である．

おそらくマザツァル区も島弧である．模式地のマザツァル区から1.73 Gaのペイソン（Payson）オフィオライトが発見されている（Dann, 1991）．ヤヴァパイ区との違いは年代で，1.70～1.60 Gaの表成岩類に貫入する1.70～1.63 Gaの花崗岩類があり，約1.65 Gaに変形を受けている．ヤヴァパイ区との境界部では広い範囲にわたってヤヴァパイ期とマザツァル期の変形が重複している．花崗岩・流紋岩の中では東部花崗岩・流紋岩区がやや古く1.49～1.42 Ga，西部花崗岩・流紋岩区からは1.40～1.34 Gaの同位体年代が得られている（図5-9）．いわゆる非造山性花崗岩類である．これらのフェルシックな火成岩類は，より古いマザツァル区を構成する岩石を覆っているらしい．

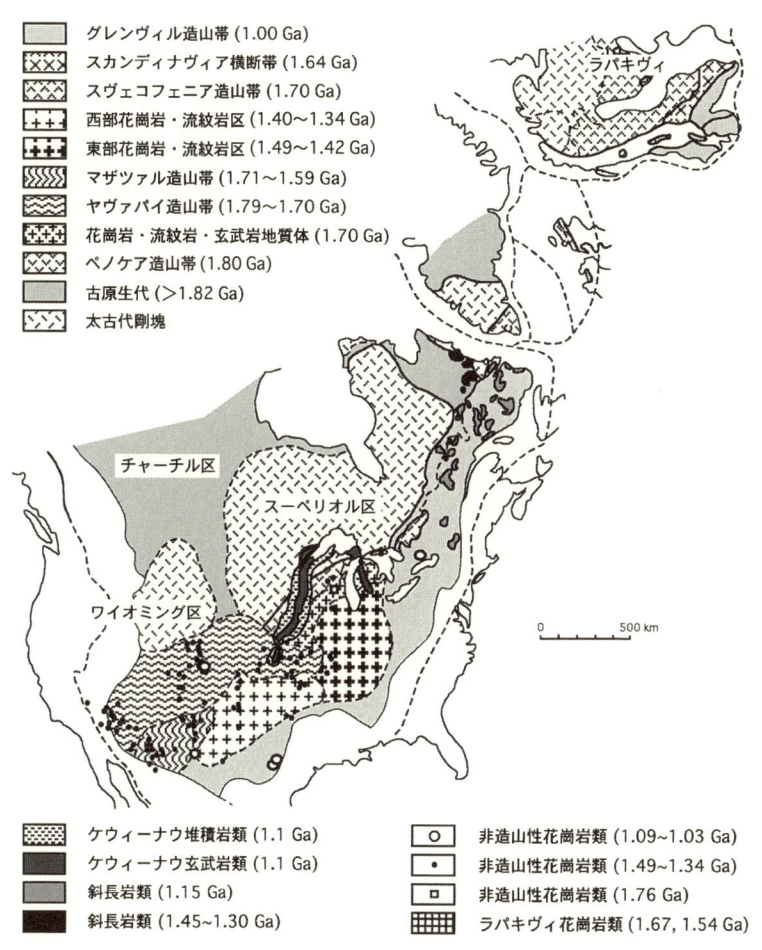

凡例:
- グレンヴィル造山帯 (1.00 Ga)
- スカンディナヴィア横断帯 (1.64 Ga)
- スヴェコフェニア造山帯 (1.70 Ga)
- 西部花崗岩・流紋岩区 (1.40〜1.34 Ga)
- 東部花崗岩・流紋岩区 (1.49〜1.42 Ga)
- マザツァル造山帯 (1.71〜1.59 Ga)
- ヤヴァパイ造山帯 (1.79〜1.70 Ga)
- 花崗岩・流紋岩・玄武岩地質体 (1.70 Ga)
- ペノケア造山帯 (1.80 Ga)
- 古原生代 (>1.82 Ga)
- 太古代剛塊

- ケウィーナウ堆積岩類 (1.1 Ga)
- ケウィーナウ玄武岩類 (1.1 Ga)
- 斜長岩類 (1.15 Ga)
- 斜長岩類 (1.45〜1.30 Ga)
- 非造山性花崗岩類 (1.09〜1.03 Ga)
- 非造山性花崗岩類 (1.49〜1.34 Ga)
- 非造山性花崗岩類 (1.76 Ga)
- ラパキヴィ花崗岩類 (1.67, 1.54 Ga)

図 5-9 北大西洋剛塊南東縁部の中原生代の地質概略と非造山性火成岩類の分布 (Gower *et al.*, 1990；Anderson and Morrison, 1992 などから作成). ヤヴァパイ,マザツァル造山帯,花崗岩・流紋岩区など,大平原の下の地質概略も示してある.ラブラドル地域を例外として,非造山性火成岩類は比較的新しい造山帯の中へ貫入している.

5-4-3. グレンヴィル区

グレンヴィルフロントと呼ばれる延性変形を伴う北西方向への衝上断層は,ネーン区・レイ区・スーペリオル区の南を限って,南西へ延びてヒューロン湖へ達する.この構造線の南東側がグレンヴィル区で,約2000 kmにわた

る（図5-9）．グレンヴィル区はグレンヴィルフロントにほぼ平行に南東へ傾斜する衝上断層を境に3つに区分される（図5-10）．もっとも北側は北西帯と呼ばれる準原地性（parautochthon）の地帯である．主要部ではグレンヴィルフロントから100 kmほど内側までの原岩はスーペリオル区の太古代の岩石に対比できる．高度の歪を示す片麻岩が特徴的で，延性変形を伴って流動して1.0 Gaに北西方向へ衝上した．変成作用のピークは1.1 Gaである（Davidson, 1998）．

　北西帯の東南側が異地性の中央帯である．剪断帯に境された複数の地質体から構成されている．強度の変形・変成によって中央帯内部の層序・対比は困難であるけれども，中央帯の岩石の原岩には表成岩類が多いらしい．北東部のラブラドル造山に関連した火成岩類は斜長岩・チャルノク岩・花崗岩・ガブロ，あるいは非造山性火成岩類で，1.71〜1.62 Gaの同位体年代が得られている．南西部の変形した深成岩類の同位体年代には約1.47 Gaと約1.35 Gaのグループがあり，それぞれ東部花崗岩・流紋岩区と西部花崗岩・

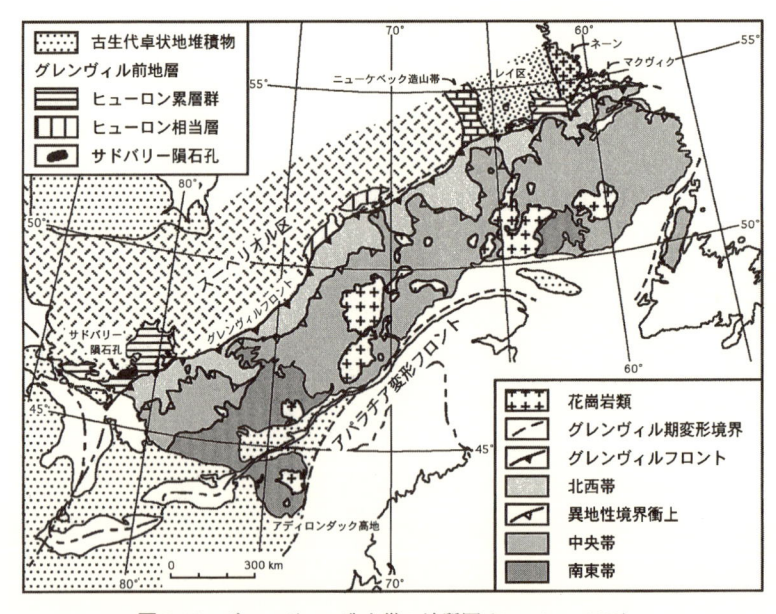

図5-10　グレンヴィル造山帯の地質図 (Davidson, 1998)．

流紋岩区の火成岩類の年代に対応している．これらがグレンヴィル造山より前の 1.5〜1.35 Ga に多様な変動を受けている (Davidson, 1998)．

南東帯として区分される地帯が分布するのは南西端と北東部で，グレンヴィル累層群として一括されている．中央帯との境界は南傾斜の延性衝上帯で，1.19 Ga に衝上が完了した．南東部のアディロンダック高地 (Adirondack Highland) 地質体などの中央グラニュライト地質体を除いて，晶質石灰岩が多いのが特徴である．南西部のオンタリオ州の地域では中央変堆積岩帯 (Central Meta-sedimentary Belt) と呼ばれている．

南東帯は剪断帯で境された複数の地質体から構成されているが，なかでも広い地域を占めるのがエルゼヴィール (Elzevir) 地質体で，縁海・島弧起源であると考える研究者が多い．火山岩類が多いのが特徴で，1.29〜1.27 Ga のマフィック岩類が大量に分布する．1.26〜1.25 Ga には火山活動がカルクアルカリ質になった．堆積環境は浅い水中であるらしく，枕状構造，ストロマトライト・ドロマイトなどが発見されている．1.27〜1.24 Ga にカルクアルカリ質の深成岩類が貫入した．その後の堆積はモラッセ的である．広域変成作用は 1.05〜1.00 Ga に起きた．アディロンダック高地地質体には，グラニュライト相の斜長岩・ガブロ・チャルノク岩・マンゲル岩・花崗岩の複合岩体がある (図 5-10)．

グレンヴィル区の深成岩類の同位体年代は約 1.35〜0.95 Ga の範囲であるが，1.23〜1.18 Ga の間に静穏期があることが明らかになっている．この静穏期を境に深成岩類の地球化学的性質が前期のカルクアルカリ質から，後期には斜長岩・マンゲル岩・チャルノク岩・花崗岩と A 型花崗岩・閃長岩へと変化している．

5-4-4．スヴェコノルウェギア造山帯

スヴェコ・カレリア造山帯の西を限ってスウェーデンの南部から北へ延びる火成帯がある．広く露出しているのは南北 700 km，幅 200 km ほどであるが，北への延長がカレドニア造山帯のナップの下に点々と見出され，その総延長は約 1600 km に達する．主として斑岩質火山岩類からなる表成岩類の中へ貫入した I 型花崗岩類と斑岩質貫入岩類からなり，スカンディナヴィ

ア横断帯（Trans-Scandinavian Belt）と呼ばれる（図 5-6）．U-Pb 年代は東部で 1.81～1.77 Ga，西部で 1.72～1.66 Ga の範囲で，スヴェコ・カレリア造山帯の後変動時花崗岩類の年代にほぼ対応している（Ahall and Larson, 2000）．西方から沈み込む海洋底により新しい変動が始まったらしい．

　スカンディナヴィア横断帯の西縁は剪断帯でプロトジン（Protogine）帯と呼ばれる．その西側がグレンヴィル造山帯に対比されてきたゴッチャン（Gothian）造山帯であるが，最近ではより若い変動が識別されてスヴェコノルウェギア変動帯（Sveconorwegian Mobile Belt）と呼ばれる．スカンディナヴィア横断帯とグレンヴィル造山帯では延びの方向に約 110° の違いがあるが，スヴェコ・カレリア造山帯は 1.20 Ga と 900 Ma の間にほぼこの角度だけ時計まわりに回転している．この回転を復元するとグレンヴィル造山帯の東の延長はスヴェコノルウェギア変動帯に連続する（図 5-9）．

　ゴッチャン・スヴェコノルウェギア変動帯はオスロー地溝の東西両側に分布する非常に複雑な変動帯である．同位体年代はスカンディナヴィア横断帯から西方のオスロー地溝へ向かって連続して若くなり，スヴェコノルウェギア変動帯で 1.65～1.55 Ga の範囲である．この年代群を示す花崗岩類の活動がゴッチャン造山である（Ahall and Larson, 2000）．オスロー地溝の両側の花崗岩類はスヴェコノルウェギア変動によって再流動したゴッチャン造山の花崗岩類を主としている．オスロー地溝の両側の岩石の延性流動が一番激しく，ゴッチャン変動帯の最深部が露出しているらしい．

　オスロー地溝から離れて両側に花崗岩類を不整合に覆う地層がある．東側がダールスランド（Dalsland）層，西側がテレマーク（Telemark）層群である．堆積の年代は 1.05 Ga で，変成作用の年代は約 950 Ma である．これらがグレンヴィル造山の年代である．930～920 Ma の後変動時花崗岩類が知られている（Bingen et al., 1998）．オスロー地溝の東側が東方造山極性，西側が西方造山極性と逆になっている点がいろいろな議論を呼んでいる．

5-4-5. 非造山性火成活動

　中原生代の非造山性（anorogenic）花崗岩類と呼ばれる岩体の分布は，北大西洋剛塊の南縁部に沿ってカリフォルニアからフィンランドに達する．大

多数の岩体が非変形で非変成であることが非造山性火成岩類という名称の起源である．活動地域の多くは中原生代の造山帯で，斜長岩・チャルノク岩・花崗岩が大多数を占める（図 5-9）．地殻の比較的浅いところへ貫入して急速に侵食されて地表に露出したらしい．

　地球化学的性質は分布の地域によりある程度の異同がある．世界の塊状斜長岩と呼ばれる岩体の 3/4 はアディロンダック高地からノルウェーに至る地帯に分布する．ノーライト質の部分にチタン鉄鉱が濃集していることが多い．ノルウェーのチタニア（Titania）鉱床は TiO_2 18％で 3 億トンの鉱量があり，初生の鉱床としては世界最大といわれる．しかしカナダのケベック州のラックチオ（Rac Tio）鉱床も世界一と主張している．

　ラパキヴィ（Rapakivi）花崗岩類は，アルカリ長石の巨晶を縁取る斜長石をもつ特徴的な花崗岩類である．主としてスヴェコフェニア帯に分布し，最大のヘルシンキ東方の岩体の直径は 120 km ある（図 5-6）．母岩を明瞭に切って接触変成を与えている．同位体年代 1.70～1.64 Ga の古期岩体に加えて，1.54～1.53 Ga の新期岩体がある（Ramo and Haapala, 1990）．花崗岩類の化学組成には共通の特徴が認められる．多くは磁鉄鉱系で，造山運動に伴った花崗岩類と比較して，主要成分では K_2O の含有量が著しく高く，$FeO/(FeO+MgO)$，TiO_2 も高い．微量成分では Nb，Y，Zr などの含有量が高く，F の含有量が高い．花崗岩類の識別図表ではプレート内花崗岩類の領域に入り，いわゆる A-type（anorogenic）である（Bickford and Anderson, 1993）．

　マントル内部の放射性元素起源の熱に対しては，海洋では中央海嶺が放熱板の働きをしている．大陸地殻の下部では沈み込む冷たいリソスフェアーが冷却剤の働きをしたであろう．巨大大陸が形成されると，沈み込む冷たいリソスフェアーが大陸内部の下部まで届かなくなり，大陸地殻も熱の放散を妨げる．このようにしてマントル下部の温度が上昇して超大マントル湧昇流が形成され，安定大陸の下部を融解したのかもしれない（Hoffman, 1989）．マントルは確実に冷えているので，中原生代以降になるとたかだか現在のアフリカ大陸の下部に影響を与えている規模のマントル湧昇流しか形成されなくなった．

5-5. 北米剛塊内部の変動

　グレンヴィル造山の終了によって，北大西洋剛塊南東側の変動は一段落した．しかし安定化したはずの北米大陸の内部には変動が継続した．それらの多くはマフィック岩の貫入である．さらに卓状地堆積物の内部流体にも大規模な流動が起きた．

5-5-1. 岩脈群

　ザ・グレートダイクに代表される貫入岩体の活動とほぼ同じ頃から，岩脈群 (dike-swarm) の貫入が顕著になる．カープファール，ジンバブエ，ピルバラ地塊などには2.9 Gaとされる岩脈群が存在する．活動のピークについてはよくわかっていないが，中原生代に多いといわれる．プレカンブリア盾状地の岩脈群は侵食により深部が露出しているので，地表の影響を受けることが少なく，走向は地殻に加えられた応力場を示している．

　世界でもっとも素晴らしい岩脈群はマッケンジー (Mackenzie) 岩脈群であるといわれる (図5-11)．化学組成は大陸性ソレアイトで，複数の箇所から約1.27 Gaの年代が得られている．北の端はコロネーション湾で切られているが，スレーヴ区から南東へ2000 kmにわたって扇形に広がり，最大の分布幅は1000 kmほどに達する．異なる地質区にまたがって貫入しているが，貫入形態は基盤の影響を受けていない．平均の厚さは30 mで，下方25 kmまでの連続を仮定すると，噴出量は4万 km^3 と計算されている．日本最大の濃飛流紋岩類の2倍以上の量である．古磁気極は比較的狭い範囲に落ちて磁気的極性も同じなので，短期間に貫入したらしい (Fahrig, 1987)．

　ウォプメイ造山帯の北端部，コロネーション湾の西部にカッパーマインリバー火山岩類，さらにマスコックス (Muskox) 貫入岩体が分布する (図5-8)．その年代，化学組成がマッケンジー岩脈群と同一であり，その噴出・貫入岩相であるらしい．マグマが2000 kmをほぼ水平に移動してマッケンジー岩脈群を形成したとは考えにくい．おそらくフェイルドリフト (failed lift) を示しているのであろう．マッケンジー岩脈群の貫入を伴って拡大した海洋は，ポセイドン洋 (Poseidon Ocean) と名づけられている (図5-11)．

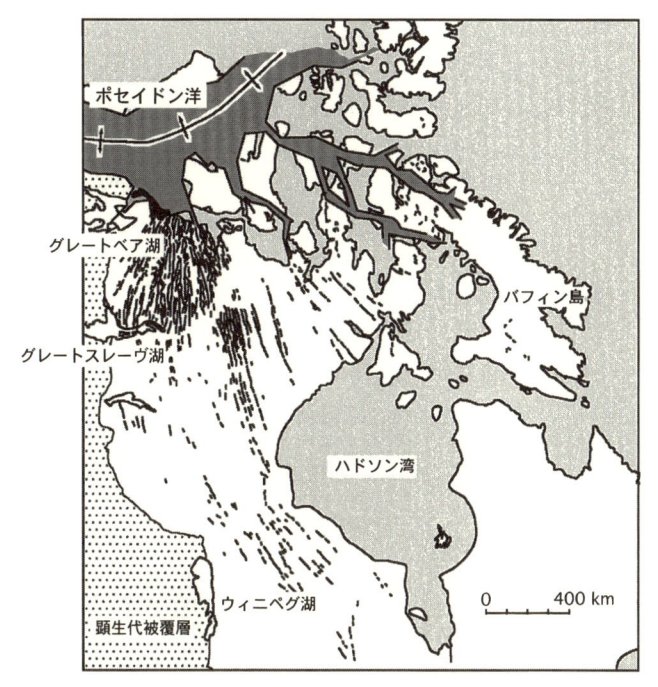

図 5-11 マッケンジー岩脈群の分布とポセイドン洋拡大の概念図 (Fahrig, 1987). グレートベア湖東方の黒色部は，カッパーマインリバー玄武岩類．

5-5-2. 中央大陸リフト系

　中原生代の岩脈群の貫入は，地溝の形成には至らなかった．唯一の例外が中央大陸リフト系 (Midcontinent Rift System) に活動したケウィーナウ (Keweenawan) 玄武岩類で，衝突型のグレンヴィル造山の最末期に対比されている．大部分は顕生代の地層で覆われているが，重力・磁気異常などによってその分布が推定されている．中心はスーペリオル湖で，主要な分布は南西方向はカンザス州に達し，南東へ延びる枝がミシガン州のデトロイトへ達している．全長 2000 km に及ぶ (図 4-5；図 5-9)．良好な露出がスーペリオル湖の湖岸にあって，パホエホエ構造などが観察される．

　リフトの両側は正断層であるが，半地溝に近いことがわかっている．リフトを埋積した地層がケウィーナウ累層群で，下部 20 km ほどが陸上の玄武岩溶岩類である．その多くはカンラン石ソレアイトからなるが，一部の地域

では20%ほどの流紋岩類を挟んでいる．玄武岩類を覆う約10 kmの厚さの赤色層の上部は，ほぼ水平に堆積している．玄武岩類を噴出しながらリフトが沈降し，噴出が衰えた後もリフトの沈降は引き続いたらしい（Samson and West, 1994）．火山活動は1.11～1.09 Gaの間で，噴出の総量は40万 km^{3}を越える．マッケンジー岩脈群よりも1桁多い．

ケウィーナウ玄武岩類の活動に伴う岩脈群が知られている．その走向はリフトの走向にほぼ平行である．下位の溶岩類を貫く岩脈も数多く，割れ目噴火であったことを示している．最大の貫入岩はドゥルース（Duluth）複合岩体で，ケウィーナウ玄武岩類の活動の末期に下底へ貫入した．岩相はカンラン石ガブロが大半で，下部に貫入した斜長岩質岩体の基底部に白金族元素を含む銅・ニッケルが濃集している．

5-5-3. ホワイトパイン鉱床

ミシガン州のケウィーナウ半島のケウィーナウ玄武岩類の気泡には，自然銅・赤鉄鉱が晶出している．その上位のカッパーハーバー（Copper Harbor）礫岩にかけての層準には，自然銅ならびに銅の二次鉱物の鉱染がある．インディアンによって自然銅が採集されていたが，1840年頃から白人による採掘が始まった．かつてのアメリカ合衆国最大の産銅地であった．

カッパーハーバー礫岩の上位が厚さ約200 mの漣痕と葉理に富むノンサッチ（Nonesuch）頁岩で，下部の厚さ20 mほどの鉱染帯がホワイトパイン（White Pine）鉱床の母岩である．上位へ自然銅・輝銅鉱・斑銅鉱・黄銅鉱・黄鉄鉱帯の帯状分布が認められる．採掘される銅鉱物の87%は輝銅鉱で，残りは主として自然銅である．採掘品位をCu 1.1%，Ag 7.46 g/tとすると数億トンの鉱量がある．鉱床生成の年代としてRb-Sr法で1.06～1.05 Gaが得られている．下位のカッパーハーバー礫岩に挟まれる火山岩のジルコン年代が1.09 Gaであるので，40 m.y.以内に銅が移動・沈殿したことになる．

堆積岩の中のほぼ同一の層準に存在する鉱床をsediment-hosted depositsという．ここでは堆積岩内鉱床と訳す．本来は成因的な意味をもたない広い意味で使われたが，石灰岩の中の鉛亜鉛鉱床がミシシッピヴァレー型鉱床と

して独立し，砕屑岩の中の鉛亜鉛鉱床が堆積性噴気鉱床として除かれて，残る鉱床はホワイトパイン，カッパーベルトのような砕屑岩の中の銅の交代鉱床ぐらいになった．世界の銅資源の約25%を占める．

新原生代になると広域にわたる堆積盆が形成され，地層の圧密あるいは造山運動に伴って堆積盆内流体(basin flow)が大規模流動をするようになった．ホワイトパイン鉱床の生成年代は，中央大陸リフト系を形成した正断層が逆断層になった時で，グレンヴィル造山の年代でもある(Cannon, 1994)．堆積盆を循環する銅・硫酸塩に富む濃厚塩水が特定の地層で還元されて鉱床鉱物を沈殿した(McGowan et al., 2003)．したがって下降する酸化的な陸水が還元されて鉱物が沈殿する二次富化帯とは，鉱物の帯状分布が逆になっている．

引用文献（第5章）

Ahall, K.-I. and Larson, S. A. (2000): Growth-related 1.85〜1.55 Ga magmatism in the Baltic Shield: a review addressing the tectonic characteristics of Svecofennian, TIB 1-related, and Gothian Events. *Geol. Fören. Stockh. Förh.*, **122**, 193-206.

Anderson, J. L. and Morrison, J. (1992): The role of anorogenic granites in the Proterozoic crustal development of North America. *In* K. C. Condie, ed., Proterozoic Crustal Evolution, 263-299, Elsevier, Amsterdam, 537 p.

Berthelsen, A. and Marker, M. (1986): Tectonics of the Kola collision suture and adjacent Archaean and early Proterozoic terrains in the northeastern region of the Baltic Shield. *Tectonophysics*, **126**, 31-55.

Bickford, M. E. and Anderson, J. L. (1993): Middle Proterozoic magmatism. *In* J. C. Reed, Jr., M. E. Bickford, R. S. Houston, P. K. Link, D. W. Rankin, P. K. Sims and W. R. Van Schmus, eds., Precambrian: Conterminous U. S., 281-292, Geol. Soc. Amer., 657 p.

Bingen, B., Bovewn, A., Punzalan, L., Wijbrans, J. R. and Demaiffe, D. (1998): Hornblende $^{40}Ar/^{39}Ar$ geochronology across terrane boundaries in the Sveconorwegian Province of S. Norway. *Precam. Res.*, **90**, 159-185.

Bowring, S. A. and Grotzinger, J. P. (1992): Implications of new chronostratigraphy for tectonic evolution of Wopmay Orogen, Northwest Canadian Shield. *Amer. J. Sci.*, **292**, 1-20.

Cannon, W. F. (1994): Closing of the midcontinent rift—A far-field effect of Grenvillian compression. *Geology*, **22**, 155-158.

Dann, J. C. (1991): Early Proterozoic ophiolite, central Arizona. *Geology*, **19**, 590-593.

Davidson, A. (1998): An overview of Grenville Province geology, Canadian Shield. *In* S. B. Lucas and M. R. St-Onge, eds., Geology of the Precambrian Superior and Grenville Provinces and Precambrian Fossils in North America, Geology of Canada, no. 7, Chapter 3, 205-270, Geol. Surv. Can., 387 p.

Eldridge, C. S., Williams, N. and Walshe, J. L. (1993) : Sulfur isotope variability in sediment-hosted massive sulfide deposits as determined using the ion microprobe SHRIMP : II A study of the H. Y. C. Deposit at McArthur River, Northern Territory, Australia. *Econ. Geol.*, **88**, 1-26.

Ewers, W. E. and Morris, R. C. (1981) : Studies of the Dales Gorge Member of the Blockman Iron Formation, Western Australia. *Econ. Geol.*, **76**, 1929-1953.

Fahrig, W. F. (1987) : The tectonic settings of continental mafic dyke swarms : failed arm and early passive margin. *In* H. C. Halls and W. F. Fahrig, eds., Mafic Dyke Swarms, Geol. Ass. Can., Spec. Pap., 34, 331-372, 503 p.

Frost, B. R., Avchenko, O. V., Chamberlain, K. R. and Frost, C. D. (1998) : Evidence for extensive Proterozoic remobilization of the Aldan Shield and implications for Proterozoic plate tectonic reconstructions of Siberia and Laurentia. *Precamb. Res.*, **89**, 1-23.

Gaal, G. (1987) : Base metal, chromite and PGE deposits of central Finland : metallogeny of an early Proterozoic continental margin. *In* G. Gaal, ed., Proterozoic Mineral Deposits in Central Finland, 7th IAGOD Symposium, Excursion Guide No. 5, 5-8, Uppsala, 36 p.

Gower, C. F., Ryan, A. B. and Rivers, T. (1990) : Mid-Proterozoic Laurentia-Baltica : An overview of its geological evolution and a summary of the contributions made by this volume. *In* C. F. Gower, T. Rivers and A. B. Ryan, eds., Mid-Proterozoic Laurentia-Baltica, Geol. Ass. Can., Spec. Pap., 38, 1-20, 581 p.

Helmstaedt, H. H. and Scott, D. J. (1992) : The Proterozoic ophiolite problem. *In* K. C. Condie, ed., Proterozoic Crustal Evolution, 55-95, Elsevier, Amsterdam, 537 p.

Hoffman, P. F. (1980) : Wopmay Orogen : A Wilson Cycle of early Proterozoic age on the northwest of the Canadian Shield. *In* D. W. Strangway, ed., The Continental Crust and Its Mineral Deposits, Geol. Ass. Can., Spec. Pap., 20, 523-549, 804 p.

Hoffman, P. F. (1989) : Precambrian geology and tectonic history of North America. *In* A. W. Bally and A. R. Palmer, eds., The Geology of North America : An Overview, 447-512, Geol. Soc. Amer., 619 p.

Hoffman, P. F., Fraser, J. A. and McGlynn, J. C. (1970) : The Coronation Geosyncline of Aphebian age, District of Mackenzie. *In* A. J. Baer, ed., Symposium of Basins and Geosynclines of the Canadian Shield, Geol. Surv. Can. Pap., 70-40, 200-212, 387 p.

Kontinen, A. (1987) : An early Proterozoic ophiolite—the Jormua mafic-ultramafic complex, north-eastern Finland. *Precamb. Res.*, **35**, 313-341.

McGowan, R. R., Roberts, S., Foster, R. P., Boyce, A. J. and Coller, D. (2003) : Origin of the copper-cobalt depsits of the Zambian Copperbelt : An epigenetic view from Nchanga. *Geology*, **31**, 497-500.

Melezhik, V. A. and Sturt, B. A. (1994) : General geology and evolutionary history of the early Proterozoic Polmak-Pasvik-Pechenga-Imandra/Varzuga-Ust'Ponoy Greenstone Belt in the northeastern Baltic Shield. *Earth Sci. Rev.*, **36**, 205-241.

Mitrofanov, F. P., ed. (1995) : Geology of the Kola Peninsula (Baltic Shield), Russian Academy of Sciences, Kola Science Centre, Geological Institute, Apatity, 145 p.

Morris, R. C. (1980) : A textural and mineralogical study of the relationship of iron ore to banded iron-formation in the Hamersley Iron Province of Western Australia.

Econ. Geol., **75**, 184-209.
Myers, J. S. (1993) : Precambrian history of the West Australian craton and adjacent orogens. *Annu. Rev. Earth Planet. Sci.*, **21**, 153-185.
Nurmi, P. A. and Haapala, I. (1986) : The Proterozoic granitoids of Finland : granite types, metallogeny and relation to crustal evolution. *Geol. Soc. Fin. Bull.*, **58**, 203-233.
Nutman, A. P., Chernyshev, I. V., Baadsgaard, H. and Smelov, A. P. (1992) : The Aldan shield of Siberia, USSR : the age of its Archaean components and evidence for widespread reworking in the mid-Proterozoic. *Precamb. Res.*, **54**, 195-210.
Peltonen, P., Manttari, I., Huhma, H. and Kontinen, A. (2003) : Archean zircons from the mantle : Jormua Ophiolite revisited. *Geology*, **31**, 645-648.
Ramo, O. T. and Haapala, I. (1990) : The Rapakivi granites of eastern Fennoscandia : a review with insights into their origin in the light of new Sm-Nd isotopic data. *In* C. F. Grower, T. Rivers and B. Ryan, eds., Mid-Proterozoic Laurentia-Baltica, Geol. Ass. Can., Spec. Pap., 38, 401-415, 581 p.
Rosen, O. M., Condie, K. C., Natapov, L. M. and Nozhkin, A. D. (1994) : Archean and early Proterozoic evolution of the Siberian craton : a preliminary assessment. *In* K. C. Condie, ed., Archean Crustal Evolution, 411-459, Elsevier, Amsterdam, 528 p.
Rutland, R. W. R., Etheridge, M. A. and Solomon, M. (1990) : The stratigraphic and tectonic setting of the ore deposits of Australia. *In* F. E. Hughes, ed., Geology of the Mineral Deposits of Australia and Papua New Guinea, Vol. 1, 15-41, Australia Inst. Min. Metall., Victoria, 982 p.
Samson, C. and West, G. F. (1994) : Detailed basin structure and tectonic evolution of the Midcontinent Rift System in eastern Lake Superior from reprocessing of GLIMPCE deep reflection seismic data. *Can. J. Earth Sci.*, **31**, 629-639.
Simonson, B. M., Schubel, K. A. and Hassler, S. W. (1993) : Carbonate sedimentaion in the 2.6 Ga Hamersley Basin of Western Australia. *Precamb. Res.*, **60**, 287-335.
Sjostrand, T., Often, M., Perttunen, V. and Krill, A. (1986) : Archaean and Proterozoic Geology in Northern Finland, Norway and Sweden, 7 th IAGOD Symposium and Nordkalott Project Meeting, Excursion Guide No. 8.
Smolkin, V. F. (1955) : Early Proterozoic. *In* F. P. Mitrofanov, ed., Geology of the Kola Peninsula (Baltic Shield), 38-75, Russian Academy of Sciences, Kola Science Centre, 144 p.
Trendall, A. F. (1973) : Varve cycles in the Weeli Wolli Formation of the Precambrian Hamersley Group, Western Australia. *Econ. Geol.*, **68**, 1089-1097.
Windley, B. F. (1992) : Proterozoic collisional and accretionary orogens. *In* K. C. Condie, ed., Proterozoic Crustal Evolution, 419-496, Elsevier, Amsterdam, 537 p.
Zapolnov, A. K. (1993) : The Russian Platform. *In* D. V. Rundqvist and F. P. Mitrofanov, eds., Precambrian Geology of the USSR, 159-197, Elsevier, Amsterdam, 528 p.

概説書

Condie, K. C., ed. (1992) : Archean Crustal Evolution, Elsevier, Amsterdam, 528 p.
　　この本の中の第10章が Rosen, O. M., Condie, K. C., Natapov, L. M. and Nozhkin, A. D. による 'Archean and Early Proterozoic Evolution of the Siberian Craton : A

Preliminary Assessment' である．アンガラ剛塊について非常にわかりやすく解説してある．

Hughes, F. E., ed. (1990) : Geology of the Mineral Deposits of Australia and Papua New Guinea, Vol. 1 and 2, Australia Inst. Min. Metall., Victoria, 1828 p.
ハマーズレイ層群の縞状鉄鉱層，堆積性噴気鉱床について成因論を含めて詳細に記述している．

Condie, K. C., ed. (1992) : Proterozoic Crustal Evolution, Elsevier, Amsterdam, 537 p.
スヴェコ・カレリア造山帯についての概説書は見あたらないが，この本は原生代の地質としてかなり扱っている．

Gower, C. F., Rivers, T. and Ryan, A. B., eds. (1990) : Mid-Proterozoic Laurentia-Baltica, Geol. Ass. Can., Spec. Pap., 38, 581 p.
ローレンシア大陸の南部について，カリフォルニアからフィンランドまでを扱っている．しかし論文集なので，個々の論文の扱っている範囲は狭い．

Moore, J. M., Davidson, A. and Baer, A. J. (1986) : The Grenville Province. Geol. Ass. Can., Spec. Pap., 31, 358 p.
グレンヴィル区のほとんどを扱っている論文集である．

Lucas, S. B. and St-Onge, M. R., eds. (1998) : Geology of the Precambrian Superior and Grenville Provinces and Precambrian Fossils in North America, Geology of Canada, no. 7, Geol. Surv. Can., 387 p.
題名から明らかなごとく，グレンヴィル区に1章が割り当てられている．

Reed, J. C. Jr., Bickford, M. E., Houston, R. S., Link, P. K., Rankin, D. W., Sims, P. K., and Van Schmus, W. R., eds. (1993) : Precambrian : Conterminous U. S., The Geology of North America, Vol. C-2, Geol. Soc. Amer., 657 p.
同じシリーズの Volume A における P. F. Hoffman (1989) のまとめは，主として北米のプレカンブリア界の露出を中心としているが，この本はアメリカ合衆国の卓状地堆積物の下位についても詳しい．

Halls, H. C. and Fahrig, W. F., eds. (1987) : Mafic Dyke Swarms, Geol. Ass. Can., Spec. Pap., 34, 331-372, 503 p.
かなり広い範囲の岩脈群の記載を集め，マグマの成因，テクトニックな意義，さらに信頼性までを扱っている．

第6章
プレカンブリア時代の終焉

　複数の造山運動を通じて安定地塊が拡大し，大陸が成長した．中/新原生代の境界の1 Gaの頃に，地球上のすべての安定地塊が合体して1つの超大陸ロディニアが形成された．この超大陸が分解を始めた頃に地球は氷に覆われた．後氷期に出現した大型のエディアカラ動物群はプレカンブリア時代の最後に咲いたあだ花である．

6-1. アフリカの新原生代変動帯

　カナダの地質調査所は新原生代（Neoproterozoic）を1000〜544 Ma，原生代後期（late Proterozoic）を900〜544 Maとしている（Okulitch ed., 1999）．1000 Maはグレンヴィル造山の年代であるので，北米を基準として時代区分の境界とするのには抵抗がある．

6-1-1. サハラ横断変動帯

　汎アフリカ変動帯（Pan-African Mobile Belt）は幅広い変動帯で，変動の時期も1.2 Ga〜550 Maにわたっている．この変動のために多くのプレカンブリア時代の地質記録が消されてしまった（図6-1 a）．西アフリカ剛塊の露出は北部と南部で，その間がサハラ砂漠である．1.9 Gaまでには安定化した．この剛塊の東側には北にトゥアレグ（Tuareg）剛塊，南にナイジェリア剛塊がある．これらの剛塊が衝突して形成されたのがサハラ横断変動帯（Trans-Saharan Mobile Belt）である（図6-1 a）．アルジェリアから東部ガーナまで約2000 kmに及び，アフリカの原生代造山帯としては例外的に実体が判明している．

　約1 Gaから堆積が始まる盾状地堆積物の層序は，西アフリカ剛塊とトゥ

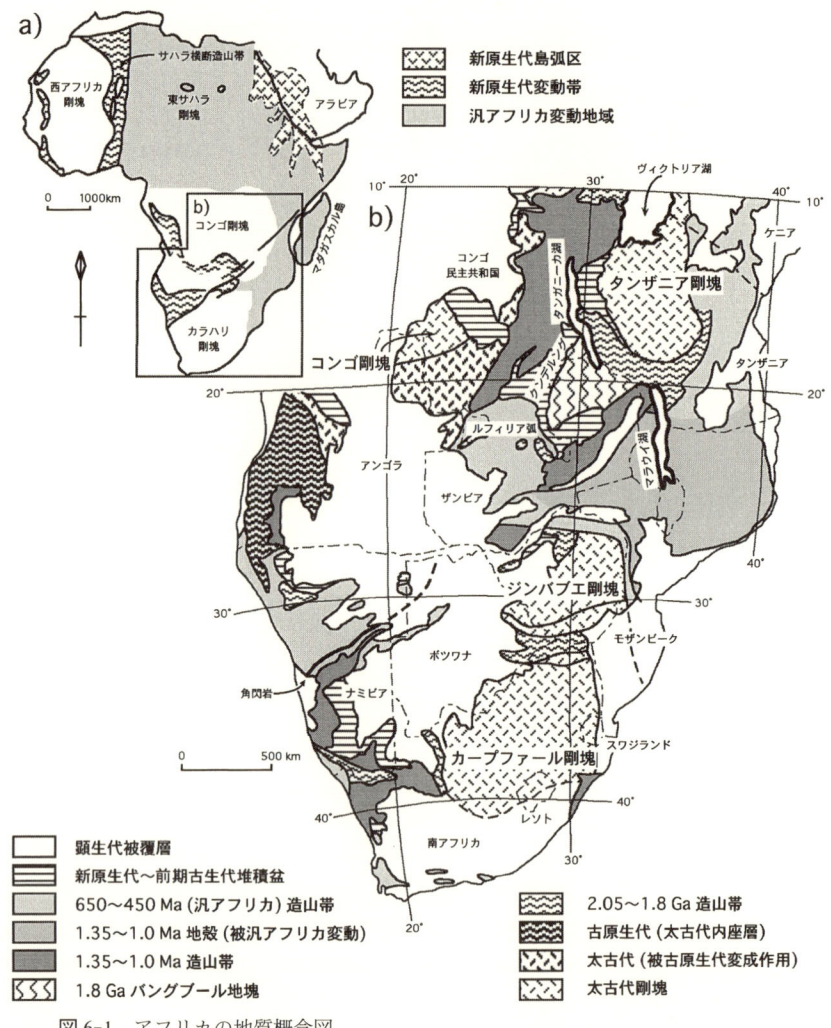

図 6-1　アフリカの地質概念図．
　　a) サハラ横断変動帯の位置ならびに汎アフリカ変動帯の分布概略を示す図，
　　b) アフリカ南部の地質概念図 (Hanson, 2003)．

アレグ剛塊で類似している．その頃，両剛塊は単一の剛塊を形成していたらしい．西アフリカ剛塊の東部中央から西南西へ延びるグーマ (Gourma) オラーコジンがある．三重会合点が形成され，大陸の分割が始まったのは900

Ma頃と推定されている．西アフリカ剛塊の東部で陸源の砕屑岩・炭酸塩岩の堆積が始まり，層厚は8000 mに達する．その東側は北西へ衝上するナップ帯で，南西へ変成度が上昇して一部でエクロジャイト相に達している．高圧変成岩から640〜580 Maの同位体年代が報告されている．縫合線は西方造山極性の衝上断層で，海洋性の超マフィック〜マフィック岩類のメランジュが点々と分布している（Caby *et al.*, 1989）．重力異常の正の軸と一致している．

縫合線の東側にバイモーダルな性格を示すソレアイト質枕状溶岩が分布し，火山岩質のグレイワッケに覆われている．カルクアルカリ質花崗岩類は620〜570 Maの年代を示す．縁海が拡大して島弧が形成されたらしい．東側の変動は北東方造山極性である．変動帯は635〜620 Maに東西圧縮を受け，620〜600 Maには南北性の横ずれ断層が発達した．2つの大陸の衝突を示す．トゥアレグ盾状地の広い範囲にはモラッセが分布している．基底が氷礫岩で，カンブリア紀に達する堆積物である．560〜540 Maにアルカリ岩が貫入して変動が終了した（Caby *et al.*, 1989）．

6-1-2. モザンビーク帯

モザンビーク帯はジンバブエ剛塊の北限のザンベジ（Zambezi）帯から始まり，ムベンベシ破砕帯（Mwembeshi Shear Zone）を越え，マラウイ湖の周辺からタンザニア剛塊の東側を通り，おそらく紅海へ達する（図6-1 b）．ホームズは1940年代の終り頃からこの変動帯を研究して，モザンビーク帯と命名した．地質学的研究とアフリカにおいては初めての同位体年代の測定により，モザンビーク帯がアフリカのもっとも新しい変動帯であることを明らかにした．

モザンビーク帯の地質は，多くのペグマタイト鉱床がある南端部をのぞいてはよくわかっていない．タンザニア剛塊のへりは汎アフリカ変動によってマイロナイト化している．この境界を東西に横切る試料のK-Ar年代は，太古代の花崗岩から東へだんだんと若くなり550 Maになる．全体として東方へ変成度が上昇する．原岩のほとんどは砕屑岩起源と考えられるが，一部に晶質石灰岩・鉄鉱層・チャート起源の岩体があり，さらにオフィオライト起

源と考えられるものも知られている．堆積の年代はまったくわかっていない．西方造山極性で多くのスライスが重なっているらしい (Goodwin, 1996)．

マラウイの南部，マラウイ湖の南方から報告されたジルコン年代は，キバラ (Kibaran) 造山とされる花崗岩類の 1040〜929 Ma，汎アフリカ変動に伴うカルクアルカリ質花崗岩類の 710〜555 Ma，汎アフリカ変動の高度変成作用のピークとされる 571〜549 Ma の 3 つのグループに分けられる．類似の同位体年代のグループはタンザニア剛塊の周辺，ザンベジ帯の周辺の花崗岩類からも知られている (Kröner et al., 2001)．

モザンビーク帯からは約 600 Ma の汎アフリカ変動の同位体年代が広範囲に得られている．しかし複数回の変形・変成作用があったことは確かである．変成度は上部角閃岩相が普遍的であるが，ミグマタイトの生成が始まったことを示す兆候も多い．南部は花崗岩類の活動が比較的少なく，グラニュライト，チャルノク岩，斜長岩などの下部大陸地殻を示す岩石が存在する．モザンビーク帯は単一の地質体ではないらしい．オフィオライトが存在するので島弧の衝突も何回か起きたのであろう (Stern, 1994)．

6-1-3. カッパーベルト

世界最大の堆積岩内銅鉱床 (sediment-hosted copper deposits) は，ザンビアからザイールへ延びるカッパーベルト (Copperbelt) で，延長 500 km に及ぶ．1902 年にローンアンテロープ (Roan Antelope) 鉱床から近代的な鉱業が始まった．既採掘・鉱量を合せてザンビアが Cu 2.16% で 40 億トン，ザイールが Cu 3.48% で 30 億トンといわれている．Au 0.03 g/t, Ag 3 g/t, Co 0.02% を含む．世界の銅資源の 12%，コバルト資源の半分以上を占める．

ほぼ東西に走る左ずれのムベンベシ破砕帯から北へ延びるのがルフィリア (Lufilia) 弧で，さらにバイモーダル火山活動を伴うクンデルング (Kundelungu) オラーコジンがルフィリア弧から北東へ延びている．その先がタンガニーカ湖である (図 6-1 b)．ルフィリア弧，クンデルングオラーコジンに堆積した地層がカタンガ (Katanga) 累層群で，約 1.1 Ga のキバラ造山の花崗岩類を不整合に覆っている．その層厚はルフィリア弧の北・東側で厚く 9000 m に達する．カタンガ累層群の最下部の下部ローン (Roan) 層群が

カッパーベルトの母岩である．ルフィリア弧は 602〜560 Ma に北方へ衝上して下部ローン層群の層序対比を困難にした．

ザンビア・ザイール両国ともに，基底の粗粒砕屑岩の上の細粒砕屑岩あるいは炭酸塩岩が鉱床母岩である．南のザンビアでは基底礫岩に蒸発岩を挟む．その上の厚さ 17〜55 m の黒色〜灰色頁岩，オアシェール (Ore Shale) の下部 2/3 ほどが主要な鉱染帯である．北のザイールでは母岩がドロマイト質であり，鉱染はドロストンないしドロストン質岩石の中の 2 層準に存在する (Mendelsohn, 1989)．不整合から層理に平行に，また下位から上位へ不毛帯，輝銅鉱，斑銅鉱，黄銅鉱，黄鉄鉱帯の鉱床鉱物の帯状分布がある．不毛帯には白〜赤色の酸化帯を示す堆積岩が存在する．蒸発岩起源の硫酸に富む鉱液が炭質物によって還元されて鉱床鉱物を沈殿したと考えられている．鉱床構成元素に銅・コバルトのほかにニッケル・白金族元素などの濃集が認められるので，クンデルングオラーコジンの下部のマフィック火山岩類からの金属元素の寄与があるらしい (Unrug, 1989)．

6-2. ローレンシアの西縁

ローレンシア剛塊の西縁部には，原生代中期から顕生代に達する地層が分布している．2 回にわたって伸張場が広がった．最初の伸張場に起因する堆積盆は不規則であるが，2 回目の伸張場は西縁部に沿って広がり，この時に大陸塊が分離したらしい．

6-2-1. ベルト・パーセル累層群

中原生代後期 (1.6〜1.0 Ga) には比較的造山運動が少ない．アメリカ合衆国のベルト (Belt) 累層群とカナダのパーセル (Purcell) 累層群は同じ地層で，中原生代にローレンシア剛塊の西側に堆積した．ベルト・パーセル累層群はモンタナ州からブリティッシュコロンビア州の南東部へかけて，主としてロッキー山脈の西側に分布している (図 6-2 a)．

堆積相は非対称で，東部から中央部にかけては泥岩・シルト岩が多く，西部では粗粒の砂岩になる．4 つの層群に区分されているが，最下部の深海性

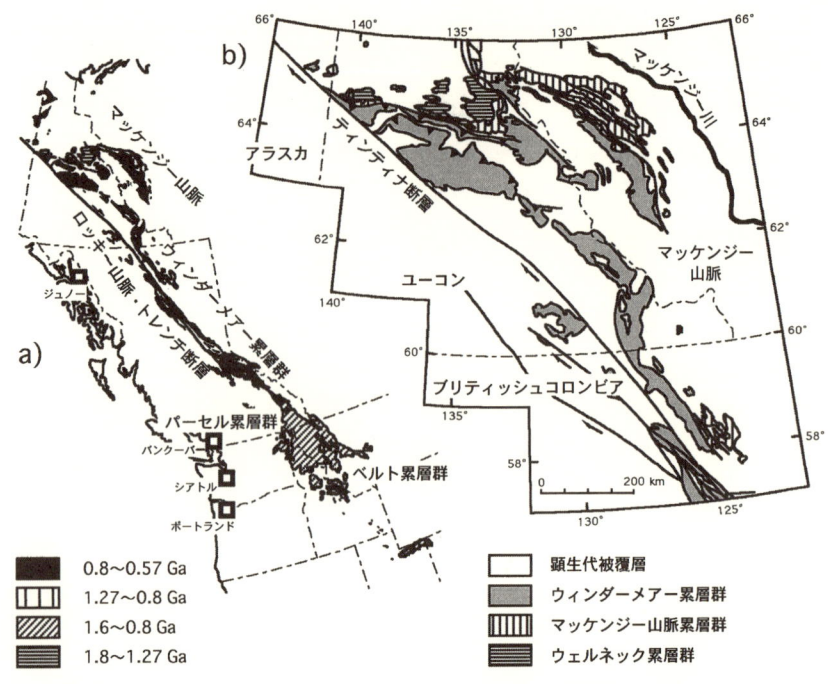

図6-2 ベルト・パーセル累層群とウィンダーメアー累層群の分布 (Hoffman, 1989 b).
a) 北米大陸コルディレラの中〜新原生代の地層の分布，b) マッケンジー湾入周辺部の中〜新原生代の地層の累層群区分.

のタービダイトからなる下部ベルト (Lower Belt) 層群が厚く，層厚は1万mに達すると考えられている．残りの層群は浅海性の海成相である．堆積盆は南東方向の断層で限られており，オラーコジンの中の堆積物とする意見も有力である．層間に多くの衝上断層が存在して，ベルト・パーセル累層群のかなりの部分が異地性岩体を形成している．変成度は東から西へ，層序的に上位から下位へ上昇する．南西部の下部層では角閃岩相に達する地域があるが，東部の上部層には変成作用が認められない地域もある．

基盤はワイオミング区，ハーン区などの片麻岩類である．基盤岩類から得られている一番若いジルコン年代は1.58 Gaである．ベルト・パーセル累層群の堆積は比較的短期間で，溶岩・貫入岩のU-Pbジルコン年代によると，

下～中部が約 1.47～1.40 Ga，上部が約 1.37～1.35 Ga の間に堆積したとされている (Luepke and Lyons, 2001)．

カナダのノースウェストテリトリーズとユーコンテリトリーの境界のマッケンジー (Mackenzie) 山脈周辺のウェルネック (Wernecke) 累層群は，ベルト・パーセル累層群の下・中部へ，マッケンジー山脈累層群は上部へ対比されてきた．しかしマッケンジー山脈累層群の最上部から U-Pb ジルコン年代で 777 Ma が得られており，対比に問題があるらしい．大陸棚相の砕屑岩と炭酸塩岩からなるこれらの地層の分布は北東へ弧を描いており，マッケンジー湾入 (embayment) と呼ばれる (図 6-2 b)．

6-2-2. サリヴァン鉱床

カナダ，ブリティッシュコロンビア州のロッキー山脈西側に位置するベルト・パーセル累層群の中に，層厚 6500 m に達するアルドリッジ (Aldridge) 層がある．下部にはタービダイトが発達する．著しく葉理が発達する層準からが中部で，磁硫鉄鉱のフィルムが現れる．サリヴァン (Sullivan) 鉱床は葉理に富む層準に存在する．1820 年に発見されて鉱量 1 億 7000 万トン，Pb 6.1%，Zn 5.9%，Ag 68 g/t である．鉱床下盤に電気石を多産する角礫化帯があるが，硫化鉱物の沈殿は認められない．層状硫化鉱物の下部は塊状磁硫鉄鉱で，その上に葉理が著しい黄鉄鉱・方鉛鉱・閃亜鉛鉱・磁硫鉄鉱があり，これが主要な鉱石である (Thompson and Panteleyev, 1976)．各硫化鉱物は同位体的に非平衡で，海水より重い濃厚塩水が海水中の硫酸硫黄を還元しながら硫化鉱物を沈殿したと考えられている．

サリヴァン，さらにオーストラリアのマウントアイザ，マッカーサーリバー，ブロークンヒルの各鉱床に濃集した鉛・亜鉛・銀の金属量は約 1 億 2000 万トンで，全世界の 10 大鉛・亜鉛・銀鉱床の 59% を占める．サリヴァン鉱床の年代は 1.47 Ga とされているが，マウントアイザ鉱床が 1.67 Ga，マッカーサーリバー鉱床が 1.69 Ga，ブロークンヒル鉱床が 1.66 Ga という生成年代が得られている (Page and Sweet, 1998)．これら 4 大鉱床はいずれも中原生代に生成した．これらの堆積性噴気鉱床 (SEDEX) は主として割れ始めの大陸内部のリフトに湧出した濃厚塩水から沈殿した鉱床で，現在の

紅海鉱床はその典型である．中原生代に堆積性噴気鉛亜鉛鉱床が多い事実は，この時代には伸張場が支配して多くのリフトが形成されたことを示している．

6-2-3. ローレンシアからの分離

　ローレンシア剛塊の西縁では，中原生代の弧火成帯は知られていない．さらに南西部ではワイオミング剛塊が西端に位置し，中央平原造山帯の西部は断ち切られている．ローレンシア剛塊の構造要素は，現在の西縁線とは斜交している．中原生代の変動は地殻の沈降から始まり，ベルト・パーセル累層群を堆積している．ベルト・パーセル累層群の堆積の終了後，西縁部が再び伸張場になって沈降を開始したのは 770 Ma 頃である．新原生代のウィンダーメアー (Windermere) 累層群はベルト・パーセル累層群を不整合に覆い，アラスカ，ユーコンからメキシコ北部まで約 4000 km にわたって断続的に分布する（図 6-2 a）．カンブリア系はウィンダーメアー累層群に整合で重なる．

　ローレンシア剛塊の北縁でも同様な事実が認められる．カナダの北極海の島々には石灰岩を含む大陸棚相の原生代の地層が分布している．グリーンランドの北西縁，その対岸のエルズミーア (Ellesmere) 島などに分布するチューレ (Thule) 層群の堆積の開始は 1.3 Ga 頃からと推定されている．さらに玄武岩質貫入岩類の年代はカッパーマインが 1.27 Ga，バフィン島を北西～南東へ縦断するフランクリン (Franklin) 岩脈群，ならびにカッパーマイン地域の西側を南北に走るホッター (Hotter) 岩脈群が 750 Ma である（図 5-11）．

　ローレンシア剛塊の周辺には中/新原生代に分離した大陸があったと考えられるようになった．分離した大陸として候補に挙がったのはオーストラリア，アンガラ剛塊，南極大陸などである．中/新原生代の大陸の位置を復元するために，多くの研究者はグレンヴィル造山帯を鍵として利用している．アメリカ合衆国南部のヤーノ (Llano) 隆起にはグレンヴィル造山帯の延長が露出している．メキシコの脊梁部に近い第三紀火山帯の東側にもグラニュライト相のオアハカ (Oaxaca) 複合岩体などの 1 Ga の変成岩類がある．オアハカ変成帯はモハーヴェ・ソノラ大剪断帯 (Mojave-Sonora Megashear)

で南下している可能性がある（図6-4）．この移動を復元するとグレンヴィル造山帯は北米大陸の南側を回り込んで太平洋側に達する（Ruiz et al., 1988）．

6-3. 超大陸

　新原生代の超大陸のアイディアは古い（Valentine and Moores, 1970）．その後 Piper (1976) が古地磁気的・地質的補強をした図を発表したので，「パイパーの超大陸」ともいわれた．この提唱がプレカンブリア時代の大陸を復元する努力に火をつけた．

6-3-1. 南極大陸の地質

　南極大陸の地形図の経度 0° の線の右側が南極の東部，左側が西部である．南極横断山脈（Trans-Antarctic Range）は北のウェッデル海から極点の西を通って南のロス海へ，北北西〜南南東に走る延長 4500 km の山脈である．南極横断山脈以東の主要部は，遅くとも 1.6 Ga 以前には安定化して剛塊を形成したらしい．広い地域が氷に覆われているが，海岸線に沿う露出から新原生代を示す U-Pb ジルコン年代が得られている（図6-3）．

　氷に閉ざされたウェッデル海の東側，南極北西部のコーツランド（Coats Land）周辺のモード区（Maud Province）が 1.09〜1.03 Ga で，昭和基地東方の東経約 40° レイナー（Rayner）区は 990〜900 Ma の範囲である．まだ測定値の数が少ないが，南極南東部のウィルクスランド（Wilkes Land）区からは 1.33〜1.13 Ga の値が報告されている．これらの変成帯は汎アフリカ変動の年代を示す変成帯に隔てられている（Fitzsimons, 2000）．南極大陸はアフリカ，インド，オーストラリアなどとともに1つの大陸，ゴンドワナ大陸を形成していた．モード区の変成帯がカラハリ剛塊を縁取るナマクワ・ナタール（Namaqua-Natal）造山帯へ，レイナー区はインド剛塊の東南部の東部ガーツ（Eastern Ghats）造山帯へ，さらに東部のウィルクスランド区はオーストラリアのオルバニー・フレーザー造山帯の変成年代に対応する．いずれも 1 Ga 前後の変成帯である（図6-3；Fitzsimons, 2000）．

　原生代末期に南極横断山脈の地帯は沈降して，剛塊に起源をもつタービダ

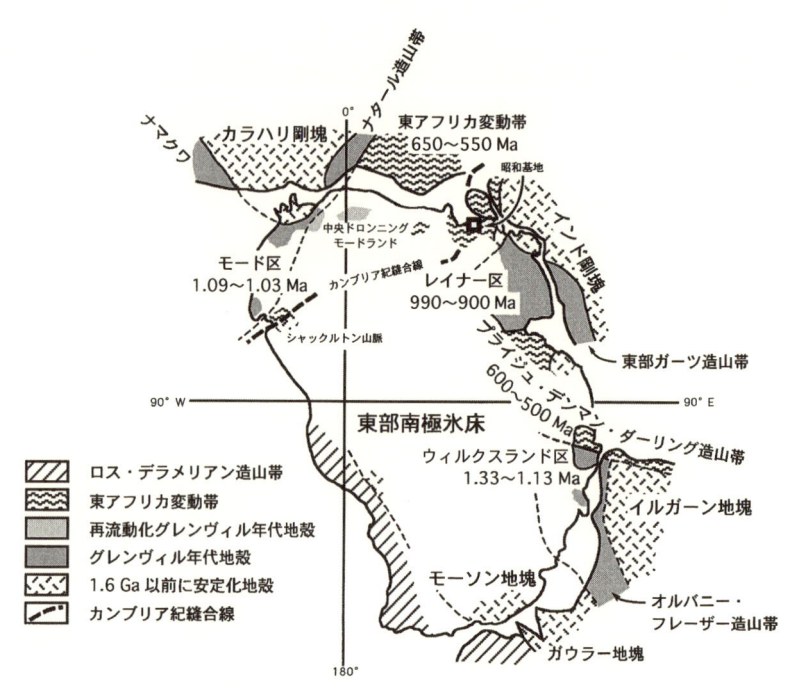

図 6-3 南極大陸の地質図 (Fitzsimons, 2000).
　南極大陸はジュースのゴンドワナ大陸の中心に位置すると見なすこともできる．この地質図の周囲には，南米大陸を除いて，ゴンドワナ大陸を構成した各大陸が顔を出している．

イトに埋積された．堆積物に 1.4 Ga の砕屑性ジルコンが含まれていることが特異で，その起源としてはローレンシアの非造山性花崗岩類しか考えられない（図 5-9）．氷床の下位に延びているのであろう (Goodge *et al.*, 2002)．タービダイトが隆起するベアードモアー (Beardmore) 造山を経て，カンブリア紀前期には蒸発岩を伴う浅海性の砂岩・石灰岩が堆積した．リフトが形成され，陸塊の分離が始まったらしい．

6-3-2. SWEAT モデル

　オーストラリアが北米の北西側，ユーコンテリトリーにあったと考える説は SWEAT (Southwest U.S. -East Antarctic) モデル (Moores, 1991)，オーストラリアの位置をもっと南に考える説は AUSWUS (Australia-

Southwest U.S.) モデルと呼ばれている (Karlstrom et al., 1999) (図 6-4)。SWEAT モデルではオーストラリアの南には南極大陸があり，アンガラ剛塊はローレンシア剛塊の北側に上下逆転した形で存在したと考える．しかしアンガラ剛塊の位置については多くの説がある (Pisarevsky et al., 2003)．ホッター岩脈群が示す 750 Ma 頃にアンガラ剛塊はローレンシア剛塊から分離して北上を開始したのかもしれない．SWEAT モデルではアンガラ剛塊が北極を通過することになる．アンガラ剛塊の古地磁気の極はオルドヴィス紀が南緯 30°，三畳紀前期が北緯 51°，白亜紀に入って北緯 77° と報告されている (Zonenshain et al., 1990)．

カナダのスレーヴ区の東側のゼーロン (Thelon) 火成帯の北東延長が，アナバル盾状地とアルダン盾状地を分けるアキトゥカン (Akitkan) 造山帯に対比されるという主張がある．両帯の年代はともに 2.0〜1.9 Ga であるが，とくに正の磁気異常のパターンが類似している．もしもこの対比が正しければ，スレーヴ区の太古代はアルダン盾状地へ連続する．コロネーション累層群はベルホヤンスク山脈の南端の西側，オホーツク海に近いウルカン (Ulkan) 褶曲帯に対比されるであろう．アルダン盾状地の岩脈群の 763 Ma, 628 Ma という年代はフランクリン・ホッター両岩脈群の年代に近い (Condie and Rosen, 1994)．

新原生代から古生代へかけてのユーコンテリトリーの変動は，アデレード堆積盆・南極横断山脈の変動に類似している．不整合に重なる下部カンブリア系に古杯類の化石に富む石灰岩相が卓越していることも，これらの地域に共通である．当時の赤道はユーコンテリトリー・アデレード堆積盆・南極横断山脈にほぼ平行であったと考えられているので，岩相的にも問題がない (Dalziel, 1992)．しかし，オーストラリアのグレンヴィル年代の変成帯の延長が行先を失うのが SWEAT モデルの欠点である．

6-3-3. AUSWUS モデル

オーストラリア中央部の東部は大鑽井 (Great Artesian) 盆地で露出がない．そこで，この地域にプレカンブリア地塊の切込みを推定すると，グレンヴィル造山帯の延長は切込みの中に納まり，年代・地史がグレンヴィル造山

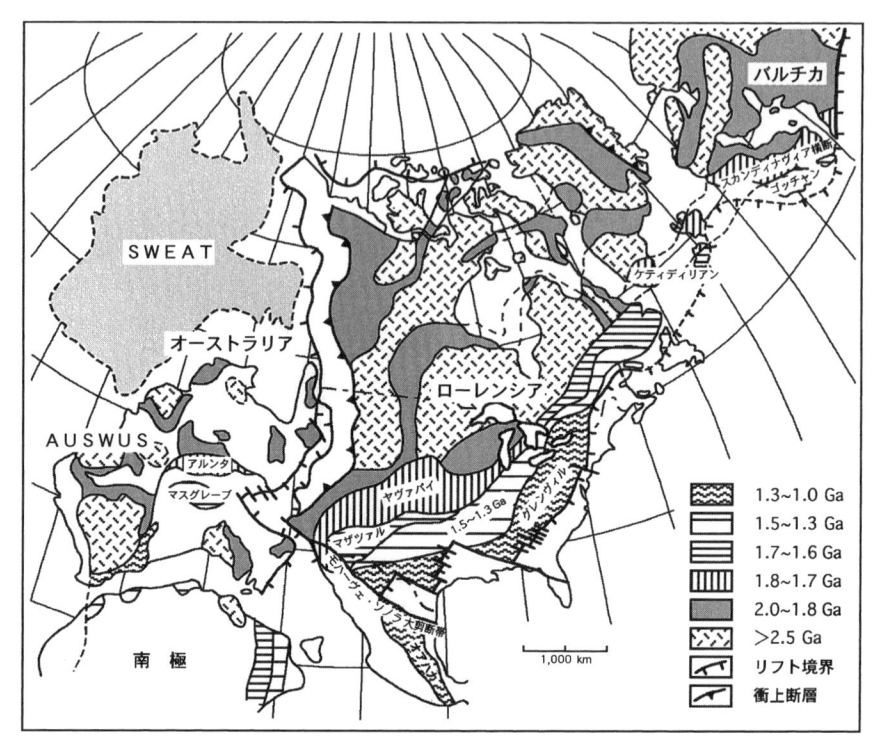

図 6-4 原生代後期のローレンシア西縁についての AUSWUS モデル (Karlstrom *et al.*, 1999 を Karlstrom *et al.*, 2001 で修正).
　Hoffman (1991) などの SWEAT モデルによるオーストラリアの位置は点線で描かれている.

帯に類似しているマスグレーヴ (Musgrave) 造山帯に接近する. さらにその先はオルバニー・フレーザー (Albany-Fraser) 造山帯へ連続する (図 5-3；図 6-4；Karlstrom *et al.*, 1999).

　AUSWUS モデルではユーコンテリトリーの西側が空いてしまう. この位置にアンガラ剛塊があったと考える説はかなり早い (Sears and Price, 1978). アンガラとローレンシアの連続の鍵となるのは, 非常に強い空中磁気異常を示す 2.0～1.9 Ga のゼーロン・トールツォン火成帯である. アンガラ剛塊のアナバル区と 2.4～2.0 Ga のハプシャン地質体, 2.0～1.9 Ga のビレクテ地質体も強い磁気異常帯で分けられている. この境界の南方延長は右横ずれ

を伴う 2.0～1.9 Ga のアキトゥカン火成帯のレナ断層に切られる（図5-1；図5-2 a）．この横ずれを復元するとハプシャン，ビレクテ地質体の境界はアルダン地質体とウチュール地質体の境界のイジェク（Izhek）帯（図5-2 b）へ対比することが可能である（Sears and Price, 2003）．イジェク帯からはシュリンプ年代 1.92 Ga の同時造山性チャルノク岩が報告されている．

　ゼーロン・トールツォン火成帯とアナバル盾状地を通ってアンガラ剛塊を縦断する空中強磁気異常帯は，現在の位置で総延長 4500 km に達する．変動の年代はほぼ 2.0～1.9 Ga であり，幅，構造形態，変成度など，どの特徴をとっても著しく類似している．これらの構造帯はローレンシア，アンガラともに東傾斜，右ずれの剪断帯によって切られている．ローレンシアのスノーバード剪断帯はマガン区の西側を限るサヤン・タイミール（Sayano-Taimyr）断層帯，あるいはアナバル区との境界のコトゥイカン（Kotuy-kan）剪断帯に対比され，グレートスレーヴ剪断帯はアンガラ造山帯とツングース区の境界に存在が予想される断層帯に対比される可能性がある（図6-5；Sears and Price, 2003）．

6-3-4．ロディニア

　新原生代に地球上にあったとされる 1 つの超大陸，これがロディニア（Rodinia）である（McMenamin and Schulte-McMenamin, 1990）．SWEAT モデルに基づくロディニアの復元図は Hoffman（1991），Dalziel（1991）以来数多く発表されている（図6-6 a）．SWEAT，AUSWUS，両モデルの相違は，ゼーロン・トールツォン火成帯の北方延長にアンガラ剛塊を位置させるか，あるいは南方延長に位置させるかである．Hoffman（1991）モデルのようにアナバル盾状地を通る剪断帯に対比するにせよ，Condie and Rosen（1994）モデルのようにアキトゥカン造山帯に対比するにせよ，剪断帯は西傾斜になるはずである．しかしこれらは東傾斜である（Rosen et al., 1994）．

　Sears and Price（2003）の復元図では，アンガラ剛塊の南端がアメリカ合衆国とメキシコの国境近くに達する（図6-5）．しかし Karlstrom et al.（1999）の復元図ではオーストラリアの北端がアメリカ合衆国とカナダの国境に達している（図6-4）．AUSWUS モデルに基づいて，アンガラ・オースト

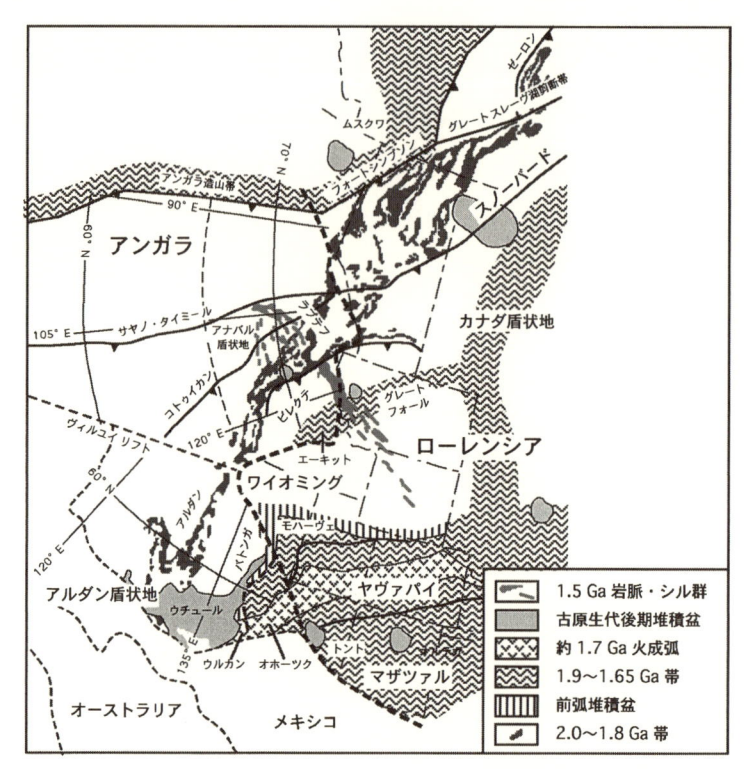

図6-5 AUSWUSモデルによるアンガラ・ローレンシア剛塊の対比 (Sears and Price, 2003).
約1.5 Gaの相対的位置・変動を示している．スノーバード，サヤノ・タイミール衝上帯の傾斜がローレンシアを基準として南傾斜になっていることに注意．アンガラを南北逆にしてローレンシアの北に位置させると，両衝上帯の傾斜がねじれる．

ラリア両剛塊をローレンシアの西縁に位置させるには空間が不足している．さらにローレンシアの非造山性花崗岩類がベアードモアー造山帯の後背地に延びているとすると，オーストラリアがはじき出されてしまう．オーストラリアの位置に問題がありそうである．

中/新原生代のある時期，ローレンシア，東南極，オーストラリア，そしてアンガラなどの剛塊は1つの大陸であったのかもしれない．グレンヴィル年代を示すとされる変成帯にしても，地域によって微妙な相違がある（Fitz-

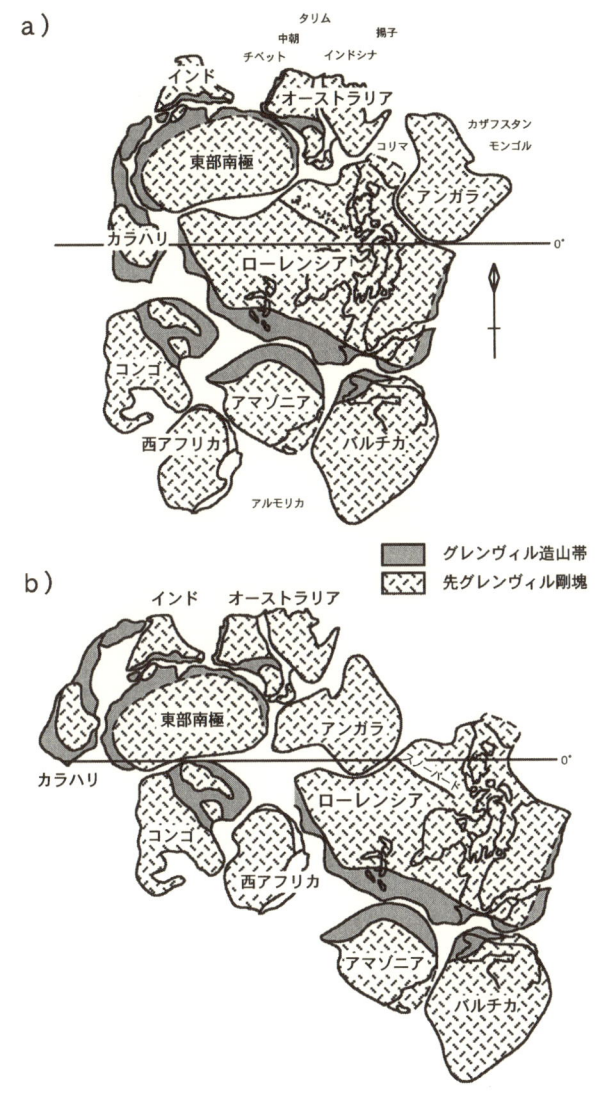

図6-6 原生代末期の大陸分布.
 a) SWEAT モデルに基づくロディニア (Hoffman, 1991), b) AUSWUS モデルに基づくロディニアの一例 (Hoffman (1991) のロディニアから). 古杯類の化石の産出は前期カンブリア紀の赤道を示すと考えられるので, 産地が直線になるように配慮してある.

simons, 2000). 超大陸復元の鍵となるグレンヴィル年代の造山帯の分布が限られているので，その他の剛塊の位置にはかなりの自由度がある（図6-6b）。ロディニアが存在したとする十分な証拠はなさそうである。一神論の文化的土壌の影響を受けた研究者は何でも1つにする傾向がある。

6-3-5. 超大陸の崩壊

　中/新原生代にローレンシアの西縁が伸張場の影響を受けて沈降したのは，約1.50～1.30 Gaのベルト・パーセル累層群の堆積と約770～544 Maのウィンダーメアー累層群の堆積の2回である。上部ベルト・パーセル累層群から得られた火成岩の年代がブリティッシュコロンビア州のクゥテナイ（Kootenay）造山，ユーコンテリトリーのラックラン（Racklan）造山の時期と類似しているので(Luepke and Lyons, 2001)，この時期に小規模な分離・衝突はあったのかも知れない。しかし大陸が分離したのはウィンダーメアー累層群が堆積した新原生代と考える研究者が多い。玄武岩類が普遍的に産出する層準は685 Maと推定されている。ローレンシアの北縁部では，約1.27 Gaの玄武岩の活動の時期に大陸分離が起きたのかもしれない（図5-11）。

　ローレンシアから分離した可能性がある地塊からのデータはほとんどない。バルチカがローレンシアから分離したのは1.27 Gaという推定がある。この値はマフィック貫入岩の同位体年代・古地磁気・地球化学などに基づいているので，かなり確度が高い(Elming and Mattsson, 2001)。アデレード堆積盆の構造解析によると，伸張場の下で堆積盆が形成されたのは約830～780 Maの間であるとされている(Preiss, 2000)。この推定は古地磁気の研究とも矛盾しない。アンガラ剛塊，南極横断山脈からのデータはいずれも信頼度が低い。タイミル（Taimyr）堆積盆が大陸分離の変動を受けたのはマニカイ期（542～530 Ma）で，トンモト期（530～524 Ma）から沈降が始まったとする考えがあり，南極横断山脈には688 Maのガブロがあるが，沈降が始まったのは570～550 Maとされている。

　断片的なデータではあるが，ローレンシアと一体であった大陸が時期を同じくして分解したわけではなさそうである。超大陸が存在したとしても，い

ずれまた分解して地球の反対側で次の超大陸を形成する．これがウィルソンサイクルである．ロディニアからアンガラが抜け，ローレンシア・バルチカが抜けた残りの剛塊群が集合したのが，ジュースのゴンドワナ大陸である．Hoffman (1991) のロディニア内部での剛塊の配列とゴンドワナ大陸内部での配列を比較すると，ローレンシア・バルチカが抜けた海洋に面していた部分が外側になっている．北部の陸塊群が反時計まわりに回転して南部の陸塊群に衝突したように見える．この衝突に汎アフリカ変動の原因を求める見方もある (Hoffman, 1989 a)．

6-4. 大氷河時代

新原生代は地球史上最大の氷河時代であり，当時の地球は「氷結地球 (snowball earth)」と表現されることがある．しかし多くの場合，堆積物の年代決定が困難で，大氷河時代の氷成堆積物とされるものがどのくらい同時であるかには問題がある．

6-4-1. 氷河堆積物

最古の氷河堆積物はカープファール剛塊の盾状地堆積物，ほぼ 2.9 Ga 頃のポンゴラ累層群モザーン (Mozaan) 層群の氷礫岩であるといわれる．原生代になると氷成層とされる地層は大変多く，なかでも 2.3 Ga 頃のヒューロン累層群のゴウガンダ (Gowganda) 層は (図 4-6)，近くに露出する第四紀最終氷期，ウィスコンシン (Wisconsin) 氷期の氷礫岩と比較されてよく知られている．

スカンディナヴィア半島の北東端のヴァランガー (Varanger) フィヨルド周辺には，プレカンブリア時代末期の地層が広く分布している．大部分は異地性であるが，フィヨルドの北側には原地性とされる非変成の地層が分布している．層厚 5000 m に達し，下部の約 3000 m が新原生代後期の堆積物で，かつてのヴェンディア系ヴァランガー統 (610〜590 Ma の地層) の模式地である (Harland et al., 1989)．不整合で 3 つの層群に分けられ，上部のヴェスタータナ (Vestertana) 層群には 2 枚の氷礫岩がある．ヴェスタータナ層群

の最上部がブライヴィク (Breivik) 層で，その基底から3m以内にカンブリア紀最前期を示す *Phycodes pedum* が発見されている (Foyn, 1985)．

アデレード堆積盆の新原生代後期のヘイセン (Heysen) 累層群は，下部のウンベラタナ (Umberatana) 層群と上部のウィルペナ (Wilpena) 層群に分けられる．ウンベラタナ層群の層厚は厚いところで9000mほどあるが，間氷期の石灰質の地層を挟んで最下部と最上部に氷礫岩がある．下位がスターチ (Sturtian) 氷礫岩，上位がマリノア (Marinoan) 氷礫岩である．これらの氷礫岩を模式地として，最初の氷期をスターチ氷期，2回目の氷期をマリノア氷期とよぶ（図6-7）．しかし2回目の氷期をヴァランガー氷期と呼ぶ研究者も多い．ヴァランガー氷礫岩は19世紀の後半には確認されていた歴史的な露頭である．

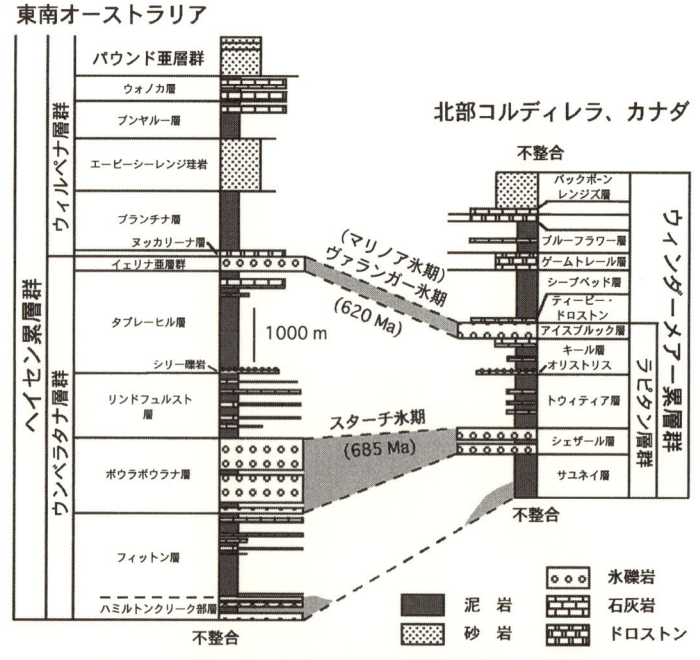

図6-7 氷礫岩を含むアデレード堆積盆のヘイセン累層群とユーコンテリトリーのウィンダーメアー累層群の層序対比図 (Young, 1992)．
氷期の名称・年代を加えてある．主要なエディアカラ動物群は，アデレードではパウンド亜層群の上部から，ユーコンではブルーフラワー層から産出する．

6-4-2. ウィンダーメアー累層群

　ブリティッシュコロンビア州からアラスカに達する右横ずれのティンティナ (Tintina) 断層が，ウィンダーメアー累層群の構造を複雑にしている (図 6-2 a, b)．北米コルディレラ全体にわたるウィンダーメアー累層群の地層対比については，必ずしも意見の一致を見ていない (Lund et al., 2003)．

　ユーコンテリトリーのウィンダーメアー累層群は主としてマッケンジー山脈の東北側，北西へ流れるマッケンジー川との間に分布し，主として南傾斜で南西側へ開いた地層である．全体として浅い海成層で，下部緑色片岩相から上部角閃岩相に至る変成作用を受けている．下部に不整合があり，不整合より下位がコーテズレイク (Coates Lake) 層群，上位がラピタン (Rapitan) 層群である．コーテズレイク層群は U-Pb ジルコン年代 777 Ma のマッケンジー山脈累層群を不整合で覆い，コーテズレイク層群下部に対比されるグランドキャニオン累層群からは U-Pb ジルコン年代で 742 Ma が得られている (Lund et al., 2003)．

　ラピタン層群の全層厚は約 2000 m で，2 層の氷成層がある (図 6-7)．最下部のサユネイ (Sayunei) 層は砕屑岩類に富んでいるが，地層全体にドロップストンが多く認められ，最上部に赤鉄鉱からなる縞状鉄鉱層が存在する．シェザール (Shezal) 層は全体として氷礫岩からなる地層で，厚さ約 40 m の縞状石灰岩に覆われている．トウィティア (Twitya) 層は上部へ砕屑岩に対する炭酸塩岩の比が増大する．最上部のキール (Keele) 層は厚さ 600 m ほどの炭酸塩岩層で，南西方へ氷礫岩のアイスブルック (Ice Brook) 層に覆われ，さらに厚さ 10 m ほどの石灰岩・ドロストンに覆われる (Gabrielse and Campbell, 1991)．下位の氷成層が 685 Ma，上位の氷成層が 620 Ma と推定されている．氷成層周辺の地層からは伸張場での堆積を示す多くの徴候が認められる (Lund et al., 2003)．

　ラピタン層群最下部の氷成層に対比される層準には，氷礫岩が分布する地域と玄武岩が分布する地域がある．一部で層厚が 2 km に達する玄武岩の流出からラピタン層群相当層の堆積が始まる．ソレアイト，アルカリ両玄武岩が存在し，微量成分の識別図表によれば中央海嶺玄武岩とプレート内玄武岩の両方の性格を示す (Gabrielse and Campbell, 1991)．

6-4-3. 氷結地球

　古地磁気の測定によると，アデレード堆積盆の氷成層を含む地層の古緯度は 10° 以下である (McWilliams and McElhinny, 1980)．その後の測定も新原生代の氷成層が緯度 20° 以内で堆積したことを示している．そこで新原生代のある時期，地球は赤道まで氷に包まれていたという説が発表された．この状態の地球が「氷結地球」である (Kirschvink, 1992)．新原生代の地層に氷成層が多い事実を最初に指摘したのは Harland (1964) であるといわれる．しかし，おそらく Kirschvink (1992) のスノーボールアースというネーミングが良かったため，この概念は地質研究者の間に広まった．

　新原生代の氷礫岩は石灰岩・ドロストンなどの温・亜熱帯気候を示す堆積物に覆われていることが多い．このような密接な関係から，氷成層を覆う炭酸塩岩を帽炭酸塩岩 (cap carbonate) と呼ぶ．生物活動は軽い炭素を多く取り込む傾向がある．それらの炭素が堆積物中に封入されると残りの炭素は重くなる．氷結地球が生じたならば，生物は壊滅的な打撃を受けたはずである．ラピタン層群を通る断面で炭素同位体比が測定された結果では，帽炭酸塩岩の炭素同位体比は $\delta^{13}C=-5\sim0‰$ と軽く，スターチ氷期を示すシェザール層から上位へ向かって，ヴァランガー氷期を示すアイスブルック層から上位へ向かっても重くなっている．さらに大型のエディアカラ動物群の化石を産出するシープベッド層の上部では $\delta^{13}C=0\sim+7‰$ と著しく重くなっている (James et al., 2001)．

　新原生代には堆積した石灰岩の増加と光合成をする生物の増加によって，大気中の炭酸ガスの濃度が低下した．その結果，炭酸ガスの温室効果が減少して大気の温度が下がった．これが氷結地球の形成を説明する 1 つのシナリオである．地球上の火山活動に伴って大量の炭酸ガスが放出されている．大気中に十分な量の炭酸ガスが蓄積されると氷結地球は融解する．

6-4-4. 氷成層の年代

　コンゴ剛塊の南の端で，新原生代の氷期の中ではもっとも古いとされていた下部コンゴ (Lower Congo) 氷期の地層の炭素同位体比・Sr 同位体比が測定された．下位の氷成層と上位の氷成層の層準を通る断面では，上下の変

化の特徴に相違がある．そこでカラハリ剛塊，ユーコンテリトリーのラピタン累層群，オーストラリアのアマディウス堆積盆の2層の氷成層を通る断面と比較したところ，下位と上位の氷成層を通る同位体比の変化の特徴が一致した（Kennedy et al., 1998）．新原生代の主要な氷成層は2層で，氷期は2回だけであるとされた．最初の氷期がスターチ氷期，2回目がヴァランガー氷期である．

ナミビアの新原生代の地層には氷成層が2層ある．上位のヴァランガー氷期を示すとされてきた地層に挟まれるフェルシック凝灰岩のジルコンのU-Pb年代が636 Maになった．この値は氷成層のもっとも信頼できる同位体年代値である．さらに下位の氷成層についての推定値は約715 Maである（Hoffmann et al., 2004）．そのほかの氷成層の年代値としては，マッケンジー湾入から北西へはずれたコールクリーク（Coal Creek）内座層にはバイモーダル火山岩類の下位と上位に氷成層があり，火山岩から751 MaのU-Pbジルコン年代が得られている（Rainbird et al., 1996）．そのほか，オマーンの氷成層が約713 Ma，アヴァロン半島の氷成層が約580 Maなどという報告がある．これらの氷成層の年代の推定値に基づくと，氷成層の年代は3つ以上あるのではないかという印象である．氷結地球が存在したとしても，それ以外の時代に極に堆積した氷成層の年代が含まれているのかもしれない．

6-4-5. ラピタン層群の縞状鉄鉱層

約18億年前に終了した縞状鉄鉱層の堆積に例外がいくつか知られている．堆積年代は0.7〜0.6 Gaの頃で，氷成岩に伴うのが特徴である．ブラジルのウルクム（Urucum）地域の縞状鉄鉱層はボリビアまで広がり，鉱量50×10^9トン，挟在するマンガンの鉱層とともに世界でもっとも品位が高いという報告がある．ユーコンテリトリーのラピタン層群の縞状鉄鉱層は開発の目的で数多くのボーリングが掘削され，その地質が詳細に記載された．

ラピタン層群の縞状鉄鉱層の鉱量は，鉄の含有量の多い地域だけでもFe 50%で20×10^9トンといわれる．その地質・化学組成は太古代から原生代へかけての縞状鉄鉱層とは異なる．鉱石には縞状のものも存在するが，塊状・ノジュール状が多い．鉱物の多くは赤鉄鉱と石英で，磁鉄鉱がほとん

含まれていない．比較的鉄に富んだ赤・緑・紫色などのシルト・頁岩を伴い，アルミニウム・マグネシウムなどの含有量が高い (Gabrielse and Campbell, 1991)．アルミニウムの含有量が高いことは陸源物質の寄与が高いことを示しており，太古代/原生代境界付近の縞状鉄鉱層にはあまり認められない特徴である．

海面を含めて地球全体が氷で覆われると海水面が著しく下がり，海洋全体が停滞水になる．このような状態下では Fe^{2+} の酸化が起こりにくい．間氷期になると開放的な海洋が生まれて一斉に Fe^{2+} の酸化が起こり，ラピタン層群などの例外的な縞状鉄鉱層が沈殿したらしい (Klein and Beukes, 1992)．

6-5. 新原生代の生物

おそらく中原生代に多細胞生物が出現した．プレカンブリア時代も新原生代になると，カンブリア紀初頭の生物の爆発的進化を予感させる素晴らしい化石が残されている．一方ではストロマトライトが衰退期を迎えた．

6-5-1. エディアカラ動物群

オーストラリアのアデレードから北へ約 500 km のエディアカラ丘陵 (Ediacara Hills) から，1946 年に多くの後生動物の印象化石が採集された．プレカンブリア時代末期のものであることが確認されるまでに約 10 年を要した．しかし同様な化石はその 20 年前にナミビアから採集されていた．現在では世界各地 25 カ所以上で類似の化石が発見されており，エディアカラ動物群とよばれる (図 6-8)．

アデレード堆積盆のウィルペナ層群の上部がパウンド (Pound) 亜層群で (図 6-7)，層厚は 3000 m に達する．カンブリア系に非整合で覆われる．下部は浅海成の赤色ボンネイ (Bonney) 砂岩，上部が高エネルギーの環境で堆積した中粒のきれいな砂岩のローンズレイ (Rawnsley) 珪岩である．このローンズレイ珪岩の基底のエディアカラ部層と呼ばれる砂質あるいはシルト質のレンズが，エディアカラ動物群を産する母岩である．泥質の海底に生息したが砂の流入で埋没したらしい．厚さは 100 m にも満たない (Gehling, 2000)．

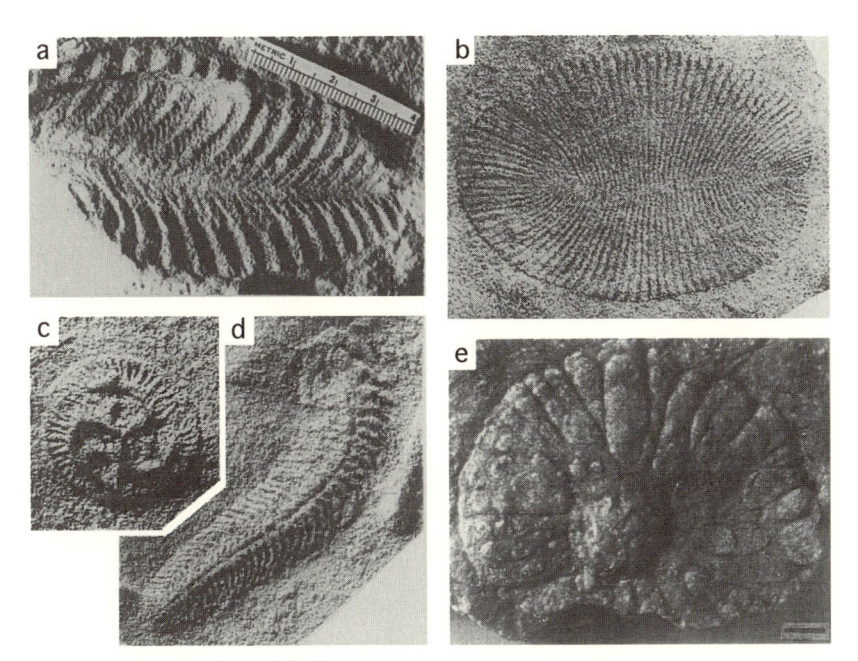

図 6-8 エディアカラ動物群.
a) *Rangea schneiderhoehni* (×1.0), エディアカラ動物群の化石をナミビアで初めて採集したシュナイダーヘーンにちなんで命名された, b) *Dickinsonia* (×1.0), c) *Tribrachidium* (×1.2), d) *Spriggina* (×1.7), e) *Mawsonites* (×1), おそらくクラゲの一種. [a) Miller (1983), b)〜d) Stanley (1992), e) Schopf (1999)].

エディアカラ動物群の中に硬組織は発見されず,いずれも印象化石である.それ以前の化石と比較すると著しく大きく,カンブリア紀の化石と比較しても大きい.きわめて偏平で表面にひだがあり,体積の割に表面積が広いという共通の特徴をもっている.形態的にはクラゲなどが属する刺胞動物に似たものが圧倒的に多いが,現在の生物の知識からは理解しがたい形態もある(図 6-8).軟体部の化石は稀にしか発見されないのに,エディアカラ動物群に限って世界各地から発見されるということは奇妙である.

最古とされるエディアカラ動物群は,アヴァロン半島(図 6-10)のヴァランガー氷礫岩より上位で,約 580 Ma と考えられている.アデレード堆積盆でエディアカラ動物群が多様化するのは約 565 Ma と推定されているが,プ

レカンブリア/カンブリア境界に限りなく近い層準からの産出も報告されている．エディアカラ動物群は常にヴァランガー氷成層より上位層準に産出する．しかし例外が知られていて，ユーコンテリトリーのヴァランガー氷成層の下位のトウィティア層からは，直径約 20 mm の円盤状のエディアカラ動物群とされるものが報告されている (Hoffman *et al.*, 1990)．約 680 Ma である．この地域でも一般に知られているようなエディアカラ動物群は，ヴァランガー氷礫岩より上位のシープベッド層上部から産出する (図6-7)．氷期の消滅とエディアカラ動物群の出現には因果関係があるのではないかと考えられるようになった．

6-5-2. アクラマン隕石孔

球形のアクリターク (acritarchs) と呼ばれる微化石は，単細胞藻類であると考えられている．環境汚染の象徴とされる赤潮の原因となるディノフラゲラータ (dinoflagellata) に近縁らしい．小型で単純な球形のアクリタークは，中原生代の 1.6 Ga 頃から出現して 850 Ma 頃に繁栄のピークに達している．以後，マリノア氷期を経て急速に衰退するように見えるが，数種はオルドヴィス紀までは生き延びた．新原生代の地層対比に有効であるとされている．表面に棘や稜などの装飾のあるアクリタークは，古生代の主要な植物プランクトンであった．

アデレード堆積盆の西側のガウラー地塊を不整合に覆って，東部に中原生代の造山帯のガウラー山脈火山岩類 (Gawler Range Volcanics) が分布している．この中にアクラマン (Acraman) 隕石孔がある (図5-3)．隕石落下による放出物がアデレード堆積盆の多くの露頭から発見され，さらにオフィサー堆積盆で掘削された試錐のコアからも見出されている．落下の年代は 580 Ma で，マリノア氷期の 15 m.y. ほど後の事件である．

アクラマン隕石孔放出物を挟む地層の中のアクリタークが研究された．その結果によるとマリノア氷礫岩の上下ではアクリタークの種に著しい変化はない．マリノア氷期はアクリターク群集の生存に大きな影響を与えなかったらしい．ところが隕石の落下という事件によって，アクリタークの種が著しく多様化している．たとえば棘のあるアクリタークが出現するのは，アクラ

マン隕石孔放出物の層準からである．さらにエディアカラ動物群が適応放散していると考えられる層準に達すると，アクリターク群集の消滅が認められる (Grey et al., 2003)．このような事実は，顕生代の生物が隕石落下の事件によって大きな影響を受けていることを思い起こさせる．

6-5-3. ストロマトライトの生層序

プレカンブリア時代を通じて発見される化石は，ストロマトライト (stromatolite) である（図 6-9 a, b, c）．1829 年にインドから報告されたが，これが化石として認知されたのは 1890 年である．現在もオーストラリア西海岸のシャーク湾 (Shark Bay) などに形成されているので（図 6-9 a, b），その形成機構がかなり詳しく判明している．ストロマトライトの生命の主体は光合成を営む原核細胞のシアノバクテリア (cyanobacteria) である．潮間帯もしくは浅い海底に広がってコロニーを形成し，昼間は活発に光合成を営み酸素を放出する．堆積物に覆われるとコロニーを放棄して堆積物の上へ出て，また新しいコロニーを形成する．ストロマトライトは放棄されたコロニーと堆積物が形成する構造で，断面を見ると縞状になっている．

太古代の中〜新期になるとストロマトライトの報告は増加し，原生代にはストロマトライトの種類・生態が多様化する．しかし多様化のピークは 1 Ga 頃で，まずドーム状ストロマトライトが新原生代に入ると急速に衰退し，ストロマトライト全体も 800〜700 Ma には衰退する．化石のストロマトライトからシアノバクテリアの化石が発見されることはまずない．したがって，ある種のストロマトライトについては単なる堆積構造ではないかという疑問が出されている．さらにストロマトライトの形態は環境にも影響を受けるらしい（図 4-2）．

現世のサンゴ・二枚貝は日成長線を形成している．顕生代への適用の結果では，地球の自転はデヴォン紀中期の 400 日/年から，ほぼ 2%/100 m.y. の割合で遅くなっている．ストロマトライトの対の縞が昼と夜を表す日成長線ならば，この計測からプレカンブリア時代の 1 年の日数がわかるかもしれない．オーストラリア中央部のアマディウス堆積盆の下部層が比較的浅い層相のビタースプリングス (Bitter Springs) 層で（図 5-3），約 800 Ma である．

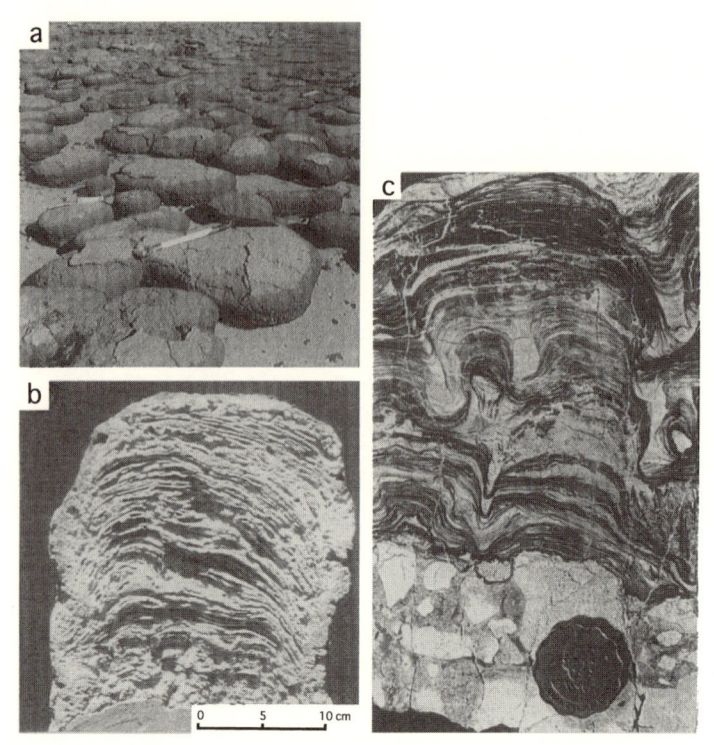

図 6-9 ストロマトライト.
a) オーストラリア西岸,シャーク湾の現生のストロマトライト (Awramik, 1981), b) 同切断面 (Schopf, 1993), c) バーバートン山地のフィッグツリー層 (約 3.24 Ga) の黒色チャートの中のストロマトライト (Byerly et al., 1986).

この中のストロマトライトの縞状組織の計測では 1 年が 435 日になった (Zahnle and Walker, 1987).

6-5-4. プレカンブリア/カンブリア境界の模式地

プレカンブリア時代の地層からは,過去 50 年ほどの間に多様な化石が発見され,記載された化石の数は属単位で 1250 を越えている.その多くは 1960 年以降に発表されたが,後になって化石であることが否定されたものもあり,現在化石として残っているのは約 900〜500 といわれる.このようにプレカンブリア時代の化石の記載数が増大してくると,プレカンブリア/

カンブリア境界も生層序学的に定義できる可能性がでてくる．

ニューファンドランド島南東部，ブリン（Burin）半島の南西端の北側のフォーチュンヘッド（Fortune Head）の周辺では（図6-10 a），プレカンブリア時代の地層を不整合に覆って，原生代末期からオルドヴィス紀に至る地層が連続して観察される（Narbonne et al., 1987）．いろいろな曲折があったが，現在ではフォーチュンヘッドの露頭がプレカンブリア/カンブリア境界の模式地とされている．

最下部が原生代最末期のレンコンター（Rencontre）層で，その上が境界の時代を含むチャペルアイランド（Chapel Island）層である．層厚約1000 m，全体として砂岩を挟むシルト質の岩相で6部層に分けられている（図6-10 b）．チャペルアイランド層の第2部層からは，少なくとも15種類の生痕化石が発見されている．それらの中で *Phycodes pedum* 帯の基底がプレカン

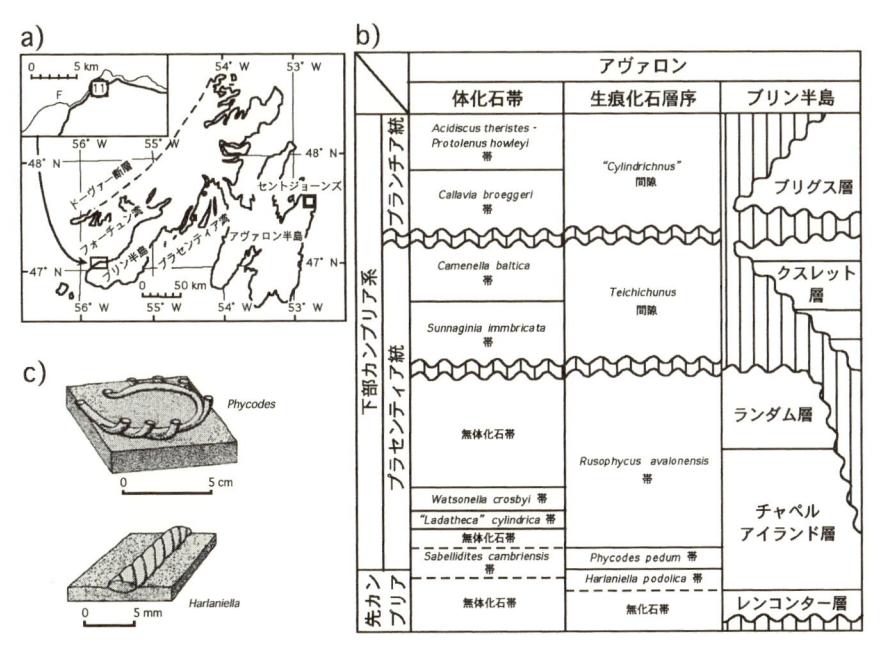

図6-10　フォーチュンヘッド周辺のプレカンブリア/カンブリア境界を含む地層の層序・化石帯．
　a) 位置図，b) 層序・化石帯（Landing et al., 1989），c) 生痕化石図（Crimes, 1989）．

ブリア/カンブリア境界とされた．生物が中に隠れるためにつくったトンネルであるといわれる（図6-10 c）．チャペルアイランド層の基底から 200 m，第2部層の基底から 2.4 m である．*Phycodes pedum* 帯の基底の年代は Bowring *et al.* (1993) によると約 544 Ma, Grotzinger *et al.* (1995) によると約 542 Ma である．

このプレカンブリア/カンブリア境界決定の特異さは，示準化石として生痕化石を用いたことである．一般に炭酸塩岩相の地層は化石に富むので，示準化石として体化石を用いることに困難はない．しかし砕屑岩相の地層は化石に乏しいことが多く，しばしば地質時代の境界の決定が困難である．チャペルアイランド層では *Phycodes pedum* 帯より下位からも小型の体化石が発見されている．しかし，それらはカンブリア紀を代表する生物とはいえない．

6-6. 気圏・水圏の進化

地質時代の大気，あるいは海水の多くは失われている．したがって，それらの化学的性質を知る手がかりは非常に少ない．それでもモデル計算，あるいは特異な堆積物を利用してさまざまな推定が発表されている．

6-6-1. 太古代の地球環境

バーバートン山地のオンファーワクト層群には 3.5〜3.2 Ga の間の記録が残されている．この層群のチャートの酸素同位体比の測定に基づくと，当時の地表の温度は約 55〜85°C である（Knauth and Lowe, 2003）．この時代の蒸発岩からはナーコ石（$NaHCO_3$）が沈殿したらしい．仮に大気の温度が 75°C とすると，ナーコ石が安定に沈殿する p_{CO_2} は最低でも 0.04 気圧である．これは PAL (the present atmospheric level) の 100 倍以上である．温室効果でこのような高温に保つために $CH_4/CO_2 \ll 1$ の組成を示す大気が考えられている（Lowe and Tice, 2004）．砕屑岩に富む上位層群の構成鉱物の解析は，強い風化作用の存在を示している（Huebeck and Lowe, 1999）．酸素・土壌のない環境下で強い風化作用を引き起こすには，H_2CO_3 の存在が考えられる．高い炭酸ガス濃度はすぐには低下しなかった．

3.0 Ga 頃までにいくつかの陸塊が形成された．陸塊の面積の拡大による風化・侵食作用の増大はカルシウムなどの陽イオンを供給し，炭酸塩岩を堆積して炭酸ガス濃度を下げた．砕屑物は浅海性の環境を広げ，光合成を行うシアノバクテリアの生息範囲が広がった．土壌の化学組成は大気中の炭酸ガスと酸素の比に関係する．カラハリ剛塊の被覆層，約 2.9 Ga のポンゴラ累層群とドミニオン層群の基底の古土壌の化学組成から，当時の大気中の酸素は現在の 0.02〜0.5%，炭酸ガスは 5〜30 PAL という値が得られている(Grandstaff et al., 1986)．バーバートン山地からの推定よりはかなり低い炭酸ガス濃度である．

　炭酸ガスの減少による $CH_4/CO_2=1$ ぐらいの条件の下で，2.9〜2.7 Ga 頃には軽い炭素を濃縮した生物起源のメタンから炭水化物のエアロゾルが形成されたらしい．その形成は温室効果が炭酸ガスの約 20 倍といわれるメタンを大気から除去した．軽い同位体からなる炭水化物の超微粒子は降下して堆積物に取り込まれた (Lowe and Tice, 2004)．2.8〜2.6 Ga の地層には軽い有機炭素が濃縮して $\delta^{13}C=-60〜-40$‰ ぐらいになっている (Pavlov et al., 2001)．炭水化物のエアロゾルには反グリーンハウス効果があり，炭酸ガス濃度の低下も伴って地球は寒冷化に向かった．約 2.9 Ga のポンゴラ累層群上部のモザーン層群，ドミニオン層群の上位のウェストランド層群には氷成層の存在が知られている．

6-6-2. 大気中の酸素

　3.2 Ga 以前の約 55〜85°Cという高温の地球では，光合成を営むバクテリアの活動は非常に限られていた．したがって風化により遊離する Fe^{2+} の量は光合成で形成される酸素の量より多く，大気中の酸素の量は増加しなかった．3.0〜2.7 Ga のビットワータースランド累層群，あるいは 2.5〜2.15 Ga のヒューロン (Huronian) 累層群には多量に閃ウラン鉱の砕屑粒子が含まれている．大気は還元的で，閃ウラン鉱は酸化されずに堆積した (Holland, 1984)．ウラニウムには水に不溶の 4 価のほかに水溶性の 5 価と 6 価がある．ウラニウムが熱水に溶けて移動した高品位の不整合型ウラン鉱床が出現するのは 2.2 Ga 頃より後である．地球の寒冷化に伴ってシアノバクテリ

アの活動が始まるまでの大気中の酸素の量は 10^{-14} PAL と推定されている (Kasting, 1987).

原生代の初めには,海洋は酸化的な表層水に覆われて縞状鉄鉱層の沈殿が始まる.蒸発岩の中の硫酸塩鉱物の量が著しく増え,堆積岩中の硫化物の硫黄同位体比の分布範囲が広がる.海中の Fe^{2+} を酸化しつくした遊離酸素が陸上の岩石を酸化し始めるまでに,酸素の量は 0.002 PAL ぐらいになった. 2.0 Ga 頃から赤色層が発達する.微生物が多様化するので,紫外線をさえぎるのに十分なオゾン層が形成されたらしい.プレカンブリア時代末期には 0.1 PAL になったと推定されている (Kasting et al., 1992).

6-6-3. 硫黄・炭素同位体比

太古代の黄鉄鉱の硫黄同位体比は $\delta^{34}S = \pm 0‰$ に近い値が多い.マントル起源の硫黄が卓越し,バクテリアによる大規模な硫酸硫黄の還元はなかったらしい.硫酸塩硫黄の同位体比としては $\delta^{34}S = +3\sim6‰$ が報告されている.太古代の大量な重晶石は,蒸発岩の硬石膏が交代されたと考えられるものが多い.しかし同位体比の値は比較的均質である (Strauss, 1993).

古原生代の硫酸塩硫黄は $\delta^{34}S = +10\sim18‰$ ぐらいで,太古代よりはやや重くなっている.古原生代後期になると $+20‰$ ぐらいになり,この値が新原生代前期まで保たれるようである.中原生代以降の硫酸塩硫黄の多くは,蒸発岩の硬石膏・石膏についての測定値である.海洋の生産性が徐々に上がり,嫌気性のバクテリアの活動が軽い硫黄を海底に濃集し,重い硫黄をリフトの海洋水中へ放出した.新原生代前期の約 $+20‰$ から,プレカンブリア/カンブリア境界の $\delta^{34}S = +30‰$ への変化は急激である (Strauss, 1993).硫化物硫黄の同位体比も氷結地球の前後からは著しく重いものが知られている.

炭酸塩岩の炭素同位体比の値は新原生代を通じて $\delta^{13}C = +5‰$ ほどである.この間に炭素同位体比が $\delta^{13}C < 0‰$ になる時期が3度ほど認められている (Derry et al., 1992).最後の軽い炭素同位体比が $+5‰$ に回復した後,炭素同位体比は変動しながらも軽くなり始め,プレカンブリア/カンブリア境界では $\delta^{13}C = 0‰$ になる.顕生代を通じて硫酸塩硫黄同位体比と炭酸塩炭素同位体比の間には逆相関が認められている (Veizer et al., 1980).氷結地

球の年代からカンブリア紀へかけても，硫酸塩硫黄同位体比と炭酸塩炭素同位体比の間に逆相関があるらしい．顕生代の硫酸塩硫黄同位体比と炭酸塩炭素同位体比の間に推定されている外因的な循環が，おそらく新原生代までさかのぼることを示している (Strauss, 1993)．生物が関与しているのであろう．

引用文献 (第6章)

Awramik, S. M. (1981): The origins and early evolution of life. *In* D. G. Smith, ed., The Cambridge Encyclopedia of Earth Sciences, 349-362, Cambridge Univ. Press, New York, 496 p.

Bowring, S. A., Grotzinger, J. P., Isachsen, C. E., Knoll, A. H., Pelechaty, S. M. and Kolosov, P. (1993): Calibrating rates of Early Cambrian evolution. *Science*, **261**, 1293-1298.

Byerly, G. R., Lowe, D. R. and Walsh, M. M. (1986): Stromatolites from the 3,300~3,000 Myr Swaziland Supergroup, Barberton Mountain Land, South Africa. *Nature*, **319**, 489-491.

Caby, R., Andreoporous-Renard, U. and Pin, C. (1989): Late Proterozoic arc-continent and continent-continent collision in the Pan-African Trans-Saharan belt of Mali. *Can. J. Earth Sci.*, **26**, 1136-1146.

Condie, K. C. and Rosen, O. M. (1994): Laurentia-Siberia connection revisited. *Geology*, **22**, 168-170.

Crimes, T. P. (1989): Trace fossils. *In* J. W. Cowie and M. D. Brasier, eds., The Precambrian-Cambrian Boundary, Clarendon Press, Oxford, 213 p.

Dalziel, I. W. D. (1991): Pacific margins of Laurentia and East Antarctica-Australia as a conjugate rift pair: Evidence and implications for an Eocambrian supercontinent. *Geology*, **19**, 598-601.

Dalziel, I. W. D. (1992): Antarctica: a tale of two supercontinents? *Annu. Rev. Earth Planet. Sci.*, **20**, 501-526.

Derry, L. A., Kaufman, A. J. and Jacobsen, S. E. (1992): Sedimentary cycling and environmental change in the late Proterozoic: evidence from stable and radiogenic isotopes. *Geochim. Cosmochim. Acta*, **55**, 303-308.

Elming, S-Å. and Mattsson, H. (2001): Post Jotnian basic intrusions in the Fennoscandian Shield, and the break up of Baltica from Laurentia: a palaeomagnetic and AMS study. *Precamb. Res.*, **108**, 215-236.

Fitzsimons, I. C. W. (2000): Grenville-age basement provinces in East Antarctica: Evidence for three separate collisional orogens. *Geology*, **28**, 879-882.

Foyn, S. (1985): The Late Precambrian in northern Scandinavia. *In* D. G. Gee and B. A. Sturt, eds., The Caldonide Orogen-Scandinavia and Related Areas, Part 1, 233-245, John Wiley & Sons, Chichester, 1266 p.

Gabrielse, H. and Campbell, R. B. (1991): Upper Proterozoic assemblages. *In* H. Gabrielse and C. J. Yorath, eds., Geology of Canada, no. 4, Chap. 6, 125-150, Geol. Surv. Can., 844 p.

Gehling, J. G. (2000) : Environmental interpretation and a sequence stratigraphic framework for the terminal Proterozoic Ediacara Member within the Rawnsley Quartzite, South Australia. *Precamb. Res.*, **100**, 65-95.

Goodge, J. W., Myrow, P., Williams, I. S. and Bowring, S. A. (2002) : Age and provenance of the Beardmore Group, Antarctica : Constraints on Rodinia supercontinent breakup. *J. Geology*, **110**, 393-406.

Goodwin, A. M. (1996) : Principles of Precambrian Geology, Academic Press, London, 327 p.

Grandstaff, D. E., Edelmann, M. J., Forster, R. W., Zbinden, E. and Kimberley, M. M. (1986) : Chemistry and mineralogy of Precambrian paleosols at the base of the Dominion and Pongola Groups (Transvaal, South Africa). *Precamb. Res.*, **32**, 97-131.

Grey, K., Walter, M. R. and Calver, C. R. (2003) : Neoproterozoic biotic diversification : Snowball Earth or aftermath of the Acraman impact? *Geology*, **31**, 459-462.

Grotzinger, J. P., Bowring, S. A., Saylor, B. Z. and Kaufman, A. J. (1995) : Biostratigraphic and geochronologic constraints on early animal evolution. *Science*, **270**, 598-604.

Hanson, R. E. (2003) : Proterozoic geochronology and tectonic evolution of southern Africa. *In* M. Yoshida, B. F. Windley and S. Dasgupta, eds., Proterozoic East Gondwana : Supercontinent Assembly and Breakup, Geol. Soc. Spec. Pub., 206, 427-463, London, 472 p.

Harland, W. B. (1964) : Evidence of late Precambrian glaciation and its significance. *In* A. E. N. Narin, ed., Problems in Palaeoclimatology, 119-149, Interscience, New York.

Harland, W. B., Armstrong, R. L., Cox, A. V., Craig, L. E., Smith, A. G. and Smith, D. G. (1989) : A Geologic Time Scale 1989, Cambridge Univ. Press, Cambridge, 263 p.

Hoffman, P. F. (1989 a) : Speculations on Laurentia's first gigayear (2.0〜1.0 Ga). *Geology*, **17**, 135-138.

Hoffman, P. F. (1989 b) : Precambrian geology and tectonic history of North America. *In* A. W. Bally and A. R. Palmer, eds., The Geology of North America ; An Overview, 447-512, Geol. Soc. Amer., 619 p.

Hoffman, P. F. (1991) : Did the breakout of Laurentia turn Gondwanaland inside-out? *Science*, **252**, 1409-1412.

Hoffman, P. F., Narbonne, G. M. and Aitken, J. D. (1990) : Ediacaran remains from intertillite beds in northwestern Canada. *Geology*, **18**, 1199-1202.

Hoffmann, K.-H., Condon, D. J., Bowring, S. A. and Crowley, J. L. (2004) : U-Pb zircon date from the Neoproterozoic Ghaub Formation, Namibia : Constraints on Marinoan glaciation. *Geology*, **32**, 817-820.

Holland, H. D. (1984) : The Chemical Evolution of the Atmosphere and Oceans, Princeton Univ. Press, Princeton, 582 p.

Huebeck, C. and Lowe, D. R. (1999) : Sedimentary petrography and provenance of the Archean Moodies Group, Barberton Greenstone Belt. *In* D. R. Lowe and G. R. Byerly, eds., Geologic Evolution of the Barberton Greenstone Belt, South Africa, Geol. Soc. Amer., Spec. Pap., 329, 287-312, 319 p.

James, N. P., Narbonne, G. M. and Kyser, T. K. (2001) : Late Neoproterozoic cap carbonates : Mackenzie Mountains, northwestern Canada : precipitation and global glacial meltdown. *Can. J. Earth Sci.*, **38**, 1229-1262.

Karlstrom, K. E., Harlan, S. S., Williams, M. L., McLelland, J., Geissman, J. W. and Ahall, K-I. (1999) : Refining Rodinia : geologic evidence for the Australia-western U. S. connection in the Proterozoic. *GSA Today*, **9**, No. 10, 1-7.

Karlstrom, K. E., Ahall, K-I., Harlan, S. S., Williams, M. L., McLelland, J. and Geissman, J. W. (2001) : Long-lived (1.8～1.0 Ga) convergent orogen in southern Laurentia, its extensions Australia and Baltica, and implications for refining Rodinia. *Precamb. Res.*, **111**, 5-30.

Kasting, J. F. (1987) : Theoretical constraints on oxygen and carbon dioxide concentrations in the Precambrian atmosphere. *Precamb. Res.*, **34**, 205-229.

Kasting, J. F., Holland, H. D. and Kump, L. R. (1992) : Atmospheric evolution : the rise of oxygen. *In* J. W. Schopf and C. Klein, eds., The Proterozoic Biosphere, 159-163, Cambridge Univ. Press, New York, 1348 p.

Kennedy, M. J., Runnegar, B., Prave, A. R., Hoffman, K.-H. and Arthur, M. A. (1998) : Two or four Neoproterozoic glaciations? *Geology*, **26**, 1059-1063.

Kirschvink, J. L. (1992) : Late Proterozoic low-latitude global glaciation : the snowball earth. *In* J. W. Schopf and C. Klein, eds., The Proterozoic Biosphere, 51-52, Cambridge Univ. Press, New York, 1348 p.

Klein, C. and Beukes, N. J. (1992) : Proterozoic iron formations. *In* K. C. Condie, ed., Proterozoic Crustal Evolution, 383-418, Elsevier, Amsterdam, 537 p.

Knauth, L. P. and Lowe, D. R. (2003) : High Archean climatic temperature inferred from oxygen isotope geochemistry of cherts in the 3.5 Ga Swaziland Supergroup, South Africa. *Geol. Soc. Amer. Bull.*, **115**, 566-580.

Kröner, A., Willner, A. P., Hegner, E., Jaeckel, P. and Nemchin, A. (2001) : Single zircon ages, PT evolution and Nd isotopic systematics of high-grade gneisses in southern Malawi and their bearing on the evolution of the Mozambique belt in southeastern Africa. *Precamb. Res.*, **109**, 257-291.

Landing, E., Myrow, P., Benus, A. P. and Narbonne, G. M. (1989) : The Placentian Series : appearance of the oldest skeletalized faunas in southeastern Newfoundland. *J. Paleontol.*, **63**, 739-769.

Lowe, D. R. and Tice, M. M. (2004) : Geologic evidence for Archean atmospheric and climatic evolution : Fluctuating levels of CO_2, CH_4, and O_2 with an overriding tectonic control. *Geology*, **32**, 493-496.

Luepke, J. J. and Lyons, T. W. (2001) : Pre-Rodinian (Mesoproterozoic) supercontinental rifting along the western margin of Laurentia : geochemical evidence from the Belt-Purcell Supergroup. *Precamb. Res.*, **111**, 79-90.

Lund, K., Aleinikoff, J. N., Evans, K. V. and Fanning, C. M. (2003) : SHRIMP U-Pb geochronology of Neoproterozoic Windermere Supergroup, central Idaho : Implications for rifting of western Laurentia and synchroneity of Sturtian glacial deposits. *Geol. Soc. Amer. Bull.*, **115**, 349-372.

McMenamin, M. A. S. and Schulte-McMenamin, D. L. S. (1990) : The Emergence of Animals : the Cambrian Breakthrough, Columbia Univ. Press, New York.

McWilliams, M. O. and McElhinny, M. W. (1980) : Late Precambrian paleomagnetism of Australia : the Adelaide geosyncline. *J. Geol.*, **88**, 1-26.

Mendelsohn, F. (1989) : Central/southern African Ore Shale deposits. *In* R. W. Boyle, A. C. Brown, C. W. Jefferson, E. C. Jowett and R. V. Kirkham, eds., Sediment-hosted Stratiform Copper Deposits, Geol. Ass. Can., Spec. Pap., 36, 453-469, 710 p.

Miller, R. McG. (1983) : The Pan-African Damara Orogen of South West Africa/Namibia. *In* R. McG. Miller, ed., Evolution of the Damara Orogen of South West Africa/Namibia, Geol. Soc. South Africa, Spec. Pub., No. 11, 431-515, 515 p.

Moores, E. M. (1991) : Southwest U. S.-East Antarctic (SWEAT) connection : A hypothesis. *Geology*, **19**, 425-428.

Narbonne, G. M., Myrow, P. M., Landing, E. and Anderson, M. M. (1987) : A candidate stratotype for the Precambrian-Cambrian boundary, Fortune Head, Burin Peninsula, southeastern Newfoundland. *Can. J. Earth Sci.*, **24**, 1277-1293.

Okulitch, A. V., ed. (1999) : Geological Time Scale, 1999. Geol. Surv. Can., Open File 3040.

Page, R. W. and Sweet, I. P. (1998) : Geochronology of basin phases in the western Mt. Isa Inlier, and correlation with McArthur Basin. *Australian J. Earth Sci.*, **45**, 219-232.

Pavlov, A. A., Kasting, J. F., Eigenbrode, J. L. and Freeman, K. H. (2001) : Organic haze in Earth's early atmosphere : Source of low-^{13}C Late Archean kerogens ? *Geology*, **29**, 1003-1006.

Piper, J. D. A. (1976) : Palaeomagnetic evidence for a Proterozoic supercontinent. *Phyl. Trans. Roy. Soc. London*, **A 280**, 469-490.

Pisarevsky, S. A., Wingate, M. T. D., Powell, C. M., Johnson, S. and Evans, D. A. D. (2003) : Models of Rodinia assembly and fragmentation. *In* M. Yoshida, B. F. Windley and S. Dasgupta, eds., Proterozoic East Gondwana : Supercontinent Assembly and Breakup, Geol. Soc. Spec. Pub., 206, 35-55, London, 472 p.

Preiss, W. V. (2000) : The Adelaide geosyncline of South Australia and its significance in Neoproterozoic continental reconstruction. *Precamb. Res.*, **100**, 21-63.

Rainbird, R. H., Jefferson, C. W. and Young, G. M. (1996) : The early Neoproterozoic sedimentary succession B of northwestern Laurentia : Correlations and paleogeographic significance. *Geol. Soc. Amer. Bull.*, **108**, 454-470.

Rosen, O. M., Condie, K. C., Natapov, L. M. and Nozhkin, A. D. (1994) : Archean and early Proterozoic evolution of the Siberian Craton : a preliminary assessment. *In* K. C. Condie, ed., Archean Crustal Evolution, 411-459, Elsevier, Amsterdam, 528 p.

Ruiz, J., Patchett, P. J., and Ortega-Gutuerrez, F. (1988) : Proterozoic and Phanerozoic basement terranes of Maxico from Nd isotopic studies. *Geol. Soc. Amer. Bull.*, **100**, 274-281.

Schopf, J. W. (1993) : Microfossils of the Early Archean Apex Chert ; New evidence of the antiquity of life. *Science*, **260**, 640-646.

Schopf, J. W. (1999) : Cradle of Life, Princeton Univ. Press, Princeton, New Jersey, 367 p.

Sears, J. W, and Price, R. A. (1978) : The Siberian connection : a case Precambrian separation of the North American and Siberian Cratons. *Geology*, **6**, 267-210.

Sears, J. W. and Price, R. A. (2003) : Tightening the Siberian connection to western Laurentia. *Geol. Soc. Amer. Bull.*, **115**, 943-953.

Stanley, S. M. (1992) : Exploring Earth and Life through Time, W. H. Freeman and Co., New York, 538 p.

Stern, R. J. (1994): Arc assembly and continental collision in the Neoproterozoic West African Orogen: implications for the consolidation of Gondwanaland. *Annu. Rev. Earth Planet. Sci.*, **22**, 319-351.

Strauss, H. (1993): The sulfur isotopic record of Precambrian sulfates: new data and a critical evaluation of the existing record. *Precamb. Res.*, **63**, 225-246.

Thompson, R. I. and Panteleyev, A. (1976): Stratabound mineral depoisits of the Canadian Cordillera. *In* K. H. Wolf, ed., Handbook of Strata-bound and Stratiform Ore Deposits, Elsevier, Amsterdam.

Unrug, R. (1989): Landsat-based structural map of the Lufilian Fold Belt and the Kundelungu Aulacogen, Shaba (Zaire), Zambia, and Angola, and the regional position of Cu, Co, U, Au, Zn, and Pb mineralization. *In* R. W. Boyle, A. C. Brown, C. W. Jefferson, E. C. Jowett and R. V. Kirkham, eds., Sediment-hosted Stratiform Copper Deposits, Geol. Ass. Can., Spec. Pap., 36, 519-524, 710 p.

Valentine, J. W. and Moores, E. M. (1970): Plate-tectonic regulation of faunal diversity and sea level: a model. *Nature*, **228**, 657-659.

Veizer, J., Holser, W. T. and Wilgus, C. K. (1980): Correlation of $^{13}C/^{12}C$ and $^{34}S/^{32}S$ secular variations. *Geochim. Cosmochim. Acta*, **44**, 579-587.

Young, G. M. (1992): Late Proterozoic stratigraphy and the Canada-Australia connection. *Geology*, **20**, 215-218.

Zahnle, K. and Walker, J. C. G. (1987): A constant daylength during the Precambrian era? *Precamb. Res.*, **37**, 95-105.

Zonenshain, L. P., Kuzmin, M. I. and Natapov, L. M. (1990): Geology of the USSR: a Plate-tectonic Synthesis, Geodynamics Series, Vol. 21, Amer. Geophys. Union, Washington, DC, 242 p.

概説書

Petters, S. W. (1991): Regional Geology of Africa, Springer-Verlag, Berlin, 722 p.
　アフリカ全体を扱っている文献はほとんどないが,この本が座右にあると便利である.

Yoshida, M., Windley, B. F. and Dasgupta, S., eds. (2003): Proterozoic East Gondwana: Supercontinent Assembly and Breakup, Geol. Soc. Spec. Pub., 206, London, 472 p.
　ロディニア復元の観点から,主としてオーストラリア,インド,南極,アフリカ東部の関係について論じている.著者の多くはAUSWUSモデルで,オーストラリアを北米の南部に置き,アンガラをカナダの北極圏に置いている.したがってユーコンの西側が空いているが,そこに揚子地塊を置くつもりのようである.

Gabrielse, H. and Yorath, C. J., eds. (1992): Geology of the Cordilleran Orogen in Canada, Geology of Canada, no. 4, Geol. Surv. Can., 844 p.
　アメリカ地質学会100年を記念して企画された北米の地質シリーズには,カナダの地質調査所も何冊かを担当している.その1冊で,カナダ西部のプレカンブリア時代の地層の記載も扱われている.

Schopf, J. W. and Klein, C., eds. (1992): The Proterozoic Biosphere, Cambridge Univ. Press, New York, 1348 p.
　非常な大冊で,原生代の生物圏から大気圏・水圏に至るまで何でも書いてある.新原生代の大氷河時代という概念はかなり古いが,Snowball Earthという用語はこの本の中でKirschvink (1992) が初めて使った.タイトルフレーズがよくできていたため,

地質研究者の間に大氷河時代としての新原生代への関心が高まったようである．しかし日本語の本が出るまでには10年を要した．

川上紳一 (2003)：全地球凍結，集英社新書，203 p.

ウォーカー, G. (2004)：スノーボール・アース（渡会圭子訳・川上紳一監修），早川書房，294 p.

カーシュヴィンク, J. L. (2004)：カンブリア紀における生物の爆発的進化の謎．進化する地球惑星システム（東京大学地球惑星システム科学講座編），第6章，東京大学出版会，236 p.

最近，氷結地球についての日本語の本が相次いで発表された．タイトルフレーズメーカーのカーシュヴィンクは，氷結地球がカンブリア紀の爆発的進化をもたらしたという視点から1章を書いている．氷結地球そのものについては田近英一が第5章に執筆している．

McMenamin, M. A. S. (1998)：The Garden of Ediacara, Columbia Univ. Press, New York, 295 p.

読み物であるが，エディアカラ動物群の写真・スケッチがかなり掲載され，ロディニア形成とエディアカラ動物群出現の因果関係にも触れている．

第7章
アパラチア・カレドニア造山帯

　プレートテクトニクスの登場とともにアパラチア・カレドニア造山帯の成因が脚光を浴びた．現在の大西洋の拡大の前に古大西洋と呼べる大洋が存在した．その大洋が閉じた変動がアパラチア・カレドニア造山運動である．カンブリア紀からペルム紀にわたる間に複数回の島弧の衝突ならびにゴンドワナ大陸の衝突があった．

7-1. 北アパラチア造山帯

　アパラチア造山帯はカナダのニューファンドランドから南西へ延び，アメリカ合衆国のアラバマ州へ，全長約 3000 km に達する．一般に北部・中央部・南部に分けて記述される．北部の地質はニューファンドランド島のほぼ延長である（図 7-1）．

7-1-1. ニューファンドランド島の地質

　アパラチア造山帯は，北米の一番東の果てのニューファンドランド島から，セントローレンス河・アディロンダック山地・ハドソン川に絞り込まれるように南北になり，ニューヨークのあたりではその幅が一番狭くなる．ニューヨーク州の東縁部を南流するのがハドソン川で，ホール（J. Hall；1811～1898）がいたオルバニー（Albany）はその中流に位置する．ここまでが北アパラチア造山帯である．
　ニューファンドランド島のプレカンブリア時代の岩石は 2 列に併列している．島の西側のプレカンブリアがフンバー（Humber）帯，東側のプレカンブリアがアヴァロン（Avalon）帯である．Wilson（1966）はフンバー帯がローレンシア（Laurentia），アヴァロン帯がゴンドワナ（Gondwana）大陸で，

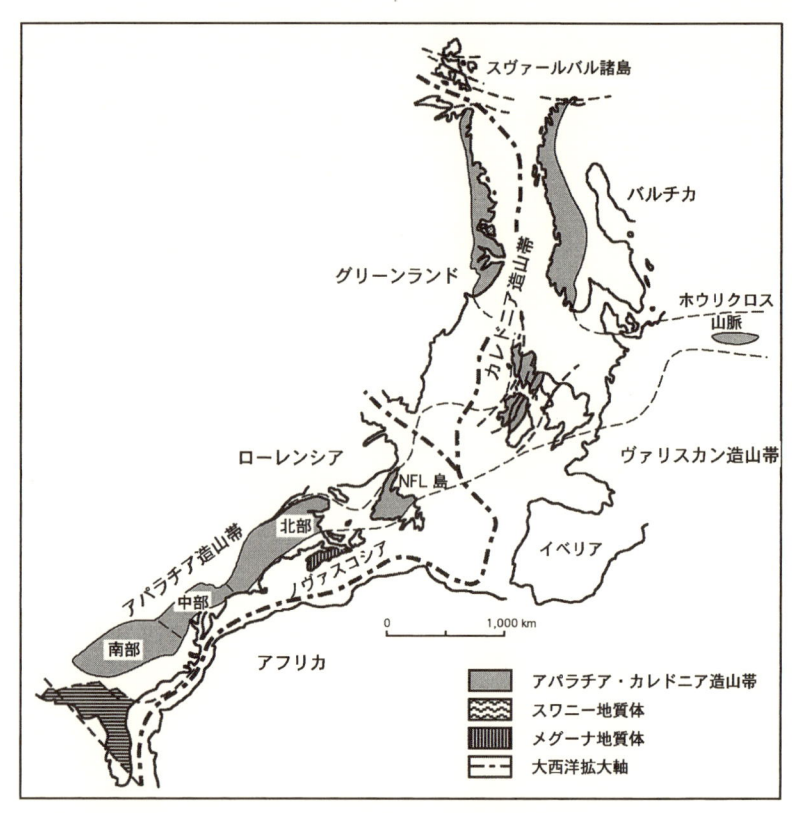

図7-1 アパラチア・カレドニア造山帯の地質概略図 (Neuman and Max, 1989). 各剛塊の位置は，中生代の大西洋拡大の前の位置に復元してある．NFL島：ニューファンドランド島．

両大陸の間に古大西洋—後のイアペタス (Iapetus) 海 (Harland and Gayer, 1972)—が広がっていたと考えた．しかし，その後の研究でアヴァロン帯は島弧であることが明らかになった．フンバー帯とアヴァロン島弧の間がイアペタス海で，島弧がローレンシアへ衝突して形成されたのが島の中央部の中央変動帯 (Central Mobile Belt) である (図7-2).

中央変動帯内部の地帯構造区分が進むとともに，この名称はあまり使われなくなった．西部がドゥンネージ (Dunnage) 帯で，フンバー帯とはベーヴァート (Baie Verte) 線で境されている．さらにドゥンネージ帯は西側のノ

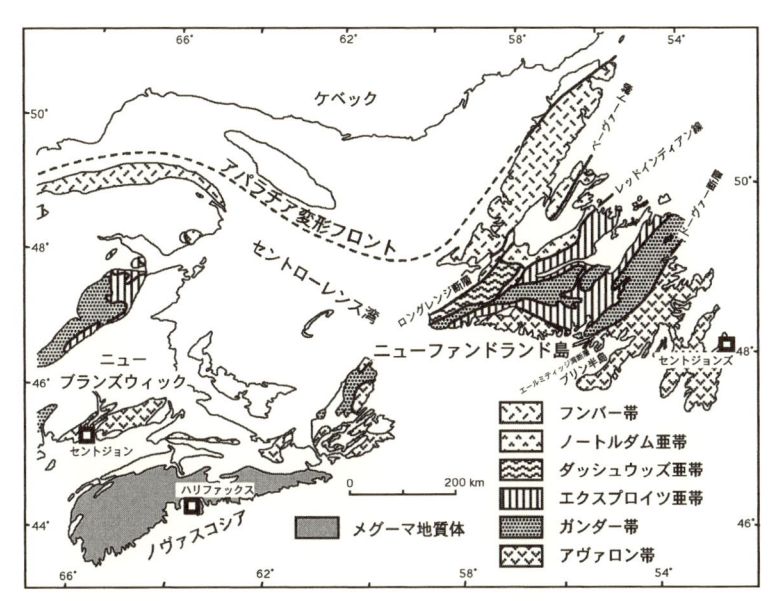

図7-2 北部アパラチア造山帯，ニューファンドランド島～ノヴァスコシアの地質・構造概略図(Williams, 1995 a).

ートルダム (Notre Dame) 亜帯と東側のエクスプロイツ (Exploits) 亜帯に分けられる．境界がレッドインディアン (Red Indian) 線である．セントラルモバイル帯の東部がガンダー (Gander) 帯で，ほぼ垂直な左横ずれのドーヴァー (Dover) 断層でアヴァロン帯と接している．ドーヴァー断層はほぼ垂直にマントルにまで達している．ドーヴァー断層の南方への延長と推定されるエールミティッジ湾 (Hermitage Bay) 断層が確認されている (図7-2)．

7-1-2. フンバー帯とアヴァロン帯

フンバー帯はグレンヴィル区のプレカンブリアの延長である．地下では中央変動帯の中央部まで延びている．地下のグレンヴィルの上に異地性の中央下部地殻地塊 (Central Lower Crustal Block) が向斜構造でのっている．おそらくグレンヴィルと中央下部地殻地塊の間がイアペタス縫合線である．原生代末期に海進が始まり，615 Ma頃にロングレンジ山脈 (Long Range) の延びの方向へ多くのマフィック岩脈が貫入した．大陸分裂の始まりで，イア

ペタス海の拡大を 570 Ma とする推定がある.

　原生代末期のリフトを埋積した堆積物からプレカンブリア/カンブリア境界の不整合を挟んで，上位へ主として炭酸塩岩からなる下部カンブリア系から中部オルドヴィス系が堆積した．これらがフンバー帯の原地性堆積物である．大陸斜面にタービダイトが現れるダリウィル期 (468〜461 Ma) に，前期オルドヴィス紀のオフィオライトが大陸斜面の堆積物を伴ってアイランド湾 (Bay of Island) のフンバー帯へ衝上した．オルドヴィス紀後期からシルル紀前期にかけてのタコニック (Taconic) 造山である．オフィオライトのトロニエム岩から U-Pb 年代で 485 Ma (トレマドック期) が得られている (Williams, 1995 b).

　アヴァロン帯は前期デヴォン紀 (416〜398 Ma) に現在の位置に来た．新原生代の海底〜陸上のバイモーダル火山岩類に富み，タービダイトを挟み，氷礫岩が識別されている．原生代最末期には浅海成のほか河成堆積物が現れ，これらに花崗岩類・マフィック岩類が貫入している．プレカンブリア/カンブリア境界の模式地を含み，カンブリア系から下部オルドヴィス系に至る地層は石英質砕屑岩類からなる陸棚相である．下部オルドヴィス系には魚卵状組織に富むクリントン型 (Clinton-type) 鉄鉱層を挟んでいる.

7-1-3. 中央変動帯

　ドゥンネージ帯は異地性岩塊として中央下部地殻地塊にのり，さらにガンダー帯にものっていると考えられている．西部のノートルダム亜帯は全体として島弧・縁海の岩石からなる．西方造山極性で重なり，東方へ変成度が弱くなる．オフィオライトがアパラチア造山帯を通じてもっとも頻繁に出現する．U-Pb 年代はアイランド湾のオフィオライトとほぼ同じく前期オルドヴィス紀である．オフィオライトに伴って別子型鉱床が存在し，島弧活動に関連して黒鉱型鉱床が生成している．縁海が崩壊してノートルダム島弧がフンバー帯に衝突したのは，オフィオライトの衝上と同じくダリウィル期 (468〜461 Ma) である．シルル系に不整合に覆われる．ノートルダム亜帯の南西延長に変成度が高いダッシュウッズ (Dashwoods) 亜帯が現れる (図7-2). 主として変堆積岩類からなるが，ノートルダム島弧の下部が現れているらしい.

エクスプロイツ亜帯は構造的に複雑な地帯である．下部〜中部オルドヴィス系の堆積岩類〜メランジュが卓越しているが，このメランジュの成因もよくわかっていない．火山岩類のU-Pb年代からは513 Ma，498 Ma，462 Ma（カンブリア紀前期〜オルドヴィス紀中期）の3つのグループが識別されている．シルル系との関係は整合である（Williams, 1995 c）．

ガンダー帯には石英に富む砂岩と泥岩の互層からなる大陸縁膨（continental rise）堆積物が分布している（図7-2）．フロー〜ダリウィル期の地層に覆われ，ニューブランズウィックではトレマドック〜中期フロー期後期の筆石が発見されている．ガンダー帯の変成度は東南方へ上昇して，ミグマイト質の上部角閃岩相の部分が現れるが，この部分とドーヴァー断層を隔てて比較的変成度が低いアヴァロン帯のプレカンブリアの岩石との対比は際だっている（Williams et al., 1995）．シルル〜デヴォン紀とデヴォン〜石炭紀の2度にわたって大量の後変動時花崗岩類が貫入した．

7-1-4. ニューファンドランドの古生物地理区

北米の東海岸沿いの地域から三葉虫の化石が発見されたのは19世紀の中頃である．北米種のものとは異なり，ヨーロッパのカンブリア紀の三葉虫に類似していた．この事実に基づいて，三葉虫の太平洋区と大西洋区を提唱したのが，バージェス頁岩を研究したウォルコット（C. D. Walcott；1850〜1927）である．太平洋区の三葉虫 *Olenellus* はローレンシアの縁辺部の下部カンブリア系上部を特徴づけており，ニューファンドランド島のフンバー帯からも知られている．アヴァロン帯あるいはメグーマ地質体の中部カンブリア系からは，三葉虫 *Paradoxides* を含む大西洋区の生物群の化石を産出し，いまではアケイディア・バルト（Acado-Baltic）動物群として分類される（Nowlan and Neuman, 1995）．

フンバー帯の三葉虫・筆石はローレンシアそのものである．ノートルダム亜帯はゴンドワナ起源であるとする説もあるが，遅くとも前期オルドヴィス紀にはすでにローレンシアの影響を受けている．その後のダリウィル〜カティー期（468〜446 Ma）の地層からはローレンシアの化石を産出する（Williams et al., 1992）．

エクスプロイツ亜帯の火山性砕屑岩からはフロー～ダリウィル期（479～461 Ma）にはイアペタス海域特有の化石を，その後のダリウィル～カティー期（468～446 Ma）の炭酸塩岩からはローレンシアの化石を産出する．すなわちエクスプロイツ亜帯は，ダリウィル期中期にはゴンドワナ大陸から隔たった島弧を形成しており，ダリウィル期後期にはローレンシア大陸と衝突したらしい．したがって，消滅したイアペタスの縫合線はノートルダム亜帯とエクスプロイツ亜帯の境界，レッドインディアン線である．ガンダー帯の詳細は不明であるが，フロー期後期に至るまではローレンシアの影響が認められない．

アヴァロン帯の化石はオルドヴィス紀を通じてまだローレンシアの大陸棚からの隔たりを示しており，シルル紀後期になって初めて腕足類にローレンシアの要素が入る（Williams et al., 1992）．

7-1-5. メグーマ地質体

カナダのノヴァスコシアでは，アヴァロン帯のさらに外側にメグーマ（Meguma）地質体が知られている（図7-2）．この地塊はゴンドワナ起源で，アヴァロン帯とは右ずれのグルースキャップ（Glooscap）断層で接している．メグーマ地質体はシルル紀後期からデヴォン紀後期のアケイディア（Acadian）造山を受けている．変成度は緑色片岩相であるが，西南方へ変成度が上昇して角閃岩相になる．

広く分布するのは主として石英質砕屑岩からなるメグーマ累層群で，その基底は露出していない．おそらくカンブリア系から下部オルドヴィス系である．岩相的に均質な地層で，とくに下部は著しく均質である．深海扇状地堆積物と考えられており，層厚は10 kmを越える．砕屑物は現在の位置で南方から供給されている．メグーマ累層群は準整合で，シルル～下部デヴォン系のアンナポリス（Annapolis）累層群に覆われる．アンナポリス累層群は最下部にバイモーダル火山岩類があるスレート類から構成されている．全体としては海成層であるが，部分的には陸成と考えられる地層も知られている（Shenk, 1995）．

類似した地層がジブラルタル海峡のモロッコ側に知られており，層序的に

もよく対比される．メグーマ地質体には中期デヴォン紀（394〜383 Ma）に至るまでヨーロッパ・ライン区の動物群の存在が認められ，アヴァロン地質体とは明瞭に異なる特徴を示す．410〜375 Ma（デヴォン紀）に 750 km は右ずれで移動し，ほぼ現在の位置に来たらしい．約 375 Ma（後期デヴォン紀）に大規模な花崗岩類の活動が知られている．アヴァロン地質体の下部地殻はメグーマ地質体の下位まで延びている．メグーマ地質体がアヴァロン地質体の下部地殻の上に載ったために温度が上がり，下部地殻が融解したらしい（Shenk, 1995）．

7-2. 南アパラチア造山帯

ヴァージニア州のあたりから南部が南アパラチア造山帯である（図 7-3 a）．各地質帯がよくそろっており，研究も進んでいる．しかし研究の進展に伴って地帯構造区分などが変更されたため，多少の異同がある．北部との間が中部アパラチア造山帯である（図 7-1）．

7-2-1. ローレンシアの変動

アパラチア造山による変形が認められる西の限界が，アパラチア変形西限線（Western Limit of Appalachian Deformation）である（図 7-3 a）．東側がアリゲニー高原で，古生層が厚く堆積し，アパラチア造山帯の延びに平行な軸のゆるい褶曲がある．地層は主として後期石炭紀後期〜ペルム紀のモラッセと卓状地堆積物で，アパラチア造山の中でも一番最後のペルム紀にわたるアリゲニー（Alleghanian）造山による変形である．

衝上断層が現れる地域からが連峰縦谷区（Valley and Ridge Province）で（図 7-3 a），ほぼ地形上のアパラチア山脈に対応している．南部には衝上断層が多く，北方へ褶曲構造が顕著になる．異地性岩体は北部に多く，ペンシルヴェニア州にハンブルグ（Hamburg）クリッペ，アディロンダック（Adirondack）山地の東南側にタコニック（Taconic）クリッペなどが知られている．衝上断層が切るのは上部石炭系下部までであるが，変動はペルム紀まで続いた．

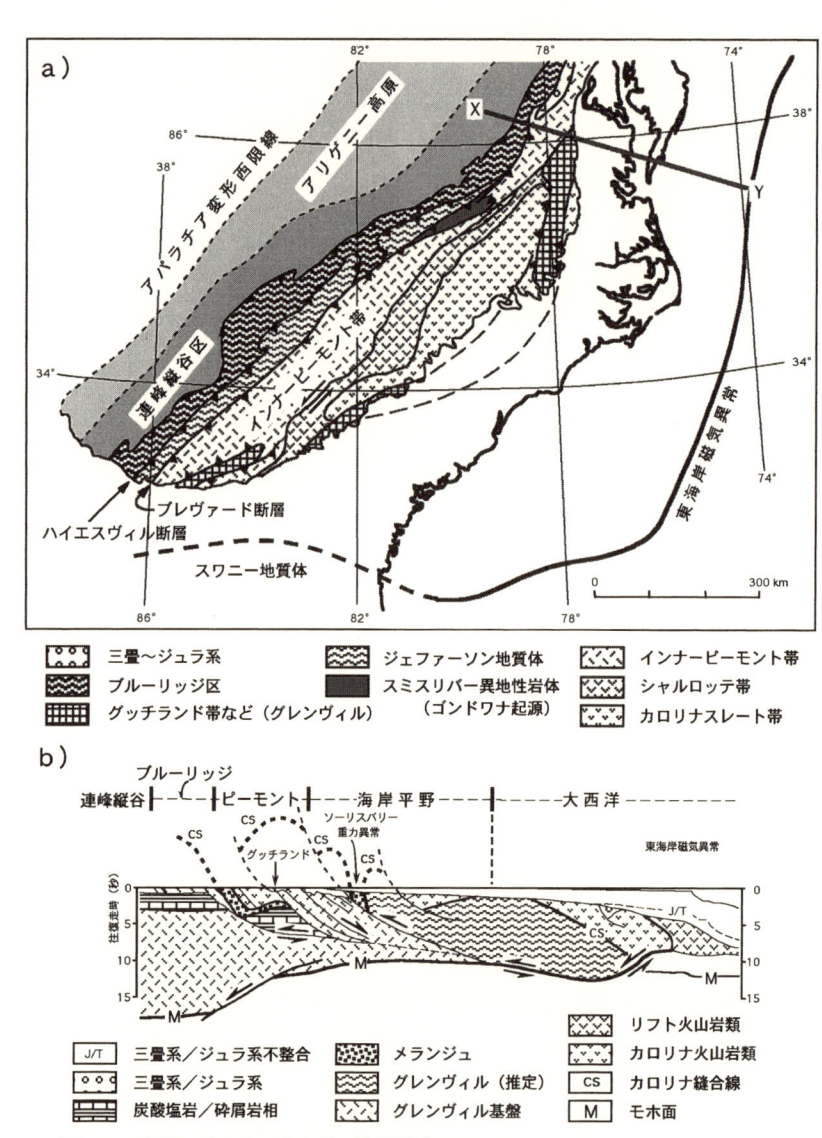

図 7-3 南部アパラチア造山帯の地質構造.
　a) 地帯構造区分 (Hatcher, Jr., 1989). 大西洋型の化石は主としてカロリナスレート帯から発見されている. b) 連峰縦谷区から東海岸沖へかけての地球物理探査結果 (Glover, III *et al.*, 1997). 断面線はほぼ X–Y.

連峰縦谷区の南東側が，異地性の変成岩類からなるブルーリッジ (Blue Ridge) 区である．ブルーリッジ山脈が走るが，地形的には連峰縦谷区よりは低い．ブルーリッジ断層群によって北西へ衝上し，南東へ傾斜する卓状地堆積物の上に重なっている．変成度は緑色片岩相からグラニュライト相に達する．主要な変成年代は 480〜450 Ma (オルドヴィス紀) で，タコニック造山に対比されている．ブルーリッジ区のほぼ中央部にハイエスヴィル (Hayesville) 断層が走り，50 km ほど離れてブレヴァード (Brevard) 断層帯が併走している (図 7-3 a)．ハイエスヴィル断層の西北側までは，主としてローレンシア起源の岩石からなる．中原生代の花崗岩類が多く，東南部に新原生代の石英質砕屑岩類が分布し，大陸棚〜大陸縁膨相の下部カンブリア系を挟む．

衝突した大陸の縫合線は本質的には剛塊の境界である．しかし多くの場合，卓状地堆積物は縫合線近くで異地性あるいは準異地性になるので，しばしば地表と基盤の縫合線の位置が合わない．地表でのイアペタス縫合線はハイエスヴィル断層である．

7-2-2. 地帯構造区分

ブルーリッジ山脈の南東側は山麓台地を形成し，地質的にはピーモント (Piedmont) 区と呼ばれた．ところがハイエスヴィル断層の南東側半分ほどは付加体で，地質的にはピーモント区であることが明らかになった．そこでハイエスヴィル・ブレヴァード両断層帯の間をジェファーソン (Jefferson) 地質体と呼ぼうという提案がある (Horton, Jr. *et al*., 1989)．これはアメリカ大統領のジェファーソンにちなんだ名称であるが，混乱を避ける提案でもある．

ピーモント区のほぼ中央を北東〜南西に走る右ずれの剪断帯があり，キングス山 (Kings Mountain) 剪断帯あるいはカロリナ縫合線と呼ぶ．西北側がインナーピーモント (Inner Piedmont) 区，東南側はカロリナ (Carolina) 区，あるいはアヴァロン地質体の延長であるのでアヴァロン区とも呼ばれる．カロリナ区の海岸平野に近くに変成度が低く緑色片岩相の地域が広がっており，カロリナスレート帯と呼ばれる．*Paradoxides* などが採集されているの

はこの地域である．カロリナ区からカロリナスレート帯を分離した残りがシャルロッテ (Charlotte) 帯である (図 7-3 a)．

カロリナスレート帯の海岸平野に近い地帯に幅 30 km に満たないキオキー (Kiokee) 帯，さらに新しい地層に覆われるぎりぎりの地域にバーエアー (Berair) 帯などが知られている．これらの構造線に囲まれた地塊は，変成度が高いがアヴァロン起源であることは確かである．しかしカロリナ地質体の北部の海岸平野沿いには，変動を通して衝上したと考えられるグラニュライト相のグッチランド (Goochland) 帯が知られている (図 7-3 a)．グレンヴィル起源と考えられている．

カロリナスレート帯は金の大鉱床地帯で，アパラチア造山帯の中では地質調査がもっとも早くから実施された．キングス山，シャルロッテ，カロリナスレート区などは金鉱床区を示す名称であった．しかし小規模な鉱床が多かったようで，最大といわれるハイル (Haile) 鉱山でも産出量は 10 トン未満と推定されている．地質はよくわかっていないが，火山岩中の鉱染鉱床で砕屑岩に覆われていると記載されている鉱床が多い．

7-2-3. 付加地質体

ジェファーソン地質体はメランジュ帯で，石英質砕屑岩が変成した片麻岩・片岩のほかに，海洋性のマフィック岩起源の変成岩などの角礫からなる．これらはタコニック造山によってローレンシアに衝上した結晶質の付加体である．中圧型の角閃岩相の変成作用を受けているが，一部でグラニュライト相に達している．延長方向の中央部で変成度が高く，ハイエスヴィル・ブレヴァード両断層帯へ向かって変成度が下がる傾向がある．

インナーピーモント地質体の多くは，角閃岩相の変成作用を受けた石英長石質片岩である．南東側には原生代末期の花崗岩から変成し，マイロナイト化した片麻岩がかなり広く分布する．マイロナイトのジルコンの U-Pb 年代は約 450 Ma (後期オルドヴィス紀前期) の形成を示すが，$^{40}Ar/^{39}Ar$ 年代は 350 Ma (石炭紀トルネー期) 頃を示す．タコニック造山でローレンシアに付加し，その後にアケイディア造山の変成作用を受けているらしい．

島弧の産物であるカロリナ地質体は緑色片岩相の変成を受けている．原岩

の年代は古いもので740 Maぐらいで，カンブリア紀が一番若い．330～265 Ma（石炭紀ヴィゼー期～中期ペルム紀）頃に変成作用とともに大量の花崗岩類が貫入し，295～285 Ma（ペルム紀サクマラ期）に北西造山極性の変動が起きた．キオキー帯の角閃石の冷却年代が320～295 Ma（石炭紀セルプーホフ期～ペルム紀アッセル期），黒雲母の冷却年代が290～268 Ma（前期ペルム紀）である．

ブルーリッジ・ピーモント両区の主要な構造が形成された変動が，北米にゴンドワナが衝突したアリゲニー造山で，アパラチア造山の最終変動である．石炭紀末にはローレンシア大陸とゴンドワナ大陸との間の変動はほぼ終了した．ペルム紀に入ってからの変動は右ずれの剪断運動で，プレートが東から斜めに沈み込んだことを示している．

7-2-4. 地下構造

南アパラチア造山帯の地下の地質構造については，大西洋の地域を含めて複数の測線において地球物理学的探査が進められた（Glover, III *et al*., 1997）．メランジュとしてのジェファーソン地質体の地下構造が解明された（図7-3 b）．グッチランド地質体に近い海岸平野にソーリスバリー異常（Salisbury Anomaly）と呼ばれる高重力異常が知られていた．これもマフィック岩に富むメランジュに起因しているらしい．この2つのメランジュを同じ岩体として対比するか，あるいはしないかによって断面図が異なってくる．もう1つ，ソーリスバリー異常から沖合の地下に巨大な岩体が存在していることが明らかになった．試料が入手できないので同位体年代は不明である．この岩体をグレンヴィルと考えるか，あるいはカロリナ地質体の基盤と考えるかによっても構造が異なってくる．

ブルーリッジ区より外側の地質構造は，ジェファーソン地質体の上に南東傾斜の断層によって北西方向へ衝上した岩体の重なりからなっている．このことはピーモント区の地表調査の結果とも整合的である．カロリナ地質体が衝上し，その上にグレンヴィルと考えられる南傾斜の岩体のスライスが重なっている．グッチランド地質体はグレンヴィルからなるクリッペのようである．これらの上に海洋性メランジュが衝上し，さらに巨大なグレンヴィルあ

るいはカロリナ岩体が衝上している．さらにピーモント区を構成する岩体が衝上している．大西洋沖に東海岸磁気異常（East Coast Magnetic Anomaly）と呼ばれる地帯が知られていた（図7-3a）．これは中生代の大西洋拡大時の火山岩類と解釈された．しかし，アリゲニー造山の原因とされる衝突したゴンドワナ大陸は見出されなかった（図7-3b）．

7-2-5. スワニー地質体

東海岸磁気異常の南西延長は負の磁気異常としてフロリダ半島を横切っている（図7-3a）．この南側での試錘が化石に富むオルドヴィス～デヴォン系を確認している．化石の内容はヨーロッパあるいはアフリカの海生動物群で，明らかにローレンシアの動物群とは異なっている．これがアフリカ起源の地質体であることを指摘したのがWilson (1966) である．このアフリカに近縁の地質体はスワニー（Suwannee）地質体と名づけられた．その後の研究の進展によって，これらの地層はセネガルのボーヴェ（Bové）堆積盆の地層に対比されることが明らかになった．

オルドヴィス系の下にはフロリダ，セネガルともにカルクアルカリ火山岩類が広がっている．セネガルでは半深成の花崗岩を伴っていて，この同位体年代が690～675 Maである．おそらく原生代末期からカンブリア紀へかけての火山活動であろう．フロリダの試錘からは高度変成岩・花崗岩などの試料も得られている．さまざまな方法で花崗岩から535～527 Ma（カンブリア紀フォーチュン期），変成岩から316～300 Ma（石炭紀後期）の同位体年代が得られている．

ローレンシアならびにその後の付加体は，カンブリア紀の変動を受けていないのが特徴である．スミスリバー（Smith River）異地性岩体からは，Th-U-Pbモナズ石年代で532 Maが得られた．この値はゴンドワナの年代である．スミスリバー異地性岩体は付加体の中でもローレンシアに一番近い内側に位置している（図7-3a）．どのようにしてゴンドワナから欠けた微小地塊をこの部分にもってくるかについては議論がある（Hibbard et al., 2003）．

7-3. スコットランドの造山帯

　スコットランドからイングランドに至る南北の地質断面では，北がローレンシアで南がアヴァロンである．ローレンシアに対する付加体であるサザンアップランド帯までがほぼ行政上のスコットランドである．地質学はこのローレンシアの地域で生まれた．

7-3-1. ルーイス複合岩体

　ルーイス複合岩体 (Lewisian Complex) は，スコットランドの北西沖のアウターヘブリディス諸島のルーイス島に広く露出している（図 7-4）．古くからスコーリー (Scourie) 岩脈群との前後関係より，前期のスコーリー造山 (Scourian) と後期のラックスフォルド造山 (Laxfordian) に分けられた．本島部の海岸にスコーリーという村落がある．この北の地域を西北西－東南東に走る剪断帯から南へ 65 km ほどの地帯に，グラニュライト相のスコーリー片麻岩が露出している．北西－南東～東西の方向に貫入したスコーリー岩脈群はあまり変形しておらず，変成度も低い．この地域が中域である．主要な変成岩は灰色片麻岩で，原岩の年代として 2.96 Ga のシュリンプ年代が得られている．グラニュライト相に達した変成作用が，スコーリー造山主期のバドカリア (Badcallian) 変成作用で，モナザイトによる Pb-Pb 変成年代は 2.76 Ga である．グラニュライトの温度圧力は 650～1000℃，1.1～1.5 GPa と推定されている．

　北域・南域の原岩の年代として，それぞれ 2.84～2.77 Ga，2.79～2.73 Ga の U-Pb ジルコン年代が得られている．変成作用はスコーリー造山末期のインヴァー (Inverian) 変成作用と呼ばれ，ジルコン年代は約 2.50 Ga である．複雑な変動を受けているが，古いバドカリア変成作用を示す年代は認められていない．片麻岩の変成度と構成岩種には対応が認められる．グラニュライト相の地域には超マフィック～マフィック岩の割合が多く，片麻岩は閃緑岩～トーナル岩質である．角閃岩相になるとトロニエム岩質片麻岩で，マフィックな包有岩が多い．沈み込み帯の異なる深度の地殻断面を観察しているのかもしれない (Park and Tarney, 1987)．

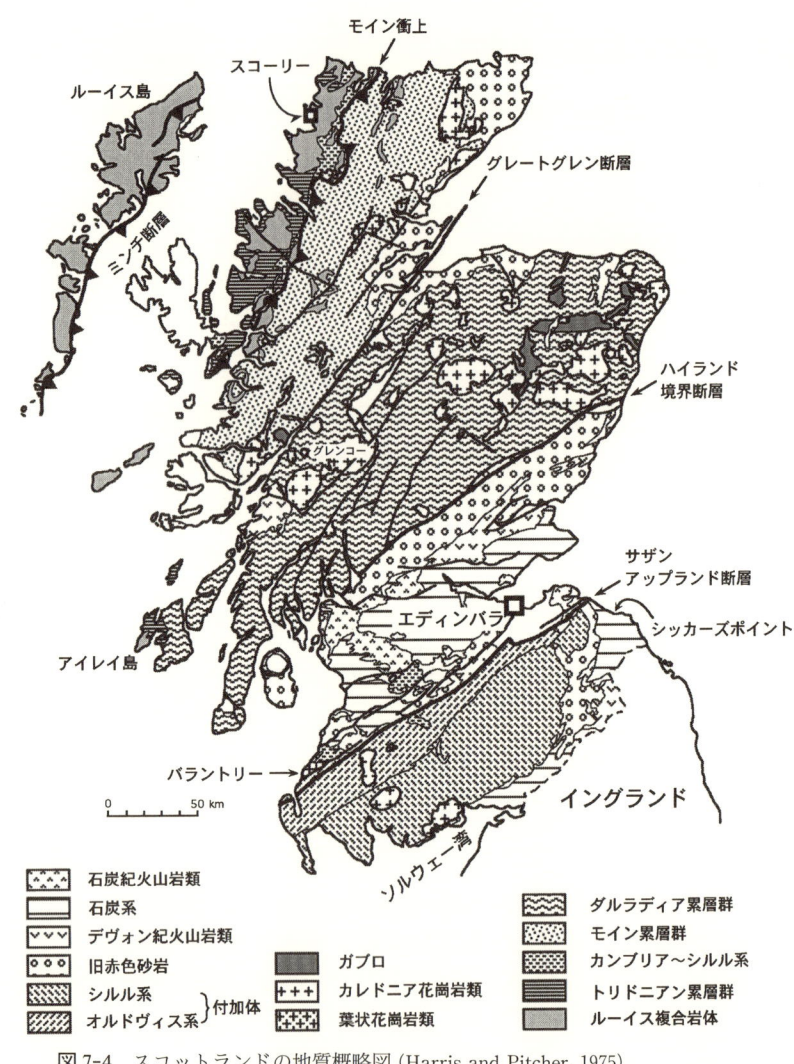

図 7-4 スコットランドの地質概略図 (Harris and Pitcher, 1975).
　　　イアペタス縫合線の位置は，ほぼスコットランドとイングランドの境界.

　スコーリー岩脈群を構成している岩種には石英ドレライトがもっとも多いが，ブロンザイト・ピクライトも知られている．同位体年代は 2.4～2.0 Ga の範囲である．地殻の著しい伸張が起きたらしく，この堆積盆にロッホマリー (Loch Maree) 層群が堆積した．砕屑性ジルコンの U-Pb 年代は 3.06～

2.48 Ga と 2.2〜2.0 Ga の 2 つのグループからなるので，おそらく 2.0 Ga 頃の堆積物である．

ルーイス複合岩体はグリーンランド西岸のナクスックトキディア (Nagssugtoquidian)，東岸のアンマサリク (Ammassalik)，さらにラップランドからコラ半島へ連続する古原生代の造山帯の一部であると考えられている．

7-3-2. トリドニアンとダーネス

ルーイス複合岩体は南東側を 430 Ma（シルル紀前期）のモイン (Moine) 衝上断層によって切られる．衝上断層の北西側にはルーイス複合岩体を不整合に覆って，古くからトリドニアン (Torridonian) と呼ばれた地層が分布している（図 7-4）．半地溝に堆積した地層である．下部のストール (Stoer) 層群は層厚約 2 km の赤色層である．全体としては正長石に富む砂岩からなり，複数の沖積扇状地堆積物を挟んでいる．石灰岩の Pb-Pb 年代として 1.20 Ga が得られている．上部のトリドン層群は谷筋に堆積した礫岩と湖の堆積物で層厚約 5 km に達する．砕屑性ジルコンから 1.06 Ga の年代が，基底の燐団塊から Rb-Sr 年代で 994 Ma，Pb-Pb 年代で 951 Ma が報告されている．古地磁気の方向がストール層群と 90°ほど異なり，かなりの堆積間隙があることを示している．

ルーイス複合岩体とトリドニアンを傾斜不整合に覆う地層の下部は，エリボール (Eriboll) 層群，上部はダーネス (Durness) 層群と呼ばれる．幅 20 km ほどの分布で，最大の層厚は 1500 m である．砕屑岩に富むエリボール層群の下部はエリボール層で，その最下部が斜交層理が発達する基底珪岩 (Basal Quartzite) 部層，その上に成熟した砂岩のパイプロック (Pipe-Rock) 部層が重なる．層理にほぼ垂直に発達するパイプが名前の起源で，生物の巣穴である．上部のアンティスロン (An-t-Sron) 層はエリボール層を整合に覆う．最下部がドロマイト質シルト岩のフューコイドベッズ (Fucoid Beds) 部層で，前期カンブリア紀の示準化石，三葉虫の *Olenellus* などを産する．生痕化石の *Planolites* が特徴的で，これが *Fucoides* と間違えられて地層名になった．その上のサルテレラグリット (Salterella Grit)

部層までが砕屑岩に富んでいる．

　上部は部分的にドロマイト化した石灰岩のダーネス層群である．おそらくオルドヴィス紀ダリウィル期（468〜461 Ma）に達する．中期・後期カンブリア紀を示す化石は得られていない．カンブリア紀中期からオルドヴィス紀前期に至る間はグランピア造山の時期であり，ダーネス層群の内部に不整合があるのかもしれない（Nicholas, 1994）．カンブリア〜オルドヴィス系が炭酸塩岩質であるのは，ローレンシアからグリーンランドに至る東海岸の特徴である．

7-3-3. モイン累層群

　モイン衝上断層からハイランド境界（Highland Boundary）断層までが主要な変成帯で，グレートグレン（Great Glen）断層で2分されている（図7-4）．北西側の北部高地（Northern Highlands）に分布する地層がモイン（Moine）累層群である．砂質の部分が多く，泥質の地層とさまざまな規模で互層している．化石がまったく産出しないが，砕屑性ジルコンの年代と貫入する火成岩の年代から1000〜870 Maの間の堆積物であると考えられている．その単調な岩相から内部の層序が判明したのは最近である．

　モイン累層群の北西側に，以前から基盤とされていたルーイス複合岩体と考えられる岩体が露出している．モイン累層群は3つの層群から構成されていて，下部はモラー（Morar）層群である．砂岩・泥岩で層厚は約5 kmと測定されている．地層の歪みが少なく，部分的には堆積構造がよく観察される．基盤とされる岩体はモラー層群の等斜褶曲の軸部に見出される．中部はグレンフィンナン（Glenfinnan）層群である．薄い砂岩・珪岩・泥岩の互層で，厚い泥岩を伴っている．上部がロッホアイル（Loch Eil）層群で，単調な砂岩からなる．これらの地層が塑性変形をした下側のノイダルト（Knoydart）衝上，上側のスグールビーグ（Sgurr Beag）衝上によって西へ運ばれている（Soper et al., 1998）．

　モイン衝上断層帯に近く分布する下部のモラー層群の変成度は緑色片岩相と低い．東へ急速に変成度が上昇して，北部高地の中央を北北東〜南南西へ走る地帯で中部角閃岩相になり，稀ではあるが藍晶石が知られている．原岩

はグレンフィンナン層群で,西側の境界がほぼスグールビーグ衝上と一致している.さらに東へグレートグレン断層に近い地帯では,ロッホアイル層群が下部角閃岩相の変成作用を受けている.モイン累層群の泥質岩はアルミニウムに乏しいため,変成相は主として斜長石のアノーサイト含有量に基づいている.800 Ma のノイダート(Knoydartian)変成作用を受けているとされているが,周囲にこの年代の変動は認められていない.

7-3-4. ダルラディア累層群

グレートグレン断層とハイランド境界断層の間がグランピア高地(Grampian Highlands)で,ダルラディア(Dalradian)累層群が分布する.新原生代後期の 670 Ma 頃からオルドヴィス紀に至る地層であるらしい.見かけの層厚は 20〜30 km で,下位からグランピア,アッピン(Appin),アージル(Argyll),サザンハイランドの各層群に分けられている.北部のグレートグレン断層に近い中央高地区(Central Highlands Division)に露出している岩石は,モイン累層群であると考えられている.

主として砂岩からなるグランピア層群は中央高地区を取り囲むように分布しているが,モイン累層群との関係はわかっていない.石灰岩のストロンチウム同位体比の値は約 670 Ma を示す.アッピン層群は主として砂岩と泥岩からなるが,最上部に石灰岩がある.これを覆うポートアスカイグ氷礫岩(Port Askaig Tillite)からがアージル層群である.氷礫岩はドロマイトに覆われ,古地磁気の測定値は低緯度を示すなど,原生代末期の氷河独特の異常さを示している.ポートアスカイグ氷礫岩はスターチ氷期に対比されている.最上部に部分的に厚いタイヴァリック(Tayvallich)玄武岩類があり,601 Ma の U-Pb ジルコン年代が得られている.イアペタスが拡大する時の火成活動と考えられている.

最上位のサザンハイランド層群の分布はハイランド境界断層に沿う地帯で,南東方向へ押し被せるタイ(Tay)ナップが存在している(Thomas, 1979).下部に氷成岩とされる礫質岩があり,ヴァランガー氷期に対比されている.タイナップの背斜の軸面は比較的平坦であるが,ハイランド境界断層近くでは逆転してほぼ垂直になっている.したがってサザンハイランド層群の上位

層準がハイランド境界断層に接する．ハイランド境界断層に沿って一種のメランジュのハイランド境界域複合岩体 (Highland Border Complex) が断続的に分布し，岩相・化石からオフィオライトを含む層序が復元されている．ハイランド境界域複合岩体の中にはサザンハイランド層群から一連整合であるとされる地層があり，前期カンブリア紀後期の三葉虫が，さらにより上位の地層からオルドヴィス紀と考えられるアクリタークが発見されている (Tanner and Pringle, 1999)．

7-3-5. グランピア造山

　ダルラディア累層群の変形・変成作用がグランピア造山である．バロウ (G. Barrow; 1853〜1932) が 1893 年に世界で初めて変成分帯に成功したのは，グランピア高地南東部のハイランド境界断層に接する地域である．グランピア高地全体としてはバロウ (Barrovian) 型の中圧変成作用を受けているが，北東部にブッチャン (Buchan) 型の低圧変成作用が認められる．バロウ変成岩類からブッチャン変成岩類へ，温度・圧力が連続的に変化するらしい．480〜465 Ma (オルドヴィス紀前期) の短期間に変成作用を受け，サザンアップランド (Southern Upland) 断層の位置にあった島弧が衝突したと考えられている．変動が終了したのはデヴォン紀に入ってからである．

　ダルラディア累層群に貫入し，変成作用を受けている花崗岩類は，バロウによって古期花崗岩類 (Older Granites) と呼ばれた．しかし 601〜590 Ma のシュリンプ年代が得られた．この年代値はタイヴァリック玄武岩類の年代と同じで，イアペタスが拡大する時にローレンシア側に貫入したのであろう (Tanner, 1996)．バロウが新期花崗岩類 (Newer Granites) とした岩体の中には，変動時花崗岩類も，後変動時花崗岩類も含まれているので，名称の定義に混乱が生じている．化学組成はカルクアルカリ系列である．

　後変動時花崗岩類の年代は 465 Ma からで，410 Ma 頃にピークがあるらしい．434 Ma (シルル紀ランドヴェリー世) に化学的性質が激変して，S 型から I 型になった．ストロンチウムの初生値も 0.710〜0.720 から約 0.705 に変化した．ダルラディア累層群の隆起の終了の年代に対応している．モイン衝上断層の形成の年代はマイロナイトの再結晶した白雲母の年代から

435〜430 Ma とされているので、この変動ともほぼ同時である。変成作用の後，434 Ma までの S 型花崗岩類は減圧によって生成したと考えられている。I 型花崗岩類はイアペタスの沈み込みに関係しているらしい。非常に高い磁気異常から磁鉄鉱系を含む岩体があることは確実である。もっとも若い花崗岩の同位体年代として，Rb-Sr 法であるが 392 Ma（デヴォン紀アイフェル期）という値が得られている。東アヴァロン微小地塊の衝突によってグランピア造山が終了した (Oliver, 2001)。

7-3-6. ミッドランドヴァレー帯

ハイランド境界断層の南から、サザンアップランド断層までがミッドランドヴァレー（Midland Valley）帯で、カレドニア造山運動に関係する地層はサザンアップランド断層に近い地帯に内座層として露出しており、中央には後造山時の上部デヴォン系旧赤色砂岩（Old Red Sandstone）ならびに石炭系が分布している（図 7-4）。

サザンアップランド断層のすぐ北側のガーヴァン（Girvan）に、海洋性のバラントリー（Ballantrae）火成複合岩体が分布する（図 7-4）。オフィオライト層序は確認されていないが、トロニエム岩から 482 Ma（オルドヴィス紀トレマドック世）の同位体年代が得られている。下位のバラントリー火成複合岩体に由来する礫岩のほかに、チャートがあり、砂岩・頁岩が少量存在し、フロー〜タービン期（479〜468 Ma）を示す化石が発見されている。一部で藍閃石含有結晶片岩、576 Ma のエクロジャイトが発見されている。

バラントリー火成複合岩体を不整合に覆って、北西側から供給された三角州から海底扇状地堆積物のオルドヴィス系が分布する。礫岩と石灰岩に富み、三葉虫・腕足類・筆石などの化石を産出する。ダリウィル期（468〜461 Ma）後期からカティー期（456〜446 Ma）にわたる堆積物である。下部からの化石はローレンシアの群集に近縁であるが、後期オルドヴィス紀までに普遍的な種になる。堆積物の中には火成岩起源の砕屑物が非常に多く、現在のミッドランドヴァレー帯の下位に火成弧のミッドランドヴァレー地質体が存在すると考えられている。

ガーヴァン地域以外の内座層はシルル系である。各内座層の層序対比によ

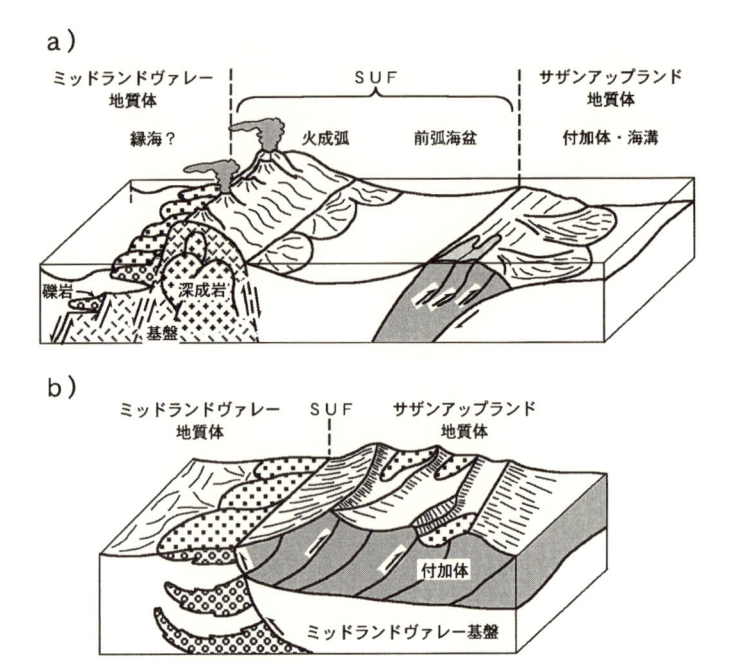

図7-5 ミッドランドヴァレー帯とサザンアップランド帯の復元図（Bluck, 1984）．a) シルル紀ウェンロック世頃のミッドランドヴァレー〜サザンアップランド帯．b) 現在のミッドランドヴァレー〜サザンアップランド帯．火成弧は横ずれ変位に伴って消失したか，あるいはミッドランドヴァレーの下位に存在する．SUF：サザンアップランド断層．

るとランドヴェリー統（444〜428 Ma）のタービダイトからウェンロック統（428〜423 Ma）の河成堆積物へと海退が認められ，一部では上部シルル系ラドロー統（423〜419 Ma）に及んでいる．この海退はローレンシアの広い地域で認められる．一部のタービダイトは北方起源であるが，斜交層理・礫岩の層厚などは南から砕屑物の供給があったことを示している．主要な礫岩は3層あるが，とくに最下位の礫岩は俗に火成礫岩と呼ばれるほど中性〜フェルシックな火成岩類の礫が多い．サザンアップランド断層の位置に島弧が存在したらしい（図7-5）．

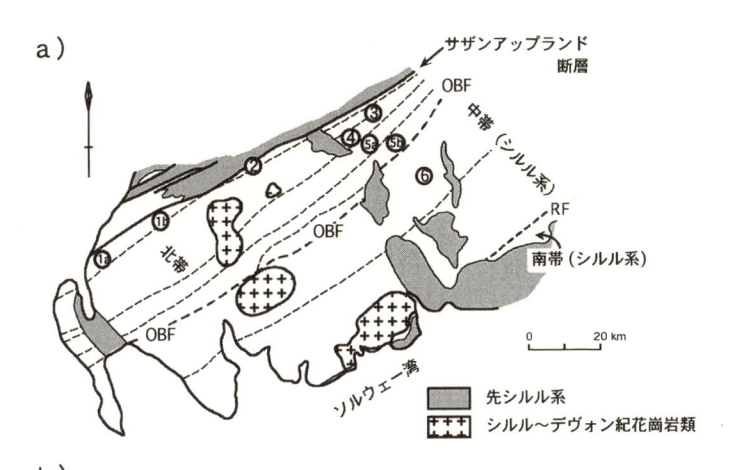

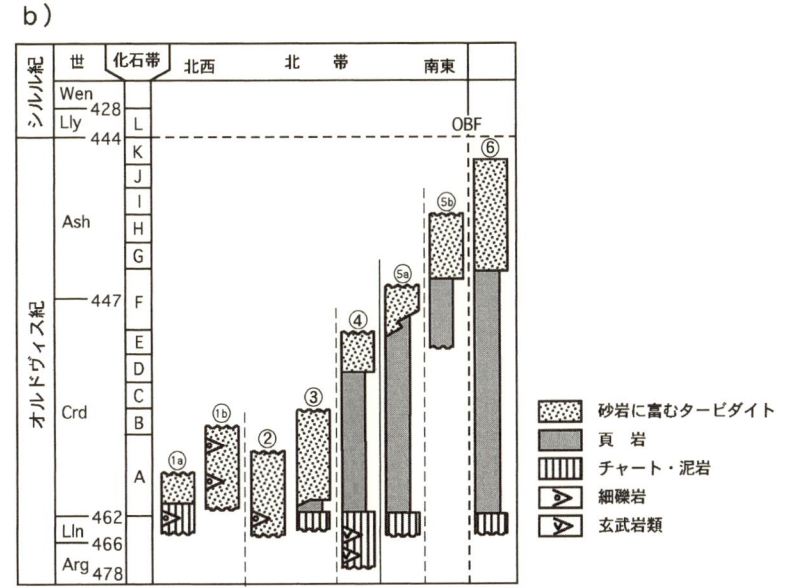

図7-6 サザンアップランド帯の各トラクトの分布と地層の時代 (Owen *et al.*, 1999).
　a) サザンアップランド帯西部から中央部の地質概略と b) の層序の位置図. OBF: Orlock Bridge Fault, RF: Riccarton Fault. b) 各調査地における岩相層序・生層序. 北部のトラクトではチャートの下位に玄武岩が確認されているが, 時代が決まらないので示されていない. 化石帯はコノドント帯であるが, 学名を省略した記号で示してある.

7-3. スコットランドの造山帯——217

7-3-7. サザンアップランド帯

　サザンアップランド断層の南，石炭系に覆われるまでの間がサザンアップランド帯である（図7-4）．北へ沈み込むプレートによる付加体で，付加体地質学発祥の地である．北帯，中帯，南帯に分けられている．各帯の境界は断層であるが，帯の中にもほぼ平行に北西へ傾斜した逆断層群がある．これらの断層で境された地質単位はトラクト（tract）と呼ばれ，サザンアップランド帯全体で10ほどのトラクトが識別されている．北東―南西へ100 km以上連続するトラクトも知られており，平均の幅は5 kmほどである（図7-6 a）．

　地層の走向はトラクトの延びに平行で，北西傾斜で，北側上位である．各トラクトの層序は著しく類似していて，最下部の玄武岩の上にチャート，黒色頁岩，灰色グレイワッケの順に重なっている．砕屑岩には玄武岩の砕屑粒を普通に含み，青色片岩の砕屑粒も発見されている．南東側のトラクトほど下部の地層が欠ける傾向がある．南帯はグレイワッケだけで，多くは軸流によって供給されたタービダイトである．黒色頁岩には筆石の化石が豊富に含まれ，タービダイトからも筆石が発見されている．チャートからのコノドントを合わせて，各トラクトの時代は精度よく決まっている（図7-6 b）．

　北帯の主要なトラクトはオルドヴィス紀ターピン期から始まっている．その下位には玄武岩があるので，玄武岩類の年代はオルドヴィス紀フロー期とされることが多い．しかし玄武岩の定置の様式については複数の説がある．中帯は主としてシルル系ランドヴェリー統で，一部では下部がオルドヴィス系ヒルナント階（446〜444 Ma）に及んでいる．南帯にはシルル系ウェンロック統が分布している．タービダイトが出現する時代は南側ほど新しい（図7-6 b）．

7-4. イングランドの変動帯

　サザンアップランド断層の南50 kmほどの地点にソルウェー湾（Solway Firth）という大きく西へ開いた湾入がある．スコットランドとイングランドの境界はソルウェー湾でノース海峡へ抜ける．イアペタス縫合線もソルウ

ェー湾のあたりに存在する（図7-4）．

7-4-1. カレドニアの南縁帯

　イングランドから北海・ドイツへかけての地下地質は，主として北海油田の探査のための試錘・地球物理的資料に基づいている．イングランドのミッドランドの地下には，バーミンガムを頂点として，底辺がブリストル水道～ロンドンの三角形をしたプレカンブリア基盤岩が存在している．ミッドランズ微小剛塊（Midlands Microcraton）である（図7-7）．ニューファンドランドのアヴァロン帯に近縁で，東アヴァロン地質体（東アヴァロニア）と呼ばれる．

　ローレンシアと東アヴァロニアの間のイアペタス海の跡がソルウェー線（Solway Line），東アヴァロニアとバルチカの間のトーンクィスト海（Tornquist Sea）の跡がヨーロッパ横断断層（Trans-Europian Fault）である．

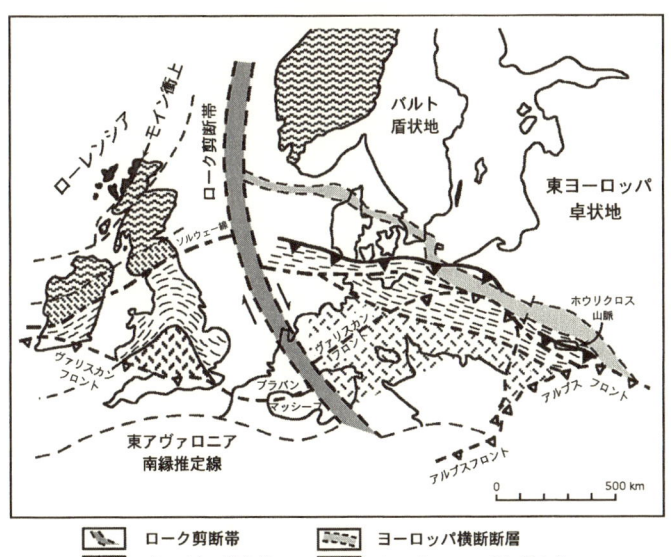

図7-7　カレドニア三重点周辺の地質構造の概念図（Berthelsen, 1992）．
　　　　地表露出はほとんど存在しない．

7-4. イングランドの変動帯——219

ローレンシアとバルチカの縫合線を含めて，現在の北海の位置に陸塊の衝突による三重点が存在したらしい．ソルウェー・ヨーロッパ横断断層は強い左ずれの成分を示している．北海の中央部を南方へ走り，オランダに上陸してから東へ振れるローク (Loke) 剪断帯の存在が確認されている．このデヴォン紀前期の剪断帯は右ずれで，イアペタス縫合線がずれている（図 7-7）．

東アヴァロニアの東方延長はドイツのリューネブルク (Lüneburg) マッシーフである．プレカンブリアを覆う古生層はミッドランド，ブラバン (Brabant) マッシーフの南，南部ベルギーからフランスへ入るアルデンヌ (Ardennes) 高原，ポーランドのホウリクロス (Holy Cross) 山脈などに露出している．これらがイギリスから北ドイツを経てポーランドに達するカレドニア造山帯のイギリス・ドイツ・ポーランド帯である．

古生層は東アヴァロニアの前面の付加体から構成され，オルドヴィス紀後期～シルル紀最前期の間の変動を受けている．シルル紀後期から上昇して北のバルチカ側に大量の砕屑物を供給し，厚い前地堆積盆を形成した．東アヴァロニアはこの前地堆積盆へ衝上し，カレドニアフロントを形成した．変成作用は弱いが 400 Ma 頃（前期デヴォン紀）の同位体年代が得られている．ヨーロッパ横断断層はイギリス・ドイツ・ポーランド帯のすべての構造を切っている（図 7-7）．

7-4-2. 東アヴァロン地質体

バーミンガムの周辺のごく一部と断層などに沿って，東アヴァロン地質体の露頭がある．貫入岩類を伴う火山岩類に富んでおり，同位体年代はプレカンブリア/カンブリア紀境界に近い．不整合に重なるカンブリア系は主として砂岩で，最下部から生痕化石が，不整合の約 250 m 上位にトンモト動物群が出現し，その約 40 m 上から三葉虫が現れる．

ソルウェー湾の南東岸がレイクディストリクト (Lake District) で，オルドヴィス紀フロー～カティー期のゴンドワナ種の化石を産する．この地域にはオルドヴィス紀に激しい火山活動があった．主要な火山活動はサンドビー～カティー期 (461～446 Ma) であるが，一部の地域ではダリウィル期 (468～461 Ma) から始まっている．最初は島弧ソレアイトであったが，後

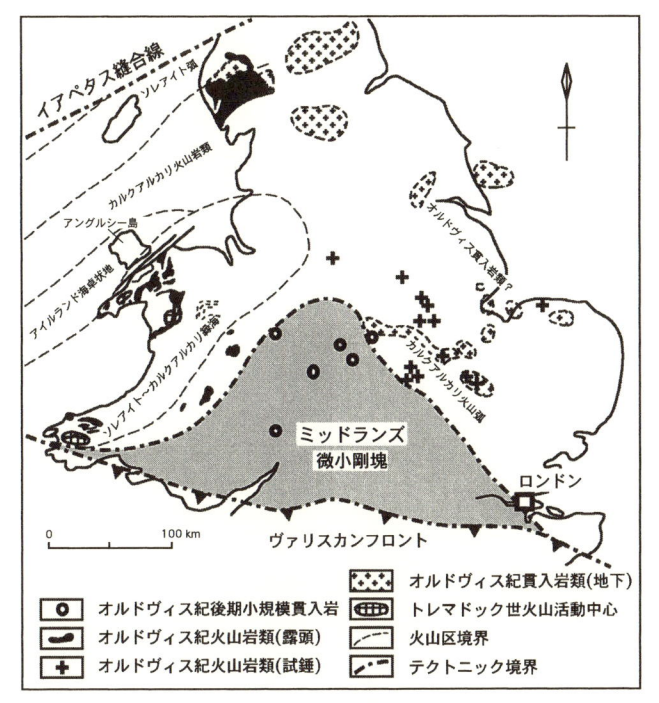

図 7-8 イングランドのミッドランズ微小剛塊を中心とするオルドヴィス紀の火成岩類の分布と火成岩区の概略図（Woodcock, 2000）．
地表露出はほとんど存在しない．

にカルクアルカリ系列の火山岩類になった．これらの南東延長と考えられる火山岩類が，ミッドランズ微小剛塊の北東側の試錘試料から得られている．さらに東側には地球物理的に貫入岩体が存在することが明らかになっている（図 7-8）．

　ミッドランズ微小剛塊の北西を限る断層の西側がカンブリア山脈で，ウェールズである．トレマドック期（488〜479 Ma）後期からフロー期前期へかけての短期間の火山活動の地球化学的性質は，北東側の火山岩類に類似している．この後にフロー〜カティー期の玄武岩と流紋岩からなるバイモーダル火山活動になる．縁海の拡大には至らなかったウェールズ堆積盆の形成である．カティー期末〜ランドヴェリー世前期（447〜441 Ma）には，ミッドランズ微小剛塊の中にランプロファイアーが貫入する（図 7-8）．

7-4．イングランドの変動帯——221

東南東へゆるく張り出す中央ウェールズ複向斜（Central Wales Synclinorium）の向斜部のオルドヴィス・シルル系は化石に富み，いまもいくつかの統・階の模式地になっている．西翼のセントデービッズ岬の周辺はカンブリア系に縁が深く，中期カンブリア紀のセントデービッズ世という名称，あるいは *Paradoxides* の確認などはこの地域である．

　ウェールズの北西端に，メナイ海峡を挟んで本島と橋でつながる東西30 kmほどのアングルシー（Anglesey）島がある（図7-8）．島へ渡ってすぐの青色片岩の露頭の上にアングルシー侯爵の銅像が建っている．変成年代は550 Ma（原生代最末期）でグランピア造山の変成年代よりは古い．メナイ海峡は北東－南西に走る断層であるが，島の中にも同じ走向をもつ複数の断層が確認されている．アングルシー島では性格の異なる地質体がこれらの断層によって接し，オルドヴィス系に不整合に覆われている．

7-4-3. 旧赤色砂岩

　ローレンシアとバルチカの衝突によるイアペタス海の消滅は，ほぼデヴォン紀を通じて終了した．大陸の内部には赤色の陸成層，いわゆる旧赤色砂岩（Old Red Sandstone）が堆積し，湖成・河川成・風成などの堆積物が識別されている．旧赤大陸（Old Red Continent）の形成である（Goldring and Langenstrassen, 1979）．赤道は現在の位置でほぼ東西に走っていたので，旧赤色砂岩の分布は貿易風が吹きつけた南部に限られている．デヴォン紀の石炭層が分布し，蒸発岩も形成された．旧赤色砂岩の性格は，ローレンシアとバルチカの衝突によって形成された山脈から供給されたモラッセである．北米大陸ではタコニック造山帯が上昇し，北西側に多量のモラッセを供給した．これらの堆積物が地向斜という概念の起源になった．

　北部ウェールズのデヴォン系は陸成の下部旧赤色砂岩で，魚類いわゆる甲冑魚類の化石による化石帯が設定されている．スコットランドの北東の端から，その沖のオークニー（Orkney）諸島の中部旧赤色砂岩は保存のよい魚類の化石を産し，その多くは淡水魚であると考えられている．「魚類の時代，デヴォン紀」というのは，これらの豊富な魚類の化石に由来している．地球上に魚類が豊富であったわけではない．上部旧赤色砂岩はスコットランドの

北東端にも分布しているが，主要な分布はミッドランドヴァレーである．

　南はサザンアップランドから北は北部高地まで，旧赤色砂岩と同時代とされる火山岩類が知られている．ミッドランドヴァレーでは下部旧赤色砂岩の下部層準に溶岩流の挟みがある．主として玄武岩であるが，安山岩・デイサイトから溶結凝灰岩も知られている．K_2Oが北へ増加するので，典型的な大陸縁のカルクアルカリ系列と考えられている．残存する火山体で一番有名なのは，グランピア高地の西北端に位置するグレンコー（Glen Coe）カルデラである（図7-4）．火砕流を2度噴出し，最初の火砕流の噴出により直径8kmのカルデラが形成された．割れ目に沿って環状岩脈が貫入している．

7-5. ノルウェーのカレドニア造山帯

　イアペタス海はスコットランドとイングランドの境界からグリーンランドとスカンディナヴィア半島の間へ抜けていた．造山帯はバルト盾状地の上へ衝上したナップ群として残存しているが，縫合線の跡はノルウェー海の拡大のために確認されない．

7-5-1. ナップ群

　スカンディナヴィア半島のカレドニア造山帯の広がりは，南北1800 km，東西の幅が300 kmほどである．主としてノルウェーであるが，一部はスウェーデンに及んでいる．基盤はバルト盾状地と，これを不整合に覆うプレカンブリア時代末期の地層である．ナップ群は西から東へ衝上した異地性岩体で，下位・中位・上位・最上位の4段のナップが識別されている．全体として東側に下位のナップが，西側に上位のナップが分布している（図7-9a）．東部のナップ群は褶曲が弱く，西方へ等斜褶曲から横臥褶曲が現れる．

　下位ナップはスカンディナヴィア半島の北端部のほかは中部から南部に分布し，新原生代と古生代前期の地層からなる．中位ナップを構成するのは，高度の変形を受けたプレカンブリアの変成岩類と砂質岩類である．とくにマイロナイト化が顕著で，変成度も上部緑色片岩相に達している．衝上は540〜490 Ma（カンブリア紀），変成のピークは525 Ma頃（トンモト期）と

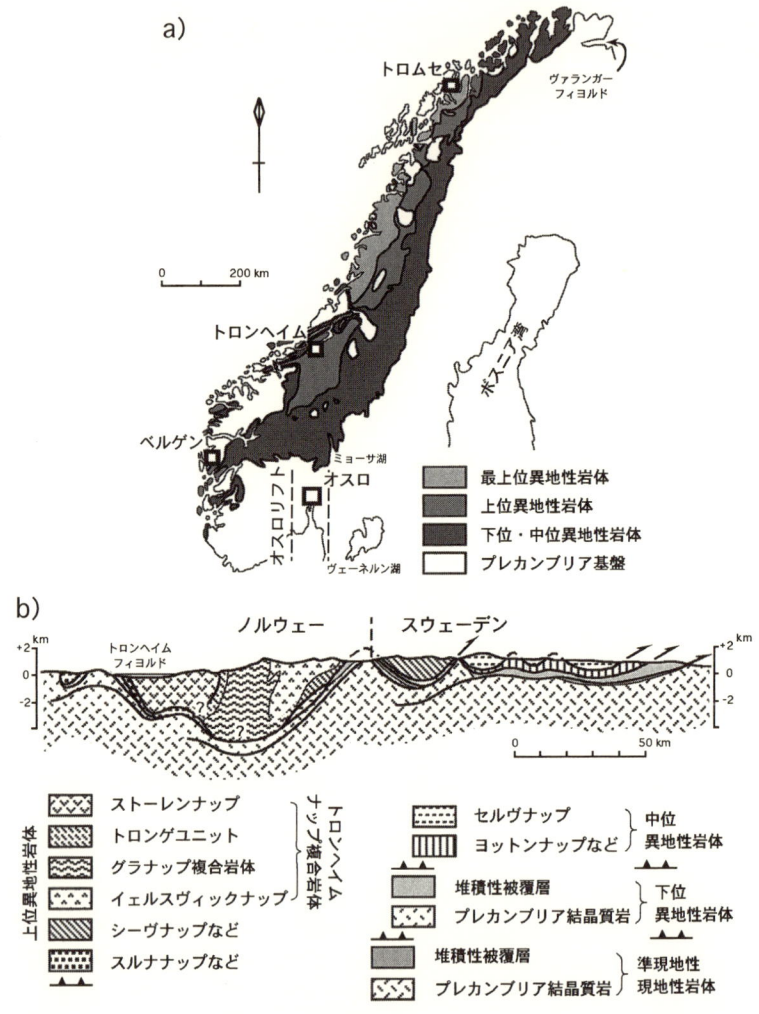

図7-9 スカンディナヴィア半島西縁部のカレドニア造山に伴うナップ群.
a) ナップ群の分布概略 (Roberts, 2003). 下位・中位ナップの形成がフィンマーク造山, 上位・最上位ナップの形成がスカンディア造山である. b) トロンヘイムナップ複合岩体を含む地質断面図 (Gee *et al.*, 1985). このほかにも多数の説が提唱されており, 正しいモデルを指摘することは難しい.

されている．これがフィンマルク造山（Finnmarkian）である．

　上位ナップには多くの火山岩類が含まれている．一番若い年代は425 Ma（シルル紀ウェンロック世）で，化石も発見されている．スリチェルマ（Sulitjelma）などの別子型鉱床を含む典型的なオフィオライトのほかに，フェルシックな火山岩類を含む島弧，あるいはプレート内アルカリ岩などが識別されている．最上位ナップは主として海岸沿いに分布している（図7-9 a）．トロムセ（Tromsø）周辺ではプレカンブリアの基盤岩類と，おそらくはオルドヴィス紀以前の表成岩類からなる．同位体年代 495～415 Ma（カンブリア紀後期～デヴォン紀前期）のガブロ・花崗岩などが基盤の中へ貫入している．ナップ形成の最終段階がスカンディア（Scandian）造山である．変成岩類の K-Ar 年代は 400～380 Ma（デヴォン紀中期）で，旧赤色砂岩に覆われている．

7-5-2. トロンヘイムナップ複合岩類

　ノルウェーのトロンヘイム周辺には古くから研究されたカレドニア造山帯が分布している．トロンヘイムからスウェーデンとの国境まで100 km未満で，ノルウェー側は上位ナップ，スウェーデン側は主として下位，中位ナップである．トロンヘイムの南東側に分布する上位ナップは北東－南西方向に長軸があり，300×150 km の範囲を占める．見かけ上は向斜構造をしているが，中心部に変成度が高いグラ（Gula）層群が分布しているので，グラ層群を最下位とした複向斜構造が考えられている（図7-9 b）．1915年にゴールドシュミット（V. M. Goldschmidt；1888～1947）が変成相図を発表したのはこの地域で，非変成帯からザクロ石帯にわたっている．いずれの向斜でも下位層の変成度が高い．

　北西側の向斜がホルグ（Horg）向斜である．最下部のストーレン（Støren）層群は主として玄武岩からなり，識別図表によると中央海嶺玄武岩である．オフィオライト層序も発見されていて，レッケン（Løkken）などの別子型鉱床が存在する．火山岩類を整合に覆う砕屑岩類がオルドヴィス系フロー～ターピン階（479～468 Ma）で，より上位の下部ホーヴィン（Lower Hovin）層群はシルル系ランドヴェリー統（444～428 Ma），さらに上部ホー

ヴィン，ホルグの各層群の順に重なる．南東側の向斜の最下部はフンショー (Fundsjo) 層群で，玄武岩類のシリカ含有量がかなり広い範囲にわたり島弧的である．

　トロンヘイム地域はトロニエム岩の模式地である．主としてグラ層群の中にかなり広い範囲にわたって貫入している．岩石学的にはトロニエム岩からトーナル岩で，一部では花崗閃緑岩も知られている．ストロンチウム同位体比の初生値は約 0.7050 と低い．一般に小さな岩体で，最大のインセット (Innset) 岩体で長径 15 km ほどである．ジルコンの U-Pb 年代を含む同位体年代の値は 509～451 Ma（カンブリア紀中期～オルドヴィス紀カティー期）の中に入る．変形・変成を受けている岩体も，受けていない岩体も知られている．

7-5-3. バルト盾状地の卓状地堆積物

　スカンディナヴィア半島南部の卓状地堆積物は，ヴァランガー氷期の氷礫岩より上位の地層をヴァンサス (Vangsas) 層と呼ぶ．最上部がリングサッカー (Ringsaker) 珪岩部層で，プレカンブリアとカンブリア系の境界はこの中にあるらしい．その上位のアルム (Alum) 頁岩は停滞水域の黒色頁岩で，層厚 20～30 m で南方へ厚くなる．中期カンブリア紀中期，三葉虫 *Paradoxides* の出現とほぼ同時から堆積が始まり，南部ではオルドヴィス紀トレマドック期 (488～479 Ma) まで堆積が継続する．

　アルム頁岩はケロジェンの含有量が 10% を越え，硫黄の含有量が高い．そのほかウラニウム・バナディウム・モリブデン・ニッケルが異常濃集している．特異な頁岩を堆積した海の環境は生態系にも影響を与えたらしい．中期カンブリア紀 (510～499 Ma) の三葉虫は *Paradoxides* などのように大型であるが，後期カンブリア紀 (499～488 Ma) になると小型の三葉虫が繁栄するようになる．

　オスロ地域のカンブリア～シルル系は岩相変化が少なく，よく対比されている．カンブリア紀中期からオルドヴィス紀前期までの頁岩はアルム頁岩を含めてイライト頁岩である．アルム頁岩の堆積が終了した頃から緑泥石頁岩になり，オルドヴィス紀中期を通じてニッケル・クロムの量が増加する．ダ

リウィル期後期（462〜460 Ma）の層準からはベントナイト層が現れる．このような変化はカレドニア造山の火山活動を反映している．

　ミョーサ（Mjosa）湖からオスロを通ってオスロフィヨルドへ延びる南北性の地溝が，オスロリフトである（図7-9 a）．主としてアルカリ岩を噴出するとともに沈降してリフトを形成した．火山岩類の同位体年代は305〜245 Ma（主にペルム紀）である．リフトの中にはオスロリフト形成前のカレドニア造山時のナップのフロントが残存している．

7-6.　アパラチア・カレドニア造山帯のテクトニクス

　ローレンシアとバルチカの衝突によるイアペタス海の消滅は，ほぼデヴォン紀を通じて終了した．ローレンシアからウラル山脈の西側に至るローラッシャ（Laurussia）の完成である．しかし南部にゴンドワナが衝突した変動はペルム紀まで残る．

7-6-1.　テクトニクス

　ローレンシアとゴンドワナの接合部，ならびにグリーンランドとバルチカの間に伸張場が現れたのは，プレカンブリア時代の末，600 Maの頃である（図7-11 a）．沈み込みが始まったのはレーイック（Rheic）洋の方が早く，プレカンブリア時代最末期のアヴァロン島弧・アフリカ大陸側に火成活動がある（図7-10 Ca）．アパラチア・カレドニア造山の最初の変動は500 Ma前後（中/後期カンブリア紀境界）で，北米のペノブスコット（Penobscotian），スコットランドのグランピア（Grampian），ノルウェーのフィンマーク造山がこれにあたる．ナップが大規模に形成されてオフィオライトが衝上した．北米では非常に局部的で，メイン州にだけ確認されている．島弧の衝突が考えられているが，その実体は必ずしも明らかではない（図7-10 Ab；Ca）．

　オルドヴィス紀後期にはインナーピーモント島弧がローレンシアに衝突し，大規模に衝上してタコニック造山（Taconic）が始まる（図7-10 B；Cb）．アパラチアの炭酸塩岩相のオルドヴィス系下部が突然沈降し，深海相のオルドヴィス系中部の石灰岩に覆われる．衝上岩体の中には480〜440 Ma（オル

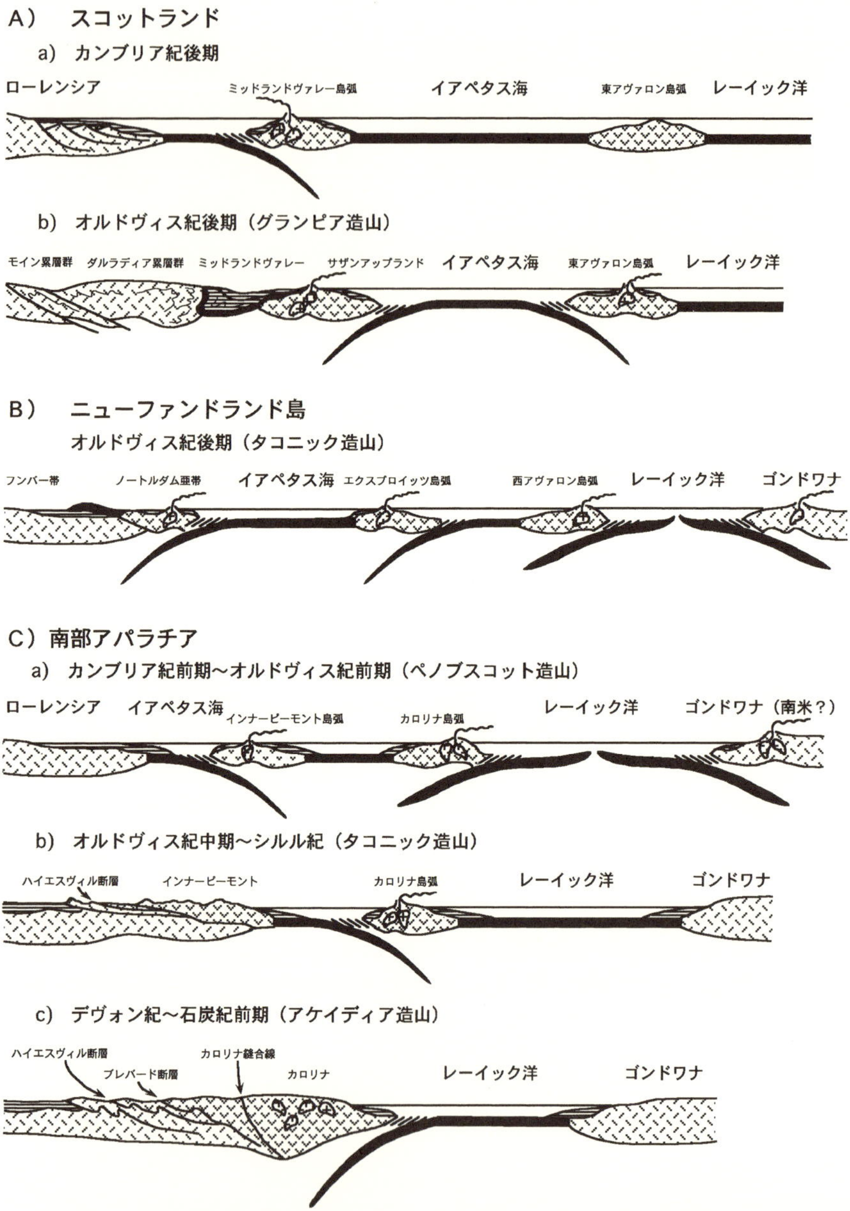

A) スコットランド
　a) カンブリア紀後期

ローレンシア　　　　ミッドランドヴァレー島弧　　　　イアペタス海　　　　東アヴァロン島弧　レーイック洋

　b) オルドヴィス紀後期（グランピア造山）

モイン累層群　ダルラディア累層群　ミッドランドヴァレー　サザンアップランド　イアペタス海　東アヴァロン島弧　レーイック洋

B) ニューファンドランド島
　　オルドヴィス紀後期（タコニック造山）

フンバー帯　　ノートルダム亜帯　　イアペタス海　エクスプロイッツ島弧　西アヴァロン島弧　レーイック洋　ゴンドワナ

C) 南部アパラチア
　a) カンブリア紀前期～オルドヴィス紀前期（ペノブスコット造山）

ローレンシア　イアペタス海　インナーピーモント島弧　カロリナ島弧　　レーイック洋　ゴンドワナ（南米？）

　b) オルドヴィス紀中期～シルル紀（タコニック造山）

ハイエスヴィル断層　インナーピーモント　　カロリナ島弧　　レーイック洋　ゴンドワナ

　c) デヴォン紀～石炭紀前期（アケイディア造山）

ハイエスヴィル断層　カロリナ縫合線　　　レーイック洋　ゴンドワナ
　　　ブレバード断層　カロリナ

図 7-10　複数の地帯におけるアパラチア・カレドニア造山帯のテクトニクス．A) スコットランド (Strachan, 2000)，B) ニューファンドランド島，C) 南部アパラチア (Hatcher, Jr., 1989)．

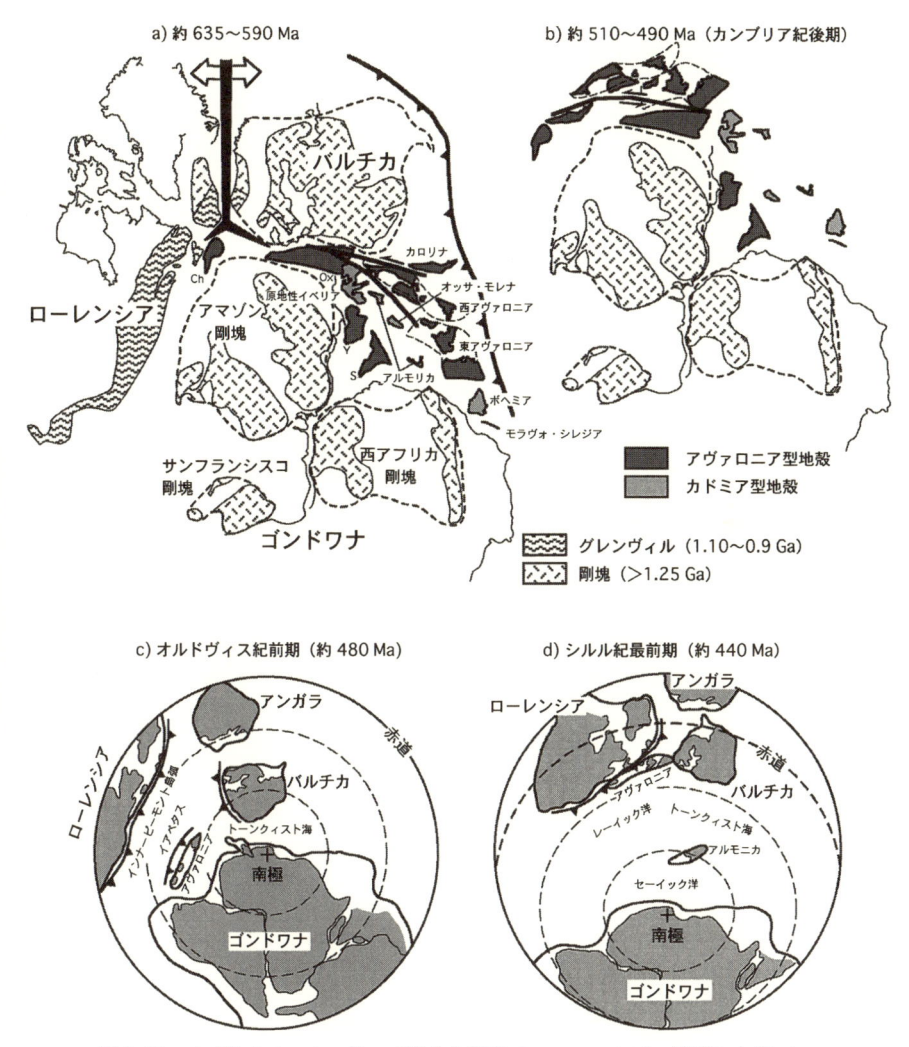

図7-11 アパラチア・カレドニア造山を通じてローレンシアへ衝突した縁ゴンドワナ地質体の古地理図．
a) イアペタス海拡大の頃の地質体の相対的位置．Ch: チョルティス，Ox: オアハカ，Y: ユカタン，S: スワニー．b) 左ずれ断層の動きに伴って一部の地質体が移動したカンブリア紀後期 (Murphy et al., 2004)．c) オルドヴィス紀前期の剛塊・島弧の位置．d) 同シルル紀前期 (Holdsworth et al., 2000)．各剛塊・島弧が位置した緯度が古生物区を形成した．

7-6. アパラチア・カレドニア造山帯のテクトニクス

ドヴィス紀）の花崗岩類が大量に分布する．衝上岩体の重みによって大陸縁が沈降し，シルル紀後期にはナップの形成があった．深海相の地層で，温暖種と寒冷種が混ざった混合型の化石群集を含む (Neuman and Max, 1989)．

　遅くともシルル紀後期にはローレンシアとバルチカが衝突してスカンディア造山が起きた．デヴォン紀中期にはこの部分のイアペタス海は消滅した．シルル紀後期〜デヴォン紀後期にはアヴァロン・カロリナ島弧がインナーピーモント島弧へ衝突した．海洋底は主として南東側へ沈み込んでいたらしく，カロリナ島弧には激しい火成活動があった（図 7-10 Cb）．変成作用は広範囲に及び，一部ではグラニュライト相に達した．これがアケイディア造山 (Acadian) である（図 7-10 Cc）．

　レーイック洋が北西へ沈み込み，石炭紀後期〜ペルム紀後期にカロリナ地質体に大規模な花崗岩類の貫入があった．これが最後のアリゲニー造山で，時期的にはアケイディア造山に引き続いて起きている．ゴンドワナがローレンシアと衝突したらしい．衝突に伴う圧縮場はアパラチア造山帯に広く影響を与え，多くの衝上断層が生じた．アケイディア造山の末期からアリゲニー造山を通じて右ずれの変動が継続した．

7-6-2. 古生物地理区

　カンブリア紀の南極はゴンドワナ大陸の西北部に位置したので（図 7-11 c），現在のアフリカ西北部には温暖〜寒冷地域の動物群が生息した．これが大西洋型で，中部カンブリア系を特徴づける *Paradoxides* を普遍的に含んでいる．バルチカはカンブリア紀から北上を開始したので，オルドヴィス紀末までには動物群は温暖な地域のものになった（図 7-11 d）．これがヨーロッパ型である．

　これに対して，ローレンシア大陸は赤道近くに位置した．堆積物は炭酸塩岩相に富み，熱帯〜亜熱帯に生息した動物群の化石を産出する．これが太平洋型で，代表的な三葉虫は *Olenellus* である．大西洋型と太平洋型動物区の間に広がっていた海洋がイアペタス海で，ローレンシア大陸とアヴァロン島弧の間からグリーンランドとバルチカの間に延びていた（図 7-11 c）．しかし介形虫などには両大陸の間に共通する属があるので，イアペタス海は考え

られているほどには広くなかったらしい.

アヴァロン島弧の背後の海洋がレーイック洋である（図7-11 d）．アヴァロン～カロリナ地質体から産出する大西洋型動物群は，北西ヨーロッパの動物群に類似しているアケイディア・バルト動物群である．しかし現在では，バルチカよりはゴンドワナ大陸の縁辺部に近縁であるとされている．寒冷な西ゴンドワナとバルチカとの間には底生動物にほとんど共通種がない．そこで両大陸の間にトーンクィスト海の存在が考えられた（図7-11 c ; d）．北が *Holmia* などの三葉虫を産出するバルト区で，南が *Nevadia* などを産出するアケイディア・地中海（Acado-Mediterranean）区である．東アヴァロニアもアケイディア・地中海区である．しかしバルト区を特徴づける三葉虫はトーンクィスト海の跡のヨーロッパ横断断層を南へ越えてボヘミアマッシーフからも採集されているので，トーンクィスト海は古生代を通じてそう広くはなかったらしい（Bergström, 1984）.

7-6-3. 地質体の起源

比較的広く流布しているScotese and McKerrow（1990）による各地質時代の海陸復元図によると，アパラチア・カレドニア造山時の南側にはゴンドワナ大陸のアフリカの北西部が位置している（図7-1）．しかし，ローレンシアとゴンドワナは南米の西海岸で衝突したとする説も，早くから発表されていた（Kent and Van der Voo, 1990 ; Dalziel *et al.*, 1994）．

ファマチ（Famatinian）造山帯は，アルゼンチン南端の東海岸から北北西へ延びてボリビアのラパスへ抜ける．変成作用のピークが480～460 Ma（オルドヴィス紀前～中期）で，前変動時・変動時花崗岩類の活動を伴い，石炭紀のアルカリ花崗岩類の活動まで引き続いた．ファマチ造山帯の西側はオクシデンタル（Occidentalia）地質体と呼ばれる地帯である．ファマチ造山帯に近い地域に，カンブリア系からオルドヴィス紀前期の大陸棚炭酸塩岩に覆われている箇所があり，北米東部に近いといわれる Olenellidae 科の三葉虫などを産する（Keppie *et al.*, 1996）．オクシデンタル地質体は南米の西海岸に取り残されたローレンシアであるかもしれない（Salda *et al.*, 1992）．

アパラチア・カレドニア造山を通じてローレンシアへ衝突・付加した地質

体は，古生物学的にゴンドワナ起源と考えられるものが多く，縁ゴンドワナ地質体群（Peri-Gondwanan Terranes）と呼ばれる．大きく2つに分類されている（Murphy et al., 2004）．アヴァロニア型と呼ばれる地質体はカロリナ，西アヴァロニア，東アヴァロニア，モラヴォ・シレジアなどのほかに，メキシコのオアハカ（Oaxaca）複合地質体，ホンジュラスのコルテス（Cortes）地質体などが含まれる（図7-11 a）．いずれも1.3～1.0 Gaに形成された地殻で，650 Maまでにゴンドワナへ付加した．640～570 Maに弧火成帯を形成し，おそらく540～515 Ma（カンブリア紀前期）頃にゴンドワナから分離したと考えられている．

　カドミア型とされる地質体の模式地は，コタンタン半島のカドマで，中欧の広い範囲にわたって古生層の基盤を形成している．3～2 Gaの西アフリカ剛塊からの再生で形成された．アマゾン・西アフリカ剛塊からの分離は，古地磁気的に800～500 Maの間が考えられている．ブルターニュ半島の南・北アルモリカ，イベリア半島のオッサ・モレナ帯の新原生代の岩石は，砕屑物が西アフリカ剛塊から供給されたことを示している．その他ではテプラ・バランディア，サクソ・チューリンギア地質体などがカドミア型に含まれる．これらの縁ゴンドワナ地質体がアマゾン剛塊，西アフリカ剛塊のへりにどのように配列していたかについては，必ずしもよくわかっていない．しかし付加地質体のアヴァロニア型よりは内側に位置したのであろう（図7-11 a; Murphy et al., 2004）．

引用文献（第7章）

Bergström, J. (1984): Strike-slip faulting and Cambrian biogeography around the Tornquist Zone. Geol. Fören. Stockh. Förh., **106**, 382-383.
Berthelsen, A. (1992): Mobile Europe. In D. Blundell, R. Freeman and S. Mueller, eds., A Continent Revealed, The European Geotraverse, 11-32, Cambridge Univ. Press, 275 p.
Bluck, B. J. (1984): Pre-Carboniferous history of the Midland Valley of Scotland. Trans. Roy. Soc. Edinb., Earth Sci., **75**, 275-295.
Dalziel, I. W. D., Dalla Salda, L. H. and Gahagan, L. M. (1994): Paleozoic Laurentia-Gondwana interaction and the origin of the Appalachian-Andean mountain systems. Geol. Soc. Amer. Bull., **106**, 243-252.
Gee, D. G., Guezou, J.-C., Roberts, D. and Wolff, F. C. (1985): The central-southern

part of the Scandinavian Caledonides. *In* D. G. Gee and B. A. Sturt, eds., The Caledonide Orogen-Scandinavia and Related Areas, 109-133, John Wiley & Sons, Chichester, 1266 p.

Glover, III, L., Sheridan, R. E., Holbrook, W. S., Ewing, J., Talwani, M., Hawman, R. B. and Wang, P. (1997) : Paleozoic collisions, Mesozoic rifting, and structure of the Middle Atlantic states continental margin : An 'EDGE' Project report. *In* L. Glover, III and A. E. Gates, eds., Central and Southern Appalachian Sutures : Results of the EDGE Project and Related Studies, Geol. Soc. Amer., Spec. Pap., 314, 107-135.

Goldring, R., and Langenstrassen, F. (1979) : Open shelf and near-shore clastic facies in the Devonian. *In* M. R. House, C. T. Scruton and M. G. Bassett, eds., The Devonian System, Paleont. Assoc. Spec. Pap. in Paleontology, 23, 81-97.

Harland, W. B. and Gayer, R. A. (1972) : The Arctic Caledonides and earlier oceans. *Geol. Mag.*, **109**, 289-314.

Harris, A. L. and Pitcher, W. S. (1975) : The Dalradian Supergroup. *In* A. L. Harris *et al*., eds., A Correlation of Precambrian Rocks in the British Isles, Geol. Soc. (London), Spec. Pub., 6, 52-75.

Hatcher, Jr., R. D. (1989) : Tectonic synthesis of the U. S. Appalachians. *In* R. D. Hatcher, Jr., W. A. Thomas and G. W. Viele, eds., The Appalachian-Ouachita Orogen in the United States, Geology of North America, Vol. F-2, 511-535, Geol. Soc. Amer., 767 p.

Hibbard, J. P., Tracy, R. J. and Henika, W. S. (2003) : Smith River allochthon : A southern Appalachian peri-Gondwanan terrane emplaced directly on Laurentia ? *Geology*, **31**, 215-218.

Holdsworth, R. E., Woodcock, N. H. and Strachan, R. A. (2000) : Geological framework of Britain and Irland. *In* N. Woodcock and R. Strachan, eds., Geological History of Britain and Ireland, Chap. 2, 19-37, Blackwell Science, Oxford, 423 p.

Horton, Jr., J. W., Drake, Jr., A. A. and Rankin, D. W. (1989) : Tectono-stratigraphic terranes and their Paleozoic boundaries in the cetral and southern Appalachians. Geol. Soc. Amer., Spec. Pap., 230, 213-245, 277 p.

Kent, D. V. and Van der Voo, R. (1990) : Palaeozoic palaeogeography from palaeomagnetism of the Atlantic-bordering continents, Geol. Soc. (London), Mem. 12, 49-56.

Keppie, J. D., Dostal, J., Murphy, J. B. and Nance, R. D. (1996) : Terrane transfer between eastern Laurentia and western Gondwana in the early Paleozoic : Constraints on global reconstructions. Geol. Soc. Amer., Spec. Pap., 304, 369-380.

Murphy, J. B., Pisarevsky, S. A., Nance, R. D. and Keppie, J. D. (2004) : Neoproterozoic-Early Paleozoic evolution of peri-Gondwanan terranes: implications for Laurentia-Gondwana connections. *Int. J. Earth Sci.*, **93**, 659-682.

Neuman, R. R. and Max, M. D. (1989) : Penobscottian-Grampian-Finnmarkian orogenies as indicators of terrane linkages. *In* R. D. Dallmeyer, ed., Terranes in the Circum-Atlantic Paleozoic Orogen, Geol. Soc. Amer., Spec. Pap., 230, 277 p.

Nicholas, C. J. (1994) : New stratigraphical constraints on the Durness Group of NW Scotland. *Scottish J. Geol.*, **30**, 73-85.

Nowlan, G. S. and Neuman, R. B. (1995) : Paleontological contributions to Paleozoic paleogeographic and tectonic reconstructions. *In* H. Williams, ed., Geology of the

Appalachian-Caledonian Orogen in Canada and Greenland. Geology of Canada, No. 6, Chap. 10, 815-842, Geol. Surv. Canada, 944 p.

Oliver, G. J. H. (2001) : Reconstruction of the Grampian episode in Scotland : its place in the Caledonian Orogeny. *Tectonophysics*, **332**, 23-49.

Owen, A. W., Armstrong, H. A. and Floyd, J. D. (1999) : Rare earth elements geochemistry of upper Ordovician cherts from the Southern Uplands of Scotland. *J. Geol. Soc. (London)*, **156**, 191-204.

Park, R. G. and Tarney, J. (1987) : The Lewisian complex : a typical Precambrian high-grade terrain? *In* Evolution of the Lewisian and Comparable Precambrian High Grade Trrains, Geol. Soc. (London), Spec. Pub., 27, 13-25.

Roberts, D. (2003) : The Scandinavian Caledonides : eventchronology, paleogeographic settings and likely modern analogues. *Tectonophysics*, **365**, 283-299.

Salda, L. D., Cingolani, C. and Varela, R. (1992) : Early Paleozoic orogenic belt of the Andes in southwestern South America : Result of Laurentia-Gondwana collision? *Geology*, **20**, 617-620.

Scotese, C. R. and McKerrow, W. S. (1990) : Revised world maps and introduction. Geol. Soc. (London), Mem., 12, 1-21.

Shenk, P. E. (1995) : Meguma zone. *In* H. Williams, ed., Geology of the Appalachian-Caledonian Orogen in Canada and Greenland, Geology of Canada, No. 6, Chap. 3, 261-277, Geol. Surv. Canada, 944 p.

Soper, N. J., Harris, A. L. and Strachan, R. A. (1998) : Tectono-stratigraphy of the Moine Supergroup : a synthesis. *J. Geol. Soc. (London)*, **155**, 13-24.

Strachan, R. A. (2000) : The Grampian Orogeny : Mid-Ordovician arc-continent collision along the Laurentian margin of Iapetus. *In* N. Woodcock and R. Strachan, eds., Geological History of Britain and Irland, 88-106, Blackwell Science, Oxford, 423 p.

Tanner, P. W. G. (1996) : Significance of the early fabric in the contact metamorphic aureole of the 590 Ma Ben Vuirich Granite, Perthshire, Scotland. *Geol. Mag.*, **133**, 683-695.

Tanner, P. W. G. and Pringle, M. (1999) : Testing for the presence for a terrane boundary within Neoproterozoic (Dalradian) to Cambrian siliceous turbidites at Callander, Perthshire, Scotland. *J. Geol. Soc. (London)*, **156**, 1205-1216.

Thomas, P. R. (1979) : New evidence for a Cetral Highland Root Zone. *In* A. L. Harris, C. H. Holland and B. E. Leake, eds., The Caledonides of the British Isles—Reviewed, 205-211, Scottish Academic Press, 768 p.

Williams, H. (1995 a) : Temporal and Spatial Divisions. *In* H. Williams, ed., Geology of the Appalachian-Caledonian Orogen in Canada and Greenland, Geology of Canada, No. 6, Chap. 2, 21-44, Geol. Surv. Can., 944 p.

Williams, H. (1995 b) : Tectonic allochthons in Newfoundland (Humber Zone). *In* H. Williams, ed., Geology of the Appalachian-Caledonian Orogen in Canada and Greenland, Geology of Canada, No. 6, Chap. 3, 99-114, Geol. Surv. Can., 944 p.

Williams, H. (1995 c) : Dunnage zone-Newfoundland. *In* H. Williams, ed., Geology of the Appalachian-Caledonian Orogen in Canada and Greenland, Geology of Canada, No. 6, Chap. 3, 142-166, Geol. Surv. Can., 944 p.

Williams, H., Boyce, W. D. and Colman-Sadd, S. P. (1992) : A new Lower Ordovician (Arenig) faunule from the Coy Pond Complex, central Newfoundland, and a refined

understanding of the closure of the Iapetus Ocean. *Can. J. Earth. Sci.*, **29**, 2046-2057.
Williams, H., Colman-Sadd, S. P. and O'Neill, P. P. (1995): Gander zone-Newfoundland. *In* H. Williams, ed., Geology of the Appalachian-Caledonian Orogen in Canada and Greenland, Geology of Canada, No. 6, Chap. 3, 199-212, Geol. Surv. Can., 944 p.
Wilson, J. T. (1966): Did the Atlantic close and then re-open? *Nature*, **211**, 676-681.
Woodcock, N. H. (2000): Ordovician volcanism and sedimentation on Eastern Avalonia. *In* N. Woodcock and R. Strachan, eds., Geological History of Britain and Irland, 153-167, Blackwell Science, Oxford, 423 p.

概説書

Williams, H. ed. (1995): Geology of the Appalachian-Caledonian Orogen in Canada and Greenland. Geology of Canada, No. 6, Geol. Surv. Canada, 944 p.
Hatcher, Jr., R. D., Thomas, W. A. and Viele, G. W., eds. (1989): The Appalachian-Ouachita Orogen in the United States, Geology of North America, Vol. F-2, Geol. Soc. Amer., 767 p.
  アメリカ地質学会創立100年を記念して企画されたシリーズのアパラチア造山帯とワシタ造山帯を記述した2冊である。カナダ側はカナダ地質調査所が担当している。
Craig, G. Y., ed. (1991): Geology of Scotland, 3rd edition, Geol. Soc. (London), 612 p.
Trewin, N. H., ed. (2002): Geology of Scotland, 4th edition, Geol. Soc. (London), 576 p.
Duff, P. McL. D. and Smith, A. J., eds. (1992): Geology of England and Wales, Geol. Soc. (London), 651 p.
  上記3冊にグレートブリテン島ならびに周辺諸島の地質が記載されている。内容は各地域の層序・構造・古生物で、ある意味では古典的な構成を採用している。このシリーズは約10年で改定されているので、イングランド・ウェールズについても近く改定版が出版されるであろう。
Woodcock, N. and Strachan, R. eds. (2000): Geological History of Britain and Irland, Blackwell Science, Oxford, 423 p.
  上記の3冊と異なり、かなり革新的な構成を採用している。各地質時代の地質概略の記載に加えて、ブリテン・アイルランド近辺の陸塊の配列、そして変動を引き起こしたプレートの枠組みまでを論じている。
Gee, D. G. and Sturt, B. A., eds. (1985): The Caledonide Orogen-Scandinavia and Related Areas, John Wiley & Sons, Chichester, 1266 p.
  スカンディナヴィアのカレドニア造山帯について地質を詳細に記述している。
Ramos, V. A. and Keppie, J. D., eds. (1999): Laurentia-Gondwana Connections before Pangea, Geol. Soc. Amer., Spec. Pap., 336, 276 p.
  アパラチア造山運動を議論するのにメキシコからチリ・アルゼンチンの地質を取り上げた数多くの論文が集められている。

第8章
ヴァリスカン造山帯

アパラチア造山が完了した時，レーイック洋はまだ存在して海洋底が縮小しつつあった．レーイック洋の沈み込みに伴って，縁ゴンドワナ地塊の中でも，主としてカドミア型の地塊がローラッシャへ衝突したのがヴァリスカン造山である．露出が悪く，構造が複雑で，プレートテクトニクスの解明は著しく遅れた．

8-1. レーノ・ヘルシニア帯の原地性地層群

ヴァリスカン造山帯に位置する国々の多くは先進国で，古くからその地質が研究された．地帯構造区分は20世紀の初めに提案され，以後あまり変更されていない（図8-1）．一番北側がレーノ・ヘルシニア（Rheno-Hercynian）帯である．

8-1-1. レーニッシュマッシーフ

レーノ・ヘルシニア帯は，ライン川の東西両側のレーニッシュマッシーフ（Rhenish Massif）に露出している（図8-2a）．東アヴァロニアの南側の受動的大陸縁の陸棚相の地帯で，南方の地層ほど変動を強く受け，造山極性北西方向の衝上断層が発達している．東はドイツのハルツ（Harz）山脈とフレヒティンゲン（Flechtingen）地塁に露出しており，さらに東をモラヴォ・シレジア（Moravo-Silesian）帯に求める考えが有力である．西方への延長はイングランドのコーンワル（Cornwall）地域に認められ，さらに西への延長はイベリア半島の南部ポルトガル帯であると考えられている（図8-1）．

レーノ・ヘルシニア帯の南縁を限る北部千枚岩帯の西南端のすぐ北側に，ワルテンシュタイン（Wartenstein）片麻岩が露出している．このPb-Pb年

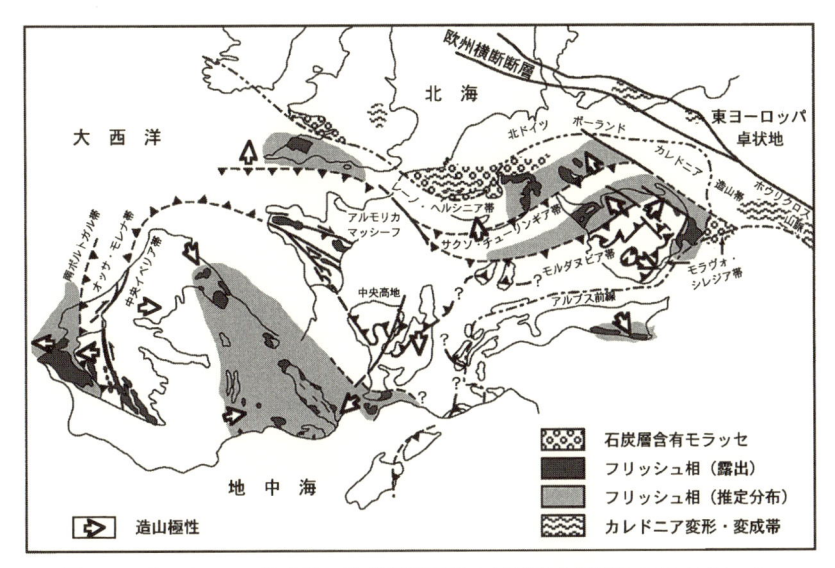

図 8-1 ヴァリスカン造山帯の地帯構造区分と同時造山堆積物の分布 (Franke, 1992).

代が 574 Ma で，デヴォン系最下部に不整合に覆われている．この同位体年代値は，中欧に広く知られているカドミア (Cadomian) と呼ばれるプレカンブリア基盤の変成年代の範囲である．さらに北西方のアルデンヌ (Ardennes) 高地では，カレドニア造山時に非常に弱い変形・変成作用を受けたカンブリア～オルドヴィス系を，デヴォン系最下部が不整合に覆っている．

デヴォン系最下部は浅海相の砕屑岩で，陸棚の沈降とともに砕屑岩・炭酸塩岩のふちは北西へ後退して遠洋性堆積物が堆積した．鍵層になるのは世界的な無酸素事変を示す F/F (Frasnian/Famennian) 境界 (375 Ma) の黒色頁岩で，同様な黒色頁岩はデヴォン系と石炭系の境界 (359 Ma)，さらに下部石炭系にもあって，特徴的な堆積相になっている (Franke, 1995)．デヴォン紀中期の頃から南部でプレート内玄武岩類の活動が始まり，ラーン・ディル (Lahn-Dill) 型の赤鉄鉱を沈殿した．伸張場の下での堆積盆の沈降と関係があるらしい．

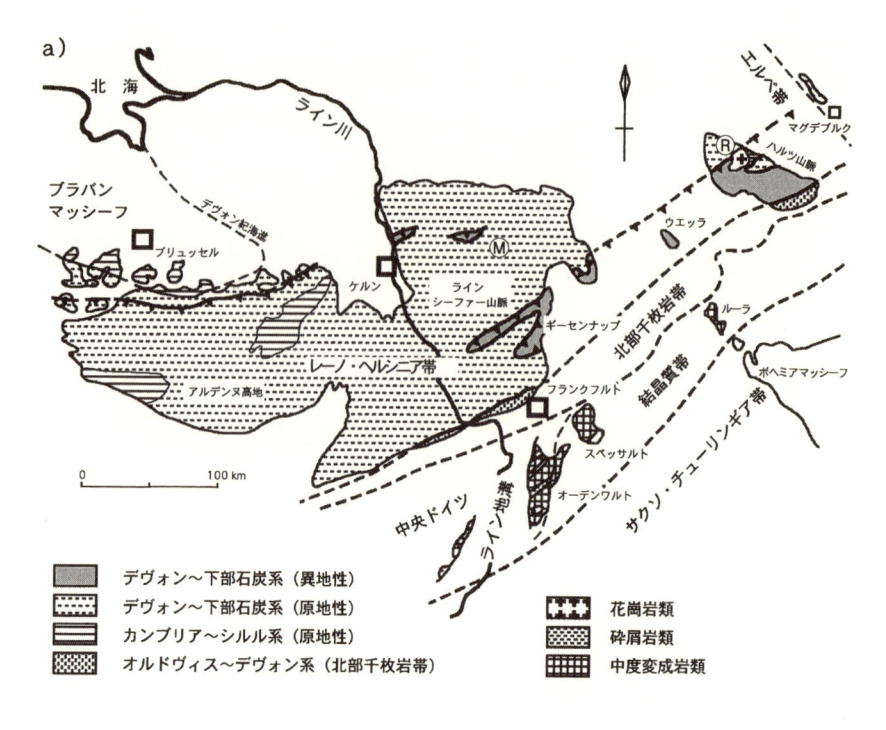

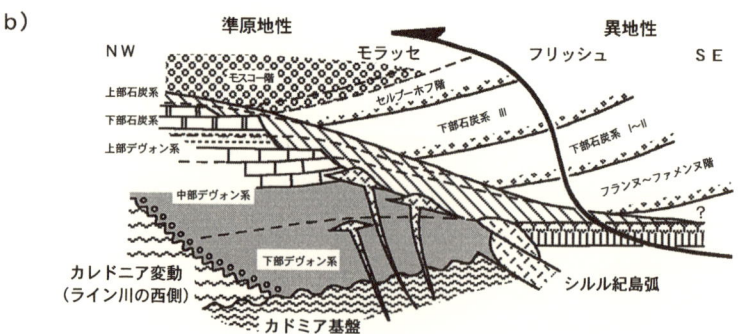

図8-2 レーノ・ヘルシニア帯ならびにサクソ・チューリンギア帯との境界部の地質概略図.
　a) レーノ・ヘルシニア帯と北ドイツ結晶質隆起帯の地質概略図 (Franke, 1995), Ⓡ: ランメルスベルク鉱山, Ⓜ: メッゲン鉱山. b) レーノ・ヘルシニア帯南縁部の復原図 (Franke, 2000).

8-1-2. ランメルスベルクとメッゲン

　ハルツ山地の北端に近くゴスラー（Goslar）という町がある．この南方を北東－南西へ走る背斜軸の北西翼のデヴォン紀アイフェル期（398～392 Ma）の粘板岩に，ランメルスベルク（Rammelsberg）鉱床が存在する．旧鉱体と1859年に発見された新鉱体の2つの鉱体がある．紀元前から稼行されたといわれるが，最古の記録は1518年で，1988年に閉山した．鉱石は2700万トン，平均品位 100 g/t Ag，1.1% Cu，5.9% Pb，13.7% Zn，22% $BaSO_4$ である．新鉱体は上位層準を内側にした等斜褶曲をしている．層序的最下位は硬い珪質岩である．層状部の最下部は黄鉄鉱で，上部へ閃亜鉛鉱に富む褐色鉱，さらに方鉛鉱，重晶石の順に増加する．重晶石の硫黄同位体比は当時の海水の値とほぼ等しい．

　メッゲン（Meggen）鉱床はレーニッシュマッシーフの中央部北よりに位置する．母岩はデヴォン系ギヴェ階（392～385 Ma）である．北西へ後退する陸棚石灰岩のサンゴ礁と，その南東側の堆積盆の暗灰色シルトと頻互層する頁岩との境界部に鉱床がある．メッゲンの鉱体は5920万トン，0.04% Cu，1% Pb，8% Zn，36% S で，ほとんど黄鉄鉱-白鉄鉱の塊である．しかし同じ層準に硫化鉱物の層から漸移して重晶石の層があり，この鉱量が950万トン，$BaSO_4$ 97%である．これも重晶石の塊である．

　レーニッシュマッシーフには，ランメルスベルク，メッゲン以外にもかなりの数の硫化物・重晶石鉱床が知られている．ランメルスベルクの母岩はアイフェル階で，より下位のメッゲンの母岩はギヴェ階である．これらの鉱床の時代と位置関係は，堆積盆の移動に関係しているらしい．伸張場の下で沈降するデヴォン系から層間水が押出され，濃厚塩水となって上昇して海底の海盆に溜まり，鉱床鉱物を沈殿した．伸張場は北西へ移動したので，後期の鉱床ほど北西に位置している（図8-2 a）．

　火山性海底熱水堆積鉱床説はランメルスベルク，メッゲンなどの鉱床の研究から始まった．しかし現在では，これらの鉱床と火山活動との直接の関係は否定され，堆積性噴気鉱床（SEDEX）と呼ばれている．

8-1-3. コーンワル・デヴォン地域

イングランドの南西端の岬がランズエンド（Land's End）で，いわば地の果てである．ランズエンドから東へ約 30 km の地点に南へ突き出たリザード岬があり，ここに後期デヴォン紀のオフィオライトが露出している（図 8-3）．このあたりがコーンワル州で，その東側がデヴォン州である．1830 年代に，セジウィック（Sedgwick）とマーチソン（Murchison）が協力して，デヴォン州に分布している地層が石炭系の下位にある別の地層であることを立証した模式地である．デヴォン系の名称は現在まで使われているが，これを細分した階の模式地の多くは中欧へ移った．

オルドヴィス紀中期を通じて造礁生物に床板サンゴ類・層孔虫が加わり，さらに四放サンゴ類が増加した．シルル紀になると海底から 10 m もそびえ立つバリア礁が形成され，生物種からサンゴ礁と呼べるようになる．デヴォン紀後期の大陸分布はほぼパンゲアに近く，赤道を挟んでローラッシャ（Laurussia）とゴンドワナが相対峙し，後にテチス海を形成した海洋は西へ抜けていた．このような大陸分布で，緯度南北 30° 以内に巨大サンゴ礁が発

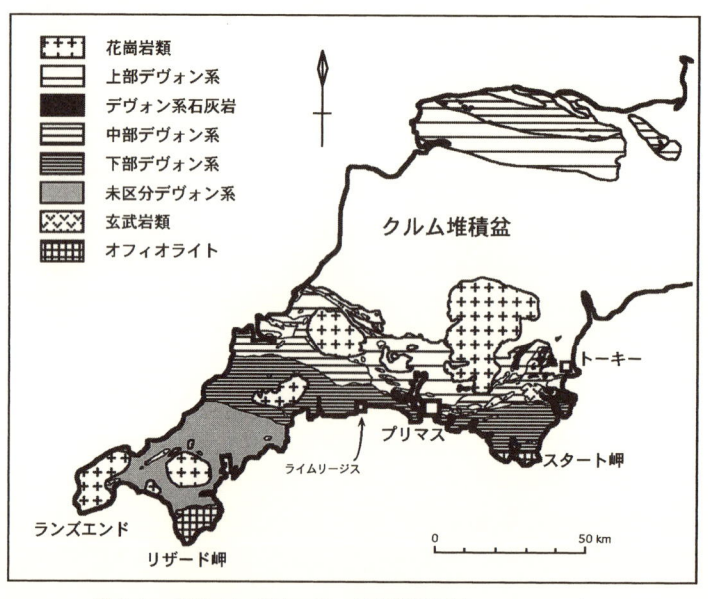

図 8-3　南西イングランドの地質概略図 (Dineley, 1992)．

達した．

コーンワル・デヴォン地域ではデヴォン紀エムス期（407〜398 Ma）頃に南南西から海が入り，デヴォン紀中期にはサンゴ礁が形成された．外海側に床板サンゴ類・四放サンゴ類が生息し，より深い海に堆積した頁岩へ移化している．サンゴ礁の内側は塊状石灰岩で，さらに内側ではデヴォン紀フランヌ期（385〜375 Ma）頃から上部旧赤色砂岩が出現する．デヴォン紀最後期になるとイングランドからベルギーへ石灰岩卓状地が広がり，石炭紀ヴィゼー期（345〜328 Ma）の頃から北方へタービダイトが供給されるようになった．これがクルム（Culm）相で，タービダイトはグレイワッケの模式地のハルツ山脈のものと一連である（図 8-3）．ゴニアタイト，深海性三葉虫などを産する．タービダイトが達する前縁は北西へ進み，化学組成はグレイワッケ質から石英質になった．一部では北方から石灰質タービダイトが供給された．

8-1-4. コーンワル鉱床区

コーンワル地域は世界的に有名な鉱床地帯である．沖積層からの錫，銅の砂鉱の採掘は青銅器時代からであるらしい．ローマ人が坑内採掘を始め，13世紀から銀の採掘が，17世紀からは錫の産出が増加した．主として鉱脈鉱床で，太古代の金鉱脈に対する「lode」という呼び名は，コーンワル地方のケルト方言である．

コーンワル花崗岩類は東北東―西南西に配列している（図 8-3）．主要な岩体は 5 つで，160 km にわたって分布する．巨晶をもち，捕獲岩が大変多いのが特徴である．熱水変質の結果のグライゼン化が同位体年代の測定を困難にしているが，おそらく 295 Ma（ペルム紀最初期）頃である．花崗岩の中へ 1000 m 以上確認されている鉱脈の最下部では，脈石の石英が破砕された空隙を錫石-電気石が埋めている．花崗岩の最上部から接触変成帯は銅-砒素-タングステン帯である．下部は硫砒鉄鉱，灰重石に富んでおり，上部へ黄銅鉱が増加し，脈石が電気石から緑泥石に変わる．接触変成帯の外側は，鉛-亜鉛-銀帯である．脈石鉱物に蛍石-カルセドニーが認められるようになる．最上部は鉄-マンガン帯で，輝安鉱，菱鉄鉱などが知られている（Duff, 1992）．

花崗岩からの距離とともに鉱床鉱物の組み合わせが変化する帯状分布（mineral zoning）は19世紀から知られていたが，20世紀になって多くの総括的な論文が発表されて鉱床探査に大変役立った．

8-1-5. 石炭紀の石炭

石炭紀中頃の海退は世界的で，北米では石炭紀のミシシッピ亜紀とペンシルヴェニア亜紀の境界には不整合がある．ヨーロッパの石炭紀も，ディナント（Dinant）亜紀とシレス（Siles）亜紀に二分されている．しかし両大陸の前期石炭紀の範囲は異なるようである．ヨーロッパではヴィゼー期までがディナント亜紀で，ミシシッピ亜紀の終わりは，その次のセルプーホフ期（328〜318 Ma）である．

レーノ・ヘルシニア帯の堆積盆は，セルプーホフ期後期までに埋立てられた．赤道に近かった中部ヨーロッパでは，この海退期に広い海岸低地に繁茂した植物から石炭紀の石炭が形成された．北側の堆積盆の外側に沿岸性のモラッセが堆積し，挟炭層を挟んでいる（図8-1）．最盛期のゴンドワナの氷床は南緯30°ぐらいに達しているので，気候の勾配は急であったらしい．

ルール炭田の石炭層の延長はベネルックス・フランスへ達しているが，さらに海峡を越えてイングランド・南ウェールズに分布する．これらの主要な挟炭層の時代のほとんどは後期石炭紀ウェストファール期≒モスコー期（312〜307 Ma）である．さらにポーランドの挟炭層もほぼ同時代である．石炭を構成するのは熱帯性のシダ類，*Lepidodendron*，*Sigillaria* などである．熱帯・湿潤な環境で急速に成長しているのでリグナイト分が多く，鉱物分が少ない．モラッセで急速に埋没され，炭化した．ペルム紀になって全体として乾燥気候になると針葉樹に置き換えられていく．南西イングランドの上部石炭系からペルム系は赤色層で，主として砂漠の砂である．

8-2. レーノ・ヘルシニア帯の異地性岩体

レーノ・ヘルシニア帯における異地性岩体の存在は，非常に古くから認識されていた．これらの岩体は，旧赤大陸の南縁部から，さらに南方のサク

ソ・チューリンギア帯との間にあって消失したレーノ・ヘルシニア洋へかけての地質を示している（図8-2b）．

8-2-1. ナップの岩体

レーニッシュマッシーフの東南部にギーセン（Giessen），南ハルツ（Sudharz），ゼルケ（Selke）などの異地性岩体が分布することは，非常に古くから認識されていた．近年になって，さらにその北西側の構造的下位にヘーレ（Hore），ゴンメルン（Gommern）などのナップが識別されている（図8-4；Franke, 1995）．

ギーセンなどのナップの基底には，オルドヴィス系下部からデヴォン系下部の範囲のさまざまな堆積岩の岩片があり，アルモリカ（Armorican）区に近縁な化石が発見されている．スライスとして最下部を構成するのはデヴォン紀前期の中央海嶺型玄武岩で，その上にエムス期に始まるデヴォン紀の遠洋性の頁岩・放散虫チャートが重なっている．ナップの主要部はグレイワッケ質タービダイトで，この変化はフランヌ〜ファメンヌ期に始まる．南側の

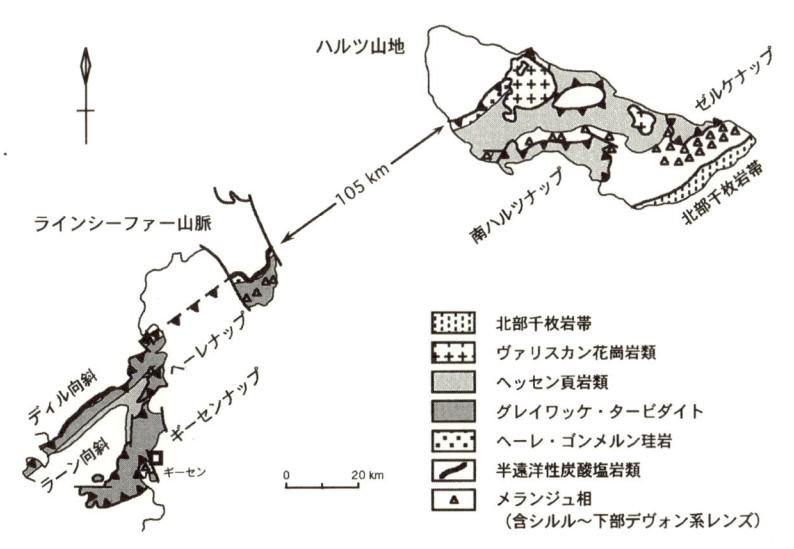

図8-4 レーノ・ヘルシニア帯の異地性岩体（Franke, 2000）．
　　レーニッシュマッシーフの東端部のギーセンナップ周辺とハルツ山脈のナップの分布を示してある．

中央ドイツ結晶質隆起帯の活動を反映しているらしい．

　ヘーレ，ゴンメルンなどのナップ帯の最北西端には，断続的にアイフェル～ファメンヌ階（398～359 Ma）の半遠洋性石灰岩が知られている．この南東側は砕屑性堆積岩類で，挟みの遠洋性頁岩・放散虫チャートはファメンヌ～ヴィゼー階である．南東側に分布するのが中部デヴォン系～石炭系トルネー階の石灰岩タービダイトで，これらがファメンヌ～ヴィゼー階下部のグレイワッケに覆われている（図8-4）．砂岩の中の砕屑性雲母の同位体年代は454～417 Ma（後期オルドヴィス紀～シルル紀）で，カレドニア造山帯起源であるらしい．

8-2-2．北部千枚岩帯

　レーニッシュマッシーフとハルツ山地の南縁部に，北部千枚岩（Northern Phyllite）帯と呼ばれる変成度が著しく高い地帯が幅狭く露出している（図8-2 a）．圧力の高い変成岩類で，圧力・温度は300～650 MPa，300℃，変成年代は約325 Ma（石炭紀セルプーホフ期）である．ライン川の西側の原岩はレーノ・ヘルシニア帯の構成岩類と考えられている．東側は主としてシルル紀後期～デヴォン紀前期の島弧的な火山岩類であるが，オルドヴィス系の泥質岩を含む（Meisl, 1995）．抽出された植物の微化石は寒冷な環境を示し，南側のアルモリカ地質体群に近縁である．ハルツ山地の北部千枚岩帯の構成岩類は複雑で，シルル～デヴォン系からプレート内玄武岩を含むオルドヴィス系が識別されている．

　北部千枚岩帯は東アヴァロニアとサクソ・チューリンギア地質体の縫合線を含む付加体であるらしい．レーノ・ヘルシニア帯を構成する主要な地層は，伸張場を示す火山岩類を挟む砕屑性陸棚相デヴォン系である．これらの砕屑粒は北の旧赤大陸，ローラッシャに起源がある．さらに下部石炭系のフリッシュと上部石炭系のモラッセの中に石炭層が分布している．これらに加えて南方起源の異地性岩体などの地質から，東アヴァロニアの南側の受動的大陸縁の地質が復元されている（図8-2 b）．

8-3. サクソ・チューリンギア帯

レーノ・ヘルシニア帯の南側はサクソ・チューリンギア (Saxo-Thuringian) 帯である。島弧の上の堆積物で，その東方延長は北西－南東方向へ延びるエルベ破砕帯 (Elbe Fracture Zone) で南へずれ，西への延長はライン川を越えてパリの北東部で尖滅する（図 8-1）。

8-3-1. 模式地のカドミア造山

フランスのブルターニュ半島の先端から東方へ，扇型に 300 km 以上広がるプレカンブリアがアルモリカマッシーフで，東への延長はフランス南部の中央高地 (Central Massif) に現れる（図 8-5 a, b）。これにサクソ・チューリンギア帯を加えたプレカンブリアがカドミア地質体で，古生層との間の不整合がカドミア (Cadomian) 造山である。カドミアの名の起源となったカドマ (Cadomus) はコタンタン (Cotentin) 半島であるが，最近ではノルマンジー (Normandie) 半島の名で知られている。

アルモリカマッシーフには多くの東西性の右ずれ断層があり，北の北アルモリカ剪断帯と南の南アルモリカ剪断帯によって 3 つの地帯に分けられる（図 8-5 a）。北帯はヴァリスカン造山の影響が比較的弱い。南東側から卓状地堆積物，大陸棚堆積物と配列し，さらにサンブリュ (St. Brieuc) 湾へ向かってガブロ，島弧ソレアイト玄武岩，タービダイトの順に分布している。ブリオベリア (Brioveria) 累層群という。複雑に褶曲し，ジルコン年代 670〜615 Ma の花崗閃緑岩類に貫入されている。パンペリー石相から中部角閃岩相の変成作用を受けているが，冷却年代は 590〜580 Ma の範囲である。

変成作用の後にミグマタイトが形成され，アナテクシスによるマグマが貫入した。ジルコンの U-Pb 年代で 542〜540 Ma（カンブリア紀最初期）が得られている。後変動時火成活動とされる花崗岩類・溶結凝灰岩の同位体年代は 540〜520 Ma（カンブリア紀前期）であるが，小規模な岩体からは 480 Ma（オルドヴィス紀トレマドック期）の値が得られている。

アルモリカマッシーフ北側にレーイック洋があって，アルモリカ地質体に

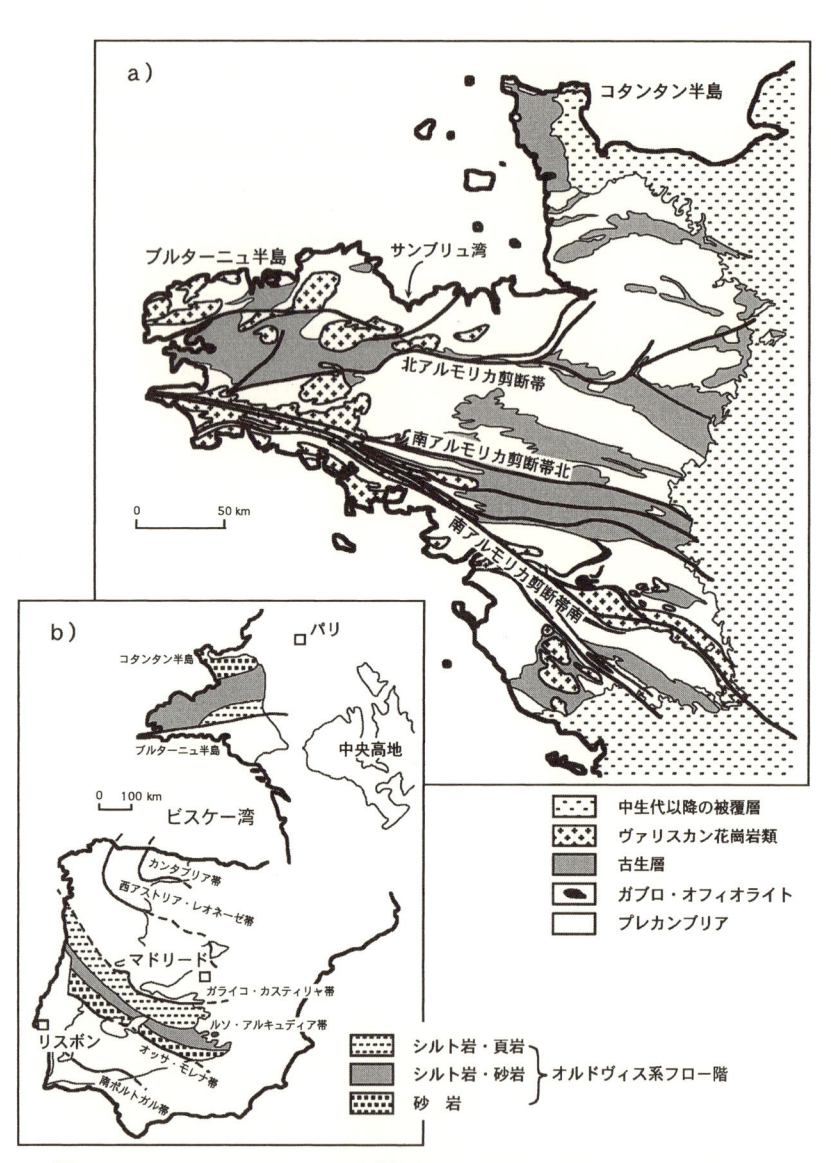

図 8-5 アルモリカマッシーフの地質概略とオルドヴィス系のイベリア半島への連続.
　a) アルモリカマッシーフの地帯構造区分と古生層・ヴァリスカン花崗岩類の分布 (Bodelle *et al.* eds., 1980 から). b) イベリア半島の地帯構造区分とアルモリカマッシーフから中央イベリア帯へ至るフロー階の岩相対比図 (Robardet and Gutierrez Marco, 1991). 中央イベリア帯を主としてシルル系が分布する北部のガライコ・カスティリャ帯と南部のカンブリア～オルドヴィス系が分布するルソ・アルキュディア帯に分けることがある.

対して現在の位置で北から南へ沈み込んでいたという点については，多くの研究者の意見が一致している．ジルコンのU-Pb年代602 Maを示すガブロの貫入は縁海の拡大を，変成作用は縁海の崩壊を示し，そしてタービダイトは縁海を埋積した堆積物とする説がある（Chantraine et al., 1994）．

ブリオベリア累層群は赤色層に不整合に覆われている．カンブリア系はシルト岩と砂岩の頻互層が多く，これらに溶岩・火砕岩が挟まり，一部では石灰質な部分がある．下部からは生痕化石が知られているが，上位へトンモト化石群，古杯類，三葉虫の順に化石が現れる．カンブリア系の上部は再び赤色層で，オルドヴィス系フロー〜タービン階（479〜468 Ma）のアルモリカ砂岩層に不整合で覆われるまでの間が欠けている．

8-3-2. 中央ドイツ結晶質帯

中央ドイツ結晶質（Mid-German Crystalline Rise）帯は，サクソ・チューリンギア帯の北縁の活動的縁辺域である．フランクフルトの南，ライン地溝の東側の南北50 kmほどのオーデンワルト（Odenwald）丘陵地が最大の地表露出である（図8-2 a）．約370 Ma（デヴォン紀ファメンヌ期）の変成岩類に貫入したガブロからジルコンのU-Pb年代で362 Ma（ファメンヌ期）が報告されている．この後に角閃石の冷却年代342〜335 Ma（ヴィゼー期）のI型花崗岩類が貫入している．分布が確認されている最西端はオーデンワルトの西100 kmほどに掘削された深部ボーリングで，中部デヴォン系（398〜385 Ma）から石炭系トルネー階（359〜345 Ma）に至る陸棚相が分布している．プレート収束帯の前弧海盆堆積物で，ザール・ナーエ（Saar-Nahe）堆積盆と呼ばれる．

オーデンワルト丘陵の北東方のスペッサルト（Spessart），ルーラ（Ruhla）両地域には，角閃岩相の変成岩類が露出する（図8-2 a）．スペッサルト地域には北部千枚岩帯のシルル紀〜デヴォン紀後期の火成弧に対比される変成岩類が分布し，珪岩からシルル紀後期の胞子が発見されている．いろいろな鉱物の変成年代が著しく均質で324〜318 Ma（石炭紀セルプーホフ期）であり，急速な隆起を示している．もっとも東の露出はエルベ破砕帯の延長部で（図8-6），花崗岩類のジルコンのPb-Pb年代が336〜327 Ma（ヴ

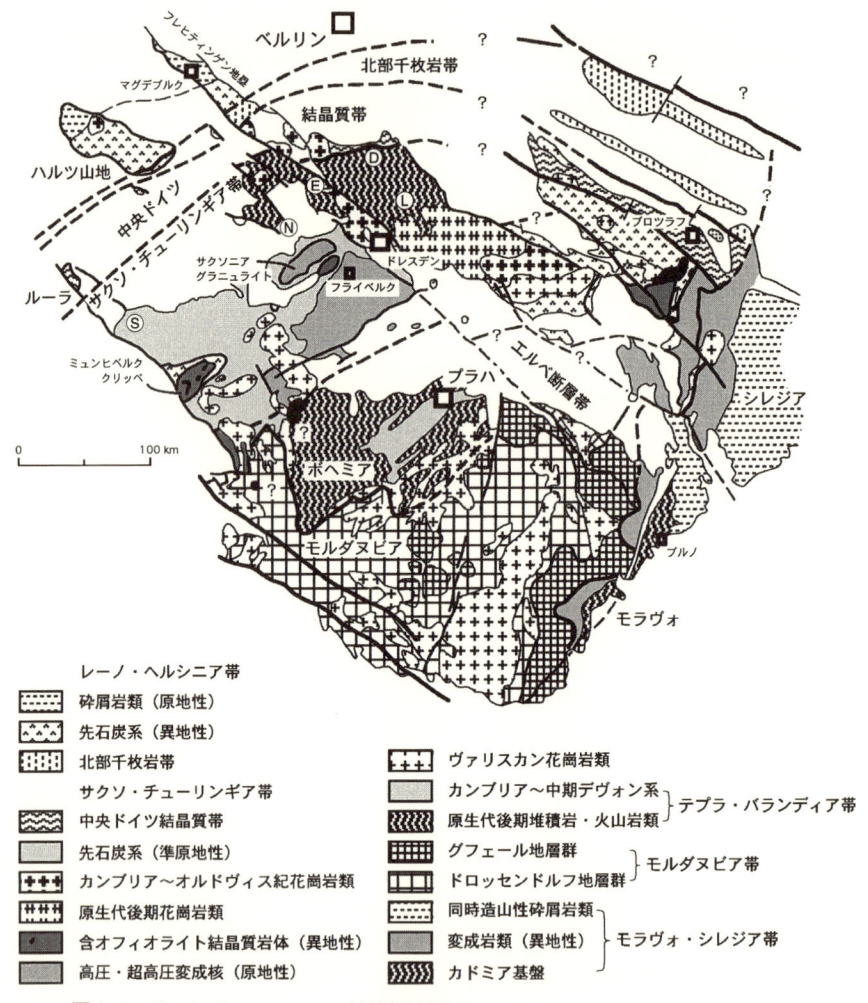

図 8-6 ボヘミアマッシーフの地質概略図 (Dallmeyer and Martinez Garcia eds., 1991; Franke and Zelazniewicz, 2000 などから).
Ⓓ: ドーバールーク向斜, Ⓔ: エルベ帯, Ⓛ: ラウジッツ背斜, Ⓝ: 北サクソニア背斜, Ⓢ: シュワルツブルク背斜.

ィゼー期) である.

中央ドイツ結晶質帯の花崗岩質片麻岩から, Pb-Pb 法で 588 Ma の年代が得られている. さらにレーノ・ヘルシニア帯のフリッシュからは, 変成を免

れた原生代後期の火山岩類の礫が得られており，デヴォン～石炭紀最初期のグレイワッケの砕屑性雲母からも類似の年代が得られている．中央ドイツ結晶質帯の基盤にはカドミア年代の変成岩類が存在するらしい．しかし，若い時代のグレイワッケの砕屑性雲母のK-Ar年代は380～370 Ma（デヴォン紀後期）に集中する傾向があるので，後背地はカドミアの基盤から沈み込み帯で形成された変成岩類へと変化したのであろう．

中央ドイツ結晶質帯は東北東へ延びるが，構成岩体の性質は，北部千枚岩帯と同様に，この延長方向へ変化する．このような特徴は，ヴァリスカン造山後期に生じた横ずれ断層が沈み込み帯の構造を切ったためと考えられている（Franke, 2000）．

8-3-3. エルツ山脈の高度変成岩類

バイロイトからチェコとの国境に沿って北東へ延びるフィヒテル山脈（Fichitelgebirge），エルツ山脈（Erzgebirge）などがサクソ・チューリンギア帯の主要部で，古くからプレカンブリア時代の基盤岩とされていたボヘミアマッシーフ（Bohemian Massif）の北部1/3ほどにあたる（図8-6）．エルツ山脈に沿って軸が南西へゆるく傾く背斜構造が存在するので，北東部には原生代末期の片麻岩類が露出している．カドミアの基盤である（図8-7）．変成度もフライベルク（Freiberg）を中心とする北東部が高い．

カドミアの基盤にはグレイワッケ質頁岩～泥岩が多く，オリストストローム，珪岩，マフィック火山岩類を挟んでいる．数多くのシュリンプ年代が発表されている（図8-7）．火成岩類からの年代値の最大のグループは670～630 Maで，この値がカドミア造山に対応している．砕屑性ジルコンからの値もほぼ同じである．その他に2.15～1.95 Gaのグループがある．この値は西アフリカ剛塊に由来する可能性がある．砕屑性ジルコンからのもっとも古いシュリンプ年代は約3.4 Gaである（Linnemann et al., 2004）．片麻岩類のAr/Ar年代は約330 Ma（ヴィゼー期）で，これがヴァリスカンの変成年代である．

主としてマントル起源の岩石の中に発見されてきたダイアモンドは，最近では超高圧変成岩の中にも発見されている．含まれる量が微量であるため，

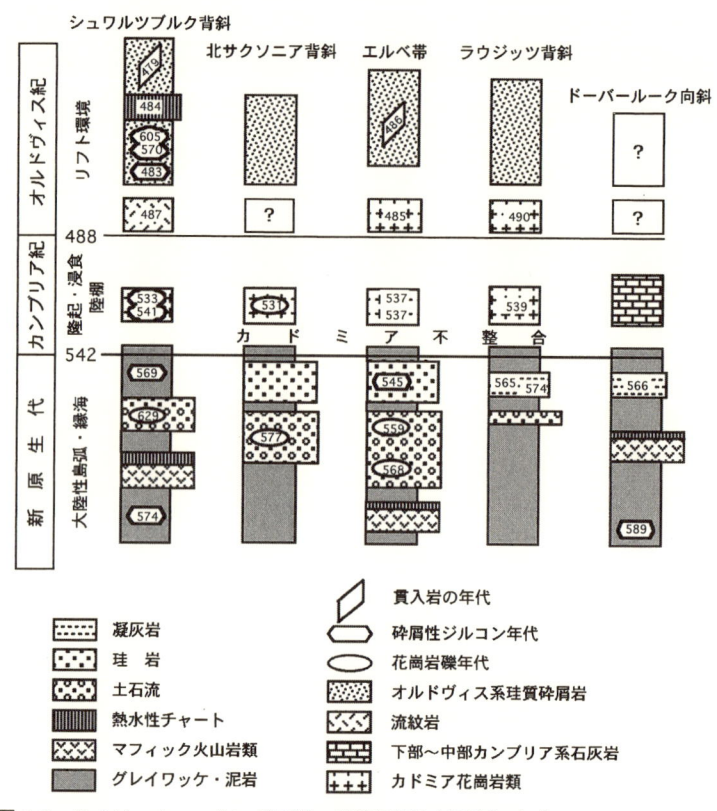

図 8-7 サクソ・チューリンギア帯の基盤岩類と被覆層の年代 (Linnemann et al., 2004).
　この基盤岩類がいわゆるプレカンブリアのカドミア基盤で，最上部は最下部カンブリア系であるらしい．その上の不整合がカドミア不整合である．しかしカンブリア紀に多くの花崗岩類が貫入している．同位体年代はジルコンのPb-Pb年代とシュリンプ年代のうち主要なものだけを示してある．地質柱状図の概略の位置は図 8-6 を参照．

　それらの産状は必ずしも明瞭ではない．しかしエルツ山脈のダイアモンドは微粒ではあるが含まれる数が多く，産状が詳しく判明している．いずれもザクロ石の中にほかの珪酸塩鉱物とともに包有されている．ある薄片の中には100粒以上のダイアモンドが発見されている (Stöckhert et al., 2001).

8-3-4. チューリンギア相とバヴァリア相

　顕生代の地層はプレカンブリアと不連続で，カドミア不整合と呼ばれる．この侵食の間にシュリンプ年代541〜530 Ma（カンブリア紀フォーチュン期）の花崗岩類が貫入している（図8-7）．南西から取り巻くように分布する原地性の地層は，チューリンギア（Thuringia）相と呼ばれる．化石を産する下部〜中部カンブリア系の石灰岩が分布する．オルドヴィス系との間は不整合で，ほぼカンブリア/オルドヴィス紀境界の年代（488 Ma）を示す花崗岩〜流紋岩類が知られている（図8-7）．これらを覆う珪質砕屑岩はオルドヴィス系で，カティー〜ヒルナント階（456〜444 Ma）の頁岩にはサハラ氷期の堆積物がある．北西側の向斜部には石炭系までが分布している．向斜軸の南に位置するサクソニア（Saxonia）グラニュライトのジルコン年代は340 Ma（ヴィゼー期）で，サクソ・チューリンギア地質体の下部地殻が構造岩片として衝上したものらしい（Franke and Stein, 2000）．

　南西方向に配列する複数のクリッペはバヴァリア（Bavaria）相と呼ばれ，チューリンギア相と比べてより深い海の堆積物が多い．ミュンヒベルク（Munchberg）クリッペ（図8-6）の下部は非変成古生層の複数のスライスからなる．最下位が石炭系で，一番古いオルドヴィス系は最上位である．ほとんどが半遠洋性の堆積物で，南縁部では後期デヴォン紀からタービダイトに覆われる．ヒルナント期の火山岩の古地磁気は高緯度を示し，コノドントの種類も寒冷型である．当時の極があったゴンドワナ近くに位置したらしい（Falk *et al.*, 1995）．クリッペの上部は変成岩類である．下部から上部へ緑色片岩相の泥岩・カルクアルカリ玄武岩，緑簾石-角閃岩相の中央海嶺型玄武岩，片麻岩が識別されている．最上位の片麻岩類の基底に近く，数多くのエクロジャイトのレンズがある．

8-3-5. エルツ山脈鉱床区

　エルツ山脈の西北の山麓に，フライベルク（Freiberg）という小さな町がある．1168年に銀が発見されてから鉱業の中心として栄えた．チェコとの国境は山頂の尾根を通っている．地形的な特徴からドイツ側の坑内採掘は排水に苦しみ，鉱業技術を発達させたといわれる．1775年，ここのベルグア

カデミーへ赴任したのがウェルナー（A. G. Werner；1749〜1817）で，亡くなるまでここの教授であった．東京大学地質学科の日本人としては初めての教授になった原田豊吉（1861〜1894）をはじめ，明治時代には多くの日本人がこの大学で学んだ．

　鉱床は小規模な花崗岩類が知られている北東部に多く，岩体の深部が露出している南西部には少ない．19世紀からといわれる古期花崗岩類と新期花崗岩類という分類は，現在でも使われるが，同位体年代にはあまり差がない．古期花崗岩類の年代は325〜305 Ma（石炭紀セルプーホフ〜カシモフ期）で，黒雲母，両雲母モンゾ花崗岩類を主とし，I型とS型の混合である．ストロンチウム同位体比の初生値は相対的に低い．新期花崗岩類の年代は317〜289 Ma（石炭紀バシュキル期〜ペルム紀サクマラ期）である．主としてリチウム雲母モンゾ〜閃長花崗岩で，Cs，Rb，Li，Sn，Wに異常に富み，トパーズを含んでいる．大部分はS型である．ストロンチウム同位体比の初生値が高い岩体が多く，基盤の寄与が指摘されている（Seltmann and Stemprok, 1995）．

　鉱床群はペルム紀前期の生成で，古期花崗岩類とW-Mo，新期花崗岩類とSn-W-F鉱床の関係は明瞭であるとされている．しかし，鉱床鉱物の広域的帯状分布はあまり明瞭でない．古く1378年の文献に「チンワルドの錫の森」という言葉がでてくる．チェコとの国境に近いドイツの町のチンワルド（Zinwald）を中心に約4000トンの錫が採掘されたと推定されている．しかし錫の鉱化作用はエルツ山脈全体に認められる．銅-鉛-亜鉛鉱脈の分布はフライベルクが中心で，1000本以上の鉱脈が採掘された．

8-4. ボヘミアマッシーフ

　チェコを中心とする地域に，高度の変成作用を受けたプレカンブリアが存在することは古くから知られており，ボヘミアマッシーフと呼ばれた．現在では複数の地質体に分けられ，ヴァリスカン造山の影響が識別されている．

8-4-1. テプラ・バランディア帯

　テプラ・バランディア（Tepra-Barrandian）帯はボヘミアマッシーフのほぼ中央部に位置し，変成・変形作用は 550〜540 Ma に終了した．中欧では唯一カドミア造山の地質をよく残している．テプラ・バランディア帯を有名にしたのは，ほぼ中央に分布する古生層のバランディア堆積盆の存在である（図 8-6）．19 世紀の中頃，フランス革命を逃れてきたバランデ（J. Barrande；1799〜1883）が 30 年にわたる膨大な研究結果を発表して有名になった．

　カンブリア〜デヴォン系の主要な分布は，プラハ付近から西南西方のプルゼニ（Plzen）に至る地域である．基底礫岩から上位へ海成の砂岩・グレイワッケになるが，礫質の部分が多い．中部カンブリア系はシルト・頁岩で，*Paradoxides* などの保存のよい化石を産するのはこの層準である．上部カンブリア系は陸上の安山岩・流紋岩で，499 Ma のシュリンプ年代が報告されている．この頃にゴンドワナから分離したと考えられている．

　オルドヴィス系も化石に富むが，サハラ氷期を示すヒルナント階（446〜444 Ma）の氷礫岩の出現によって中断している．シルル系から下部デヴォン系までの地層は浅海と半深海性石灰岩の互層で，化石が豊富である．シルル系とデヴォン系の境界，下部デヴォン系のロッホコフ階，プラーグ階などの模式地はバランディア堆積盆である．中部デヴォン系上部は黒色頁岩で，さらに粗粒な砕屑物が流入する．ヴァリスカン造山の始まりである．

　テプラ・バランディア帯は，サクソ・チューリンギア帯へ北西造山極性で衝上している．このような構造はミュンヒベルククリッペに類似している．この衝上断層の東方への延長は急傾斜の延性剪断帯になり，約 340 Ma（ヴィゼー期）の中央ボヘミアバソリスに貫入されている（図 8-6）．西方への延長は，ドイツのシュバルツバルト（Schwarzwald）からライン川を越えてフランスのヴォージュ（Vosges）の北端部に達する（図 8-1）．南縁は高度変成作用を受けたモルダヌビア帯の岩石に対して，東南造山極性の延性衝上断層で重なる．

8-4-2. モルダヌビア帯

　モルドウ（Vltava）川とドナウ川の合流する地域が，モルダヌビア帯

(Moldanubicum)で，高度変成作用を受けている．構造的下位は準原地性のドロッセンドルフ地層群（Drossendorf Assemblage）であるが（図 8-6），複数の変成度の逆転が認められている．下部はモノトナス統（Monotonous Series）と呼ばれる．泥岩・グレイワッケとフェルシック火山岩類を主とし，エクロジャイトのレンズがある．延性断層を挟んだ上部はブンテ（Bunte）統である．主要部は同じく泥岩とグレイワッケからなるが，晶質石灰岩，マフィック岩，石墨質片岩などの挟みが多い．角閃岩のジルコン年代の 358 Ma（石炭紀トルネー期）は原岩の固結年代と考えられている．変成年代とされる同位体年代は 367〜330 Ma（デヴォン紀ファメンヌ期〜石炭紀ヴィゼー期）である．西南部のアナテクシスを受けた部分の多い片麻岩類の変成作用は少し若く，326〜320 Ma（石炭紀セルプーホフ期）である．

　南モルダヌビアバソリスの年代値は 325〜305 Ma（セルプーホフ〜カシモフ期）で，モラヴォ・シレジア帯が衝突した後の伸張場の影響を受けている．構造的上位は異地性のグフェール（Gföhl）地層群と呼ばれる高圧グラニュライトで，東南東へ衝上している（図 8-6）．南モルダヌビアバソリスの貫入によるドーム構造により分布が規制され，バソリスを取り囲むように南縁に達している．全体として上部にフェルシックグラニュライトが多く，下部へ変成度が下がり，中圧型の変成岩になる．変成作用を受けた玄武岩〜花崗岩から 482〜370 Ma（オルドヴィス〜デヴォン紀）のジルコンの U-Pb 年代が得られている．火成岩類の固結年代であろう．上部のフェルシックグラニュライトの変成年代は 340 Ma（ヴィゼー期）頃である．

8-4-3. モラヴォ・シレジア帯

　ボヘミアマッシーフの東南側は西傾斜の衝上断層に切られ，その東側がモラヴォ・シレジア（Moravo-Silesia）帯である（図 8-6）．右ずれのエルベ断層帯の南東延長がこの中央部を横切り，南西部をモラヴォ帯，北東部をシレジア帯と呼ぶ．ウィーンの北北西約 60 km のクレムス（Krems）のあたりが分布の南端で，北北東へチェコのブルノ（Brno）からポーランドへ入る．南東側はアルプス，カルパチア造山帯の前地堆積盆で，第三系までの地層が堆積している．

ブルノのあたりから南のオーストリアには，バソリス規模の花崗岩がある．ジルコンのU-Pb年代は584 Maで，カドミア造山の年代である．I型の島弧の花崗岩類で，海洋底は東から西へ沈み込んでいたと考えられている．これらの花崗岩類を覆うように，主として砕屑岩類が変成した変成岩類が分布している．カドミアとヴァリスカンの変成作用に加えて，Jungmoravische Phaseと呼ばれる第3回目の変成作用を受けている．

カドミアの基盤を不整合に覆う現地性の地層からは，シルル紀の筆石頁岩が知られているが，主としてデヴォン～石炭系が分布している．海域が広がったのはデヴォン紀前期からで，陸棚に礁が形成され，フランヌ期(385～375 Ma)には1000 mの厚さになった．暖かい気候を反映してドロマイト化が進んだが，フランヌ期には海退が始まって礁が破壊された．ファメンヌ期(375～359 Ma)の海進からフリッシュの堆積が始まるが，堆積の中心は東へ移動して堆積盆は狭くなった．ヴィゼー期(345～328 Ma)には海岸性のモラッセが堆積し，厚さ5 mの石炭層に覆われる(Fritz and Neubauer, 1995).

8-5. イベリア半島

イベリア半島の西半分の主要部は，プレカンブリア基盤岩の上の陸棚相の古生層で，ヴァリスカン造山を受けている．プレカンブリア時代ならびに古生代の陸塊の衝突・分離，さらに島弧の形成が明らかになっている．

8-5-1. イベリア半島の北西部

北東の端のカンタブリア(Cantabrian)帯は西へ著しく凸な弧を描いており，西側の境界にはナルセア(Narcea)背斜と呼ばれるプレカンブリアが露出している(図8-5b)．基盤の上はカンブリア系から始まる大陸棚堆積物で，オルドヴィス系はタービダイト相の砕屑岩類からなり，氷礫岩が知られている．東方造山極性を示す多くの衝上断層が発達する．東部の中央石炭堆積盆(Central Coal Basin)と呼ばれる石炭系は数千mの厚さがある．

ナルセア背斜の南西側が西アストリア・レオネーゼ(West Asturian-Leonese)帯である(図8-5b)．古生層は下部カンブリア系から石炭系で，

おそらく大陸縁の伸張場に形成された堆積盆である．全体としては非常に浅い堆積相であるが，沈降が著しかった場所ではタービダイトが堆積し，玄武岩が噴出した．東方造山極性で，東側では衝上断層が，西側にはプレカンブリアの基盤を巻き込んだ褶曲構造が発達している．主として西側に同位体年代 307〜284 Ma（石炭紀カシモフ期〜ペルム紀サクマラ期）の花崗岩類が貫入している．カルクアルカリ岩系のⅠ型花崗岩類が多いが，一部にS型の優白色花崗岩類が認められる．変成度は西へ向かって上昇し，西アストリア・レオネーゼ帯の西を限るヴィヴェロ（Vivero）断層に沿う地帯では紅柱石を交代する藍晶石が現れて，中圧型の変成相を示している．

8-5-2. 中央イベリア帯

西アストリア・レオネーゼ帯の南西側は，中央イベリア（Centro-Iberian）帯である．イベリア半島の北西端から南東へ延びる．プレカンブリアの基盤は大陸縁辺部の堆積物で，不整合の上は基底礫岩から頁岩になり，燐酸塩に富む層準をへて古杯類の化石が出現する．さらに不整合で重なるオルドヴィス系の岩相と化石は，ブルターニュ半島からコタンタン半島へかけてのオルドヴィス系に類似している（図8-5 b）．砂質の基底の上に重なる珪質砕屑岩がフロー〜タービン階（479〜468 Ma）のアルモリカ珪岩（Armorican Quartzite）層で，生痕化石が多い．この上位の暗色頁岩には三葉虫・筆石などの化石が非常に豊富である．ヒルナント階（446〜444 Ma）にはサハラ氷期の氷礫岩がある（Robardet and Gutierrez Marco, 1991）．

イベリア半島の北西端から中央イベリア帯に沿って延びる4段に重なるナップがあり（図8-8 a），藍閃石・ローソン石を生じている．いずれも東方へ衝上している．最下位のシートは中央イベリア帯起源で，2段目は南西側のオッサ・モレナ帯，3段目はオフィオライト，そして最上位にはプレカンブリアの地殻が衝上している（図8-8 b）．最上位ナップのプレカンブリアのジルコン年代は 2.5〜2.0 Ga で，カドミアの変動は認められない．

世界各地の水銀鉱床はいずれも小規模で，21世紀に枯渇が心配される金属資源の筆頭である．しかし中央イベリア帯のアルマデン（Almaden）鉱床だけは例外で，2000年以上にわたって採掘された．生産量が正確に記録さ

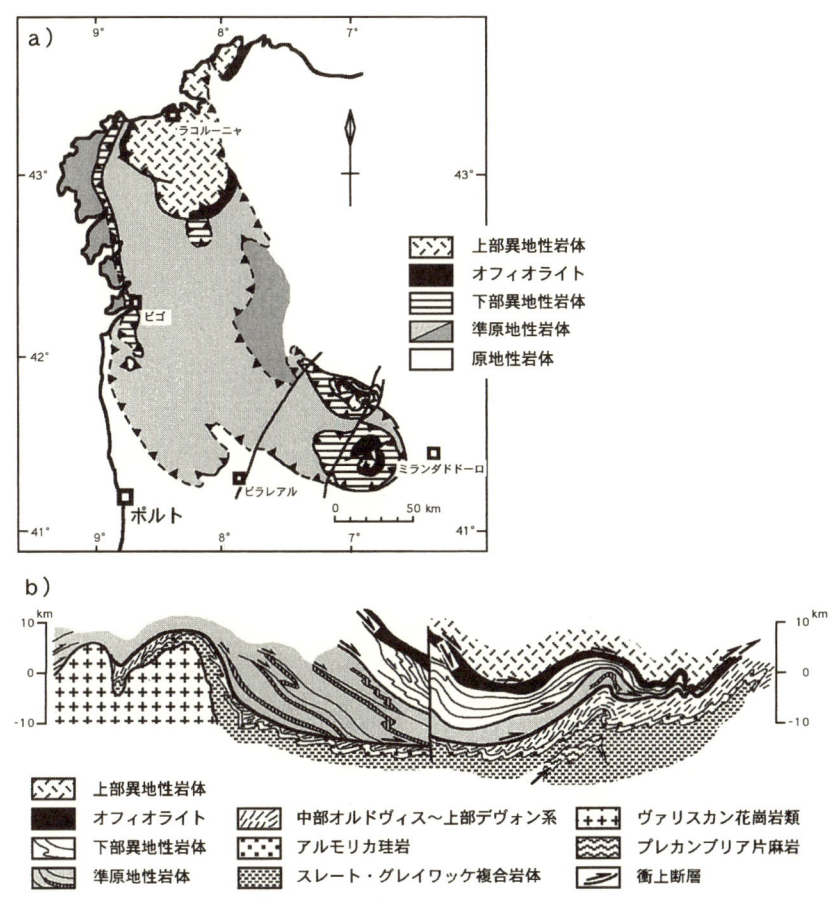

図 8-8 中央イベリア帯の異地性岩体 (Ribeiro et al., 1991).
　a) 異地性岩体の分布図，b) ほぼビラレアル～ミランダドドーロを通る地質断面図.

れているのは 16 世紀からであるが，以来 26 万トンを産出し，その間の世界の水銀生産量の約 1/3 にあたる．1942 年に 2800 トンという最高生産記録を達成したが，1970 年頃からは公害問題もあって生産量は著しく減少した．しかし，現在でも 3.5% Hg の鉱石から年間 1400 トンの水銀を生産している．これは世界の生産量の約 20% である．

　母岩はヒルナント階の頁岩の上の珪岩である．厚さ 7 m の頁岩を挟んで

厚さ10 mの下部珪岩と厚さ40 m以上の上部珪岩からなり，主として上下の珪岩の上部に辰砂が濃集し，シルル系ランドヴェリー統（444〜428 Ma）の頁岩に覆われる．このような産状から，鉱床は海水−海底境界で生成したと考える研究者が多かった．ところが鉱床探査が進むとシルル系の最上部の火山岩類の中の網状脈などが発見されて，アルマデン鉱床群の堆積説は怪しくなってきた．

8-5-3. オッサ・モレナ帯

中央イベリア帯の南西側がオッサ・モレナ（Ossa-Morena）帯で，プレカンブリア基盤岩を不整合に覆う古生層が分布している．コルドバから北西へ延びる左ずれのバダホス・コルドバ（Badajoz-Cordoba）剪断帯を境界にして，北東側の造山極性は北東であり，南西側は南西である．バダホス・コルドバ剪断帯に分布するプレカンブリア時代の地層は，一度エクロジャイト相の変成作用を受けたらしい．

カンブリア紀の海進は南からで，テレヌーヴ世（542〜521 Ma）に始まる．カンブリア紀中期（〜513 Ma）に花崗岩〜閃長岩類が貫入した．その後，513〜501 Maにプレート内アルカリ岩の活動があり，リフトが形成されて南側の陸塊が分離したらしい．上部カンブリア系を欠き，再び海進が始まるのはオルドヴィス紀最初期（488 Ma〜）からで，デヴォン紀前期まではほぼ連続した陸棚相の砕屑岩類からなっている．これらの地層をフリッシュが覆い，最後は陸成の山間盆地堆積物である．

オッサ・モレナ帯と中央イベリア帯の境界の南西部に，ロスペドロヘス（Los Pedroches）バソリスという火成岩帯がある．火山岩類へ貫入する花崗岩類で，幅は20 kmほどであるが，北西−南東方向へは200 kmほど連続し，その延長にも花崗岩類が見出される．前期の岩体はI型の花崗閃緑岩類で，同位体年代の分布の中心は約330 Ma（ヴィゼー期），後期の岩体はS型の花崗岩類で，同位体年代は約305 Ma（カシモフ期）である．この頃から後の火成岩類は伸張場で活動したA型花崗岩類で，アルカリ岩である．

陸成ペルム系最下部（299 Ma〜）から産出する植物化石には，ユーロアメリカ（Euroamerican）種とゴンドワナ種の混合が認められる．これがヨー

ロッパにゴンドワナ植物が到達した最初である．しかし，ゴンドワナ植物群が全ヨーロッパに広がるのは三畳紀なので，オッサ・モレナ帯の北に植物の伝播を妨げる障壁が存在したらしい．

8-5-4. 南ポルトガル帯

オッサ・モレナ帯の南西側が南ポルトガル (South Portuguese) 帯で，境界には延長約 300 km にわたり厚さ 1500 m のベハアセブヘス (Beja Acebuches) オフィオライトが分布している (図 8-9)．デヴォン系ファメンヌ階 (375〜359 Ma) 下部〜中部に覆われ，南側には著しい左ずれの動きがある．オフィオライトの南側にプロドロボ背斜状構造 (Pulodo Lobo Antiform) と呼ばれる，主として北傾斜の砕屑岩類からなる地層が分布してい

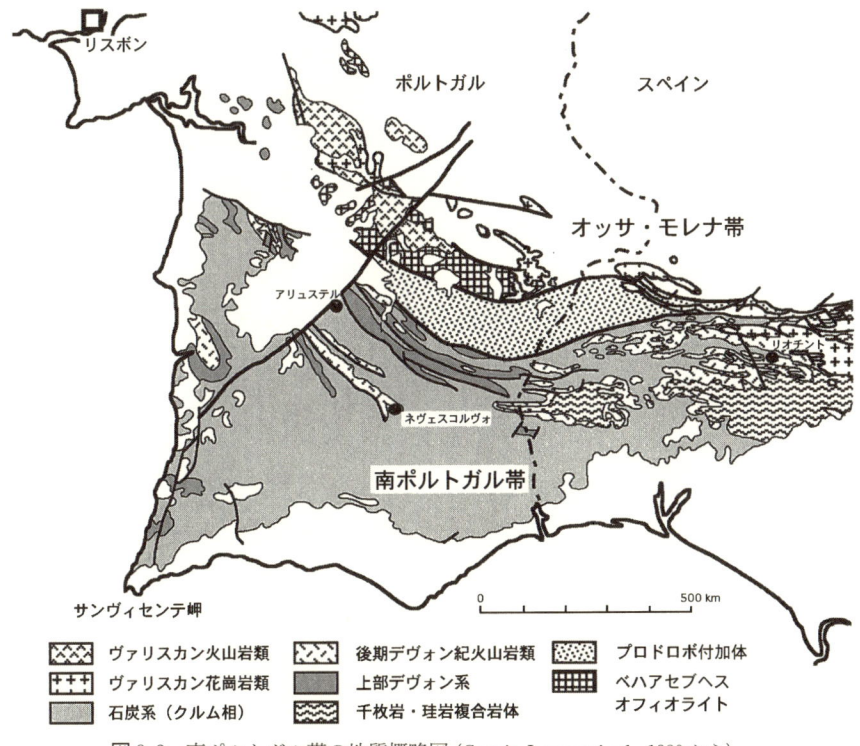

図 8-9 南ポルトガル帯の地質概略図 (Garcia-Loygorri ed., 1980 から)．

る（図 8-9）．幅 20 km ほどで，南方造山極性の多くの衝上断層が発達する．見かけの上部からフランヌ期（385～375 Ma）後期～ファメンヌ期前・中期の化石が，下部からはファメンヌ期前・中期～石炭紀トルネー期（359～345 Ma）最前期の化石が発見されている（Oliveira, 1991）．地層の見かけの上部が古いらしい．砕屑岩類に挟まれる玄武岩類は中央海嶺型である．

　プロドロボ背斜状構造の南側には大量の黄鉄鉱鉱床が存在し，イベリア黄鉄鉱帯（Iberian Pyrite Belt）と呼ばれる．北部の地層は多くの南造山極性の断層で切られ，準異地性の性格が強く，南は原地性である．層序的な最下位は千枚岩・珪岩層と呼ばれる．主として砂岩で，浅海での堆積を示す多くの構造が観察されている．最上部に厚さ 30 m ほどの石灰質な頁岩があり，ファメンヌ期のコノドントを産出する．その上位が火山岩類と堆積岩の割合が半々ぐらいの火山堆積岩複合岩体で，鉱床の母岩である（図 8-9）．火山岩類は流紋岩で，南部の現地性の地層には溶岩よりも再堆積した凝灰岩が多い．

　多くの鉱床の上位に衝上面があり，石炭系最下部のトルネー階を欠き，ゴニアタイト，ポシドニアなどの化石を豊富に産出するヴィゼー階（345～328 Ma）が分布する．ヴィゼー期後期からタービダイトの堆積が始まり，クルム相が発達する．南西方向へ時代が新しくなり，イベリア半島の南西端のサンヴィセンテ（Sao Vicente）岬近くでは石炭系バシュキル階（318～312 Ma）最上部が分布する（図 8-9）．

8-5-5.　イベリア黄鉄鉱鉱床

　イベリア黄鉄鉱鉱床にはローマ時代以前からの古い歴史があり，二次富化帯から金・銀・銅が採掘された．ポルトガルのタルシス（Tharsis）鉱山では 4000 BC にはすでに「焼け」から金が採掘されていたといわれる．イベリア黄鉄鉱帯に沈殿した硫化物の総量は約 11 億トン，$0.8\,g/t$ Au，$30\,g/t$ Ag，1.1% Cu，1.1% Pb，2.9% Zn，0.6% As，40% Fe，46% S と計算されている．フェルシック火山活動に伴う点からは黒鉱型鉱床で，網状鉱脈を伴い，鉄・マンガンに富む赤色のジャスパー（Jasper）に覆われる．鉱石の中には種々の堆積構造が観察され，海底を滑動した異地性鉱床とされるものもある．黄鉄鉱の硫黄同位体比は著しく低く，バクテリアによる大規模な硫

酸の還元があった．

　最大の鉱床はポルトガルのアリュステル（Aljustrel）鉱床である．現在でも2億5000万トンの鉱量があり，この型の鉱床では世界最大の1つである．ポルトガルでは1977年にも埋蔵量1億3000万トン，平均品位8.5% Cu，1.2% Pb，6.0% Zn に達するネヴェスコルヴォ（Neves-Corvo）鉱床が発見され，ファメンヌ期最末期の胞子が得られてイベリア黄鉄鉱鉱床の比較的正確な時代が決まった．しかし，もっともよく知られているのはスペインのリオチント（Rio Tinto）鉱山（図8-9）で，ここのローマ時代のスラッグは3000万トンに達する．東西6 km，南北1 kmのセロコロラド（Cerro Colorado）背斜の両翼の上の鉱床群で，沈殿した黄鉄鉱は7億5000万トンと見積られている（Strauss et al., 1977）．

8-5-6.　イベリア半島のテクトニクス

　イベリア半島を通じてカンブリア系は北西が浅海相で，南へより深い堆積相を示している．オッサ・モレナ帯ではカンブリア紀中期に変形運動が生じ，プレート内玄武岩が噴出した．この時にイベリア地質体がゴンドワナから分離したという考えがある．シルル紀の初め頃にバダホス・コルドバ剪断帯を中心に伸張場になった．この時の火山活動は中央イベリア帯の2段目のナップに記録されている．最初はアルカリ岩質のバイモーダル火山活動で，ソレアイト質の中央海嶺型玄武岩へ漸移している．Ar-Ar 年代は 385 Ma（ギヴェ/フランヌ境界）で，衝上の年代を示している．北部ではデヴォン紀後期に変動が止んだ．

　中央イベリア帯のナップの3段目を構成しているオフィオライトは，オッサ・モレナ帯の南西側の海洋底を示している．4段目の大陸地殻は，その海洋の対岸に存在した大陸の断片で，ゴンドワナの一部であったかもしれない（図8-10 a）．北東への海進はフランヌ期から始まり，オフィオライトは一部で下部～中部ファメンヌ階に覆われる．ファメンヌ期前期にベハアセブヘス縁海が拡大し，オッサ・モレナ帯が伸張場の影響を受けて沈降した．この頃からI型花崗岩類の貫入が始まる．ファメンヌ期最末期に多くの黒鉱型鉱床が生成した．ファメンヌ期は約16 m.y. ほどの時代である．縁海の拡大と

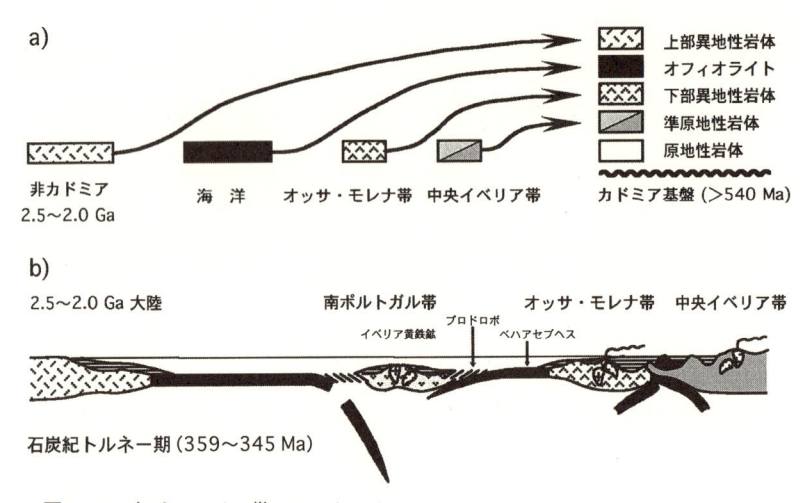

図 8-10　南ポルトガル帯のテクトニクス．
　　a) 中央イベリア帯の異地性岩体の起源を示す概念図．b) 石炭紀最初期のプレートテクトニクス．

黒鉱型鉱床生成の時空分布は，日本の黒鉱鉱床に酷似する．
　プロドロボ背斜状構造は縁海が崩壊した時の付加体であろう．石炭系トルネー階が南方造山極性の変動を受け，さらに黒鉱型鉱床の上位へはヴィゼー階が衝上している．おそらく，この頃にベハアセブヘス縁海が崩壊してイベリア黄鉄鉱島弧がアルモリカ地質体へ衝突した（図 8-10 b）．

8-6.　ヴァリスカン造山帯のテクトニクス

　オルドヴィス紀の頃，当時の南極は現在のサハラ砂漠のあたりに位置していた．アルモリカ地質体群以南にはサハラ氷期の氷礫岩が知られているので，これらの地質体群は南極が位置したゴンドワナのへりに位置していたらしい（図 7-11 c）．

8-6-1.　ヴァリスカン造山帯の造山極性

　フランスとスペインの間のビスケー湾は，白亜紀から古第三紀にかけて扇形に拡大した．したがってビスケー湾の拡大前，中欧のヴァリスカン造山帯

a)

[地帯構造区分]
レーノ・ヘルシニア　サクソ・チューリンギア　　　　テプラ・バランディア　　　　モルダヌビア　　モラヴォ・シレジア
　　　　　ギーセン　中央ドイツ　ミュンヒベルク　　　　　　　　　　　　　　　グフェール
　　　　　　　　　結晶質　フェッサー

シルル島弧　　フランコニア　　　　　　ボヘミア　　　　　ドロッセンドルフ
[地質体区分]　　サクソ・チューリンギア　　　　　　　モルダヌビア　　　　シレジア
アヴァロニア

b)

シルル紀ラドロー世 (423〜419 Ma)
　　　　　　　　　　　　　　　　　　←──── アルモリカ地質体群 ────→
東アヴァロン　レーイック洋　島弧　サクソ・チューリンギア島弧　　　　　　　ボヘミア島弧
　　　　　　　　　　　　　　　　　　　　　　　　　サクソ・チューリンギア洋
　　　　　　　　　　　　　　　フランコニア
　　　　　　　　　　　　　　　フェッサーリフト

デヴォン紀エムス期 (407〜398 Ma)
東アヴァロン　　　レーノ・ヘルシニア海　　　　　　　　　ボヘミア島弧
北部千枚岩帯　　サクソ・チューリンギア島弧

デヴォン紀ファメンヌ期 (375〜359 Ma)
東アヴァロン　　　　サクソ・チューリンギア島弧　ボヘミア島弧
　　　　レーノ・ヘルシニア海

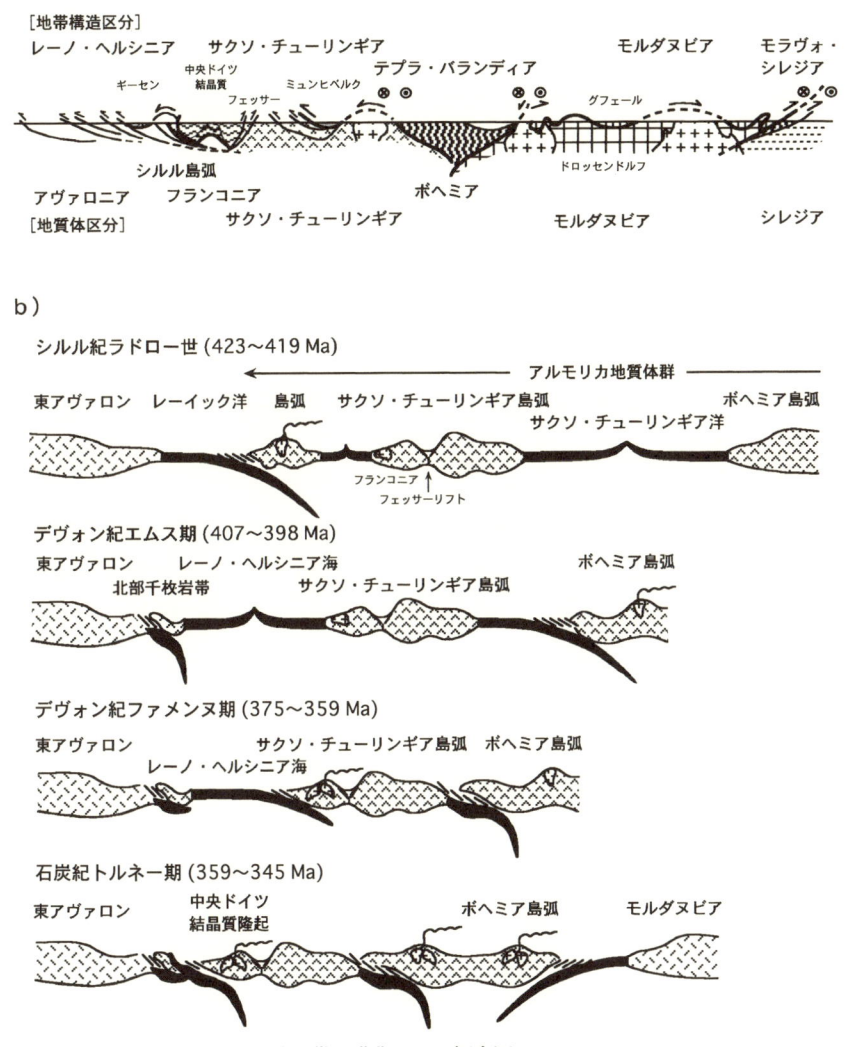

石炭紀トルネー期 (359〜345 Ma)
東アヴァロン　中央ドイツ　　　　　　ボヘミア島弧　　　　モルダヌビア
　　　　　　結晶質隆起

図 8-11　ヴァリスカン造山帯の進化を示す概念図.
　a) ヴァリスカン造山帯のテプラ・バランディア帯を通る南北地質構造図 (Franke, 2000). 凡例は図 8-6 を参照. b) 中欧ヴァリスカン造山帯の進化を示す概念図 (Berthelsen, 1992 ; Franke, 2000 などから).

は西へ，ブルターニュ半島から現在のイベリア半島へ連続していた．両地域の古生層，とくに浅海相のオルドヴィス系などは非常によく対比される（図8-5b）．しかしビスケー湾の拡大を復元しても，ヴァリスカン造山帯の地帯構造の屈曲は90°以上になる．バダホス・コルドバ剪断帯の北東側の北東方造山極性の地帯は，ブルターニュ半島の南縁部では南方造山極性になり，さらにフランスの中央高地ではデヴォン紀頃の高圧変成岩を挟む衝上断層が北部のプレカンブリアを南方へ運んでいる．一方では，バダホス・コルドバ剪断帯の南西側の南西方造山極性の地帯は，イングランドへ上陸して北方造山極性になる（図8-1）．

　北が北方造山極性，南が南方造山極性という特徴は，中欧でも認められる．レーノ・ヘルシニア帯の多くの衝上断層は，いずれも北方造山極性である．北部千枚岩帯周辺の断層は一部では逆転しているものの，下部では南傾斜の北方造山極性である．その南のサクソ・チューリンギア帯の南縁部も，深部試錘によると南傾斜の衝上断層である．しかし，より南方のテプラ・バランディア帯とモルダヌビア帯，モルダヌビア帯とモラヴォ・シレジア帯の境界は，いずれも南方造山極性である．このような北方造山極性と南方造山極性の地帯のほぼ中軸に位置するのが，テプラ・バランディア帯，すなわちボヘミア地質体である（図8-11a）．ヴァリスカン造山帯は中軸部より発散するような造山極性を示していることが特徴である．ヴァリスカン造山を通じて衝突した島弧群に対して，北と南から沈み込んだためと考えられている（Franke, 1989）．しかしレーノ・ヘルシニア帯とモラヴォ・シレジア帯の地質は類似しており，レーノ・ヘルシニア帯はボヘミアマッシーフの東側を回り込んでモラヴォ・シレジア帯につながっていたとする説もある（図8-6）．

8-6-2. 北方造山極性の地帯

　ヴァリスカン造山帯の主要な堆積盆は，カンブリア〜オルドヴィス紀の間に形成されている．この頃，少なくとも一部の島弧がゴンドワナから分離したのであろう．東アヴァロニアとアルモリカ地質体群との間のレーイック洋はかなり広かったらしく，動物区からも，古地磁気からも分離が確認できる．しかし個々のアルモリカ地質体群は，動物区・古地磁気の手段では識別でき

ない (McKerrow *et al*., 2000 ; Tait *et al*., 2000).

　北部千枚岩帯に巻き込まれた島弧と中央ドイツ結晶質帯の火山岩類の同位体年代は，いずれも 410 Ma（前期デヴォン紀プラーグ期）よりは古い．したがって，レーイック洋の沈み込みは主としてシルル紀に起きたらしい．この沈み込みによってサクソ・チューリンギア地質体側には火成帯が形成され，さらに島弧・縁海が形成されて火成帯が引き裂かれた．サクソ・チューリンギア地質体側に残った火成帯が，中央ドイツ結晶質帯である．デヴォン紀エムス期（407～398 Ma）以後，古生物学的にはローレンシアとアルモリカ地質体群との相違がなくなる（McKerrow *et al*., 2000）．この頃にレーイック洋が消滅し，島弧は東アヴァロニアへ衝突したらしい．

　衝突した島弧の背後の縁海がレーノ・ヘルシニア海で，デヴォン紀前～中期にはさらに拡大した．サクソ・チューリンギア地質体の初期の変成年代は 380 Ma 頃であるので，レーノ・ヘルシニア海が沈み込みを始めたのはフランヌ期（385～375 Ma）であろう．トルネー期後期（～345 Ma）になると，中央ドイツ結晶質帯に由来するタービダイトがハルツ山地の原地性堆積物に達する．サクソ・チューリンギア地質体が東アヴァロニアへ衝突したのはこの頃である（図 8-11 b）．

8-6-3. 南方造山極性の地帯

　ボヘミア地質体は，サクソ・チューリンギア地質体に続いて北上した．両地質体の間のサクソ・チューリンギア洋の海洋底は，エムス期の頃から南方へ沈み込み，ボヘミア地質体の前面には付加体が発達した．テプラ・バランディア帯起源のタービダイトは，ファメンヌ期（375～359 Ma）にはサクソ・チューリンギア地質体に達している．この衝突によってミュンヒベルククリッペなどが形成された．サクソ・チューリンギア地質体から見ると，その前面と背後における二重衝突であるが，背後からの衝突のほうが早かった（図 8-11 b）．

　ボヘミア地質体とモルダヌビア地質体の衝突についてはあまり明らかでない．縫合線はヴィゼー期（345～328 Ma）の中央ボヘミアバソリスに貫入され，西方のシュバルツバルト，ヴォージュではヴィゼー期後期の陸成層に覆

われている．アルプス造山帯の基盤にもヴァリスカン造山に関係した複数の地質体が存在する．最南縁に最後に衝突したノール（Noric）地質体には石炭系下部までの陸棚相の炭酸塩岩がある．しかし主要な変成年代は石炭紀で，その頃に付加したらしい（Frisch and Neubauer, 1989）．

古生代を通じてプレカンブリア基盤岩をもつ島弧が衝突した変動がバリスカン造山運動で，シルル紀から石炭紀まで継続した（図 8-11 b）．しかし，このようなモデルに対しては異説もある．サクソ・チューリンギア地質体の上部オルドヴィス系から下部石炭系までの陸棚相の堆積岩の砕屑性ジルコンのシュリンプ年代の分布はほぼ一定で，西アフリカ起源を明瞭に示している．この間にゴンドワナのへりから次々に陸塊が分離したとは考えにくい（Linnemann *et al*., 2004）．

引用文献（第 8 章）

Berthelsen, A. (1992)：Mobile Europe. *In* D. Blundell, R. Freeman and S. Mueller, eds., A Continent Revealed, The European Geotraverse, 11-32, Cambridge Univ. Press, 275 p.

Bodelle, J. *et al*., eds. (1980)：Carte geologique de la France et de la marge continentale a l'echelle de 1/1,500,000, BRGM.

Chantraine, J., Auvray, B., Brun, J. P., Chauvel, J. J. and Rabu, D. (1994)：The Cadomian Orogeny in the Armorican Massif, conclusion. *In* R. D. Dallmeyer and E. Martinez Garcia, eds., Pre-Mesozic Geology of Iberia, 126-128, Springer, 416 p (transrated by M. S. N. Carpenter).

Dallmeyer, R. D. and Martinez Garcia, E., eds. (1991)：Pre-Mesozic Geology of Iberia, Springer, 416 p.

Dineley, D. L. (1992)：Devonian. *In* P. McL. D. Duff and A. J. Smith, eds., Geology of England and Wales, 179-205, Geol. Soc. (London), 651 p.

Duff, P. McL. D. (1992)：Economic Geology. *In* P. McL. D. Duff and A. J. Smith, eds., Geology of England and Wales, 589-637, Geol. Soc. (London), 651 p.

Falk, F., Franke, W. and Kurze, M. (1995)：Saxothuringian Basin, autochthon and nonmetamorphic nappe units. *In* R. D. Dallmeyer, W. Franke and K. Weber, eds., Pre-Permian Geology of Central and Eastern Europe, 221-234, Springer, 604 p.

Franke, W. (1989)：Tectonostratigraphic units in the Variscan belt of central Europe. *In* R. D. Dallmeyer, ed., Terranes in the Circum-Atlantic Paleozoic Orogen, Geol. Soc. Amer., Spec. Pap., 230, 67-90, 277 p.

Franke, W. (1992)：Phanerozoic structures and events in central Europe. *In* D. Blundell, R. Freeman and S. Mueller, eds., A Continent Revealed, The European Geotraverse, 164-180, Cambridge Univ. Press, 275 p.

Franke, W. (1995)：Rhenohercynian Foldbelt, Stratigraphy. *In* R. D. Dallmeyer, W.

Franke and K. Weber, eds., Pre-Permian Geology of Central and Eastern Europe, 567-578, Springer, 604 p.

Franke, W. (2000) : The mid-European segment of the Variscides : tectonostratigraphic units, terrane boundaries and plate tectonic evolution. *In* W. Franke, V. Haak, O. Oncken and D. Tanner, eds., Orogenic Processes : Quantification and Modelling in the Variscan Belt, Geol. Soc. (London), Spec. Pub., 179, 35-61, 459 p.

Franke, W. and Stein, E. (2000) : Exhumation of high-grade rocks in the Saxo-Thuringian Belt : geological constraints and geodynamic concepts. *In* W. Franke, V. Haak, O. Oncken and D. Tanner, eds., Orogenic Processes : Quantification and Modelling in the Variscan Belt, Geol. Soc. (London), Spec. Pub., 179, 337-354, 459 p.

Franke, W. and Zelazniewicz, A. (2000) : The eastern termination of the Variscides : terrane correlation and kinematic evolution. *In* W. Franke, V. Haak, O. Oncken and D. Tanner, eds., Orogenic Processes : Quantification and Modelling in the Variscan Belt, Geol. Soc. (London), Spec. Pub., 179, 63-86, 459 p.

Frisch, H. and Neubauer, F. (1989) : Pre-Alpine terranes and tectoic zoning in the eastern Alps. *In* R. D. Dallmeyer, ed., Terranes in the Circum-Atlantic Paleozoic Orogen, Geol. Soc. Amer., Spec. Pap., 230, 91-100, 277 p.

Fritz, H. and Neubauer, F. (1995) : Moravo-Silesian Zone, autochthon, structure. *In* R. D. Dallmeyer, W. Franke and K. Weber, eds., Pre-Permian Geology of Central and Eastern Europe, 491-494, Springer, 604 p.

Garcia-Loygorri, A., ed. (1980) : Mapa Geologico de la Perninsula Iberica, Baleares y Canarias. Scale 1 : 1,000,000, Instituto Geologico y Minero de Espana, Madrid.

Linnemann, U., McNaughton, N. J., Romer, R. L., Gehmlich, M., Drost, K. and Tonk, C. (2004) : West African provenance for Saxo-Thuringia (Bohemian Massif) : Did Armorica ever leave pre-Pangean Gondwana ? - U/Pb・SHRIMP zircon evidence and the Nd-isotopic record. *Int. J. Earth Sci.*, **93**, 683-705.

McKerrow, W. S., Mac Niocaill, C., Ahlberg, P. E., Clayton, G., Cleal, C. J. and Eagar, R. M. C. (2000) : The Late Palaeozoic relations between Gondwana and Laurussia. *In* W. Franke, V. Haak, O. Oncken and D. Tanner, eds., Orogenic Processes : Quantification and Modelling in the Variscan Belt, Geol. Soc. (London), Spec. Pub., 179, 131-153, 459 p.

Meisl, S. (1995) : Rhenohercynian foldbelt : Metamorphic units—igneous activity. *In* R. D. Dallmeyer, W. Franke and K. Weber, eds., Pre-Permian Geology of Central and Eastern Europe, 118-131, Springer, 604 p.

Oliveira, J. T. (1991) : South Portugese Zone : Stratigraphy and synsedimentary tectonism. *In* R. D. Dallmeyer and E. Martinez Garcia, eds., Pre-Mesozic Geology of Iberia, 384-395, Springer, 416 p.

Ribeiro, A., Pereira, E. and Dias, R. (1991) : Central-Iberia Zone : Allochthonous sequences. *In* R. D. Dallmeyer and E. Martinez Garcia, eds., Pre-Mesozic Geology of Iberia, 220-236, Springer, 416 p.

Robardet, M. and Gutierrez Marco, J. C. (1991) : Sedimentary and faunal domains in the Iberian Peninsula during lower Paleozoic times. *In* R. D. Dallmeyer and E. Martinez Garcia, eds., Pre-Mesozic Geology of Iberia, 384-395, Springer, 416 p.

Seltmann, R. and Stemprok, M. (1995) : Metallogenic overview of the Krusne Hory Mts. (Erzgebirge) region. Ore Mineralizations of the Krusne Hory Mts. (Erzgebir-

ge), SGA Excursion Guide, 1-18, 197 p.
Stöckhert, B., Duyster, J., Trepmann, C. and Massonne, H.-J. (2001): Microdiamond daughter crystals precipitated from supercritical COH+silicate fluids included in garnet, Erzgebirge, Germany. *Geology*, **29**, 391-394.
Strauss, G. K., Madel, J. and Alonso, F. F. (1977): Exploration practice for stratabound volcanogenic sulphide deposits in the Spanish-Portuguese Pyrite Belt : Geology, geophysics, and geochemistry. *In* D. D. Klemm and H.-J. Schneider, eds., Time- and Strata-bound Ore Deposits, 55-93, Springer, 444 p.
Tait, J., Schatz, M., Bachtadse, V. and Soffel, H. (2000): Palaeomagnetism and Palaeozoic palaeogeography of Gondwana and European terranes. *In* W. Franke, V. Haak, O. Oncken and D. Tanner, eds., Orogenic Processes : Quantification and Modelling in the Variscan Belt, Geol. Soc. (London), Spec. Pub., No. 179, 21-34, 459 p.

概説書

Dallmeyer, R. D. and Martinez Garcia, E., eds. (1991) : Pre-Mesozic Geology of Iberia, Springer, 416 p.
Keppie, J. D., ed. (1994) : Pre-Mesozic Geology in France, Springer, 514 p.
Dallmeyer, R. D. Franke W. and Weber, K., eds. (1995) : Pre-Permian Geology of Central and Eastern Europe, Springer, 604 p.
　　ヴァリスカン造山帯の理解が進まないのは，複数の言語を理解できる研究者が少ないからである，とする一文がある．英語で書かれたこの3冊が刊行されたことで，日本人のヴァリスカン造山帯に対する理解が著しく深まった．この3冊がカバーしていないイギリスのヴァリスカン造山帯については，第7章のカレドニア造山帯に関連して概説書をあげてある．
Franke, W., Haak, V., Oncken O. and Tanner, D., eds. (2000): Orogenic Processes : Quantification and Modelling in the Variscan Belt, Geol. Soc. (London), Spec. Pub., 179, Geol. Soc. (London), 459 p.
　　ドイツ以東のヴァリスカン造山帯についての知見が豊富である．いままではチェコ語，あるいはポーランド語などで書かれていて，西側の地質研究者の知識が乏しかった地域の地質を英語で読むことができる．ドイツ国内に関しては，新しい地球物理学的な調査研究の成果が地質構造の解析に取り入れられている．イングランド，イベリア半島は扱われていない．
Matte, P. (1986) : Tectonic and plate tectonic model for the Variscan belt of Europe. *Tectonophysics*, **126**, 329-374.
Dallmeyer, R. D., ed. (1989) : Terranes in the Circum-Atlantic Paleozoic orogen, Geol. Soc. Amer., Spec. Pap., 230, 277 p.
　　とかく「わからない」と言われていたヴァリスカン造山帯の近代的なテクトニクスの提唱は，Matte (1986) が早い．Dallmeyer, ed. (1989) には Franke (1989) が寄稿していて，このあたりになると現在の考えと本質的には変わらない．
Blundell, D., Freeman, R. and Mueller, S., eds. (1992) : A Continent Revealed, The European Geotraverse, Cambridge Univ. Press, 275 p.
　　大陸地殻の下部を研究する国際プロジェクトは，1981年から始まって1990年に終了した．ヨーロッパ各国では，スカンディナヴィア半島の北端からプレカンブリアの地域を通ってドイツに至り，少し東へ振れてサルジニア島からアフリカへ至る測線に沿った地帯の地殻を集中的に研究した．上記の印刷物は，その成果報告の要約である．

ドイツの地帯は，ほぼヴァリスカン造山帯の中心部を通り，多くの新知識が得られた．

Walter, R. (1992): Geologie von Mitteleuropa, 5. Auflage, Schweizerbart'sche Verlags-buchhandlung, Stuttgart, 561 p.

　各国では，自国の言語で国の地質が記述されている．上記の本はドイツ語で記述されてドイツを中心としているが，西はベルギーから，東はポーランドの西縁までが記述されている．このような記載的な知識から，地域のダイナミックな進化史が明らかにされるのである．独自の進化史を構築するには，このような地域地質の記載を読むことが不可欠である．

第9章
超大陸パンゲア

　ウラル造山によってローレンシアからアンガラにいたるローレイジア大陸が形成され，さらにゴンドワナと衝突した．ペルム紀後期である．地球上には1つの超大陸パンゲアと，1つの大海洋パンサラッサが形成された．パンゲアの東へ開いた海がテチス海で，赤道はテチス海を通り，亜熱帯の海にはテチス動物群が繁栄した．

9-1. 生物の進化

　本来は硬質部をもった化石の出現からが顕生代である．前期カンブリア紀は約29 m.y. である．この時代に，現在の生物につながるほとんどの生命が誕生した．硬質部をもつ生物の急速な進化は時間の解像度を上げ，地球の歴史をより精緻なものにした．

9-1-1. 前期カンブリア紀

　Okulitch (1999) は，当時の前期カンブリア紀 (542〜513 Ma) を5分割して，古い方からマニカイ (Manykaian)，トンモト (Tommotian)，アトダバ (Atdabanian)，ボトム (Botomian)，トヨ (Toyonian) の各期に分けた．年代については必ずしも確かでないが，トヨ期の終りは509 Maよりは古い．このような細分は古生物学的研究の進歩にもよるが，シュリンプ年代の活用によるところが大きい．

　マニカイ階の模式地はシベリアのアナバル地域の西部である．アルダン川はアルダン盾状地を北へ抜けて東流し，ベルホヤンスク山脈にぶつかって北へ向きを変えてレナ川に合流している．アルダン川とベルホヤンスク山脈の間に位置するのがユドマメイ (Yudoma-May) 堆積盆である．アルダン川左

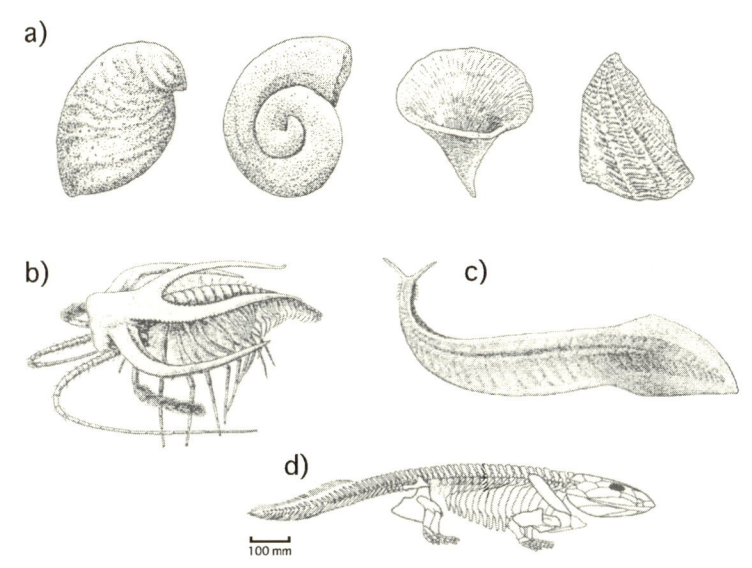

図9-1　a) トンモト動物群，左から *Anabarella*, *Aldanella*, *Fomitchella*, *Tommotia* (Matthews and Missarzhevsky, 1975). いずれも全長1〜2 mm. b) バージェス頁岩型動物 *Marrella* (Gould, 1989). 全長2.5〜19 mmのものが発見されている．ウォルコットが最初に発見し，「飾り蟹」と表現した．c) バージェス頁岩型動物 *Pikaia* (Gould, 1989). 平均全長は約4 cm. ウォルコットは脊索動物とは考えなかったが，現在では脊索動物であることが確立している．d) *Ichthyostega* (Benton and Harper, 1997). 最古の両生類の一種，デヴォン紀後期．足の指が7本ある．

岸に位置するトンモト付近には，トンモト動物群（Tommotian fauna；図9-1 a）を多産するペトロツヴェット（Petrotsvet）層が分布している．トンモト階の模式地である．トンモト動物群の化石帯によるとマニカイ層よりは新しい．アトダバ，トヨ層が分布するのはオレニョーク隆起の周辺である（図5-1）．

下部カンブリア系の各階の模式地は広い範囲に散在しており，それぞれの地域の露出はかならずしもよくない．さらに最近になって，マニカイ層とペトロツヴェット層の間には著しい層序間隙があることが指摘されている．そこでICS（International Commission on Stratigraphy）の年代表では，前期カンブリア紀を細分していない（Gradstein *et al.*, 2004）．そもそもの顕生代の始まりは，硬い殻や骨格をもつ動物群の初出現の層準である．古典的なカ

ンブリア系の基底と，ICSがニューファンドランドで新しく定義したカンブリア系の基底との間にはギャップがあるはずである（図6-10）．

9-1-2. 生物進化の爆発

グロッソプテリス（*Glossopteris*）植物群の存在は，19世紀から知られていた．ジュースは，グロッソプテリス植物群を産する大陸は陸橋でつながっていたと考え，インドのゴンドワナ地域の名称からゴンドワナ大陸（Gondwana-Land）の存在を提唱した（図9-7）．南米・アフリカ・インド・東南極・オーストラリアなどから形成されるゴンドワナ大陸は，新原生代に形成されたと考えられていた．したがってプレカンブリア/カンブリア紀境界の海陸復元図には，ゴンドワナ大陸が描かれてきた．しかし最近の南極からのシュリンプ年代は，ゴンドワナの形成がカンブリア紀最末期であることを示す（図9-2；Boger *et al.*, 2001）．

カンブリア紀初めの硬組織をもつ後生動物の出現には，多くの謎がある．なぜ1種類だけではなく，多様な種が一斉に出現したのか不思議である．さらに同じような化学組成の海水から，なぜ多様な殻や骨格をもつ生物が現れたのかも不思議である．三葉虫を伴わず，殻をもつミリメートル単位の微小な化石群集の存在は古くから知られていた．1970年代になって，このトンモト動物群を産する地層は，下部カンブリア系下部として多くの研究者に認知された．多くのトンモト動物群の硬組織は燐酸塩からなり，軟体動物の殻らしいものから，海綿骨針・チューブのようなものもある（図9-1a）．

ほぼトンモト期に現れた生物に古杯類がある．分類上の位置はわからないが，方解石で構成された硬組織をもち，海綿のような生物であったと考えられている．カンブリア紀前期末には約240の属が記載されており，当時のすべての後生動物の約1/3にあたる．密集して生息し，藻類とともに礁を形成した（図9-2）．地球上に現れた最古の礁であるが，カンブリア紀中期（513〜501 Ma）には古杯類の衰退とともに礁が消滅した．古杯類全体もカンブリア紀後期（501〜488 Ma）には絶滅した．三葉虫が出現したのはトンモト期の次のアトダバ期である．カンブリア紀を通じて猛烈に適応放散したが，アトダバ期の末にはすでにいくつかの動物地理区を形成していたことが

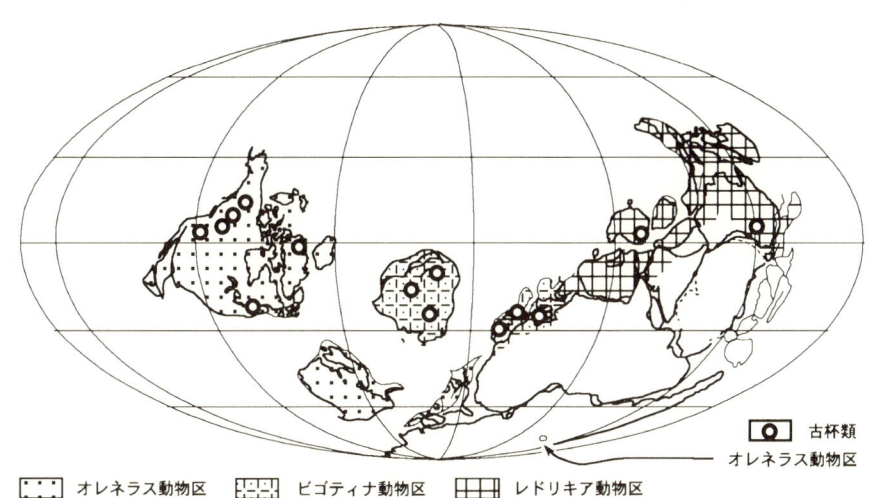

図 9-2 前期カンブリア紀アトダバ～トヨ期の海陸分布と三葉虫の動物地理区 (Hou *et al*., 2004).
McKerrow *et al*. (1992) により古杯類の化石の産地をつけ加えてある.

凡例: オレネラス動物区, ビゴティナ動物区, レドリキア動物区, 古杯類 オレネラス動物区

明らかになっている（図 9-2；Pillola, 1990）.

9-1-3. バージェス頁岩

　バンクーバーからカナダ横断道路を通ってカナディアンロッキーを西から越えるとき，急坂にかかる手前の谷にフィールド（Field）という町がある．スミソニア研究所の所長をしていたカンブリア系の大家ウォルコット（C. D. Walcott；1850～1927）は，1909 年の野外調査の季節も終わる 8 月 31 日，フィールドノートに lace crab（飾り蟹）と書き留めた小さな動物の化石を発見した．現在 *Marrella splendens*（図 9-1 b）の名前がついている節足動物である．これは転石であったが，この夏のうちに露頭も発見された．現在，露頭はウォルコットの石切り場（Walcott Quarry）と呼ばれている．ここに露出している黒色頁岩が中部カンブリア系バージェス頁岩（Burgess Shale）である．

　現在までに整理・記載されたウォルコットが採集した化石は，属レベルで 125 に上る．バージェス動物群の特徴はその保存のよさと，種類の多様さで

ある．三葉虫などは触角・肢も残っていた．軟組織だけからなるクラゲ，ナマコなどの化石も炭素質フィルムとして保存され，しばしば内臓器官の痕も残っている．現在の海の生物のうち約60％は軟組織だけからなるといわれるが，バージェス頁岩からの化石の約86％が硬組織をもたない．バージェス動物群最大で長さ50cmに達する捕食動物の *Anomalocaris*，五つ目玉の *Opabinia*，泳ぐ草履のような *Odontogriphus* などはテレビで放映されて人気者になった．脊索動物の *Pikaia*（図9-1c）も採集されている．これらの特殊な化石を除くと多いのは節足動物で，バージェス動物群の2/5ほどを占める．しかし三葉虫は節足動物の4.5％に過ぎない．

　カンブリア紀のローレンシア大陸の西の大陸棚では，礁石灰岩相が発達した．この端は崩壊して高さ約200mの断崖を形成し，その下の堆積盆には深海性の石灰岩，カシードラル（Cathedral）層が堆積した．ウォルコットの石切り場は断崖から20mほど離れたところである．海進に伴って，堆積盆の中に泥質なステファン（Stephen）層が堆積するようになる．断崖の上に生息していたバージェス動物群は泥の移動に巻き込まれて断崖を落下し，急速に埋積されたらしい．

　現在ではバージェス頁岩型動物群と呼ばれる化石群集は，世界約20カ所から発見されている．なかでも中国雲南省のチェンジャン（澄江）動物群はもっとも素晴らしく，三葉虫の初出現の層準のすぐ上から産出し，時代もカンブリア紀前期アトダバ期（524〜517Ma）とされている（Hou *et al*., 2004）．

9-1-4. 生命の上陸

　オルドヴィス紀ダリウィル期（468〜461Ma）の地層からは，陸上植物の胞子と思われるものが発見されている．しかし，肉眼で識別できる最古の陸上植物 *Cooksonia* はウェンロック世ホーマー期（426〜423Ma）の地層から記載されている．根も葉もなく，長さ数cmの地上茎の先端に胞子嚢をもっていた．シルル紀後期の地層からは発見の報告が増加する．デヴォン紀になると陸上植物が適応放散する．胞子による繁殖は常に湿潤な環境の下でのみ有効である．おそらく水辺の周囲に限られていたであろう．デヴォン紀中期頃には森林の存在が知られているし，後期の地層からは種子が発見されてい

る.種子は乾燥という胞子に厳しい環境に対する有効な防衛機構である.種子植物は樹木に発展した.

陸上に植物がないと植物を食料とする動物は上陸できない.スコットランドのグランピア高地に外座層として分布する下部旧赤色砂岩からは,多くの陸上植物の化石に混じってサソリ・クモ・昆虫などの陸生の節足動物の化石が発見されている.火山性の温泉によって珪化され,保存された(Trewin, 1994).チャートについてのAr-Ar年代の測定の結果は396 Ma(アイフェル期)であるが,化石胞子からはプラーグ期(411〜407 Ma)である.グリーンランドの東海岸に分布するデヴォン系最上部からは両生類の化石が発見されている.*Ichthyostega*と名づけられたこの化石が,化石の存在で証明できる最古の陸上脊椎動物である.魚類から進化したらしく4本の足があり,尾をもつ(図9-1 d).化石による限り,植物の上陸から両生類の上陸まで約5000万年を必要とした.デヴォン紀の陸生植物・動物は旧赤大陸を通じてほとんど同一である.

9-2. 北米剛塊の卓状地堆積物

束層層序学は古く確立した層序学のもっとも新しい分野である.北米(ローレンシア)剛塊を覆う卓状地堆積物は,主要な不整合で区切られた複数の束層(sequence)に分けることができる.さらに,その間の小規模な海退によって準束層(subsequence)に分けられている.

9-2-1. 束層(シーケンス)層序

ローレンシア剛塊を覆う前期古生代の地層は,スーペリオル湖からアリゾナ州の中央を北東-南西に結ぶ地帯には堆積していない.この地帯を大陸横断アーチ(Transcontinental Arch)と呼ぶ(図9-3).周囲の造山帯からの圧縮応力によって剛塊が撓んだ可能性がある.このような基盤を不整合に覆って,ソーク(Sauk)束層が堆積を始めた.600 Ma頃から堆積が始まり,オルドヴィス紀トレマドック期(488〜479 Ma)の急速な海退期の堆積物で終了する.硬組織をもつ化石はソーク束層の最下部からあまり離れていない

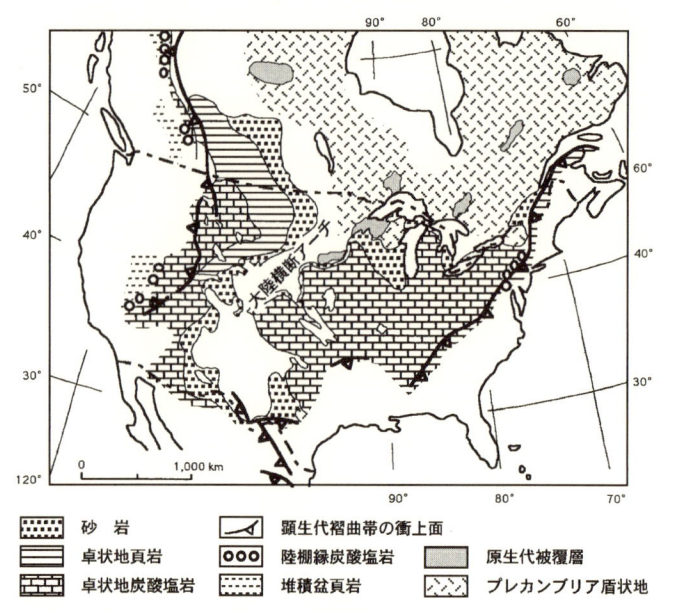

図 9-3 北米大陸の上部カンブリア系堆積相 (Cook and Bally, 1975).
当時卓越していた東風の影響で大陸横断アーチの西側には砕屑岩相が,東側
には石灰岩相が発達する.

層準から出現する.ソーク束層は徐々に内陸部へ進入する.最下位の粗粒石英砂岩に続くソークの堆積相は,大陸横断アーチの東側が炭酸塩岩相で,西側にはシルト・頁岩が卓越する(図9-3).陸源の細粒堆積物は東風で西へ運ばれたらしい(Cook and Bally, 1975).剛塊の内部では炭酸塩岩が薄く,ドロマイト化を受けているのが普通である.

ティペカヌー(Tippecanoe)束層の最下部は,オルドヴィス系サンドビー階(461〜456 Ma)から始まり,デヴォン系ロッホコフ階(416〜411 Ma)までである.石英質砂岩と互層して堆積を始める浅海成の炭酸塩岩は,北米剛塊全域を覆うように広がった.タコニック造山によって形成された前地堆積盆には,アパラチア造山帯起源のタービダイトが堆積する.しかし,それぞれの地域の変動が終了すると,また炭酸塩岩の堆積に戻った.

中部デヴォン系から下部石炭系までが,カスカスキア(Kaskaskia)束層である.剛塊の周辺の造山帯の活動によって縁辺部に前地堆積盆が形成され,

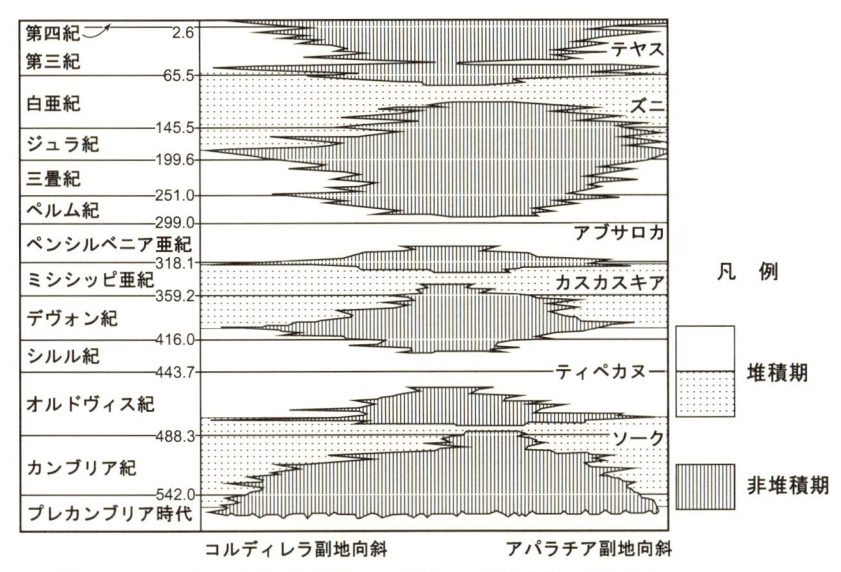

図 9-4 北米大陸の卓状地堆積物の束層層序と地質時代の対比図 (Sloss, 1963).
各地質時代の同位体年代は Gradstein *et al.* (2004) による．単位は 100 万年．

堆積率が上昇している．上部デヴォン系を特徴づけるのは有機物に富む黒色頁岩である．海進時の堆積物で，北米の古生層から出る石油・ガスの根源岩を形成している．石炭紀に入ってすぐの海進は規模が大きく，また黒色頁岩を堆積した．

北米の卓状地堆積物には石炭紀の中頃に大きな不整合があり，石炭系は下部のミシシッピ亜系と上部のペンシルベニア亜系に分けられる．この不整合からジュラ系トゥアール階 (183〜176 Ma) までがアブサロカ (Absaroka) 束層である (図 9-4)．ソーク束層以来，海水面の上に現れていた大陸横断アーチも，後期石炭紀までには海面下に没した．この後，大陸横断アーチが再び現れることはない．

9-2-2. サイクロセム

詳しい海進・海退のサイクルは，今世紀の初めにミシガン湖南方のイリノイ州のペンシルベニア亜紀の炭田で研究され，サイクロセム (cyclothem) と名づけられた．アブサロカⅠ準束層で，東方へアパラチア造山帯に近づく

と非海成層が増加し，西方へ海成層が増える．単位サイクルは海進期の薄い石灰岩から始まり，三角州堆積物からアンダークレーと呼ばれる耐火粘土層を挟んで厚い石炭層が重なる．この上位は黒色頁岩で，この層準が最大の海進を示している．上部の石灰岩，三角州堆積物などはいずれも厚い．サイクロセムの中の石炭層の厚さを積算すると地域によっては 2000 m を越える．それらの中に稼行可能な石炭層が約 100 枚あり，積算総層厚は平均して 30 m といわれる．

海進・海退のサイクルの原因が世界的な海水準変化に起因しているとすると，地質時代の海水準変動を議論することができる．束層層序学の研究成果に基づいて，海水準変化のカーブが発表されている (Vail *et al.*, 1977)．さらにそのヴェール (Vail) 曲線を改定した三畳紀以降の海水準変動を示すハック曲線も公表されている (Haq *et al.*, 1987)．古典的なヴェール曲線は海進が徐々に生じ，海退は急激に起きることを明らかにした．

海進・海退のサイクルの原因については，まだ明らかになっていない．氷床の消長に伴う海水準変動であるとする考えは有力である．大きな海進・海退のサイクルは氷床の巨視的な消長を，サイクロセムはさらに細かい拡大・縮小を示しているのかもしれない．氷床の融解には時間がかかるが，その成長は急激に起きるのかもしれない．しかし，海進・海退のサイクルの原因は北米大陸両側の変動に関係し，サイクロセムはアリゲニー造山の衝上岩塊の進行に対応した地殻の撓みを反映しているとする考えもある．

近代的な視点からサイクロセムを研究した Heckel (1980) は，単位サイクロセムの継続を 0.4 m.y. と見積った．ペンシルベニア亜紀は約 19 m.y. である．その中の 15 m.y. の期間に 50 のサイクロセムが存在すると，1 つのサイクロセムは 0.3 m.y. である．サイクロセムは石炭紀のミランコヴィッチ周期を示しているとする考えもあるが，現在最長のミランコヴィッチ周期は約 0.1 m.y. である．

石炭紀は欧米の間で対比が十分に完成していない地質時代である．さらにサイクロセムの岩相は側方への変化が著しく，正確に何枚あるのかについても議論がある．

9-2-3. ウィリストン堆積盆

　北米最大の堆積盆がウィリストン（Williston）堆積盆で，ロッキー山脈東側の大平原の下にある．北西―南東方向に約 1000 km の長軸をもつ楕円形で，アメリカ合衆国からカナダへ広がっている．堆積物の厚さは約 6000 m に達する（Bally, 1989）．基盤の上にソーク束層が堆積し始めたのは，後期カンブリア紀である．この時期にはウィリストン堆積盆は存在せず，単なる湾入であった．ティペカヌー束層は後期オルドヴィス紀から後期シルル紀ラドロー世（423〜419 Ma）にわたる．基底砂岩で始まる炭酸塩岩が直径 1000 km の範囲に堆積し，中心部の厚さは 600 m ほどある．明らかに堆積盆が形成されている．

　カスカスキア束層の堆積が始まる前に大陸横断アーチが隆起し，海は北西から侵入するようになった．全体として石灰岩の堆積で始まり，蒸発岩の沈殿，そして砕屑粒の流入で終了するサイクルを 3 度繰り返している．最初の蒸発岩は非常に巨大で，カナダのアルバータ堆積盆へ連続する．アブサロカ束層が始まる後期石炭紀には，堆積盆に砕屑粒の流入が激しくなり，三畳紀最前期に達している．採油は 5799 m の深さのオルドヴィス系から約 1500 m ほどの深さの三畳系にわたる地層で行われている．カスカスキアⅡの基底のバッケン（Bakken）層というデヴォン紀最末期の地層が，石油の根源岩である．黒色の頁岩・シルトからなる厚さ 35 m ほどの地層であるが，堆積盆の中央部にだけ分布する．

　剛塊の上の堆積盆としては，ミシガン・ヒューロン両湖を包み込むように分布する丸いミシガン堆積盆，さらにミシガン堆積盆から南西へ約 600 km 離れてイリノイ堆積盆がある．剛塊は一般に安定であるが，局部的に 6000 m も沈む現象は基盤に原因の一端があると考えられる．太平洋岸から約 30°で沈み込むプレートは，ウィリストン堆積盆の位置で深度約 600 km の上部・下部マントルの境界に達する．沈み込んだプレートはこの深度で滞留し，ある程度の量に達した後に沈降を始める．このプレート塊の沈降が地表を引っ張って堆積盆を形成したとする説がある（Pysklywec and Mitrovica, 2000）．

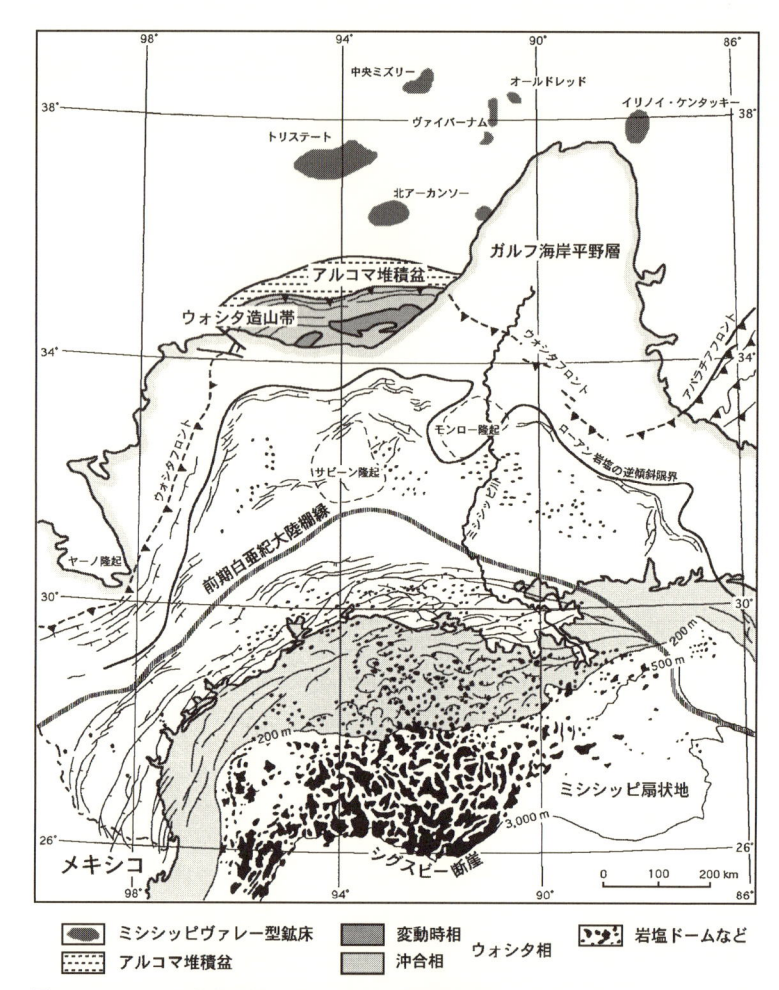

図 9-5　メキシコ湾岸地域の地表・地下地質概略図．
　　ウォシタ造山帯の構造要素（Viele and Thomas, 1989 から），ミシシッピヴァレー型鉱床の分布，メキシコ湾北西部の構造と岩塩ドームピローの分布（Worrall and Snelson, 1989）などが示されている．陸側の岩塩ドームは岩塩層からほぼ垂直に立ち上がっているが，海側の岩塩は滑動により水平に移動している．

9-2-4.　ウォシタ造山帯

　ウォシタ（Ouachita）造山帯のほぼ 80% は地下である．もっとも広い露出がウォシタ山脈で，東西 350 km，南北 80 km の範囲である（図 9-5）．その

ほかにも小規模な露出があり，確認された延長が2000 km といわれる．ウォシタ前面褶曲・衝上帯（Ouachita Frontal Fold-Thrust Belt）の北側は変形が弱いアルコマ（Arkoma）堆積盆であるが，南側からウォシタ相と呼ばれる古生代の地層が衝上している．ウォシタ相は大陸地殻の上に重なる厚さ35〜40 km の 2 段のナップからなる．

下位のナップの地層は沖合相（off-shelf facies）と呼ばれ，上部カンブリア系（501〜488 Ma）〜石炭系トルネー階（359〜345 Ma）の地層である（図9-5）．下部に浅い堆積相を示す挟みがあるが，上位へ海進を示している．石炭紀セルプーホフ期（328〜318 Ma）に受けた弱い変成作用が認められる．ベントン隆起の周囲には上位のナップを形成する変動時（synorogenic）相が分布している．主として石炭系ヴィゼー階（345〜328 Ma）からペルム系サクマラ階（295〜284 Ma）にわたる地層で，陸棚・三角州堆積物と深海性タービダイトの 2 種類の岩相がある（図 9-5）．北側はモーメルカオティック（Maumelle Chaotic）帯で，この地帯を中心にウォシタ造山帯の全域に北方への衝上断層が発達する．

ウォシタ山脈の南にブーゲー異常がプラスの地帯があり，それより外側の基盤は海洋地殻らしい．テキサスとルイジアナ州の境界の真ん中ほどに位置するサビーン（Sabine）地域の試錐が，地下 4000 m より浅いところで石炭紀より古いと考えられる火山岩類などを確認している．これがサビーン隆起（図 9-5）で，メキシコ湾岸平野からメキシコ湾にかけてはユカタン卓状地（Yucatan Platform）と呼ばれる陸塊の存在が推定されている．

ローレンシア大陸の東岸からプレカンブリアの剛塊が分離したときの境界は，拡大した海嶺と，それを横切るトランスフォーム断層によってかなり凸凹に富んでいた．ほぼ現在のメキシコ湾にあたるもっとも大きい湾入がウォシタ湾入で，カンブリア紀前期〜中期にウォシタ洋が生まれた．海洋底には上部カンブリア系〜石炭系トルネー階の沖合相が堆積した．変動時相はローレンシア大陸の前弧海盆・大陸斜面から海洋底に堆積したのであろう．ユカタン微小地塊はローレンシア大陸に接近し，おそらく前期石炭紀（359〜318 Ma）の中期までには，付加体がローレンシア大陸の上に衝上を開始した．ウォシタ造山帯は後期ペルム紀（260〜251 Ma）には安定化した（Viele and

Thomas, 1989).

9-2-5. ミシシッピヴァレー型鉱床

　ミシシッピヴァレー型（Mississippi Valley-type）鉱床は方鉛鉱・閃亜鉛鉱を主とする炭酸塩岩内鉱床（carbonate-hosted deposits）である．鉱床母岩の約80％はカンブリア・オルドヴィス系，石炭系の卓状地炭酸塩岩である．角礫化したドロストンの間隙を埋めて硫化鉱物が沈殿していることが多い．$Zn/(Zn+Pb)$ は0.5より大きいのが普通で，閃亜鉛鉱の鉄含有量はきわめて低く，方鉛鉱は放射性起源の鉛に富み，銀の含有量は30～10 g/t と低い．生成温度は低く，100～150℃の範囲である．

　ミズリー州セントルイズの南110 kmのサンフランコワ（St. Francois）山地にはプレカンブリア基盤岩が露出している．北側のオールドレッド帯（Old Lead Belt）での採掘は19世紀にさかのぼる．1955年に西側のヴァイバーナム（Viburnum）で新鉱床が発見され，その後に発見された鉱床のすべてがヴァイバーナムの町を通る南北の地帯に配列した．延長70 kmを越えるヴァイバーナム方向（Viburnum Trend）である（図9-5）．世界最大の鉛の鉱山地帯になった．

　基盤を覆う地層は，中部カンブリア系のラモッテ（Lamotte）層の珪岩である．その上に堆積している上部カンブリア系のボンテール（Bonneterre）層は海洋島の周囲の礁で，東側がホワイトリーフ（White Reef）と呼ばれる礁原，外洋に面した西側は石灰質頁岩である．基盤に近い部分はドロマイト化している．鉱化作用の中心は堡礁のすぐ外側で，南北に連なる堡礁がヴァイバーナム方向の原因であった（Ohle and Gerdemann, 1989）．

　アルコマ堆積盆の北側のオザーク高原（Ozark plateau）には，ヴァイバーナム方向を含む数多くのミシシッピヴァレー型鉱床が知られている（図9-5）．これらの鉱床群の地球化学的特徴は，アルコマ堆積盆から北方へ変化する．ボンテール層の最下部のドロマイトの微量成分も，アルコマ堆積盆からの距離に応じて変化する（Gregg and Shelton, 1989）．鉱化作用の影響を受けたドロストンの古地磁気の極は，後期石炭紀後期～前期ペルム紀の極と合っている．この年代はほぼウォシタ造山のピークの年代である．ウォシタ造山

で押し出された堆積盆濃厚塩水が上昇し，間隙率の高いラモッテ層の中を移動してヴァイバーナム方向に達した（Oliver, 1986）．衝突した陸塊の影響は大陸内部深くに及んでいる．

9-3. パンゲアの形成

ウェーゲナーは超大陸パンゲアの形成を石炭紀後期と考えた．しかし現在ではペルム紀後期とされている．当時はウラル造山帯などの実体がよくわかっていなかった．彼は地質の連続，氷成礫岩・石炭・蒸発岩・砂漠砂岩の分布を取り上げて超大陸を論じた．

9-3-1. 東ヨーロッパ卓状地

ウラル山脈西側のロシアの主要部は顕生代の地層に覆われ，東ヨーロッパ（ロシア）卓状地を形成している．しかし，顕生代の地層を貫いてプレカンブリア基盤岩に達したボーリングが3000本以上あり，卓状地堆積物・基盤の概要が判明している．卓状地堆積物の層厚は，ほぼフィンランド湾とウクライナ盾状地を結ぶ地帯が薄く，この地帯から東あるいは南へ厚くなっている．とくにカスピ海周辺の地域は著しく厚く，カスピ堆積盆を形成している．

カンブリア紀の海進の後，シルル紀とデヴォン紀の境界頃に大規模な海退があった．ふたたび海進が始まるのはデヴォン紀中期からで，ペルム紀最初期まで続く．デヴォン紀後期の頃に原生代のオラーコジンが再活動して，アルカリ岩の噴出・貫入があった．コラ半島のキビニ岩体などと一連である．ヴィゼー期（345〜328 Ma）前期に短い海退があり，気候は乾燥から湿潤へと変化した．地層は侵食されて東へ流れる川が多く形成され，川沿いに石炭が堆積した．ドネツ（Donetz）炭田の石炭層は，これらの河川の大三角州地帯に形成された．石炭紀中期とされている．下部石炭系は全体としては海進の地層であるが，ヴィゼー期の間だけでも海進・海退のサイクルが8つ認められている．

石炭紀中期にウラル造山帯の西側に前地堆積盆が形成され，巨大な炭酸塩岩卓状地が形成された．この炭酸塩岩類は現在の石油・ガスの大きな貯溜岩

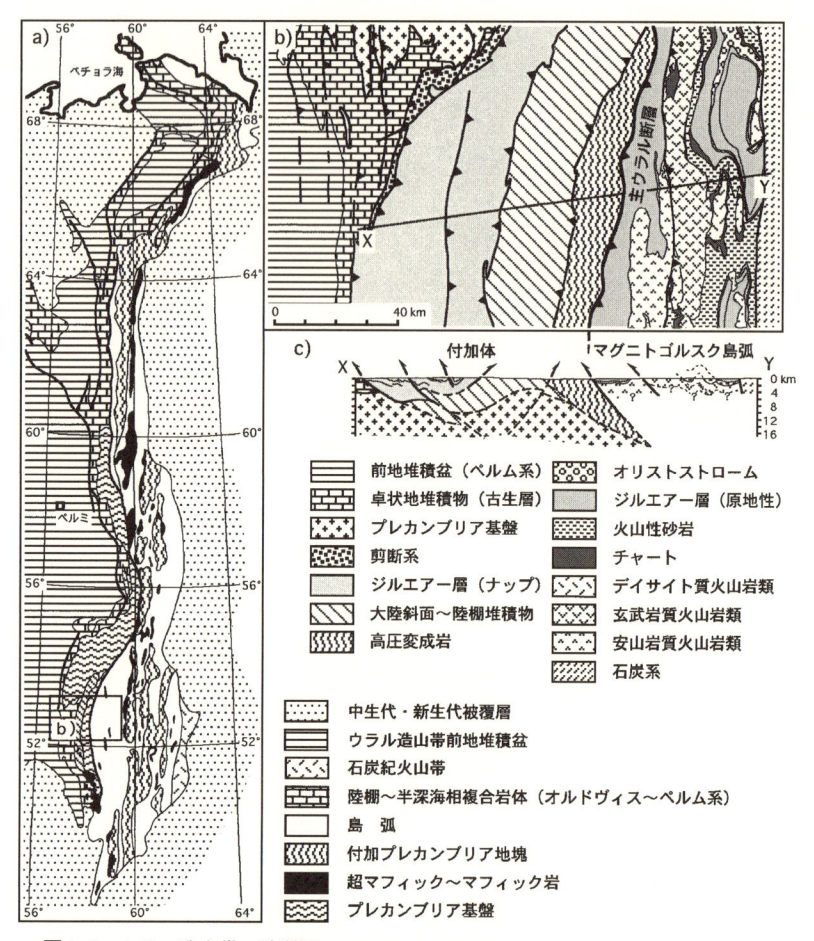

図9-6 ウラル造山帯の地質図.
a) ウラル造山帯の地質概念図 (Zonenshain et al., 1990). 北方延長は，さらに図の北へノヴァヤゼムリャまで続いている. b) 南部の地質詳細図. c) 同地質断面図 (Brown and Spadea, 1999). a) と b)，c) は原著者が異なるので地質図に多少の相違が認められる.

である．この堆積盆の東側には堡礁が形成され，カスピ堆積盆へ延びていた．ペルム紀クングール期（276〜271 Ma）最前期には，これらの炭酸塩岩堆積物を覆って蒸発岩が沈殿し始め，さらに東方ではウラル造山帯からのモラッセが堆積した (Khain and Nikishin, 1997)．

ペルム系は帝政ロシア時代にマーチソン（Murchison；1792〜1871）によって命名された．ウラル山脈西側のペルミ（Perm'）の町はソ連時代にモロトフ（外相）と改名され，いまはまたペルミになっている（図9-6 a）．しかし地層そのものは変わることがない．ペルム系最上部は陸成層である．したがって，ペルム系上部の模式地はペルミ近郊にはなく海成層がそろった中国にある．

9-3-2. ウラル造山帯

ウラル造山帯は著しく直線的な造山帯で，幅400 kmほどで2000 kmを越える延長が知られている．ウラル造山帯の中の蛇紋岩メランジュを伴う東傾斜の衝上断層が主ウラル断層（Main Uralian Fault）である（図9-6）．この衝上断層の西側は西造山極性で，原生代の基盤が隆起している．さらに西側にはオルドヴィス〜石炭系の大陸棚から縁辺部の堆積物が分布するが，構造は複雑である．ウラル山脈西側の前地堆積盆に砂岩が現れるのは，ほぼ後期石炭紀中期である．この頃からウラル山脈が隆起を始めたらしい．モラッセ相のペルム系は，ウラル造山帯から卓状地堆積物を覆っている．後期ペルム紀（260〜251 Ma）には変動が終了した．ローレイジア（Laurasia）の完成である．

主ウラル断層の東側はオルドヴィス〜石炭系の島弧的な複合岩体で，花崗岩類を伴っている（図9-6）．黒鉱型鉱床の分布と一致して，主としてウラル山脈の中央部から南部に分布している．浅海性の石灰岩・陸源堆積物が分布しているが，深海性のフリッシュの存在も知られている．オフィオライトの年代はデヴォン紀前期で，石炭紀最前期に縁海が崩壊したと考えられている．

島弧複合岩体の東側にはプレカンブリアの存在が知られており，ウラル造山帯は西側のバルティカと東側のカザフ地塊の衝突で形成されたと考えられた（Zonenshain et al., 1984）．しかし，ウラル山脈の東側は西シベリア低地で露出が非常に悪い．南部のカザフ高原から東南部のアルタイ山脈にかけては，変動を受けた古生代の島弧と磁鉄鉱系の花崗岩類が露出している．このような地質から考えると，西シベリア低地の基盤を構成するのは島弧の集合体であるかもしれない（Sengör and Natal'in, 1996）．

9-3-3. 南極の軌跡

　古地磁気的に各地質時代のゴンドワナ大陸の緯度が推定されている．カンブリア紀の初めのゴンドワナ大陸は，現在のアフリカとは南北が逆で，ゴンドワナ大陸西部は南極に，ゴンドワナ大陸東部は赤道にかかっていた．オルドヴィス紀前期になると，気候の多様化と陸塊の分散のために，動物群の多様化は最大になった．とくに繁栄したのは，三葉虫と腕足類である．このように陸棚内側に生息した三葉虫などを鍵とすると，この時代の動物地理区が明らかになる．しかし，より深い海に生息したと考えられる生物の化石からは動物地理区の存在が明らかでない．古生代型の動物群が繁栄したのはオルドヴィス紀中期で，その多様性はシルル紀へかけて衰退している．

　南極が位置したアフリカ北部には，高緯度の砕屑岩に特徴的な群集が繁栄した．これらの群集はアルモニカ地質体群，ボヘミアなどのオルドヴィス系など，ヴァリスカン造山帯の各所からも見出されている．したがって，これらの陸塊はゴンドワナ大陸の高緯度の縁辺部に存在した陸塊である（図7-11）．これに対してオーストラリアなどに特徴的なのは低緯度地域の群集で，インドシナ・チベット・揚子などの東南アジアに分散する多くの陸塊に認められる．これらは東ゴンドワナ大陸の縁辺部か，その付近に位置したと考えられる．このような両極端の動物群に対して，中間地域の中朝地塊からは混合群集を産出する (Cocks and Fortey, 1988)．

　顕生代に入ると，ゴンドワナ大陸は時計まわりに少しずつ回転しながら南下した．オルドヴィス紀の頃にサハラ砂漠に位置した南極は，アフリカから南西へ抜けて南米に入った．シルル紀には南米を抜けたが反転して，デヴォン紀の頃にはまた南米に入った．石炭紀にはアフリカ南部を南下し，ペルム紀には南極大陸を横断し，ペルム紀後期には大和雪原に達した．その後はオーストラリアをかすめて海洋へ抜けた（図9-7）．

　ゴンドワナ大陸の氷床は，デヴォン紀末のファメンヌ期（375〜359 Ma）に出現したらしい．大氷床を形成したのは，石炭紀セルプーホフ期（328〜318 Ma）頃からで，ペルム紀のサクマラ期（295〜284 Ma）前期までは継続した．なかでも石炭紀後期のモスコー期（312〜307 Ma）の氷床が最大であったと考えられている (Gonzalez-Bonorino and Eyles, 1995)．おそらく

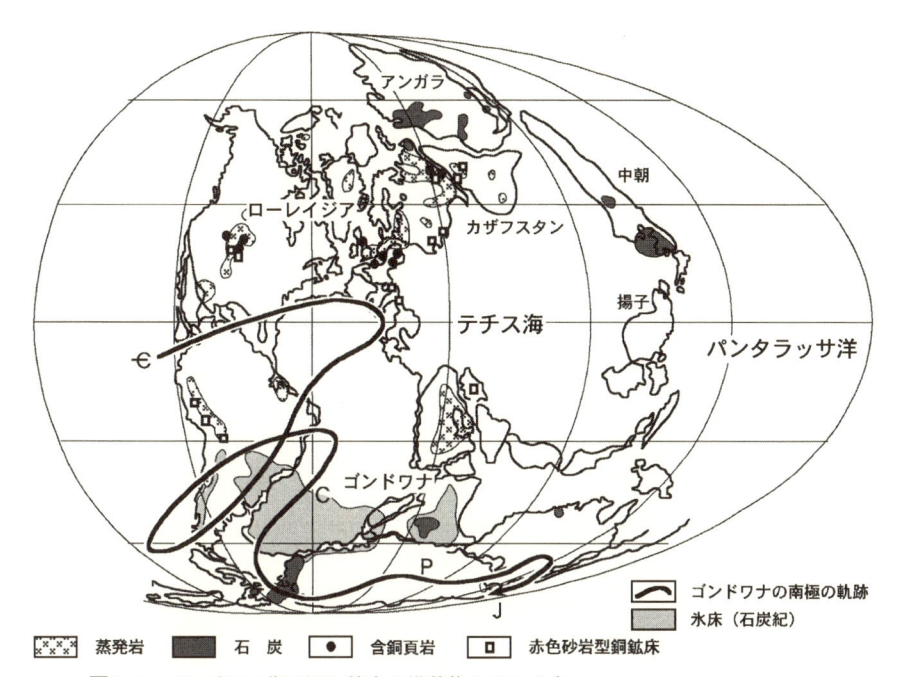

図 9-7　パンゲアの復元図と特定の堆積物などの分布．
　　　パンゲアの復元図は Scotese (1994)，蒸発岩・石炭の分布は Monroe and Wicander (1997)，ペルム紀の堆積岩性銅鉱床の分布は Kirkham (1989)．カンブリア紀 (€) からジュラ紀 (J) に至るゴンドワナ大陸内部の南極の軌跡 (Schmidt et al., 1990)．石炭紀の氷床の分布は Monroe and Wicander (1997)．氷床は石炭紀モスコー期が最大であったと考えられている．ゴンドワナ大陸における極移動曲線については複数の説がある．Van Der Voo (1993) を参照．

　南極がゴンドワナを抜けた後には，ゴンドワナの氷床は融け出したであろう．その頃から白亜紀まで地球上に氷床が存在したとする証拠は薄い．ゴンドワナの氷床の盛衰は古地磁気的に推定される極の移動とほぼ合っている（図 9-7）．

9-3-4.　パンゲアの植物区

　ウラル造山の変動は後期ペルム紀に終了した．ペルム紀の末にはアンガラを東の端として西のローレンシアへ連続するローレイジア大陸が完成した．ローレイジア大陸とゴンドワナ大陸の衝突についてはまだ問題が多い．横ず

れ断層で接触・衝突したとする説もある (Hatcher Jr., 2002)．ウェーゲナーが提唱したパンゲア (Pangea) の完成である．中央部に東へ開いた海がテチス海 (Tethys Sea) で，パンゲアを取り囲む海が，原始太平洋と見なすこともできるパンサラッサ (Panthalassa) である．ペルム紀後期の赤道はアメリカ合衆国を南西〜北東に走り，テチス海のほぼ中央を横切っていた．テチス海には中朝・揚子などの地塊が多少残っていた (図 9-7)．

　石炭紀の多様な気候は，シルル紀に上陸した植物の地域化を促進した．ゴンドワナ大陸にはグロッソプテリス (*Glossopteris*) で代表される寒冷域のゴンドワナ植物群が繁栄した．種子シダ類の植物で年輪があり，その大量な葉の化石から考えて，おそらく落葉樹であった．南極周辺の氷河前面の寒冷・乾燥地帯に生育した植物で，おそらく当時の南緯 30° には達していない (図 9-7)．グロッソプテリスはアフリカ・南米の北部からは化石が見出されていない．これに対して赤道から北半球を特徴づけたのは，現世のヒカゲノカズラ類 (リコプシダ; Lycopsida) である．アフリカ北西部，ヨーロッパ，北米の中央から東部に成長した．グロッソプテリスが，おそらくはゴンドワナ大陸の温暖化とともに衰退してジュラ紀には絶滅したのに対して，ヒカゲノカズラ類は現在まで生き延びた．

　パンゲアには少なくとも 4 つの植物地理区が認められている．ゴンドワナ大陸の南部を中心とするゴンドワナ植物群分布域は南半球の代表的な植物地理区である．赤道に近くヒカゲノカズラ類などが繁茂したユーラメリカ (Euramerica) 植物群は，アパラチア・カレドニア山脈などの陸上の障壁が形成されると地域性を増大し，北米植物群とヨーロッパ植物群に分裂する．北極に近いシベリアを中心とした地域はアンガラ (Angara) 植物群で，寒冷気候を示す．中朝・揚子地塊はまだパンゲアと一緒にならず，シダ類のギガントプテリス (*Gigantopteris*) などを含む熱帯性で独自のカタイシア (Cathaysia) 植物群で特徴づけられる．北米西海岸の植物群もこれらとは異なる．

9-4. ペルム紀の中欧

　ヴァリスカン造山運動を受けた中部ヨーロッパを中心とした地域は，ペル

ム紀までに侵食を受けて平坦になった．この地域に北から寒冷なボレアル海が，南からは温暖なテチス海が交互に進入した．堆積物の多くは化石に富む浅海相である．

9-4-1. ロートリーゲンデス

ドイツのペルム系については，下部のロートリーゲンデス（Rotliegendes）と上部のツェヒシュタイン（Zechstein）に分けられた．これらは鉱山用語で，両層の間のクッファーシーファー（Kupferschiefer）が古くから採掘の対象になっていた．これらが Dyas で，日本では二畳系と訳された．現在では国際的にペルム系が認知されている．二畳系との対比は必ずしも明らかでないが，ドイツで下部三畳系とされるブンター（Bunter）層はペルム系であるとする考えもある．

ペルム紀を通じての中部ヨーロッパは，北緯10°～15°ぐらいで熱帯・乾燥の気候であった．流入する海水・天水は極端に少なかった．ヴァリスカン造山の褶曲山脈が侵食され，広範囲に陸成層の下部ペルム系，ロートリーゲンデスが堆積した．ロートリーゲンデスの地表に形成された砂丘は白色で，バイスリーゲンデス（Weissliegendes）と呼ばれる．地下水面の上に出ていたので酸化を受けなかったのであろう．

前期ペルム紀には，ユトランド半島の先端と付け根を通りスカンディナヴィア半島に達する東西性の2つの沈降帯が発達し始めた．北が北部ペルム紀堆積盆（North Permian basin），南が南部ペルム紀堆積盆である．ヴァリスカン造山の末期，最前期ペルム紀にこの堆積盆の地帯に火山活動があり，その終了に伴う地殻上部の収縮に原因があるらしい．両堆積盆の間の東西性の高まりは，西側で南北性の中央地溝（Central graben），東側でホーン（Horn）地溝，その陸上への延長のオスロー地溝で切られている（図9-8）．

オランダ北端部のグローニンゲン（Groningen）の町に天然ガスが発見されたのは，1959年である．その後，このガス田は巨大であることが判明した．引き続いて発見されたガス田はいずれも南部ペルム紀堆積盆の中で，下部にウェストファール世（≒モスコー期）の挟炭層が分布することが明らかになった．層厚1000～2500 m で，その3%ぐらいが炭層である．南部ペル

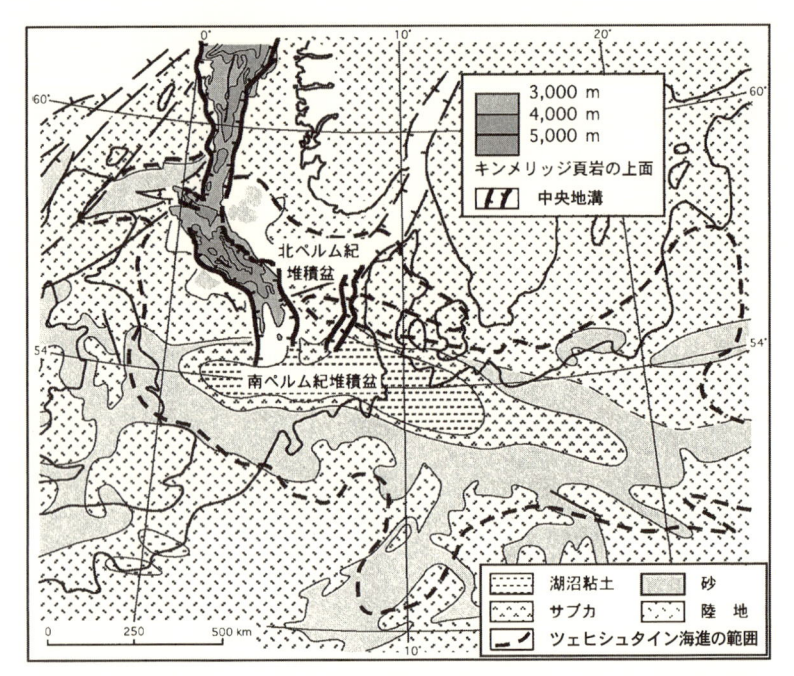

図 9-8 北海南部のツェヒシュタイン海進の範囲と堆積相，南北ペルム紀堆積盆の位置（Glennie, 1990）．
合わせて中央地溝に堆積した上部ジュラ系キンメリッジ粘土層の埋没深度を示してある（Cornford, 1990）．キンメリッジ粘土層のようなケロジェンに富む地層の埋没深度が適当であると石油が生成する．

ム紀堆積盆のガス田は石炭を根源岩とする天然ガスが移動し，ツェヒシュタインを帽岩としてロートリーゲンデスの中に貯溜されたらしい（Taylor, 1990）．

9-4-2. クッファーシーファー

ツェヒシュタインの最下部が厚さ 1 m 未満のクッファーシーファーで，ドロマイト質頁岩である．広く銅の鉱染があり，日本では含銅頁岩と訳された．中部イングランドからラトビア地域まで，延長 1500 km 以上にわたって広がっている．この頁岩は 1150 年頃から銀・銅を対象として採掘された．昔の中心はドイツのハルツ山地東のマンスフェルド（Mansfeld）地域である．

ローテフォイレ（Rote Fäule）と呼ばれる赤鉄鉱を含む変質帯から上位へ向かって輝銅鉱－斑銅鉱－黄銅鉱－黄鉄鉱帯と変化する．

比較的最近発見されたポーランドのブロツラウ（Wroclaw）北西のルビン（Libin）地域に広がる鉱床は著しく巨大で，クッファーシーファーから上盤のツェヒシュタインにわたって厚さ最大26mの鉱染帯がある．ローテフォイレが発達する地域ではとくに含銅量が高い．さらにロートリーゲンデスとクッファーシーファーの間に挟まれるケロジェンに富むドロマイトからクッファーシーファーの最下部にかけては，Au，Pt，Pdなどの貴金属に富んでいる．鉱量26億トン，>2.0% Cu，～30-80 g/t Ag，～0.1 g/t Auという推計がある．この規模は堆積岩性層内銅鉱床としては世界最大である．現在，年間40万t Cu，1000t Ag，0.4t Auを産出している．しかし資本主義経済の導入に伴い，経済的な稼行が微妙になってきた．鉱石の厚さが著しく薄く，採掘が難しいのである．

鉱床と密接な関係があるローテフォイレは，ロートリーゲンデスの厚さが薄い基盤の高まりの周囲に発達している．おそらく，ヴァリスカン造山によって地層から押し出された濃厚塩水が基盤にぶつかり上昇し，クッファーシーファーで還元されて銅鉱物を沈殿したのであろう．クッファーシーファー鉱床の銅量は巨大であるので，金属元素の供給源を火成岩に求める研究者が多い．

9-4-3. ツェヒシュタインの海

地球はペルム紀の中頃から乾燥気候になってきた．おそらく，パンゲアの完成とともに内陸部が増加したことも原因の1つであろう．南部・北部ペルム紀堆積盆も砂漠で，中心部に湖があったが，水面は海抜－200～－300mであったと推定されている．このような環境下の両ペルム紀堆積盆に，北のボレアル海（Boreal Ocean）から海水が流入してツェヒシュタインの海進が起きた．南部ペルム紀堆積盆は東へ拡大してポーランドに達し，北部ペルム紀堆積盆もスコットランドのモーレー湾から東へ，ユトランド半島を越えてスカンディナヴィア半島の最南端まで広がった（図9-8）．

ツェヒシュタイン蒸発岩には4回の堆積サイクルが認められる．なかでも

スタッスフルト統 (Stassfurt Series) と呼ばれる2回目の蒸発岩がもっとも巨大で，南部ペルム紀堆積盆の中心部で層厚が1400 mに達した．堆積盆の縁辺部では赤色層が堆積し，サブカではドロマイトが形成された．主要部は岩塩であるが，最上位にカリ塩が沈殿している．

パンゲアの時代，ヨーロッパへは貿易風が温暖・湿潤な空気を吹き込んだ．しかし内陸部，とくにアパラチア・カレドニア山脈で湿潤な貿易風をさえぎられたアメリカ合衆国の範囲は乾燥し，剛塊の上を広く覆った浅海には石灰岩・蒸発岩が堆積した．アメリカ合衆国の南東部と中部ヨーロッパの蒸発岩の堆積は，後期ペルム紀に最大になった．重い海水硫黄が地層の中に閉じ込められたため，海水中の硫黄同位体比の値は地球史上でもっとも軽くなった (Nielsen, 1979)．

9-5. パンゲアの分解

パンゲアが形成されると，拡大するパンサラッサの海洋地殻は，パンゲアの周囲から超大陸の下へ沈み込みを始めたはずである．その結果の火成活動を示すと考えられる地帯が知られている．パンゲア自体が割れ出したのは，その後であるらしい．

9-5-1. サムフラウ造山帯

ゴンドワナ大陸の南縁部の一連の造山帯は，1935年にドゥトワによってサムフラウ造山帯 (Samfrau Orogenic Zone) と名づけられた．South America, Africa, Antarctica, Australia からの合成語である．多くは氷河に覆われたサムフラウ造山帯に，火山弧が形成され始める．もっとも古い年代は南部チリのアンデス地帯からアルゼンチンへかけてで，290 Ma (ペルム紀サクマラ期) 頃に中心がある．S型の花崗岩類から始まり，I型の花崗岩類が活動した．いずれもストロンチウム同位体比の初生値が高い．火成活動は東進して，東部オーストラリアからニューギニアへ来ると250 Ma (三畳紀最前期) 頃になる (図9-9)．

サムフラウ造山帯のケープ褶曲帯は，南アフリカのケープタウンから東へ

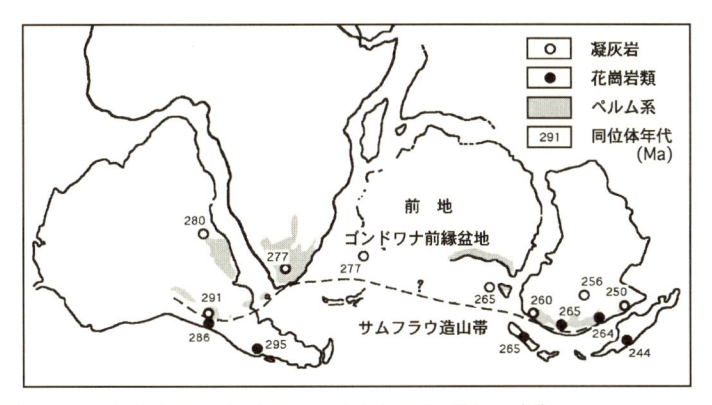

図 9-9　ゴンドワナ大陸南縁部における火成活動の開始の東漸．
　　　ゴンドワナ大陸の復元は Du Toit (1937) に基づき，Veevers et al. (1994) から各地域の火成岩類の同位体年代の中で比較的古いものを選んで図示してある．ドゥトアの復元図は現在の復元図とは多少の相違があるが，70 年前としては著しく正確である．

海岸に沿って延びている．この北側の前縁堆積盆に堆積したのが，石炭紀末期から三畳紀前期までのカルー累層群 (Karoo Sequence) である．主として陸成層で，全層厚 10 km を越える．最下部のダイカ (Dwyka) 層群は下部の氷礫岩と上部の頁岩からなり，頁岩からはメソザウルス (*Mesosaurus*) の化石を産出する．針葉樹類の化石が現れる層準からペルム系とされている．主要な石炭層を含む地層がエッカ (Ecca) 層群で，主として葉に中脈のないシダ種子類のガンガモプテリス (*Gangamopteris*) の化石が中心である．石炭層に乏しくなるとボーフォルト (Beaufort) 層群である．グロッソプテリス (*Glossopteris*) の化石はエッカ層群からボーフォルト層群へかけての層準に多い．これらの古生代後期の地層が堆積する間に，気候は極気候から温暖〜亜熱帯の乾燥した気候に変化した．オリーブ色の泥岩が赤色泥岩に変わると三畳系のストームベルク (Stormberg) 層群である (Falcon, 1986)．

　ゴンドワナ大陸の南縁部の石炭は，中・高緯度の寒冷地の石炭である．南極がアフリカ南部から南極大陸へ移動するにつれて，氷河の前面には湖や流れが形成された．植物が繁茂したのはこれらの水域の周囲で，安定地塊の内部に形成された浅い堆積盆である．したがって北半球の石炭と比較すると，植物の生育の速度が遅く，石炭の鉱物分が高い．埋没した植物が炭化した原

因は，主として三畳紀頃の火成活動に関連する熱に求められている．

9-5-2. 洪水玄武岩

南アフリカの上部三畳系に重なるのが，全層厚1400 mに達する下部ジュラ系ドラッケンスベルク（Drakensberg）層である．単位溶岩の厚さ0.5〜50 mの洪水玄武岩の溶岩流で，主としてカンラン石に乏しいソレアイト玄武岩である．約200ほどの盾状火山が識別されている．カルー累層群全体に層理に平行なシル状の貫入岩が多く，これらが同位体年代195〜150 Ma（ジュラ紀）のカルードレライトである．分布面積は約57万2000 km²，積算された厚さは700〜800 mに達する．ほぼデカントラップ（Deccan Trap）の量である．これらの玄武岩類の活動は南極横断山脈，タスマニア，さらにアマゾンのパラナ（Parana）盆地の玄武岩類とともに，パンゲアの分解に伴う火成活動と考えられている．

世界のダイアモンドの産出の約90%は漂砂鉱床からである．しかし，その供給源がキンバレー岩にあることは疑問の余地がない．天然ダイアモンドの産出は南アフリカが世界の11%，ザイールが22%である．アフリカ南部のキンバレー岩はサムフラウ造山帯の内側に多く，年代は190〜134 Ma（ジュラ紀〜白亜紀オーテリヴ期）と93〜53 Ma（チューロン期〜始新世最前期）の2つのグループに分けられる．古期のキンバレー岩の年代は，ほぼカルードレライトの活動年代で，両岩体の活動は関連するのかもしれない．しかし，パンサラッサからザイールまでは3000 km以上ある．そこで，当時のプレートの沈み込みは極端に平坦であったとする説が提唱されている．

9-5-3. ベヌートラフ

冷却する溶岩は収縮に伴う伸張応力により，六角形の柱状節理を形成する．ほぼこれと同じ機構で，上昇するホットスポットのドームの上の地殻が120°に割れて海洋底の拡大が始まる．ホットスポット説の有力な証拠とされた地域は，赤道に近いアフリカ南西部のギニア湾である．アフリカと南米の分離では，120°に交わる3つのプレート境界である三重会合点のうちの2つが南大西洋を拡大し，残りの開き損なった境界がベヌー（Benue）トラフ

を形成した．このような拡大しなかった境界がフェイルドリフト（failed rift），あるいはオラーコジン（aulacogen）である．

　大西洋の拡大は中部が早く，ジュラ紀バジョス〜カロヴィウム期（172〜161 Ma）の頃と推定されている．しかし南大西洋は白亜紀のオーテリヴ／バレーム期境界（130 Ma）頃から拡大を始めたらしい．海水がギニア湾の三重会合点へ入ったのがアプト期（125〜112 Ma）である．ベヌートラフにも地溝が形成され，アルバ期（112〜100 Ma）にはギニア湾から海が入ってきた．蒸発岩が沈殿しているが，海が深くなったのはトゥーロン期（94〜89 Ma）である．有機物に富む遠洋性の堆積物が堆積し，多量のアンモナイト・イノセラムスなどの化石を産出する．火成岩類の活動はこの時期にもっとも激しかった．サントンジュ期（86〜84 Ma）からシャンパーニュ期（84〜71 Ma）前期に堆積物が褶曲する変動があり，その後に海退が始まる．マーストリヒト期（71〜66 Ma）の海成層は，ニジェール三角州に近い南西部に限られている．白亜系の層厚は 6 km 以上に達する（Petters, 1991）．

　ベヌートラフの北端部は砂漠で地表に露出がない．重力ならびにニジェール地域の地表調査からリフトが推定され，石油資源の存在の可能性から多くのボーリングが掘削された．それらの結果から，北への延長は地中海に抜けていると考えられている．

9-5-4. 北米の東海岸

　北米の東海岸では，三畳紀に伸張場が現れて変動が始まる．アパラチア造山帯の方向にほぼ平行にリストリック（listric）断層が生じ，半地溝が形成された．海岸に沿って陸上に露出する一列と，さらに沖合にカナダのノバスコシア半島の内側のファンジー湾（Fundy Bay）から南西へ延びてフロリダ半島を横切る配列が知られている（図 9-10）．これらの堆積盆を厚さ 10 km に達する河川・湖成堆積物が埋立てている．陸上に露出している堆積物は下部三畳〜中部ジュラ系であるが，沖合では白亜系までの堆積が認められる．

　これらの堆積盆の形成と前後して玄武岩類が噴出し，主として三畳系の中に貫入した．ニューヨーク州のハドソン川に露出するパリセード（Palisade）ダイアベースもこの時の貫入岩である．1732 年に発見されたペンシ

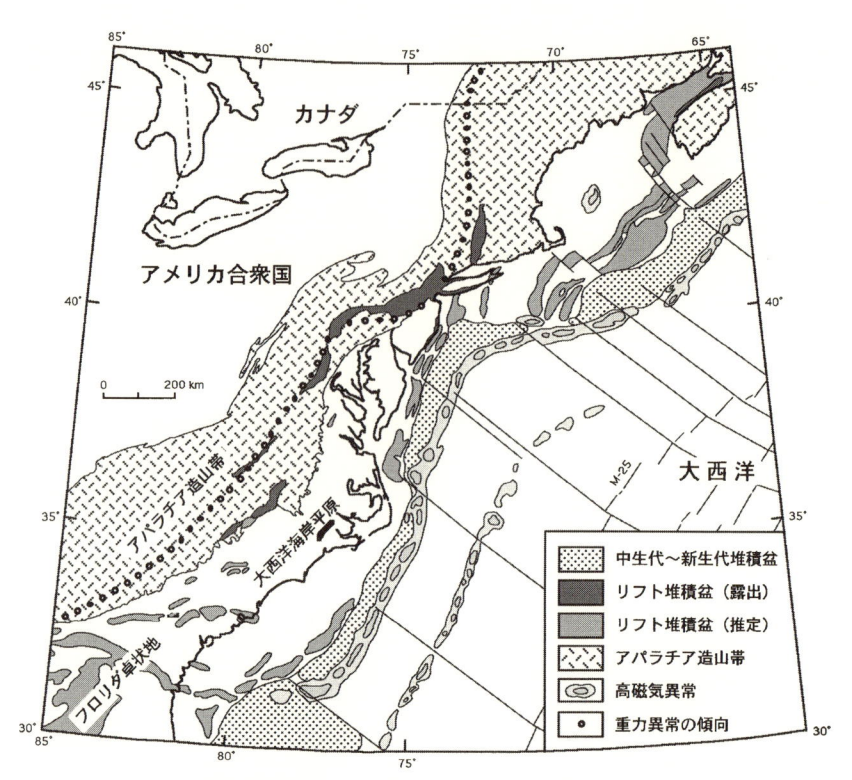

図9-10 アメリカ合衆国東海岸の三畳紀堆積盆の分布（Sheridan, 1989）．
このような堆積盆は伸張場に伴うリストリック断層によって形成された．磁気異常帯はアパラチア造山時の縫合線を示しているらしい．

ペンシルベニア州のコーンワル（Cornwall）鉱床は，貫入玄武岩が石灰岩を交代したスカルン鉱床である．アメリカでもっとも古く発見された鉱床の1つで，カーネギーの先祖が経営して財をなしたことで知られている．

大西洋の拡大が始まり海洋地殻が形成されると，中央海嶺から遠くなった部分の地殻が冷却・収縮して沈降した．沈降した基盤の上の最初の堆積物は石灰岩・ドロストン・硬石膏の互層である．海成層から得られたもっとも古い化石年代は三畳紀後期のカルニア期（229〜217 Ma）であり，玄武岩類の活動とほぼ同時である．海成層は上位ほど内陸部へ広がって沿岸平野堆積盆を形成した．これに対して海側では少なくとも白亜紀最前期までは炭酸塩岩礁が形成され，この礁に堆積物が堰止められるように大陸棚が形成された

(Sheridan, 1989).

　大西洋の拡大以後の北米大陸は北西へ移動しており，白亜紀から緯度にして30°ほど北上した．この移動に伴って亜熱帯域を抜け去った東海岸では，北から順に炭酸塩岩礁の形成が止んだ．砕屑物は古炭酸塩岩礁を越えて堆積し，大陸棚縁の前進が始まった．内側から沿岸平野・大陸棚・大陸棚縁・大陸棚斜面・大陸縁膨・深海平原と配列する典型的な非活動的縁辺域 (passive continental margin) の海底地形が形成された．

9-5-5. メキシコ湾北部堆積盆

　メキシコ湾の北部からウォシタ造山帯までがメキシコ湾北部堆積盆である．この地帯はアメリカ合衆国最大の石油・ガスの産地で，その地質が詳しくわかっている．カロヴィウム期（165〜161 Ma）に湾岸地帯に広く堆積した蒸発岩は，オクスフォード期（161〜156 Ma）頃からの海洋底の拡大によって，メキシコ湾岸とユカタン半島の西側の2帯に分れた．最初に堆積したのは葉理組織を示す有機物に富む泥岩で，スマックオーバー（Smackover）層という．

　白亜紀前期の不整合の後の海進により，北西部では現在の海岸線の内側約200 kmを通り，ミシシッピ河の河口の東側でメキシコ湾に抜ける地帯に炭酸塩岩礁が形成された．セノマン期（100〜94 Ma）になると礁の形成が止み，コニャック期（89〜86 Ma）にかけてイーグルフォード（Eagleford）頁岩という黒色頁岩が堆積した．これより後の堆積物はチョーク・頁岩に富むようになり，礁を越えて外側のメキシコ湾を埋立てた．新生代になると，供給される堆積物のほとんどが陸源砕屑物になる．現在，この堆積物の分布の南縁は，シグスビー断崖（Sigsbee escarpment）というフロントを形成している（図 9-5）．堆積物の厚さは異常に厚く，新生代に入ってからだけでも 15 kmを越える．

　炭酸塩岩礁が存在する地帯を除いて，メキシコ湾側の蒸発岩の堆積範囲に岩塩ドームが広く分布している．その形成はオクスフォード期に始まり，更新世の堆積物に貫入する岩塩ドームも数多く知られている．ほとんどの地域で蒸発岩層から立ち上がる現地性岩塩ダイアピル，あるいは岩塩ピローであ

る．しかし，岩塩ドームの存在の密度が高いのはシグスビー断崖に近い大陸棚斜面の地帯で，異地性のものが多い（図9-5）．

　メキシコ湾北部で発見された炭化水素の量は，天然ガスを石油に換算して1250億バレルに達する．約75%が新生代の砕屑岩層が貯溜岩で，残りが中生代である．ジュラ系の中の炭化水素の根源岩はスマックオーバー層，下部白亜系上部から上部白亜系の中の炭化水素の根源岩はイーグルフォード黒色頁岩であることについては意見が一致している．

　メキシコ湾北部地域の貯溜岩の特徴は，全体としては巨大な油田であるにもかかわらず，1つ1つの油田・ガス田の規模が小さいことである．もう1つの特徴は堆積盆の規模に対して予想される石油の産出量が小さいことである．消費済の量も含めてアメリカ合衆国で生産されるであろう石油の量は全部で2500億バレルと推定されている．このうち将来に発見が期待されているのが500億バレルで，メキシコ湾北部でその20%ほどが期待されている．天然ガスになると期待量は45%になる（Worrall and Snelson, 1989）．

引用文献（第9章）

Bally, A. W. (1989) : Phanerozoic basins of North America. *In* A. W. Bally and A. R. Palmer, eds., The Geology of North America ; An Overview, The Geology of North America, Vol. A, 397-446, Geol. Soc. Amer., 614 p.

Benton, M. J. and Harper, D. A. T. (1997) : Basic Paleontology, Longman, 342 p.

Boger, S. D., Wilson, C. J. L. and Fanning, C. M. (2001) : Early Paleozoic tectonism within the East Antarctic craton : The final suture between east and west Gondwana ? *Geology*, **29**, 463-466.

Brown, D. and Spadea, P. (1999) : Process of forearc and accretionary complex formation during arc-continent collision in the southern Ural Mountains. *Geology*, **27**, 649-652.

Cocks, L. R. M. and Fortey, R. A. (1988) : Lower Palaeozoic facies and faunas around Gondwana. *In* M. G. Audley-Charles and A. Hallam, eds., Gondwana and Tethys, Geol. Soc. (London), Spec. Pub., 37, 183-200, 317 p.

Cook, T. D. and Bally, A. W. (1975) : Stratigraphic Atlas of North and Central America, Princeton Univ. Press, Princeton, 272 p.

Cornford, C. (1990) : Source rocks and hydrocarbons of the North Sea. *In* K. W. Glennie, ed., Introduction to the Petroleum Geology of the North Sea, 294-361, Blackwell Sci. Pub., 402 p.

Du Toit, A. L. (1937) : Our Wandering Continents, Edinburgh, Oliver and Boyd, 366 p.

Falcon, R. M. S. (1986) : A brief review of the origin, formation, and distribution of coal in southern Africa. *In* C. R. Anhaeusser, ed., Mineral Deposits of Southern Africa, Vol. II, 1879-1898, Geol. Soc. South Africa, 2335 p.

Glennie, K. W. (1990) : Lower Permian—Rotliegend. *In* K. W. Glennie, ed., Introduction to the Petroleum Geology of the North Sea, 120-152, Blackwell Sci. Publ., 402 p.

Gonzalez-Bonorino, G. and Eyles, N. (1995) : Inverse relation between ice extent and the late Paleozoic glacial record of Gondwana. *Geology*, **23**, 1015-1018.

Gould, S. J. (1989) : Wonderful Life, W. W. Norton & Company, Inc., New York, 347 p.

Gradstein, F. M., Ogg, J. G., Smith, A. G., *et al.* (2004) : A Geologic Time Scale, Cambridge Univ. Press.

Gregg, J. M. and Shelton, K. L. (1989) : Minor- and trace-element distributions in the Bonneterre Dolomite (Cambrian), southeast Missouri : Evidence for possible multiple-basin fluid sources and pathways during lead-zinc mineralization. *Geol. Soc. Amer. Bull.*, **101**, 221-230.

Haq, B. U., Hardenbol, J. and Vail, P. R. (1987) : Chronology of fluctuating sea levels since the Triassic (250 m. y. to present). *Science*, **235**, 1156-1167.

Hatcher Jr., R. D. (2002) : Alleghanian (Appalachian) orogeny, a product of zipper tectonics : Rotational transpressive continent-continent collision and closing of ancient oceans along irregular margins. *In* J. R. Martinez Catalan, R. D. Hatcher Jr., R. Arenas and F. D. Garcia, eds., Variscan-Appalachian Dynamics : The Building of the Late Paleozoic Basement, Geol. Soc. Amer., Spec. Pap., 364, 199-208, 305 p.

Heckel, P. H. (1980) : Paleogeography of eustatic model for deposition of midcontinent Upper Pennsylvanian cyclothems. *In* T. D. Fouch and E. R. Magathan, eds., Paleogeography of the West-Central United States : Rocky Mountain Section, Soc. Econ. Paleont. Mineral., West-Central. U. S., Paleogeography Symposium 1, 197-215.

Hou X. -G., Aldridge, R. J., Bergstrom, J., Siveter, D. J., Siveter, D. and Feng X. -H. (2004) : The Cambrian Fossils of Chengjiang, China, Blackwell Pub., 233 p.

Khain, V. E. and Nikishin, A. M. (1997) : Russia. *In* E. M. Moores and R. W. Fairbridge, eds., Encyclopedia of European and Asian Regional Geology, 631-652, Chapman & Hall, London, 804 p.

Kirkham, R. V. (1989) : Distribution, settings, and genesis of sediment-hosted stratiform copper deposits. *In* R. W. Boyle, A. C. Brown, C. W. Jefferson, E. C. Jowett and R. V. Kirkham, eds., Sediment-hosted Stratiform Copper Deposits, 3-38, Geol. Ass. Can., Spec. Pap., No. 36, 710 p.

Matthews, S. C. and Missarzhevsky, V. V. (1975) : Small shelly fossils of late Precambrian and early Cambrian age. *J. Geol. Soc. (London)*, **131**, 289-304.

McKerrow, W. S., Scotese, C. R. and Brasier, M. D. (1992) : Early Cambrian continental reconstructions. *J. Geol. Soc. (London)*, **149**, 599-606.

Monroe, J. S. and Wicander, R. (1997) : The Changing Earth : Exploring Geology and Evolution, Wadsworth Pub. Co., 721 p.

Nielsen, H. (1979) : Sulfur Isotope. *In* E. Jager and J. C. Hunziker, eds., Lectures in Isotope Geology, 283-312, Springer-Verlag, 329 p.

Ohle, E. L. and Gerdemann, P. E. (1989) : Recent exploration history in Southeast Missouri. *In* R. D. Hagni and R. M. Coiveney, Jr., eds., Mississippi Valley-type Mineralization of the Viburnum Trend, Missouri, Soc. Econ. Geol., Guidebook Series

Vol. 5, 1-11.
Okulitch, A. V. (1999) : Geological Time Scale, 1999. Geol. Surv. Can., Open File 3040-Revision.
Oliver, J. (1986) : Fluids expelled tectonically from orogenic belts : Their role in hydrocarbon migration and other geologic phenomena. *Geology*, **14**, 99-102.
Petters, S. W. (1991) : Regional Geology of Africa, Lecture Notes in Earth Sciences Series, Vol. 40, Springer, 722 p.
Pillola, G. L. (1990) : Lithologie et Trilobites du Cambrien infé rieur du SW de la Sardaigne (Italie) : implications palé obiogé ographiques. C. R. Acad. Sci. Paris, t. 310, Serie II, 321-328.
Pysklywec, R. N. and Mitrovica, J. X. (2000) : Mantle flow mechanisms of epeirogeny and their possible role in the evolution of the Western Canada Sedimentary Basin. *Can. J. Earth Sci.*, **37**, 1535-1548.
Schmidt, P. W., Powell, C. McA., Li, Z. X. and Thrupp, G. A. (1990) : Reliability of Palaeomagnetic poles and APWP of Gondwanaland. *Tectonophysics*, **184**, 87-100.
Scotese, C. R. (1994) : Late Permian paleogeographic map. *In* G. D. Klein, ed., Pangea ; Paleoclimate, Tectonics, and Sedimentaion during Accretion, Zenith and Breakup of a Supercontinent, Geol. Soc. Amer., Spec. Pap., 288, 6, 295 p.
Sengör, A. M. C. and Natal'in, B. A. (1996) : Turkic-type orogeny and its role in the making of the continental crust. *Annu. Rev. Earth Planet. Sci.*, **24**, 263-337.
Sheridan, R. E. (1989) : The Atlantic passive margin. *In* A. W. Bally and A. R. Palmer, eds., The Geology of North America ; An Overview, Geol. North America, Vol. A, 81-96, Geol. Soc. Amer., 619 p.
Sloss, L. L. (1963) : Sequences in the cratonic interior of North America. *Geol. Soc. Amer. Bull.*, **74**, 93-114.
Taylor, J. C. M. (1990) : Upper Permian—Zechstein. *In* K. W. Glennie, ed., Introduction to the Petroleum Geology of the North Sea, 153-190, Blackwell Sci. Publ., 402 p.
Trewin, N. H. (1994) : Depositional environment and preservation of biota in the Lower Devonian hot-springs of Rhynie, Aberdeenshire, Scotland. *Trans. Roy. Soc. Edinb., Earth Sci.*, **84**, 433-442.
Vail, P. R., Mitchum, Jr., R. M. and Thompson, III, S. (1977) : Global cycles of relative changes of sea level. *In* C. E. Payton ed., Seismic Stratigraphy—Applications to Hydrocarbon Exploration, Amer. Assoc. Petrol. Geol., Mem. 26, 83-97.
Van Der Voo, R. (1993) : Paleomagnetism of the Atlantic, Tethys and Iapetus Oceans, Cambridge Univ. Press, Cambridge, 411 p.
Veevers, J. J., Powell, C. McA., Collinson, J. W. and Lopez-Gamundi, O. R. (1994) : Synthesis. *In* J. J. Veevers, C. McA. Powell, eds., Permian-Triassic Pangean Basins and Foldbelts along the Panthalassan Margin of Gondwanaland, Geol. Soc. Amer., Mem. 184, 331-353.
Viele, G. W. and Thomas, W. A. (1989) : Tectonic synthesis of the Ouachita orogenic belt. *In* R. D. Hatcher, Jr., W. A. Thomas and G. W. Viele, eds., The Appalachian-Ouachita Orogen in the United States, Geology of North America, Vol. F-2, 511-535, Geol. Soc. Amer., 767 p.
Worrall, D. M. and Snelson, S. (1989) : Evolution of the northern Gulf of Mexico, with emphasis on Cenozoic growth faulting and the role of salt. *In* A. W. Bally and A. R.

Palmer, eds., The Geology of North America ; An Overview, Geology of North America, Vol. A, 97-138, Geol. Soc. Amer., 619 p.

Zonenshain, L. P., Korinevsky, V. G., Kazmin, V. G., Pechersky, D. M., Khain, V. V. and Matveenkov, V. V. (1984) : Plate tectonic model of the South Urals development. *Tectonophysics*, **109**, 95-135.

Zonenshain, L. P., Kazmin, M. I. and Natapov, L. M. (1990) : Geology of the USSR : a plate-tectonic synthesis, Geodynamics Series Vol. 21, AGU, Washington, D. C., 242 p.

概説書

Gould, S. J. (1989) : Wonderful Life, W. W. Norton & Company, Inc., New York, 347 p.
(邦訳：ワンダフル・ライフ，渡辺政隆（訳），早川書房，1993）．

Briggs, D. E. G., Erwin, D. H. and Collier, F. J. (1994) : The Fossils of the Burgess Shale, Smisthonian Institution, 238 p.

モリス，サイモン・コンウェイ (1997)：カンブリア紀の怪物たち（松井孝典監訳）．講談社現代新書1343, 301 p.

バージェス頁岩からの化石については，比較的最近，素晴しい本が2つも出版された．Gould (1989) の本は発見物語，ならびに関連する動物界についての記述が詳しく，Briggs *et al.* (1994) の本は化石の体系的な記述があり，プロの写真家 (Chip Clark) が撮影した素晴しい写真がついている．これに対してモリスの本は邦訳であり，気楽に読める．

Densel, P. G. and Edwards, D., eds. (2001) : Plants Invade the Land, Columbia Univ. Press, New York, 304 p.

オルドヴィス〜デヴォン紀の陸上植物化石についてのデータベース．

Wilson, C. (1992) : Sequence stratigraphy. *In* G. C. Brown, C. J. Hawkesworth and R. C. L. Wilson, eds., Understanding the Earth, Chapt. 20, 388-414, Cambridge Univ. Press, 551 p.

束層層序学誕生の起源をたどると1970年代にさかのぼる．そもそもはエクソン石油会社の技術陣が開発した探査手法で，当初は地震層序学などともいわれた．1977年に公開されてからの進歩は目覚ましい．この本の一部では，主として誕生から束層層序学の確立までの歴史を解説している．この本そのものは，プレートテクトニクスの登場に対応してオープン大学から1971年に出版された同名の出版物の改訂版である．

Sloss, L. L., ed. (1988) : Sedimentary Cover—North American Craton, Geology of North America, Vol. D-2, Geol. Soc. Amer., 506 p.

アメリカ合衆国の卓状堆積物が記載されている．

Zonenshain, L. P., Kuzmin, M. I. and Natapov, L. M. (1990) : Geology of the USSR : a Plate-tectonic Synthesis, Geodynamics Series, Volume 21, AGU, Washington, D. C., 242 p.

プレートテクトニクスの登場の初期から，改革派として西側に知られていたZonenshainらの「ロシアの地質」である．ソ連邦崩壊の前であるから，カザフスタンなどのイスラム圏を含むのは当然であるが，国境にとらわれることなく，地帯構造区分としてのロシアを記述している．

Klein, G. D., ed. (2002) : Pangea, Paleoclimate, Tectonics, and Sedimentaion during Accretion, Zenith and Breakup of a Supercontinent, Geol. Soc. Amer., Spec. Pap., 288, 295 p.

パンゲア超大陸の形成・実体・分解をまとめた書籍が少ないのは奇妙ですらある．

Sangster, D. F., ed. (1996): Carbonate-Hosted Lead-Zinc Deposits, Soc. Econ. Geol., Spec. Pub., 4, 664 p.
　ミシシッピヴァレー型鉱床が総括されている．放射性廃棄物の地層処分関係者の一読を勧めたい．

第10章
生命の多様化と絶滅

　1980年代の初め，恐竜・アンモナイトなどの絶滅についての隕石落下説が発表されて論争の的になった．最大の難点であった落下した隕石の痕も発見されて，多くの研究者は隕石落下説を支持するようになった．そのほかの時代の生物の絶滅についても，天体落下の可能性を含めてその原因が探索されている．

10-1. 種の興亡

　特定の時代にある種の生物が繁栄し，進化し，そして衰退する．顕生代における生命の危機とされる時期は5つあるとされ，"the Big Five"などと呼ばれる．さらにプレカンブリア時代末を加えて6つとする研究者もいる．

10-1-1. 地質時代区分

　層序学の父といわれるイギリスのスミス（W. Smith；1769〜1839）の甥にフィリップス（J. Phillips；1800〜1874）がいる．両親に幼い時に別れて伯父のスミスに育てられ，学校を卒業してからロンドンに出てスミスの地質調査の手伝いをした．1824年にヨークの博物館の仕事があり，ここを根拠地として主として古生物学の研究をするようになった．一時オックスフォード大学の教授も勤めている．彼の仕事の内容は多彩であった．化石による地層の対比を始めたマーチソン（R. Murchison；1792〜1871）に対して「化石群集に注意を払わなくてはダメだ」と批判している．このような群集としての化石内容の変化に基づいて，彼は地質時代を古生代・中生代・新生代に分けた．1841年のことである（Phillips, 1841）．

　フィリップスの仕事の中で歴史に残るものがもう1つある．彼は1860年

に"Life on the Earth—Its Origin and Succession"という本を出版した(Phillips, 1860)．その中に2つの重要な図面が掲載されている．1つは地質時代とともに生命の多様性がどのように変化したかを定性的に示している（図10-1a）．この図にはペルム紀と三畳紀の間，白亜紀と第三紀の間における化石種の減少が明瞭に現れている．彼はこの図を顕生代を3つに区分することの正当性を主張するために使用した．第2の図面は地質時代とともに化石の内容がどのように変化したかを示している．これを見ると動物群の出現・衰退の様子が明らかである．

10-1-2. 五大絶滅期

フィリップスの研究は19世紀の話である．20世紀も半ばを過ぎて，地質時代における生命の多様性の変化の新しい研究が発表され始めた．認識しうる種の多様性は化石によっている．特定の時代の化石が，どれだけその時代の種の多様性を示しているかはわからない．とくに陸上の種の多様性についての知識が乏しいことは確かである．セプコスキー (J. J. Sepkoski; 1948～1999) は，顕生代の91の海生後生動物の「綱」に含まれる2800の「科」について，統計的な手法を用いて多様性の変化も調べた (Sepkoski, 1981)．その結果得られた古生代と中生代の間の動物群の不連続性については，フィリップスとセプコスキーの結論は比較的よい一致を示した．しかしフィリップスが示した中生代と新生代の間の不連続性については，セプコスキーの結果は明瞭ではない（図10-1b）．これはフィリップスが対象とした生物種の数が少ないことと，さらに海生動物に加えて陸上動物から植物までを含めたことによるのかもしれない．

いわゆる大量絶滅と呼ばれる種の減少について，絶滅の割合を定量的に示す研究も行われている．この結果が「五大絶滅期 (the Big Five)」と呼ばれる時期である．絶滅を「科」の単位で示すと最大がペルム紀/三畳紀境界の51%，オルドヴィス紀/シルル紀境界が26%，後期デヴォン紀と三畳紀/ジュラ紀境界がほぼ同じで22%，白亜紀/第三紀境界が小さくて16%になる．「属」の単位では絶滅率は高くなるが，絶滅の厳しさを示す順位は同じである (Jablonski, 1994)．

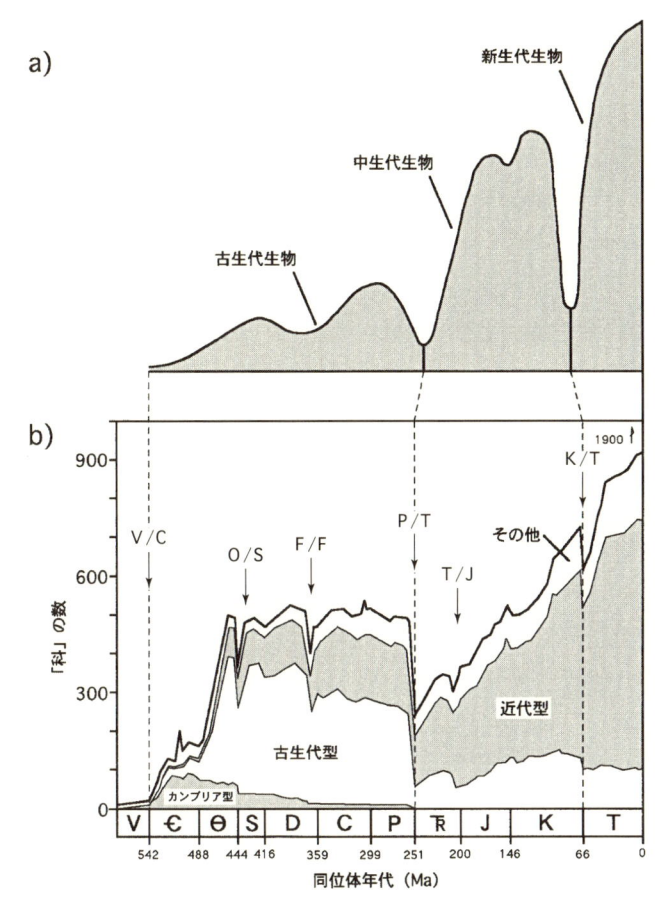

図 10-1 地質時代と生命の多様性の変化．
a) 100年以上前にフィリップスが考察した概念図（Phillips, 1841）．b) 海生動物の多様性の変化と動物群の型式（Sepkoski, 1984）．動物群をカンブリア型，古生代型，近代型の3つに分類して，それぞれの動物群の盛衰を科の単位で示してある．海生動物の種類数は，顕生代を通じて全体としては増加している．しかしいくつかの減少した時代が認められ，これらが大量絶滅といわれる時代である．地質時代の年代は Gradstein et al. (2004) に基づいて修正してある．

10-1-3. 三大進化動物群

進化し，絶滅した海生動物の内容が解析された．その結果，顕生代の海生動物の90％は，3つのそれぞれのピークに特徴的な動物群であることが明らかになった．そのようなパターンは三大進化動物群（three great evolutionary faunas) と呼ばれた (Sepkoski, 1981). もっとも古いグループはカンブリア紀を中心とするカンブリア進化動物群である (図10-1 b). 主として三葉虫と原始的な腕足類の無関節類からなっている. この動物群はカンブリア紀末期には衰えたが, オルドヴィス紀末の大量絶滅によって激減した. 三葉虫はシルル紀以降の海生動物群の中では無視できるような存在になり, ペルム紀末に絶滅する.

　古生代進化動物群を構成している生物には, 固着生活をする無脊椎動物が多い. 有関節腕足類, 床板・四放サンゴ類, 海百合, 苔虫の一部などで, 活動的な頭足類, 棘皮動物, 筆石なども含まれる. このグループはカンブリア紀から存在したが, オルドヴィス紀を通じて適応放散し, ペルム紀末の大量絶滅によって著しく衰退した (図10-1 b).

　近代進化動物群 (modern evolutionary fauna) として分類された動物群は, 古生代進化動物群と同じようにオルドヴィス紀に発生している. しかし古生代を通じてあまり重要な動物群ではなかった. ペルム紀末の大量絶滅以後, 急速に多様化した (図10-1 b). 三畳紀以後, アンモナイト頭足類のように白亜紀末に絶滅した動物群もあるが, 海生動物群の本質的な変化は起こっていない (Sepkoski, 1981). これらの近代進化動物群は, これまでより強い移動能力をもつ無脊椎動物, 二枚貝・巻貝などの軟体動物や活動的あるいは非活動的内生動物などである. もちろん遊泳能力のある魚, 爬虫類などの脊椎動物も含まれている. 二枚貝・巻貝などは, 後期カンブリア紀から顕著なグループであるが, ペルム紀ではまだごく海岸に近い環境に限られていた. しかしほかの動物が絶滅したすき間を埋めて繁栄した.

10-2. P/T 境界

　多くの生物が絶滅し, 地球の生命の危機だったといわれているのがペルム紀と三畳紀の境界, P/T 境界である. 海洋に生息する生物の様相が一変した. 陸上ではヒカゲノカズラやシダ類を主とするペルム紀末の植生から, 針葉樹を中心とする新しい植生に変化したといわれる.

10-2-1. 絶滅した動物

　P/T 境界 (251 Ma) では,「科」の単位で白亜紀末の 3 倍以上の生物がこの地球上から消え失せた. 完全に絶滅したのが紡錘虫・四放サンゴ・床板サンゴなどである. デヴォン紀から進化したアンモナイト頭足類は, ペルム紀の終りまでに複雑な縫合線を示す隔壁を発達させたが, これらはすべて絶滅した. 中生代へ生き延びたアンモナイトは隔壁の上にひだをもつセラタイト類である. 腕足類・苔虫なども著しい損害を受けた. 絶滅したとされる生物のペルム紀後期の盛衰を見ると, 全体として「科」,「属」の数がペルム紀後期を通じて減少している. 後期ペルム紀を通じて「科」の単位で海生動物を数えると 526 から 267 に減少しており, 実に 49% が消滅している. これを「属」の単位で数えると 70% になる (Erwin, 1993).

　P/T 境界の頭足類への影響は複雑である. カンブリア紀末に出現したオウムガイ類はオルドヴィス紀末から衰退傾向にあった. しかし, P/T 境界の影響を受けているようには見えない. 現在も西太平洋に 1 属 6 種が生きている化石として生息していることはよく知られている. 直角石はペルム紀末には数えるほどの種しかなくなったが, ともかく P/T 境界を生き延びて, 絶滅したのは三畳紀である. アンモナイト類のゴニアタイト類はデヴォン紀に出現したが, 種の単位では実に 98% がペルム紀最後のチャンシン (長興) 期 (254〜251 Ma) までに消滅し, P/T 境界で絶滅した. しかし同じアンモナイト類でも, セラタイト類はペルム紀中頃にゴニアタイト類から進化し, P/T 境界を潜り抜けて三畳紀に入って爆発的に進化した.

　P/T 境界で著しい影響を受けたそのほかの生物は, 苔虫・介形虫・サンゴなどである. 比較的影響が軽微だったのが二枚貝・巻貝で, 三畳紀初めの海は二枚貝・巻貝の海の様相を呈した. 腕足類の衰退の穴を埋めて繁栄したらしい.

10-2-2. メイシャン断面

　ペルム紀から三畳紀は地球規模の海退期で, この間の時代の連続層序は非常に少ない. 揚子地塊には主としてシニア系から中部三畳系までの海成層が広く分布している. とくに南京の南東に位置するメイシャン (煤山) 炭田周

辺のペルム系は，石炭層を挟む炭酸塩岩層である．化石の産出も豊富で，P/T境界の研究に最良のフィールドの1つである．

　紡錘虫は前期ペルム紀を通じて減少してきたが，中期ペルム紀のマオコウ期（茅口）期（≒ガダルプ世，271〜260 Ma）末にかけては大形で複雑な殻をもつ45の属が絶滅した．次のウージャピン（呉家坪）期（260〜254 Ma）へは14属が生き延び，さらに新しく5属が発生している．しかしチャンシン（長興）期（254〜251 Ma）のチャンシン層最上部の1 m以内に発見される紡錘虫は6属に過ぎない．そして絶滅している．しかし紡錘虫以外の有孔虫はチャンシン層から30属が知られており，その中の11属が下部三畳系からも発見されている．生息深度の浅い紡錘虫が絶滅し，より深いところに生息した有孔虫が三畳紀へ生き延びたように見える（Erwin, 1993）．マオコウ期末には主としてテチス型動物群が影響を受け，ボレアル型への影響はそれほどでもないらしい（Hallam and Wignall, 1997）．

　メイシャン炭田周辺の上部ペルム系から下部三畳系へかけての地層は，潟から潮間帯へかけての堆積物で，全体としては炭酸塩岩質である．チャンシン層からは多くの地域でペルム紀を示す化石が得られている．チャンシン層を覆うのはほとんど化石を産出しない厚さ10 m以下の粘土質岩で，この地層の時代はわからない（図10-2）．この上位の泥灰岩からは三畳系最下位を示すコノドントの *Hindeodus parvus* が得られている．したがって，この化石の産出層準から三畳系グリースバッチ階（Griesbachian≒Induan）に対比され，生層序学的P/T境界とされている．これに対して，化石によりペルム紀型生物群の存在が確認できるチャンシン層最上部はイヴェントP/T境界と呼ばれている（清水ほか，2004）．

　チャンシン層の主として上部には，厚さ数cmの石英斑晶を含む火山灰起源の灰〜白色の粘土層を挟んでいる．ジルコンのシュリンプ年代は251±0.5 Maで，ペルム紀と三畳紀の境界年代の推奨値になっている．

10-2-3. 大規模火山岩類

　チャンシン層を覆う火山灰の起源は，エーマイシャン（峨眉山）玄武岩類とされている．主体は火山砕屑岩類を伴うピクライト・玄武岩溶岩類で，上

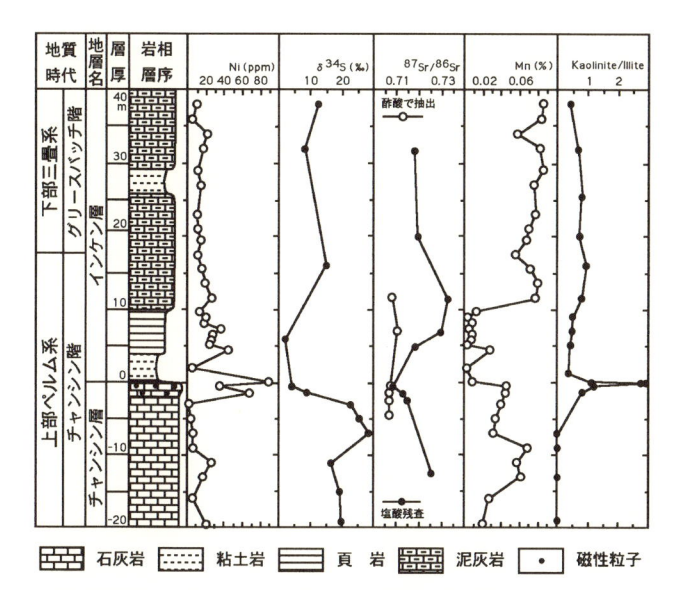

図 10-2 中国東部，メイシャン付近の P/T 境界上下の層序とその地球化学的特徴 (Kaiho *et al*., 2001).

位層準には粗面岩・流紋岩の溶岩・火砕岩類が多くなる．貫入岩類が多くの地域で確認されている．エーマイシャンはチョンドゥー（成都）の西南150 km にある高さ3000 m を越える山であるが，ここがエーマイシャン玄武岩類の分布のほぼ北限である．噴出量は分布範囲 500×500 km^2，平均の厚さ2 km として約 50×10^4 km^3 という計算がある (Chung and Jahn, 1995)．80×10^4 km^3 とされるデカントラップに比較的近い噴出規模である．

P/T 境界に近い時代の大規模噴火としては，シベリアトラップも知られている．大規模玄武岩溶岩類の末端は，しばしば溶岩の1枚ごとが階段を形成する．それでスウェーデン語の「階段」を意味する「trap」が使われる．エニセイ川から100 km ほど東へ入ったところにノリリスク (Noril'sk) という町がある（図10-3）．この地域にニッケル鉱床が発見されたのは1920年頃であるが，現在ではロシア最大のニッケル・銅鉱床地帯になっている．ニッケル鉱床の探査が進むにつれて周辺の地質が明らかになった．

ペルム系は沿岸相の挟炭層で，その上に玄武岩の噴出が始まった．玄武岩層の厚さはノリリスク付近がもっとも厚く約3700 m で，45の単位溶岩が識

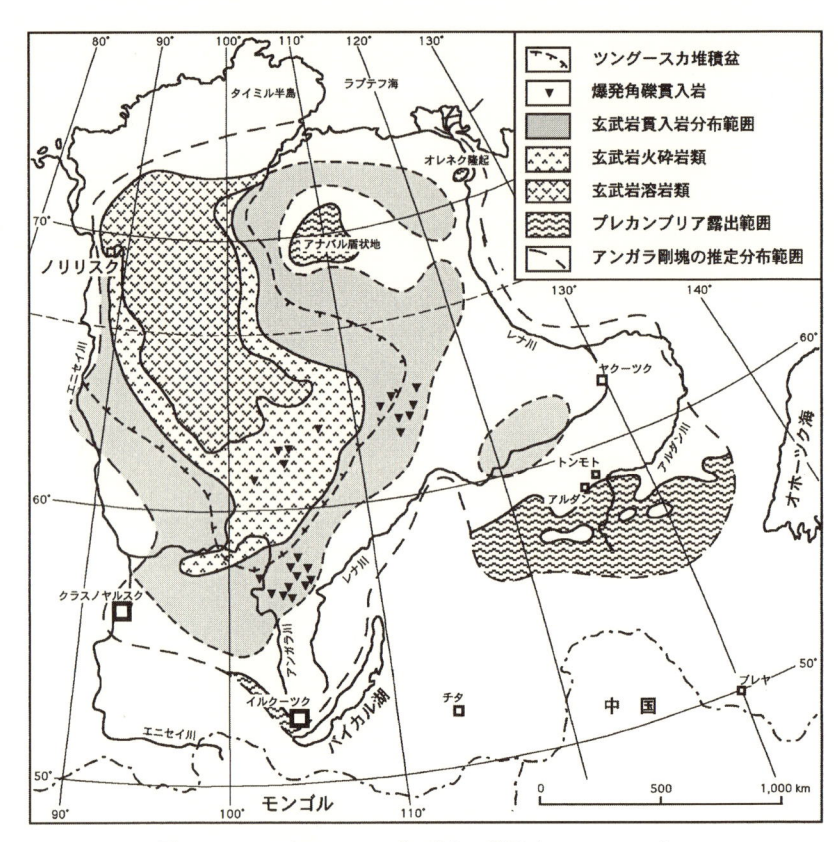

図 10-3 シベリアトラップの分布と岩相 (Sheahan, 1992).
侵食されて消失した部分を復元してある.

別されている.火山活動は3つの時期に分けられる.第1期の玄武岩類には大量の貫入岩を伴う.比較的晶出分化が進んだガブロの岩体中にペントランド鉱・黄銅鉱が晶出し,沈降している.広くシベリアトラップ全体を構成しているのは第3期の噴出岩で,火砕岩類を伴っている(図10-3; Duzhikov and Strunin, 1992).

シベリアトラップは現在の分布だけでもアンガラ剛塊の1/4を覆っている.分布面積は 1.5×10^6 km² で厚さは 400〜3000 m といわれる.総噴出量は 200〜300×10⁴ km³ という見積りがあるので,エーマイシャン玄武岩類,デカントラップの数倍の規模である.噴出率はデカントラップの2倍に達する

という見積りがあるが，上部の溶岩流の間からは化石を産出するので，後期の噴出は間欠的であったらしい．Ar-Ar 法による同位体年代は 250.0±1.6 Ma である．同じ方法でメイシャンの境界粘土層の中の長石について測定したところ 249.98±0.20 Ma の値が得られた．ほぼ同じ年代値である．

10-2-4. 地球化学的変化

P/T 境界をまたぐ同位体比の変化も測定された．イタリアとスイス・オーストリアの国境地帯では，海成ペルム系のベレロホン（*Bellerophon*；巻貝型の殻をもつ軟体動物；単板類）層が三畳系のベルフェン（Werfen）層に覆われている．炭酸塩岩の炭素同位体比の値は，カンブリア系の −1‰ ぐらいから全体として徐々に重くなり，パンゲアの時代は約 +4‰ ぐらいで推移している．ベレロホン層の上部になると軽くなり始め，P/T 境界層準でさらに急速に降下して −1‰ ぐらいになる．ベルフェン層に入ると徐々に重くなり，グリースバッチ期（251〜250 Ma）の終りには +1‰ ぐらいまでに回復する（Holser *et al*., 1991）．

硫酸塩硫黄の同位体比の値は，デヴォン紀頃から軽くなり始める．上部ペルム系ツェヒシュタイン（9-4-1. 参照）の硬石膏の $\delta^{34}S$ の値は，ツェヒシュタインの第 1〜3 サイクルの間は +11.1〜+11.5‰ である．上部へ変化しながらも軽くなり，4 番目のサイクルの中位層準の +10.4‰ が最低である（Kramm and Wedepohl, 1991）．その上がブントザンドシュタイン（Buntsandstein）である．メイシャン断面ではさらに軽くなり，+5‰ に近くなる（図 10-2）．

P/T 境界に小惑星・彗星が落下したとする証拠を見つけるために，イリジウム異常が探索されたが，まだ発見されていない．しかし地球外起源らしい物質がメイシャン断面の境界粘土と日本の篠山の P/T 境界から検出された．60 から 2000 個の炭素元素が球状に結びついたフラーレン（fullerenes）と呼ばれる分子である．これは天然には見出されていない．さらにこのフラーレンに閉じ込められたアルゴン・ヘリウムの同位体比は，一部の炭素質コンドライトから知られている値に類似している（Becker *et al*., 2001）．

10-3. 中生代の中欧

ヴァリスカン造山を受けた中部ヨーロッパの多くの地域は三畳紀に陸化した．ジュラ紀になるとテチス海からヨーロッパ大陸の上に浅い海が進入し，しばしば極地方の海とつながった．全体として非常に化石に富んでいる．

10-3-1. 三畳系

三畳系という名称は，ツェヒシュタインの海が退いた後のドイツに堆積した3種類の地層の重なりに由来する．下部のブントザンドシュタインは名前の通り多色性砂岩で，陸成層である．中部が海進の堆積物であるムッシェルカルク（Muschelkalk）で，その下部と上部は貝殻石灰岩，中部に蒸発岩を挟む．そして三畳系の上部は淡水成層のコイパー（Keuper）である．多色性頁岩もあるが，蒸発岩・ドロストンも含まれる．このような岩相の重なりがドイツ相三畳系（German Triassic）で，19世紀前半の命名である．しかし最近は，ブントザンドシュタインまでをペルム系としている論文が多い．ほぼ同時代にモルダヌビア帯から南側では，前期三畳紀を除いて主として炭酸塩岩が堆積した．19世紀の後半にオーストリアがこの地域を研究して，アルプス相三畳系（Alpine Triassic）という用語が生まれた．

ペルム紀と三畳紀の境界，すなわち古生代と中生代の境界は世界的な海退期で，海成三畳系の良好な連続露頭は限られている．現在ではカナダのロッキー山脈の東側のフートヒルズ帯のアンモナイト化石帯を標準として，三畳系の層序区分が議論されている．しかし，アルプス相三畳系に関連して提唱された「期」の名称の多くは生き残った．

P/T境界で絶滅の危機に遭遇した生命であるが，ある種の動物は三畳紀に入って適応放散した．二枚貝には非常に広範囲に分布して進化の早いものがあり，示準化石となっている．小型二枚貝の *Claraia* はテチス海のみならずオーストラリアから北米西海岸のパンサラッサ洋まで分布し，前期三畳紀（251〜246 Ma）前期の示準化石になっている．ラディン期（237〜229 Ma）の *Daonella*，カルニア期（229〜217 Ma）の *Halobia*，ノリクム期（217〜204 Ma）の *Monotis* などは日本にもなじみのある二枚貝の示準化石

である.

　P/T 境界を生き延びたセラタイト頭足類は，三畳紀の海の特徴と認められるほどに繁栄した．カルニア期にその繁栄のピークを迎えて約 150 の属が知られているが，ノリクム期には約 1/3 が絶滅し，三畳紀末に絶滅している．三畳紀ではノリクム期，もしくはカルニア/ノリクム期境界で最大規模の絶滅が生じているとする考えもある．コノドントも比較的広い範囲の水温に適応する属が，前/中期ノリクム期の境界で増加して三畳紀末に絶滅した．P/T 境界で絶滅した床板サンゴ・四放サンゴ類に取って代わったのは六放サンゴ類で，カルニア期には大規模なサンゴ礁を形成するようになった．しかしノリクム期には 50 属を数えた六放サンゴ類も，前期ジュラ紀（ライアス世）(200～176 Ma) へ生き延びたのは 11 属に過ぎない．

10-3-2. T/J 境界の絶滅

　三畳紀とジュラ紀の境界 (200 Ma) でも生物の大量絶滅が起きたと考えられている．頭足類・二枚貝・巻貝・腕足類などを中心として，無脊椎動物の約 48% が絶滅した．T/J 境界の良好な露出が少ない中で繰り返し研究されているのが，オーストリアのカーンアルプスの露出である．周辺の地域では三畳紀ノール期後期からの石灰岩のケッセン (Kössen) 層がジュラ紀ライアス世の石灰岩のケンデルバッハ (Kendelbach) 層に覆われている．両層の境界に厚さ 2 m ほどの Grenzmergel（境界泥灰岩）が挟まっており，T/J 境界はグレンツ泥灰岩の基底にあると考えられている．三畳紀末に絶滅した微化石としてよく知られているのはコノドントである．大形化石の中でも T/J 境界を生き延びたアンモナイトは 1 属だけといわれる．三畳紀に繁栄した二枚貝はあまり著しい変化を示していないが，それでも「属」の単位で約 50% が消滅している．

　アメリカ合衆国東海岸に分布する下部三畳～中部ジュラ系の陸生・淡水生の地層（図 9-10）には脊椎動物の化石が豊富で，ジュラ系から恐竜の化石が発見されたのは 19 世紀である．三畳紀とジュラ紀の境界は比較的薄い湖成堆積物の中で，花粉・胞子の構成が一変する (Fowell and Olsen, 1993)．この T/J 境界から天体落下の証拠とされるイリジウム異常が発見されている．

異常の度合いはK/T境界より軽微であるが，fern spikeと呼ばれるシダ類胞子の異常濃集を伴っている．恐竜は三畳紀に出現してジュラ紀に繁栄するが，T/J境界より上位層準から発見される骨格・足跡化石は大型化し，多様になっている (Olsen et al., 2002)．この事実はK/T境界を経て哺乳類が適応放散したことを思い起こさせる．

10-3-3. ジュラ系と特異な化石

ドイツの南部には，ゆるく南東へ傾くジュラ系が分布している（図10-4）．下部より黒ユラ，褐ユラ，白ユラに層序区分されていた．それぞれ英国における下部（ライアス）(200〜176 Ma)，中部（ドッガー）(176〜161 Ma)，上部（マルム）(161〜146 Ma) の各統にほぼ対応する．ホルツマーデン (Holzmaden) のライアス世トゥアール期 (183〜176 Ma) 前期の地層のポシドニア (*Posidonia*) 頁岩からは，きわめて保存のよい化石を多量に産出する．有名なのは形態的にイルカに似た爬虫類のイクチオザウルス (*Ichthyosaurus*) で，厚さ10 mほどの特定の層準から年に1〜2個体採集される．販売されていて100年以上先まで予約が入っているといわれる．ポシドニア頁岩はケロジェンに富み，平均して4〜5%，多いものになると10%を越える．前世紀の中頃と第一次・第二次大戦中には露天掘でポシドニア頁岩が採掘されて石油が抽出された．

ニュルンベルクの南約60 kmのゾルンホーフェン (Solnhofen) の周辺にPlattenkalkと呼ばれるジュラ系上部の石灰岩が分布している（図10-4）．ほとんど水平な地層で厚さ10〜20 cmほどの板によく割れる．本体は$CaCO_3$の含有量が95〜98%に達する純粋な石灰岩であるが，その間に厚さ1〜3 cmの泥質な挟みがある．そのために薄くはがれるプラッテンカルク (platy limestone) となっている．古くローマ時代から石材として使用され，さらに石版画の石材として使用されるようになった．日本でも明治時代からプラッテンカルクが輸入されて，写真や化石を記載する図版が印刷された．

プラッテンカルクから産出する化石はきわめて保存がよく，海生・陸生の動植物の多種多様なものを含んでいる．とくに魚類の化石が著しく豊富である．しかしゾルンホーフェンの名を世界的にしたのは，始祖鳥 (*Archaeop-*

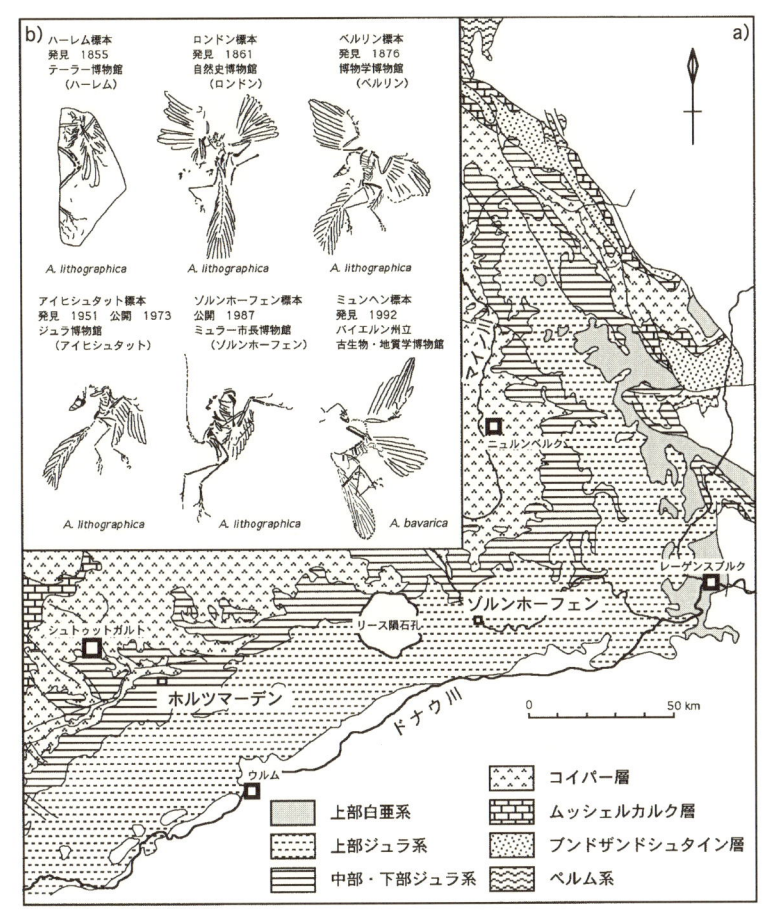

図10-4 ドイツ南西部の地質図と始祖鳥の化石.
a) 地質図 (Walter, 1992). b) 現在までに発見された始祖鳥の主な化石 (Wellnhofer, 2000). マックスベルク標本といわれるものは所有者の死去とともに紛失した. 昔から始祖鳥化石の贋造説というのは度々発表されており, マックスベルク標本が本物だったかという疑念が残る.

teryx) の発見である. 1860年に羽根が発見され, 翌1861年に現在ロンドンの自然史博物館にある化石が発見された. 最近になって以前に発見されていた標本が再研究されたりして, 現在までに1本の羽毛を含めると2種11個体が確認されている (図10-4) (Mayr *et al.*, 2005). 恐竜から鳥類への進化の過程の動物といわれる.

10-3-4. 北海油田の地質

ペルム/三畳紀境界の大海退を経て三畳紀に入ると，海進が始まる．北海に堆積した地層の多くは陸成の赤色層である．中央地溝の地帯には下部ジュラ系が欠けている．後で北海になる地帯が隆起したらしい．中期ジュラ紀から堆積する地層は石炭を挟む沿岸相で，沖合相になるのはカロヴィウム期（165〜161 Ma）である．オクスフォード期（161〜156 Ma）後期から中央地溝，さらに北のヴァイキング（Viking）地溝の形成が始まった（図10-5）．

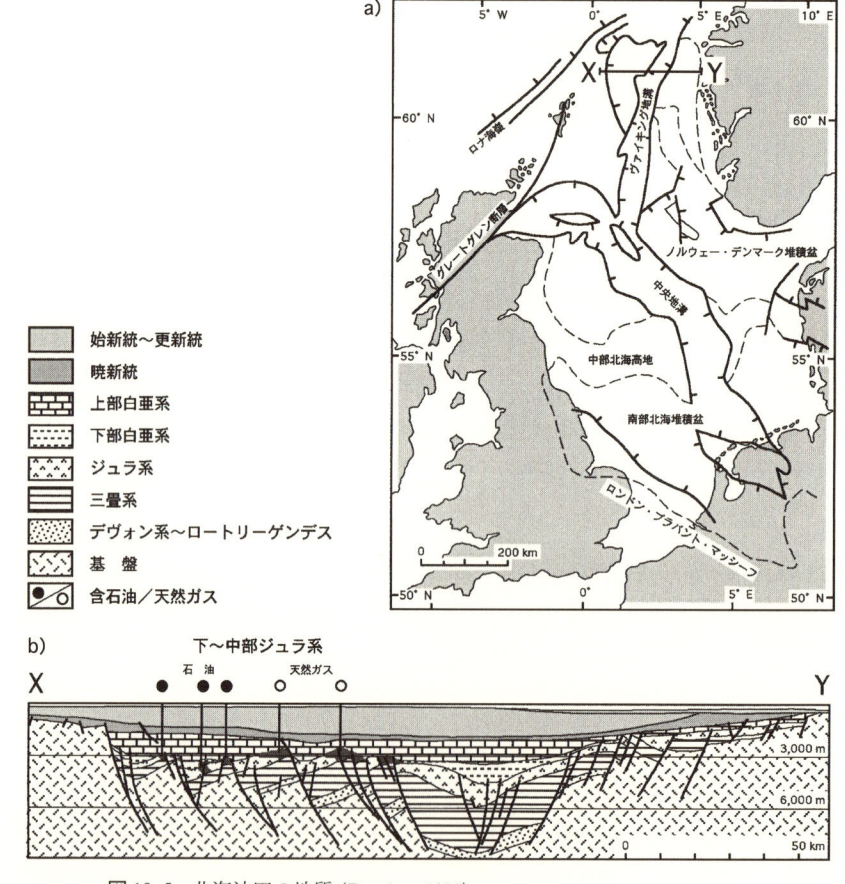

図10-5 北海油田の地質（Parsley, 1990）．
a) 北海の構造概略．b) X-Y線に沿う地質断面図．図9-8も参照．

イングランドの南海岸の主要都市ボーンマスの南西20 kmほどの海岸に，キンメリッジという町がある．この周辺にキンメリッジ粘土(Kimmeridge Clay)という地層が露出している．著しく有機物が多い地層でアンモナイトの化石に富み，コッコリス石灰岩と互層している．堆積はキンメリッジ期(156〜151 Ma)を中心として，オクスフォード期後期からチトン期(151〜146 Ma)前期に及んでいる．中央地溝では初め頁岩が堆積し，続いてキンメリッジ粘土層が堆積した．ウランの含有量が高く，ボーリングの電気検層では強いγ線が検出されるので，石油技術者の間ではホットシェール(hot shale)と呼ばれている．北海のホットシェールの上部は白亜紀最初期のベリア期(146〜140 Ma)に及んでいる．北海油田の石油の根源岩は，中央地溝に堆積したこれらの地層である．地溝へは海水の流入が制限されていたのであろう．

発見された炭水化物の貯留層は，ジュラ系上部と白亜系最下部，さらに第三系暁新統の地層が多い．現在，海底から地溝中央部のキンメリッジ粘土層までの深さは5000 mを越えている(図9-8)．この深さでは石油は存在し得ない．石油を産出するジュラ系上部の貯溜層の深さは約3000 mである．

10-3-5. 白亜系

白亜紀の時代，ヨーロッパのみならず北半球の動物区は，アンモナイトなどによってボレアル区とテチス区に分けられる．アルバ期(112〜100 Ma)中頃までに西ヨーロッパ全域がボレアル区になった．ヨーロッパの北上に原因があるらしい．このようなボレアル・テチスの区別は後期白亜紀には消失した．

イングランドでは19世紀の初めから，白亜系を下部の砕屑岩相と上部のチョーク相に二分することが行われた．チョーク相は石灰質ナンノプランクトンの遺骸などの集積からなる非常に均質な地層で，岩石学的にはほとんど純粋な$CaCO_3$である．チョークの海がイングランドへ進入したのは，セノマン期(100〜94 Ma)である．白亜紀の海進によって陸域が狭まるにつれて，周辺への砕屑物の供給が減少してチョーク相が堆積した．南海岸から東海岸へかけて広く露出し，白亜系の名称の起源となった．堆積の中心は北海で，

最大の海進はシャンパーニュ期（84〜71 Ma）である．分布の東は中央アジアのアラル海に達している．マーストリヒト期（71〜66 Ma）の海退に伴ってチョーク相は姿を消したが，中央・ヴァイキング両地溝では暁新世まで堆積が継続した．

　チョーク相の地層には厚さ1m未満の単位層が発達している．下部のセノマン階は粘土分が1%以下の純粋なチョーク相と10〜20%に達する泥灰岩の対からなっている．粘土分の起源には，大西洋中央海嶺の火山活動からの降下火山灰と陸源の砕屑粘土の両方がある．チョーク・泥灰岩の対は，イングランドからドイツまでの広域で追跡できる．トゥーロン階（94〜89 Ma）以上になると，トリディマイトが再結晶してα-石英となった団塊〜フリントの層準で単位層が区分されることが多い．このような単位層の繰り返しはミランコヴィッチ周期の現れであるらしい．イギリスからフランスに至るアングロ・パリ堆積盆のセノマン階で，対の単位層の堆積に要した時間は2万1000年と計算されている（図10-6；Gale, 1995）．アメリカ合衆国のクリーヴランド堆積盆のセノマン階でも2万2000年というほぼ類似した値が得られている．

10-3-6. C/T境界の絶滅

　セノマン階とトゥーロン階の境界では，海生動物が「科」の単位で7%，「属」の単位で26%が消滅したと計算されている．チョーク相の中での絶滅である．比較的小さな絶滅境界であるが，先進国に良好な露出があり，解像度の高い生層序が確立しているので，もっとも研究された絶滅境界といわれる．

　イングランドにおけるセノマン期の地層は下部チョーク（Lower Chalk）層と名づけられている．下部はチョーク・泥灰岩の対からなり，上部へ泥灰岩の挟みが限られてくると，灰色チョーク（Grey Chalk）部層になる．最上部のプレナス（Plenus）泥灰岩部層はリズミックな層理を示す地層で，薄い有機物に富む黒色泥灰岩が6枚ほど挟まれている．その上位はフリントに富む白色の粗粒なチョーク（Chalk）層である．セノマン階とトゥーロン階の境界は，チョーク層の基底から数m以内にある（図10-6）．

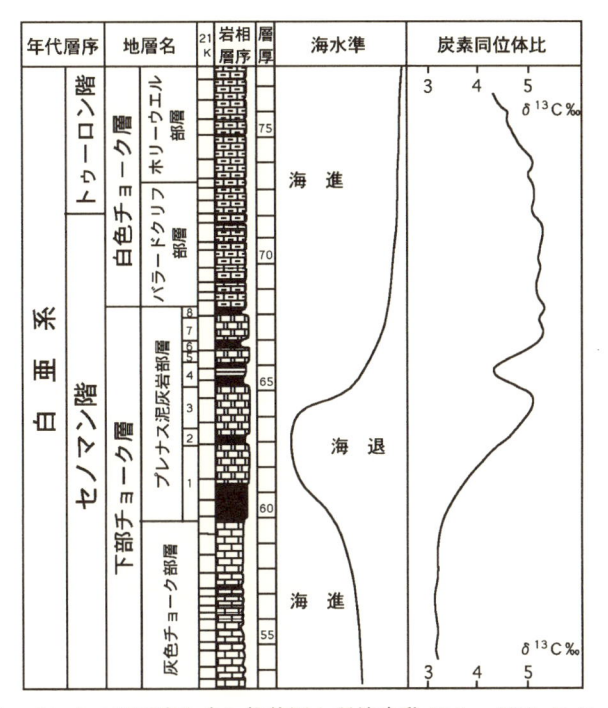

図 10-6 プレナス泥灰岩を含む柱状図と環境変動 (Gale, 2000; Hallam and Wignall, 1997 から作成).

　プレナス泥灰岩の番号は古くから慣習的に使われている．21 k は 2 万 1000 年のミランコヴィッチ周期を示すとされる境界である．Gale (1995) によれば，セノマン期中期の *A. rhotomagense* 帯の基底から *N. juddii* 帯の基底までがもっとも正確で，2.24 m.y. の間に 107 の対がある．層厚は m．

　厚さ 1.5〜5 m のプレナス泥灰岩層が C/T 境界の絶滅の舞台である．この地層が堆積する間に多くの生物が次つぎに消滅した．なかでもよく知られているのはイノセラムス群集の変化である．上部セノマン階の化石帯を構成する *Inoceramus pictus* はプレナス泥灰岩層の最上部で絶滅しているが，主要な絶滅はこの層準より下で起きている．チョーク層には *Mytiroides* のいくつかの種が現れる．絶滅したのは底生か深い海に生息した種で，海水面近くに生息した種は影響を受けていないようである．さらに多くの消滅は低緯度帯で起きており，南北 60° を越える地帯では起きていないらしい．

　プレナス泥灰岩層の基底は侵食面で，海水準が急速に降下したことを示し

ている．プレナス泥灰岩層の真ん中ぐらいで，海水準はふたたび上昇し始めた．海退の開始とともに上昇を始めた化石起源の方解石の炭素同位体比は，ドーヴァーチョーク層の下部まで高止まりしている（図10-6）．このようなC/T境界における炭素同位体比の変移パターンは世界的に対比できる．

10-4. K/T境界

　生物の興亡の原因はまだ十分に解明されたわけではない．しかし，恐竜という世界的に愛着をもたれた動物の絶滅の原因が，隕石の落下という劇的な外因によることが明らかになった．それは思いがけない地域の研究から始まった．

10-4-1. イリジウム異常

　ローマの北150 kmにグビオ（Gubbio）という町がある．周辺に分布する白亜系と第三系の境界には厚さ2 cmほどの黒色の粘土層がある．下位の石灰岩層からは白亜紀型の有孔虫などの化石を産出するが，黒色粘土層には化石が含まれていない．上位の石灰岩層では白亜紀型の有孔虫はただ一種を除いていなくなっている．1977年にこの地域に入ったのが白亜紀後期から第三紀前期に至る古地磁気の研究をしていたアルバレス（Walter Alvarez）である．彼はこの黒色粘土層が堆積した時間を測定できないかと考えた．アイディアを出したのは彼の父であり，物理学者のアルバレス（Luis Alvarez）である．宇宙塵は地球へほぼ一定の割合で降り注いでいる．そこで宇宙塵に特徴的に含まれているイリジウムなどの含有量を測定すれば，黒色粘土と石灰岩の堆積率を知ることができると考えた．その分析を担当したのがアサロ（F. Asaro）とマイケル（H. V. Michel）である．

　驚くべきことに，黒色粘土のイリジウム含有量は石灰岩の100倍ぐらいに達していた．境界層の上下の石灰岩は約5%の粘土を含み，黒色粘土層の約50%は粘土である．かりに粘土の堆積率が一定とすると，異常が10倍の桁ならば許容できる範囲である．しかし，グビオの黒色粘土から検出された100倍に達するイリジウム異常は，何か特殊な環境を考えなくてはならない．

アルバレスらは地球外物質としての隕石落下を主張することとなった．隕石の化学組成はかなりよくわかっている．イリジウムの含有量から計算して落下した隕石の直径は約 10 km と推定された (Alvarez *et al.*, 1980)．

K/T 境界に黒色粘土があると，野外で境界を確認することは比較的容易である．境界層のイリジウム異常は世界的な現象であることが明らかになった．衝撃石英が記載され，さらにスティショフ石が発見された．これらは隕石の落下によるとしか考えられない．隕石が落下すると地殻が瞬間的に融解し，大気中に放出されて固化する．そのときのガラス小球と思われるものも記載された．これらの小球の化学組成は，花崗岩質の岩石を石灰岩が覆っている箇所に隕石が落ちたらしいことを示唆した．さらに黒色粘土の中から大量のススが抽出され，隕石の落下によって地球規模の森林火災が起きたことが推定された．

10-4-2. チチュルブ隕石孔

1985 年頃になると巨大隕石孔探索の目はカリブ海へ注がれた．最終的にほぼ確定されたのが直径約 200 km のチチュルブ (Chicxulub；英語読みはチクシュルーブ) クレーターである (Hildebrand *et al.*, 1991)．メキシコのユカタン半島の西北端に位置し，その半分がカリブ海にかかっている (図10-7)．直径約 10 km の隕石の落下によって形成されたクレーターにふさわしい大きさである．石油探査の目的で掘削されたボーリングによって内部の層序が判明している．基盤は古生層の変成岩で，その上にジュラ紀後期からの炭酸塩岩・蒸発岩がある．この上に溶融した地殻が固結した安山岩，角礫岩が重なっている．この安山岩の同位体年代は誤差の範囲で 65 Ma である (Swisher, III *et al.*, 1992)．

ユカタン半島の先端に直径 10 km の隕石が落ちて白亜紀が終了したというイメージは，核戦争が勃発したさいの「核の冬」といわれる環境激変のシミュレーションを発展させた．直径 200 km のクレーターの底の部分は一瞬にして融解し，クレーターから粉塵が大気中高く舞上がり，一部は大気圏外へ達する．瞬間的に地球規模の大火災が発生して，空気中へ炭酸ガスとススが放出されたであろう．海中に落下した場合は大津波が発生し，粉塵に大量

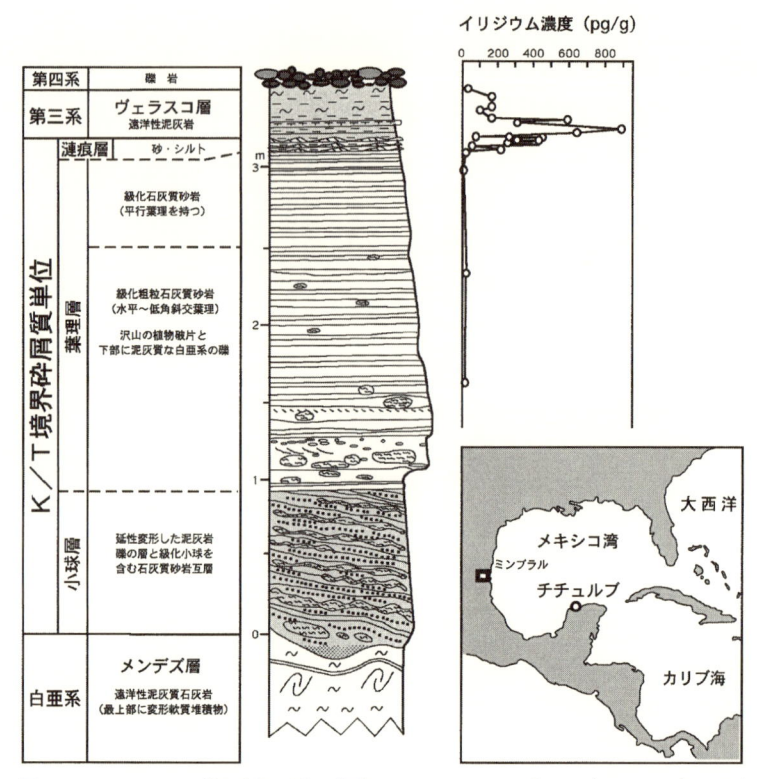

図10-7 チチュルブ隕石孔に近い北東メキシコ，ミンブラル (Mimbral) のK/T境界周辺の層序 (Smit et al., 1992)．
　　ここの境界層の堆積構造はK/T境界で起きた変動をよく記録しており，巨大津波による礫や乱堆積の層が見られる．地殻が融解して形成された小球，イリジウム異常なども発見された．

の水蒸気を伴う．地球を周回するこれらの粉塵は太陽光を遮り，地球を寒冷化する．冬の時代の到来である．やがて大気中の水蒸気が豪雨として粉塵を洗い流し，ふたたび太陽光が輝いたのは，巨大隕石の落下から数カ月後とする試算がある．

　冬の地球で異常気象が終了するわけではない．チチュルブクレーターは白亜紀の石灰岩上に形成され，ただちに海水に覆われた．山火事による空気中の炭酸ガスの増大に加えて，石灰岩は大量の炭酸ガスを発生する．比較的粗粒な粉塵が落下した後も微粒子と水蒸気は空気中にただよう．これらはとも

に温室効果がある．冬の地球に追い討ちをかけたのは異常高温である．平均気温が10℃上昇したとする試算がある．このような高温地球の影響は赤道地域の生命に大きな影響を与えたであろう．このような異常高温の地球環境は，異常低温環境以上に長く継続したに違いない．これが白亜紀末の大量絶滅をもたらした．

10-4-3. 白亜紀生物の絶滅

K/T境界隕石衝突説の登場によって，K/T境界での絶滅が再検討されるようになった．恐竜がアンモナイトとともに白亜紀末に絶滅したことは間違いない．しかし現在までのところ，K/T境界の直下からは恐竜の化石が発見されていない．このことは海成層でも同様で，最後のアンモナイト化石はK/T境界の下位12.5mからであるとされている．隕石の落下エネルギーが空気中の酸素と窒素を結合させて酸性雨を降らせ，地下に浸透して多くの化石を溶脱したとする考えがある．

イノセラムスなどの二枚貝，さらに一時はサンゴに代わって礁を形成したルディスト（rudists）などの二枚貝も白亜紀末に絶滅しているが，その絶滅はK/T境界以前であるかもしれない．イノセラムスについては2Maほど前に絶滅したとする研究がある．隕石落下に先立つ二枚貝の絶滅の原因については，酸素同位体比の測定から海水温の低下が指摘されている．浮遊性有孔虫・石灰質ナンノ化石の絶滅種の多くは，古第三系最下部まで産出が認められる．海生微化石の場合は，ストロンチウムあるいは炭素の同位体比をその時代の固有種と比較することによって，再堆積かどうかの検討が可能である．その結果，暁新世（66〜56Ma）の地層に含まれる白亜紀の微化石は再堆積であるとされた．

白亜紀後期になって出現した被子植物は，白亜紀末には裸子植物に代わって繁栄した．ところが北米，とくに西海岸の陸成層では，イリジウム異常の直上の層準にシダ胞子濃集層（fern spike）がある．しかし種の多様性は著しく低い．ハワイ島などで溶岩が流れて植物が壊滅的な打撃を受けたとき，最初に進出してくる植物はシダ植物である．酸性雨に洗われた地表には，苔類が繁茂して胞子濃集層を形成したのであろう．日本列島の根室層群でも，

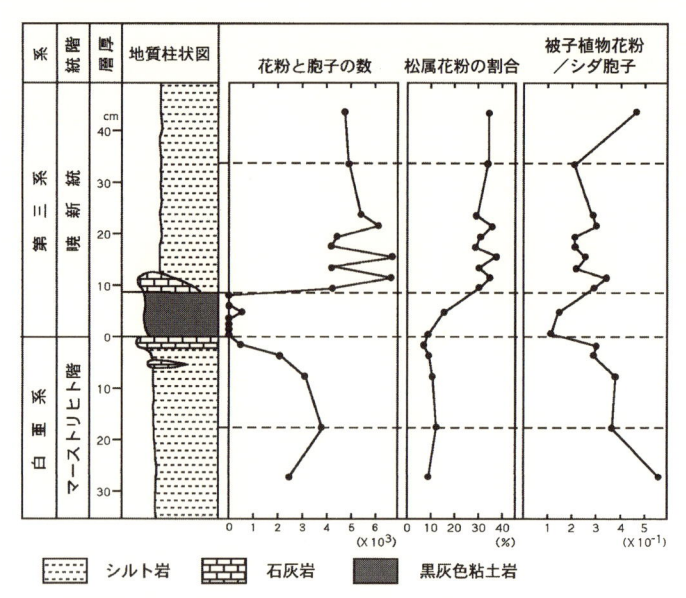

図 10-8 根室層群の K/T 境界を通る柱状図と花粉・胞子の変化 (Saito et al., 1986).
　日本列島の数少ない K/T 境界を通る連続層序が根室層群である．境界に共通した多くの特徴が発見されたが，イリジウム異常は発見されなかった．

シダ類胞子の相対量の増大が確認されている（図 10-8；Saito et al., 1986）．境界粘土層の上の暁新世の地層では，被子植物の花粉の相対的量が白亜紀なみに回復している．しかし種の多様性は低い．

　白亜紀末の常緑広葉樹林帯は，古第三紀になると落葉樹林帯になった．落葉樹の方が地球の冬を生き延びやすいのであろう．K/T 境界を境として落葉樹林にとって代わられた常緑広葉樹林優勢の植生は，現在に至るまで完全には回復していない．白亜紀中頃から徐々に進行した地球の寒冷化に原因があるらしい．

10-5. 大量絶滅

　K/T 境界が天体落下によって引き起こされたことが確実になると，生命の危機とされる五大絶滅期のほかの境界も同じ原因では，と多くの研究者が

考えだした．最近になってP/T境界，T/J境界から天体落下の証拠が見つかった．残るはO/S境界とF/F境界である．

10-5-1. O/S境界

オルドヴィス紀とシルル紀の境界，O/S境界では「種」の単位で海生動物の85％が絶滅したとする計算がある．オルドヴィス紀は筆石に基づく生層序区分が確立している．三分されたその後期は長らくアッシュギル世と呼ばれてきた．さらにその最後がヒルナント期である．Gradstein *et al.* (2004) でも最近のICSの層序表 (2009) でも，ヒルナント期は約 1.9 m.y. (446～444 Ma) と短い．この間に2回にわたって生物の大絶滅があったと考えられている．しかし，これらO/S境界には天体落下の徴候がまったく知られていない．

オルドヴィス紀の動物群が繁栄したのは中頃で，その多様性はオルドヴィス紀後期からシルル紀へかけて低下している．床板サンゴはオルドヴィス紀後期に，三葉虫はヒルナント期に，その属の数を激減させている．ヒルナント期の直前カティー期を通じて繁栄していた筆石は，カティー期末に突然衰退というより絶滅に近い状態になる．ヒルナント期の後期には回復の徴候が現れるが，繁栄と呼べるようになるのはシルル紀ランドヴェリー世最初のルダン期 (444～439 Ma) 後半である．コノドントもヒルナント期後期には絶滅に近くなる (Hallam and Wignall, 1997)．腕足類のうち赤道をまたいで位置した北米大陸区だけに生存した属は126知られているが，そのうちシルル紀へ生き延びたのは10属だけである．ところが広い地域に生息した属は，60属のうち26属も生き延びている (Brenchley, 1989)．

オルドヴィス紀後期はサハラ氷期で，海退のピークは小規模な海進を挟んでヒルナント期前期に二度あったらしい．この時の海水面低下は約100 mと推定されている．問題はその海面低下の継続期間で，1 m.y. 未満という推定がある．しかし極の位置そのものはゴンドワナを長期にわたって逍遥したことが明らかになっている（図9-7）．氷期の開始とともに，今までとは異なる腕足類を主とする動物群が繁栄する．ヒルナント動物群である．それまでの石灰質の環境から離れて大陸縁の砕屑粒に富む環境に適応した．氷期の

終了とともにヒルナント動物群の多くは消滅したが，その一部はシルル紀へ生き延びた．オルドヴィス紀末の2回の大量絶滅は，氷床の発達に伴う海進と海退に対応しているのかもしれない (Sheehan, 2001)．

10-5-2. F/F境界

五大絶滅期の中でデヴォン期末期は特異である．そのほかの絶滅期がいずれも「紀」の境界であるのに対して，これはデヴォン紀末期の中である．後期デヴォン紀は前期のフラスヌ期 (Frasunian；385〜375 Ma) と後期のファメンヌ期 (Famennian；375〜359 Ma) に分けられ，この境界がF/F境界と呼ばれる．絶滅は二度あったと考えられている．フラスヌ〜ファメンヌ期についてはコノドントによる32の生層序区分帯が確立している．1つの生層序区分が約1 m.y. である．フラスヌ期の最後のコノドント帯とその前で起きたのがケールワッサー事変 (Kellwasser Event)，ファメンヌ期最後のコノドント帯で起きた絶滅がハンゲンベルク事変 (Hangenberg Event) である (House, 1985)．いずれもその模式地はドイツのレーノ・ヘルシニア帯にある．

デヴォン紀の盛時には床板サンゴ類は84属ほど知られているが，ケールワッサー事変で壊滅的な被害を受けた．しかしファメンヌ期に見出される7属すべてが，ハンゲンベルク事変をくぐり抜けて石炭紀へ生き延びたと考えられている．四放サンゴ類に対するケールワッサー事変の影響には偏りが認められる．浅い海に生息していた群体四放サンゴ類の148属はケールワッサー事変で全滅に近い損害を受けたが，より深い海に生息したといわれる単体四放サンゴ類の12属すべてがケールワッサー層準をくぐり抜け，ファメンヌ期には大陸棚へ広がって繁栄した (Sorauf and Pedder, 1986)．床板サンゴ類・四放サンゴ類ともにペルム紀末に絶滅するが，その絶滅した時の属の数以上の減少がF/F境界で起きている．

デヴォン紀はしばしば魚類の時代と呼ばれる．原始的な魚類は無顎類であるが，このほとんどがケールワッサー層準で絶滅した．ファメンヌ期・前期石炭紀からは知られていないが後期石炭紀には復活している．無顎類に次いで古い脊椎動物の棘魚類，デヴォン紀に栄えた板皮類などの両顎をもつ魚類のほぼ半分の種が絶滅した．おそらく海中を泳いでいたコノドントも重要な

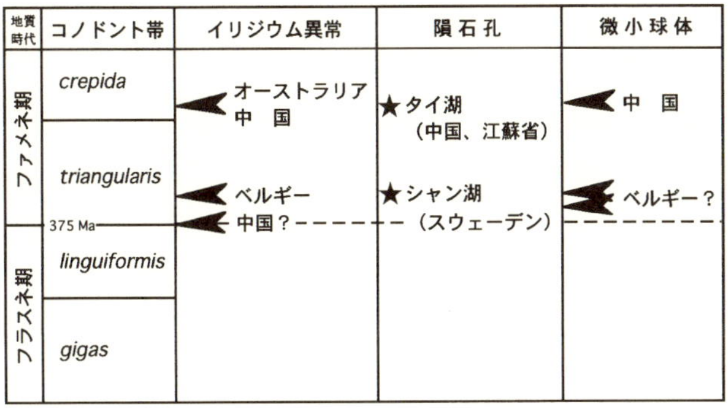

地質時代	コノドント帯	イリジウム異常	隕石孔	微小球体
ファメンヌ期	crepida	◀ オーストラリア 中国	★タイ湖 （中国、江蘇省）	◀ 中国
ファメンヌ期	triangularis	◀ ベルギー	★シャン湖	◀ ベルギー？
	375 Ma	◀ 中国？ - - - - -	- - (スウェーデン)	
フラスヌ期	linguiformis			
フラスヌ期	gigas			

図10-9 F/F境界の上下層準の天体落下を示す兆候 (Hallam and Wignall, 1997).
1つのコノドント帯の時間は0.5〜1 m.y. と考えられている．

種のほとんどが絶滅して，ファメンヌ期へ生き延びたのは約10%に過ぎないと考えられている．

デヴォン紀のサンゴ礁は，復元された大陸分布で南北緯度30°以内に納まっている．F/F境界ではサンゴ礁の衰退が顕著であるので，気候の寒冷化が大量絶滅の原因として考えられている．低緯度地域の温暖な水域に生息した腕足類の絶滅率は，科の単位で91%であるのに対して，高緯度地域に生息した種類は26%が消滅したに過ぎない．しかしF/F境界の前後からは天体の落下を示すいくつかの徴候が知られている（図10-9）．植物については，胞子を対象にすると多様性が半分ぐらいに減少している．しかし全体として海生動物よりは影響が少なかったらしい．

10-5-3. 海水準変動

外的要因以外で生物の大量絶滅を説明するのに，海水準変動を考える研究者が多い．海水準変動を引き起こす主要な原因には，極の氷床の盛衰，中央海嶺の拡大速度などが考えられる．K/T境界を含めて，大量絶滅は海退期に起きているとする主張もある (Hallam, 1992)．海退は多くの生命を育む陸海 (epicontinental sea) の面積を減少させて，大量絶滅の原因となるかもしれない．海退による堆積物にかかる圧力の減少は，ガスハイドレート (gas hydrates) の大気中への放出を促し，メタンはすぐに炭酸ガスに変わる．こ

の変化は大気中の炭酸ガスの含有量を増加して海進へとフィードバックされるはずである．さらに地球上の生命の最大の危機とされるP/T境界は北米大陸の束層層序の境界にもなっていない（図9-4）．

ゴンドワナの寒冷地に特徴的であったグロッソプテリス（*Glossopteris*）は，南極がゴンドワナを抜けたペルム紀末には絶滅している．カーンアルプスで掘削されたボーリングの試料で測定された酸素同位体比は，P/T境界で気温が6℃ほど高くなったことを示している（Holser *et al*., 1991）．空気中の炭酸ガスの増大はグリーンハウス効果によって気温を上昇させ，海水に溶存する酸素の量を減少させる．さらに氷床の縮小をもたらして海水面が上昇するはずである．このようにして生じた貧酸素海洋がP/T境界における海生動物の大量絶滅を演出したのかもしれない．

ペルム紀から三畳紀へ連続する地層は少ない．それらは陸棚相では有機物に乏しいミクライト質の石灰岩が発達していることが多いが，深海・漸深海帯になると黒色頁岩あるいは黄鉄鉱に富んでいるなどの還元的な環境下での堆積を示している．美濃帯の海洋からはP/T境界における貧酸素海洋事変が記載されている（Isozaki, 1997）．レーノ・ヘルシニア帯のF/F境界，グレンツ泥灰岩のT/J境界，五大絶滅期には含まれていないがプレナス泥灰岩のC/T境界などでは黒色頁岩のところで絶滅が生じている．

10-5-4. 迷走する原因

白亜紀最後のマーストリヒト期（71〜66 Ma）の生物界は，なにごとかが起こるような予感に満ちた世界である．恐竜にしても，白亜紀末期には巨大な角をもつトリセラトプス（*Triceratops*）のような恐竜が出現し，種の数も減少している．さらに卵の殻の厚さも薄くなっている．マーストリヒト期の最前期に22属知られていたアンモナイトは，最後期には11属に減少している．マーストリヒト期は約8 m.y.であるので，100万年に1つの属が消滅した計算になる．さらに，いわゆる異常巻きと呼ばれるグループが出現している．このような白亜紀末期の生物界の様相から，天体落下による外因的絶滅説はなかなか古生物学者に受け入れられなかった．

K/T境界以外の絶滅期に先立つ時代の生物界については，必ずしもマー

ストリヒト期のような異常な生物相を指摘できるわけではない．アルバータ州のティレル（Tyrrell）古生物学博物館には，もしも白亜紀末に恐竜が絶滅しなかったらという仮定で，さらに進化した恐竜の想像模型が飾ってある．もしもペルム紀末に紡錘虫が絶滅しなかったら，どのような紡錘虫が考えられるであろうか．

現在までにO/S境界を除いた四大絶滅期からは，天体が落下した証拠が発見されている．この事実は，隕石もしくは彗星の落下と大量絶滅との関連を示唆している．P/T境界に落下した隕石孔と思われるものはまだ発見されていない．洪水玄武岩の中で，デカントラップ，コロンビアリバー玄武岩などはホットスポットとの関係が明らかになっている．これらの岩体は鉱床を伴わない．しかし隕石落下が引き金となって活動が始まった1.9Gaのサドバリーのマフィック岩体は，世界最大級のニッケル-銅鉱床を伴っている．同じように世界最大級のニッケル-銅鉱床を伴うシベリアトラップの活動も，隕石落下を引き金としているのかもしれない（Rampino and Strothers, 1988）．天体落下の証拠は絶滅境界を中心に探索し，発見された．しかし無作為に天体落下の証拠を探した場合，おそらく絶滅境界以外からも見つかるであろう．

引用文献（第10章）

Alvarez, L. W., Alvarez, W., Asaro, F. and Michel, H. V. (1980): Extraterrestrial cause for the Cretaceous-Tertiary extinction. *Science*, **208**, 1095-1108.

Becker, L., Poreda, R. J., Hunt, A. G., Bunch, T. E. and Rampino, M. (2001): Impact event at the Permian-Triassic boundary: evidence from extraterrestrial noble gases in Fullerenes. *Science*, **291**, 1530-1533.

Brenchley, P. J. (1989): The late Ordovician extinction. *In* S. K. Donovan, ed., Mass Extinctions: Processes and Evidence, 104-132, Belhaven Press, London, 266 p.

Chung, S. and Jahn, B. (1995): Plume-lithosphere interaction in generation of the Emeishan flood basalts at the Permian-Triassic boundary. *Geology*, **23**, 889-892.

Duzhikov, O. A. and Strunin, B. M. (1992): Geological outline of the Noril'sk region. *In* O. A. Duzhikov and V. V. Distler, eds., Geology and Metallogeny of Sulfide Deposits, Noril'sk Region, U. S. S. R., Soc. Econ. Geol., Spec. Pub., 1, 1-60, 242 p.

Erwin, D. H. (1993): The Great Paleozoic Crisis: Life and Death in the Permian, Columbia Univ. Press, New York, 327 p.

Fowell, S. J. and Olsen, P. E. (1993): Time calibration of Triassic-Jurassic microfloral turnover, eastern North America. *Tectonophysics*, **222**, 361-369.

Gale, A. S. (1995): Cyclostratigraphy and correlation of the Cenomanian Stage in

Western Europe. *In* M. R. House and A. S. Gale, eds., Orbital Forcing Timescales and Cyclostratigraphy, Geol. Soc. (London), Spec. Pub., 85, 177-197, 210 p.

Gale, A. S. (2000) : Late Cretaceous to Early Tertiary pelagic deposits : deposition on greenhouse Earth. *In* N. Woodcock and R. Strachan, eds., Geological History of Britain and Irland, 356-373, Blackwell Science, Oxford, 423 p.

Gradstein, F. M., Ogg, J. G., Smith, A. G. *et al.* (2004) : A Geologic Time Scale, Cambridge Univ. Press.

Hallam, A. (1992) : Phanerozoic Sea-level Changes, Columbia Uinv. Press, New York.

Hallam, A. and Wignall, P. B. (1997) : Mass Extinctions and Their Aftermath, Oxford Univ. Press, Oxford, 320 p.

Hildebrand, A. R. and six others (1991) : Chicxulub Crater : A possible Cretaceous/Tertiary boundary impact crater on the Yucatan Peninsula, Mexico. *Geology*, **19**, 367-371.

Holser, W. T., Schonlaub, H. P., Boeckelmann, K. and Magaritz, M. (1991) : The Permian-Triassic of the Gartnerkofel-1 Core (Carnic Alps, Austria) : synthesis and conclusions. *Abhandl. Geolog. Bundes.*, **45**, 213-232.

House, M. R. (1985) : Correlation of mid Paleozoic ammonoid evolutionary events with global sedimentary perturbations. *Nature*, **313**, 17-22.

Isozaki, Y. (1997) : Permo-Triassic boundary superanoxia and stratified superocean : records from lost deep sea. *Science*, **276**, 235-238.

Jablonski, D. (1994) : Extinctions in the fossil record. *Phil. Trans. Roy. Soc.*, **B 344**, 11-17.

Kaiho, K. and eight others (2001) : End-Permian catastrophe by a bolide impact : Evidence of a gigantic release of sulfur from the mantle. *Geology*, **29**, 815-818.

Kramm, U. and Wedepohl, K. H. (1991) : The isotopic composition of strontium and sulfur in seawater of Late Permian (Zechstein) age. *Chemical Geol.*, **90**, 253-262.

Mayr, G., Pohl, B. and Peters, D. S. (2005) : A well-preserved *Archaeopteryx* specimen with theropod features. *Science*, **310**, 1483-1486.

Olsen, P. E. and nine others (2002) : Ascent of dinosaurs linked to an iridium anomaly at the Triassic-Jurassic boundary. *Science*, **296**, 1305-1307.

Parsley, A. J. (1990) : North Sea hydrocarbon plays. *In* K. W. Glennie, ed., Introduction to the Petroleum Geology of the North Sea, 362-388, Blackwell Sci. Pub., Oxford, 402 p.

Phillips, J. (1841) : Figures and Descriptions of the Palaeozoic Fossils of Cornwall, Devon and West Somersets ; Observed in the Course of the Ordnance Survey of that District, London, Longman.

Phillips, J. (1860) : Life on the Earth—Its Origin and Succession, Cambridge, Macmillan.

Rampino, M. R. and Strothers, R. B. (1988) : Flood basalt volcanism and during the past 250 million years. *Science*, **241**, 663-668.

Saito, T., Yamanoi, T. and Kaiho, K. (1986) : End-Cretaceous devastation of terrestrial flora in the boreal Far East. *Nature*, **323**, 253-255.

Sepkoski, J. J. Jr. (1981) : A factor analytic description of the Phanerozoic marine fossil record. *Paleobiology*, **7**, 36-53.

Sepkoski, J. J. Jr. (1984) : A kinetic model of Phanerozoic taxonomic diversity, III,

Post-Paleozoic families and mass extinction. *Paleobiology*, **10**, 246-267.

Sheahan, P. (1992): Introduction. *In* O. A. Duzhikov and V. V. Distler, eds., Geology and Metallogeny of Sulfide Deposits, Noril'sk Region, U. S. S. R., Soc. Econ. Geol., Spec. Pub., 1, i-iv, 242 p.

Sheehan, P. M. (2001): The Late Ordovician mass extinction. *Annu. Rev. Earth Planet. Sci.*, **29**, 331-364.

清水紀英・磯崎行雄・松田哲夫・姚建新・紀戦勝 (2004): 中国四川省北部朝天におけるペルム紀-トリアス紀境界の詳細層序. 地学雑, **113**, 87-106.

Smit, J. and eight others (1992): Tektite-bearing, deep-water clastic unit at the Cretaceous-Tertiary boundary in northeastern Mexico. *Geology*, **20**, 99-103.

Sorauf, J. E. and Pedder, A. E. H. (1986): Late Devonian rugose corals and the Frasnian-Famennian crisis. *Can. J. Earth Sci.*, **23**, 1265-1287.

Swisher III, C. C. and eleven others (1992): Coeval $^{40}Ar/^{39}Ar$ ages of 65.0 million years ago from Chicxulub crater melt rock and Cretaceous-Tertiary boundary tektites. *Science*, **257**, 954-958.

Walter, R. (1992): Geologie von Mitteleuropa, Schweitzer. Verlags., Stuttgart, 561 p.

Wellnhofer, P. (2000): Der bayerische Urvogel, Archaeopteryx bavarica, Alexander von Humboldt Stiftung, Mitteilungen, No. 75, 3-10.

概説書

　　Alvarez *et al.* (1980) の論文の発表から，古生物学者の間に大量絶滅の原因について真正面から取り組もうという気運が生じ，何冊かの概説書が発表された．もっとも早く出版されたのはジャマイカの西インド大学の教授である Donovan が編集したものである．

Donovan, S. K. ed. (1989): Mass Extinctions: Process and Evidence, Belhaven Press, London, 266 p.

　　筆者の手元にある書籍の中の1冊としては；

Hallam, A. and Wignall, P. B. (1997): Mass Extinctions and Their Aftermath, Oxford Univ. Press, 320 p.

　　を推薦する．Hallam はバーミンガム大学の古生物学の教授である．Alvarez *et al.* の論文に対して反対の論文を発表したりしたが，賛成に転じてからの変わり身は早かった．以下の2冊はコロンビア大学出版会から刊行されている Critical Moments in Paleobiology and Earth History Series の中に含まれている．

Erwin, D. H. (1993): The Great Paleozoic Crisis: Life and Death in the Permian, Columbia Univ. Press, New York, 327 p.

McGhee, Jr., G. (1996): The Late Devonian Mass Extinction, Columbia Univ. Press, New York, 303 p.

　　特異な化石を多産するホルツマーデン，ゾールンホーフェンの地質・化石については多くの啓蒙書が刊行されている．それらの中で；

Barthel, K. W., Swinbume, N. H. M. and Conwey Moris, S. (1990): Solnhofen, Cambridge Univ. Press, 236 p.

　　は古生物学的視点も合わせもっている．

Selden, P. and Nudds, J. (2004): Evolution of Fossil Ecosystems, Manson Pub. Ltd., 160 p (邦訳: 世界の化石遺産―古生態系の進化, 鎮西清高 (訳), 朝倉書店, 2009).

Bottjer, D. J., Etter, W., Hagadorn, J. W. and Tang, C. M., eds. (2002): Exceptional

Fossil Preservation, Columbia Univ. Press, New York, 403 p.
　上記 2 冊はエディアカラ動物群以降の特別な化石産地の地理・地質・化石についての解説書である．もちろんホルツマーデン，ゾールンホーフェンも含まれている．Selden and Nudds はすべての図がカラーで数も多く，見ていても楽しい．

Glennie, K. W., ed. (1990): Introduction to the Petroleum Geology of the North Sea, Blackwell Scientific Publications, Oxford, 402 p.
　北海油田はすべての資料を公開するという条件の下で開発されている．上記の本は公開された資料の集成の 1 冊で，これが第 3 版である．

索引

ア
アイヴァンホー湖破砕帯　81
アイソスタシー　8, 169
アイーダ断層　76
アイランド湾　200
アヴァロン帯　197
アキア地質体　45
アキトゥカン火成帯（造山帯）　130, 171, 173
アキャスタ片麻岩　40
秋吉造山帯　10, 17
アクラマン隕石孔　184
アグリコラ　1
アクリターク　184, 214
アクレック地質体　44, 46
アケイディア造山　202, 230
アケイディア・バルト動物群　201, 231
アサバスカ層群　123
アシュアニピ複合岩体　83
アセノスフェアー　18
アダク岩　37
アデレード堆積盆　178, 180, 182, 184
アナバル盾状地（区）　128, 171-173
アパーナビク表成岩　46
アパラチア造山帯　5, 197
アビティビ亜区　32, 84
アペックスチャート　52
アマゾン・西アフリカ剛塊　232
アミノ酸配列　49
アリゲニー造山　203, 230
アルガン　13
アルゴマ型縞状鉄鉱層　81, 103
アルダン盾状地（区）　132, 171
アルバレス　320
アルプス相三畳系　312
アルモリカ区　243
アルモリカマッシーフ　245
アンガラ剛塊　128, 168, 171-173, 310

アンガラ植物群　288
アンガラ造山帯　128
アングルシー島　222
アングロ・パリ堆積盆　318
アンモナイト　306, 313, 328

イ
イアペタス海　198, 222, 227, 230
イアペタス縫合線　199, 205, 218
イヴェント P/T 境界　308
イエローナイフ　39, 41
硫黄同位体比　73, 190, 311
イクチオザウルス　314
イーグルフォード頁岩　297
イスア表成岩帯　42
イスカシア　43
イツァク・ネーン地塊　120
イツァク片麻岩複合岩体　44, 46
イノセラムス　319, 323
イベリア黄鉄鉱帯　260
イリジウム　313, 320
イルガーン地塊　38, 74, 134
インヴァー変成作用　209
隕石（孔）　28, 120, 303, 320, 321, 329
インナーピーモント区　205
インヨカ断層　58, 61

ウ
ヴァランガー氷期　178, 181
ヴァランガー氷礫岩　178, 183
ヴァリスカン造山帯　9, 236, 262
ウイバク I, II 片麻岩　46
ウィムクリーク層群　73
ウィルソン　13, 20, 128
　　──サイクル　20, 128, 146, 177
ウィルペナ層群　178, 182
ウィンダーメーア累層群　168, 179
ウェーゲナー　11, 283
ヴェール曲線　278
ウェルナー　3, 252

ウォシタ前面褶曲・衝上帯　281
ウォシタ造山帯　280
ウォプメイ造山帯　40,145,154
ウォルコット　201,273
ウクライナ盾状地　283
ウムタリ海(線)　68
ウラル造山(帯)　270,285
ウラン鉱床　123,189
ウンベラタナ層群　178

エ

エクスプロイツ亜帯　199
エッシャー　8
エディアカラ動物群　180,182
エーマイシャン(蛾眉山)玄武岩類　308
エリー・ド・ボーモン　4
縁ゴンドワナ地質体群　232

オ

オウトクンプ鉱床　142
オウムガイ　307
小沢儀明　10
オスロリフト　227
オッサ・モレナ帯　258,261
オフィオライト　34,148,200
オラーコジン　141,146,162,164,166,283,295
オンファーワクト層群　58,59,188

カ

海水準変動　327
海洋底拡大説　14
海洋底玄武岩台地　89
化学進化説　49
核　18
核の冬　321
カークランド湖ノランダ地域　86
花崗閃緑岩　36
カサバラルディ断層　84
カースウェル構造　123
ガスハイドレート　327
火成論者　3
化石群集　303
カタイシア植物群　288
カッパーハーバー礫岩　156
カッパーベルト鉱床　164
褐ユラ　314
カドミア(型)　232,237

――地質体(造山)　245
――不整合　251
カプスケーシング隆起帯　81,121
下部チョーク層　318
カープファール剛塊　35,57,96,154,177
カープファレー深成岩　61
下部マントル　18,22
カム層群　39
カラハリ剛塊　57
カラハリマンガン鉱床　101
カルクアルカリ岩質　60,76
カルクアルカリ系列　34,37
カルグーリ地質体　76,78
カルードレライト　294
カルー累層群　293
カレドニア造山帯　9,197,223
カレリア地塊(区)　141
カロリナ区　205
カロリナスレート帯　205
カーンアルプス　313
含水珪酸塩鉱物　29
ガンダー帯　199
カンタブリア帯　255
カンブリア進化動物群　306
ガンフリント層　51,110
岩脈群　154
カンラン石　18,30,34

キ

ギガントプテリス　288
北大西洋剛塊　145,152
キッドクリーク鉱床　87
キュヴィエ　3
球果層　30
旧赤色砂岩　215,222
旧赤大陸　222
境界粘土層　311,324
恐竜　314,320,328
棘魚類　326
キールナヴァーラ鉄鉱床　144
金　57,74
――鉱床　67,77,88,108,206
――鉱脈　63,67
近代進化動物群　306
キンバレー岩　41,294
キンメリッジ粘土　317

ク

グッチランド帯　206
クッファーシーファー　289,290
グビオ　320
グラニュライト・片麻岩帯　34
グラルス衝上　9
グランピア高地　213
グランピア造山　214,227
クリーヴァーヴィル層群　73
グリパニア　51,112
グリーンストン　57,84
　　──・花崗岩帯　34,57
クルマン縞状鉄鉱層　101
クルム相　241
グレートグレン断層　212
グレンヴィル区　149,199
グレンヴィル造山（帯）　137,155,161,
　　168,171
グレンヴィルフロント　148
グレンツ泥灰岩　313
黒鉱型鉱床　86,115,143,148,200
グロッソプテリス　272,288,328
クロム鉄鉱鉱床　66,105
黒ユラ　314
クロンベルク層　52,60
クンタルーナ層群　70

ケ

ケウィーナウ玄武岩類　155
ケチコ亜区　82
結晶分化　30
ケノール造山　90
ケノール大陸　91,111
ケープスミス帯　115
ケールワッサー事変　326
ケロジェン　50,99
原核生物　49
元素存在度　28
玄武岩質マグマ　30
玄武岩部分溶融　48

コ

コイパー　312
剛塊　37,128
洪水玄武岩　294
高度変成岩（帯）　34
鉱物学教室　10

コークット花崗岩複合岩体　44
古細菌　49
小坂鉱山　87
ゴージクリーク層群　73
古生代進化動物群　306
五大絶滅期　304
古代片麻岩複合岩体　57
ゴニアタイト　307
コノドント　313,325
小林貞一　10,17
コマチアイト　34,60,64,71,77,80,86,113
コマチ層　60
コラ半島　138
ゴールデンマイル鉱床　78
ゴールドシュミット　225
コロンビアリバー玄武岩　329
コンドライト　28,311
コンドリュール　28
ゴンドワナ大陸　7,169,177,197,272,286
コーンワル鉱床　241

サ

サイクロセム　277
最古の化石　52
最古の岩石　37
砕屑性ジルコン　38,39,74
細胞内共生説　112
佐川造山帯　10,17
サーグー層群　35
サクソ・チューリンギア帯（地質体）
　　242,245,264
サクソニアグラニュライト　251
ザ・グレートダイク　65,103,154
サザンアップランド帯　218
サザンアップランド断層　214
サザンクロス超地質体　74
サドバリー　329
　　──隕石孔　121
　　──火成複合岩体　122
　　──ニッケル鉱床　76,122
サハラ横断変動帯　161
サハラ氷期　253,262,325
サムフラウ造山帯　292
サリヴァン鉱床　167
サルガッシュ亜層群　52,71
サンゴ礁　240,327

酸素同位体比　38, 188, 328
三大進化動物群　305
三葉虫　201, 272, 306, 325

シ
シアノバクテリア　51, 185
シェバ断層　63
ジェファーソン地質体　205
始原菌　49
ジースプルート層　58
始生代　33
始祖鳥　314
シダ胞子濃集層　314, 323
シダ類　306, 314
七島・マリアナ弧　7
磁鉄鉱系花崗岩　78
磁鉄鉱系トーナル岩　61
シベリアトラップ　309, 329
四放サンゴ　306, 307, 313, 326
縞状サンドリバー片麻岩　69
縞状鉄鉱層　39, 43, 45, 101, 110, 135, 179, 181, 190
斜長岩　69
シャッターコーン　121, 123
シャルロッテ帯　206
シャンヴァ累層群　64, 66
収縮説　4, 6
重晶石　71, 239
収束型プレート境界　19
主ウラル断層　285
ジュース　6, 128, 272
シュードタキライト　81, 121, 123
シュリンプ(SHRIMP)年代　31, 41
衝撃石英　321
衝突型造山帯　19, 44
床板サンゴ　307, 313, 325, 326
上部マントル　18
常緑広葉樹林　324
ジルコン　31, 74
白ユラ　314
真核生物　49, 112
真正細菌　49, 112
ジンダルビー地質体　76, 78
ジンバブエ剛塊　57, 63, 103, 154, 163
針葉樹　306

ス
水成論者　3
スヴェコ・カレリア造山帯　144, 151
スヴェコノルウェギア変動帯　151
スヴェコフェニア区(帯)　143, 153
スカンディア造山　225, 230
スカンディナヴィア横断帯　151
スコーリー岩脈　209
スコーリー造山　209
スコーリー片麻岩　209
スターチ氷期　178, 181
スタノヴォイ区　133
スティショフ石　321
スティルワーター火成複合岩体　105
スティレ　11, 14, 17
ストロマトライト　60, 66, 74, 99, 110, 151, 182, 185
スピニフェックス組織　34, 60
スーペリオル区　79, 89, 106, 113, 149
スーペリオル湖型縞状鉄鉱層　81, 103
スミス　3, 303
スレーヴ剛塊(区)　39, 143, 145, 154, 171
スワジランド累層群　51
スワニー地質体　208

セ
斉一主義　4
生層序学的P/T境界　308
生命高温高圧起源説　50
生命の起源　49
生命の多様性　304
石英長石質片麻岩　37
セソンビ花崗岩　67
セプコスキー　304
セラタイト　307, 313
ゼーロン・トールツォン火成帯　109, 119, 172, 173

ソ
造山極性　6, 88, 262
造山帯　4, 9
造山論　1, 4, 16
層状チャート　60
束層　275
　　──層序　275
ソーリスバリー異常　207
ソルウェー線　219

ゾルンホーフェン 314
ソレアイト 46
　——系列 34
　——玄武岩 60
タ
ダイアモンド 35,41,249,294
太古代 28,32,34
堆積性噴気鉱床 (SEDEX) 137,157,167,
　239
大陸縁膨 201
大陸横断アーチ 275
大陸地殻の成長 31
大陸漂移説 11
大量絶滅 304,324
タギッシュレイク隕石 29
タコニック造山 200,227
多細胞生物 112
タシューサルサーク地質体 45
ダッシュウッズ亜帯 200
ダーネス層群 211
タルガタルガ亜層群 71
ダルラディア累層群 213
ダーワー剛塊（層群） 35
タンザニア剛塊 163
炭酸塩岩内鉱床 282
炭素質コンドライト 311
炭素同位体比 50,190,311,320
チ
チェンジャン（澄江）動物群 274
地殻 18
地球科学教室 16
地向斜（説） 6,19
地質学教室 10
チチュルブクレーター 321
地背斜 6
チャート 60,71,99
チャルノク岩 35,129,132
チャンシン（長興）層 308
中央イベリア帯 256
中央ウェールズ複向斜 222
中央スレーヴ基盤複合岩体 39
中央スレーヴ被覆層群 39
中央ドイツ結晶質帯 247
チューリンギア相 251

超好熱菌 50
超大陸 12,20,161,169,270
超マフィック岩 34
チョーク相 317
直角石 307
チリマンジ花崗岩 67
チンゲジ片麻岩 67
ツ
ツェヒシュタイン 289,291
テ
低速度層 18
ディーツ 15,123
ティミスカミング層群 88
デカントラップ 294,309,329
デストーポーキュパイン断層帯 86,88
テチス海 270,288
テチス（型）動物群 270,308
テチス区 317
鉄鉱層 60,65
デーナ 6
テプラ・バランディア帯 253,264
デレメタリカ 1
天変地異説 3
ト
ドイツ相三畳系 312
ドゥッファー亜層群 52,71
ドゥトワ 13,292
東部ゴールドフィールド超地質体 74,78
ドゥルース複合岩体 156
ドゥンネージ帯 198
トクウエ片麻岩複合岩体 63
ドッガー 314
トーナル岩 36,48
　——質片麻岩 44
ドネツ炭田 283
トライアングル剪断帯 69
トランスファール累層群 99
トランスフォーム断層 19
トリセラトプス 328
トリドニアン 211
トロニエム岩 36,226
トーンガット造山帯 119
トーンクィスト海 219,231
トンプソンニッケル帯 113
トンモト動物群 220,271

ナ

ナウマン 10
ナップ 8, 223, 243
ナリアー片麻岩複合岩体（地質体） 38, 74
南西複合地質体 74

ニ

西アストリア・レオネーゼ帯 255
西アフリカ剛塊 161
二次イオン質量分析法 31
ニッケル鉱床 76, 113, 122
日本の造山論 16
二枚貝 306
ニューケベック造山帯 116

ヌ

ヌーク 42
ヌリアク地層群 45

ネ

熱水堆積鉱床 72
ネーン区 45, 119, 149

ノ

ノイダート変成作用 213
ノースポールチャート 71
ノースポールドーム 71
ノースマンウィルーナ帯 76
ノートルダム亜帯 198
ノランダ型鉱床 87

ハ

灰色チョーク 318
ハイム 8
バイモーダル火山岩 66, 139, 143
ハイランド境界域複合岩体 214
ハイランド境界断層 212
バヴァリア相 251
バージェス頁岩 201, 273
バダホス・コルドバ剪断帯 258, 264
ハック曲線 278
バックランド 3
ハケットリバー弧 39
バッケン層 279
ハットン 2
バドカリア変成作用 209
ハドソン横断造山帯 112, 113, 143
ハドソン造山 118
バーバートン山地 51, 57, 188
ハマーズレイ層群 135

原田豊吉 10, 252
パララ剪断帯 69
パリセードダイアベース 295
バルチカ 227, 230
バルト盾状地 7, 138, 226
バロウ型変成作用 214
ハワイ・天皇海山列 20
汎アフリカ変動（帯） 161, 164, 169, 177
ハーン区 118
パンゲア 12, 20, 270, 283, 288
ハンゲンベルク事変 326
パンサラッサ 20, 270, 288, 312
板皮類 326

ヒ

ビエンヴィル領域 84
東アヴァロン地質体 219, 220
東ヨーロッパ剛塊 138
ビタースプリングス層 51, 112, 185
ビットワータースランド含金礫岩 98
ビットワータースランド堆積盆 63
ビットワータースランド累層群 35, 98
ピーモント区 205
ヒューロン累層群 106, 177
氷結地球 177, 180
氷礫岩 98, 106, 163, 177, 179, 180, 184, 213
ヒルナント動物群 325
ピルバラ地塊 51, 52, 70, 134, 154
ピルバラ累層群 51
ビワビク層 110
貧酸素海洋事変 328

フ

ファマチ造山帯 231
フィッグツリー層群 30, 60
フィリップス 303
フィンマーク造山 225, 227
フェノサーム造山 141
フェルシック火山岩 38, 43, 46
フェルシック岩（類） 64, 71
フェルシック凝灰岩 73
フェルシック溶岩 58
付加体 44, 206
不整合型ウラン鉱床 124, 189
フッゲンオク層 52, 60
ブッシュフェルト火成複合岩体 99, 104
ブッチャン型変成作用 214

フートヒルズ帯　312
ブラックヒルズ　107
プラッテンカルク　314
フラーレン　122,311
ブーラワーヨ累層群　64,66
ブリオベリア累層群　245
プルームテクトニクス　22
ブルーリッジ区　205
ブレヴァード断層帯　205
フレッデフォルトドーム　120
プレートテクトニクス　12,15,16,19
プレナス泥灰岩　318
ブロークンヒル鉱床　137,167
ブントザンドシュタイン　312
フンバー帯　197
　ヘ
ヘイセン累層群　178
ヘス　14,106
ペチェンガ・ヴァーズカ帯　138
別子型鉱床　88,200
ペニンシュラ片麻岩　35
ベヌートラフ　294
ペノケア造山　106,123
ペノブスコット造山　227
ベハアセブヘス縁海　261
ベハアセブヘスオフィオライト　259
ペリドタイト　18
ベリンガー　2
ベリングウエ累層群　64
ヘルシニア山脈　9
ベルト・パーセル累層群　165,168,176
ベルトラン　8,17
ベレロホン　311
ペントランド鉱　77
　ホ
紡錘虫　307
帽炭酸塩岩　180
北部高地　212
ポシドニア頁岩　314
北海油田　316
ホットスポット　20,24,329
ボヘミアマッシーフ　248,249,252
ホームズ　14,163
ホームステーキ鉱床　108
ボリーデン鉱床　143

ホール　5,197
ホルツマーデン　314
ボレアル海　289
ボレアル型動物群　308
ボレアル区　317
ホワイトパイン鉱床　156
ポンゴラ累層群　96
ポンティアック亜区　88
　マ
マウントアイザ鉱床　137,167
マウントブルース累層群　134
巻貝　306
マグマオーシャン　30
枕状玄武岩　80
マスグレーヴ造山帯　137,172
マスコックス貫入岩体　154
マーチンソン地質体　74
マッカーサーリバー鉱床　137,167
マッケンジー岩脈群　154
マッケンジー山脈累層群　167,179
マフィック岩部分溶融　48
マルケレンジ累層群　110
マルム　314
マンジェリ層　66
マントル　18,22
　──対流説　14
　──プルーム　22,23
　ミ
ミシシッピヴァレー型鉱床　156,282
ミチピコーテングリーンストン帯　80
ミッドランズ微小剛塊　219
ミッドランドヴァレー帯　215
南ポルトガル帯　259
ミネソタ前地　80,89
都城秋穂　17
ミランコヴィッチ周期　278,318
ミント地塊　83
　ム
無顎類　326
無関節腕足類　306
ムッシェルカルク　312
　メ
冥王代　28,33
メイシャン(煤山)断面　307
メグーマ地質体　201,202

メソザウルス　293
メタン菌　49
メッゲン鉱床　239
メッシナ貫入岩群　69
メレンスキーリーフ　104
モ
モイン衝上断層　211
モイン累層群　212
モザンビーク帯　163
モラヴォ・シレジア帯　232,254,264
モラッセ　5,88
モルダヌビア帯　253,264
ヤ
ヤヴァパイ・マザツァル区　148
ユ
ユーイング　15
有関節腕足類　306
ユーラメリカ植物群　288
ユーロピウム異常　47
ヨ
ヨルムアオフィオライト　142,145
ヨーロッパ横断層　219
ラ
ライアス　314
ライエル　3
落葉樹林　324
ラーダー湖キャディラック断層帯　88
ラックスフォルド造山　209
ラップランドグラニュライト帯　140
ラパキヴィ花崗岩類　153
ラピタン層群　179,181
ラモントドハティ地球観測所　15
藍晶石　44
ランメルスベルク鉱床　239
リ
リソスフェアー　18,24,153
流紋岩ドーム　87
リンポポ変動帯　63,68
ル
ルイスヴィル海山列　21
ルーイス複合岩体　209
ルディスト　323
ルピション　15
レ
レイ区　116,119,149

レーイック洋　227,231,236,245
レインディア帯　114
レーニッシュマッシーフ　236
レーノ・ヘルシニア帯　236,242,264
連峰縦谷区　203
ロ
ローク剪断帯　220
六放サンゴ　313
ロディニア（超大陸）　161,173
ロートリーゲンデス　289
ローラッシャ　227,236,240
ローレイジア大陸　270,285,287
ローレンシア大陸（剛塊）　118,123,145,
　　147,165,168,171,197,201,227
ワ
ワイオミング区　105,107,111
ワザ花崗岩　67
ワビグーン島弧　89
ワラウーナ層群　71
ワワ亜区　80
ワワ・アビティビ島弧　89
腕足類　325
アルファベット
Ar-Ar法　261,311
AUSWUSモデル　170,171,173
CIコンドライト　28
Cooksonia　274
C/T境界　318
DNA　49
D"層　19,23
F/F境界　237,326
HMC鉱床　89
Ichthyostega　275
IUGG　16
J-Mリーフ　105
Kratogen　37
K/T境界　320,324
La/Yb比　47
Nb-Y識別図表　47
O/S境界　325
P/T境界　306,325,329
RNA　49
SEDEX　137,157,167,239
SHRIMP　31,41
SMG　88

SWEAT モデル　170, 173
Ti/Zr 比　46
T/J 境界　313, 325

TTG　36, 57
U-Pb 年代　200

地質系統・地質年代表

(累累)(界代)	代(界)	紀(系)	世(統)	期/階	年代(Ma)	GSSP
顕生累代(累界)	新生代(界)	第四紀(系)	完新世(統)		0.0117	✓
			更新世(統)	"タラント"	0.126	
				"イオニア"	0.781	
				カラブリア	1.806	✓
				ジェラ	2.588	✓
		新第三紀(系)	鮮新世(統)	ピアチェンツァ	3.600	✓
				ザンクラ	5.332	✓
			中新世(統)	メッシーナ	7.246	✓
				トルトナ	11.608	✓
				セラヴァレ	13.82	✓
				ランゲ	15.97	
				ブルディガラ	20.43	
				アクィタヌ	23.03	✓
		古第三紀(系)	漸新世(統)	シャティ	28.4±0.1	
				ルペル	33.9±0.1	✓
			始新世(統)	プリアボナ	37.2±0.1	
				バートン	40.4±0.1	
				ルテチア	48.6±0.2	
				イープル	55.8±0.2	✓
			暁新世(統)	サネット	58.7±0.2	
				シェラン	～61.1	
				ダニカ	65.5±0.3	✓
	中生代(界)	白亜紀(系)	後期(上部)	マーストリヒト	70.6±0.6	
				シャンパーニュ	83.5±0.7	
				サントンジュ	85.8±0.7	
				コニャック	～88.6	
				トゥーロン	93.6±0.8	
				セノマン	99.6±0.9	✓
			前期(下部)	アルバ	112.0±1.0	
				アプト	125.0±1.0	
				バレーム	130.0±1.5	
				オーテリヴ	～133.9	
				ヴァランジン	140.2±3.0	
				ベリア	145.5±4.0	

(累累)(界代)	代(界)	紀(系)	世(統)	期/階	年代(Ma)	GSSP
顕生累代(累界)	中生代(界)	ジュラ紀(系)	後期(上部)	チトン	145.5±4.0	
				キンメリッジ	150.8±4.0	
				オクスフォード	～155.6	
			中期(中部)	カロヴィウム	161.2±4.0	
				バス	164.7±4.0	
				バジョス	167.7±3.5	
				アーレン	171.6±3.0	
			前期(下部)	トゥアール	175.6±2.0	
				プリンスバック	183.0±1.5	
				セムール	189.6±1.5	
				ヘタンジュ	196.5±1.0	
		三畳紀(系)	後期(上部)	レーチア	199.6±0.6	
				ノリクム	203.6±1.5	
				カルニア	216.5±2.0	
			中期(中部)	ラディン	～228.7	
				アニサス	237.0±2.0	
			前期(下部)	オレニョーク	～245.9	
				インダス	～249.5	
	古生代(界)	ペルム紀(系)	ローピン世(統)	チャンシン	251.0±0.4	✓
				ウージャピン	253.8±0.7	✓
			ガダルプ世(統)	キャピタン	260.4±0.7	✓
				ワード	265.8±0.7	✓
				ロード	268.0±0.7	✓
			シスラル世(統)	クングール	270.6±0.7	
				アーティンスク	275.6±0.7	
				サクマラ	284.4±0.7	
				アッセル	294.6±0.8	✓
		石炭紀(系)	ペンシルベニア亜紀(亜系)	後期(上部) グゼール	299.0±0.8	
				カシモフ	303.4±0.9	
				中期(中部) モスコー	307.2±1.0	
				前期(下部) バシュキル	311.7±1.1	
			ミシシッピ亜紀(亜系)	後期(上部) セルプーホフ	318.1±1.3	✓
				中期(中部) ヴィゼー	328.3±1.6	
				前期(下部) トルネー	345.3±2.1	
					359.2±2.5	

(累界代)	代（界）	紀（系）	世（統）	期／階	年代(Ma)	GSSP
顕生累代（累界）	古生代（界）	デヴォン紀（系）	後期（上部）	ファメンヌ	359.2±2.5	▽
				フランヌ	374.5±2.6	▽
			中期（中部）	ギヴェ	385.3±2.6	▽
				アイフェル	391.8±2.7	▽
			前期（下部）	エムス	397.5±2.7	▽
				プラーグ	407.0±2.8	▽
				ロッホコフ	411.2±2.8	▽
		シルル紀（系）	プリドリ世（統）		416.0±2.8	▽
			ラドロー世（統）	ラドフォード	418.7±2.7	
				ゴースト	421.3±2.6	
			ウェンロック世（統）	ホーマー	422.9±2.5	▽
				シェインウッド	426.2±2.4	▽
			ランドヴェリー世（統）	テリチ	428.2±2.3	
				アーロン	436.0±1.9	
				ルダン	439.0±1.8	▽
		オルドヴィス紀（系）	後期（上部）	ヒルナント	443.7±1.5	▽
				カティー	445.6±1.5	▽
				サンドビー	455.8±1.6	▽
			中期（中部）	ダリウィル	460.9±1.6	▽
				ターピン	468.1±1.6	▽
			前期（下部）	フロー	471.8±1.6	
				トレマドック	478.6±1.7	▽
		カンブリア紀（系）	フーロン世（統）	第10	488.3±1.7	
				第9	~492*	
				パイビー	~496*	▽
			第3世（統）	クーツァン	~499	
				ドラム	~503	▽
				第5	~506.5	
			第2世（統）	第4	~510*	
				第3	~515*	
			テレヌーヴ世（統）	第2	~521*	
				フォーチュン	~528*	▽
					542.0±1.0	▽

(累界代)	代（界）	紀（系）	年代(Ma)	GSSP/GSSA
プレカンブリア	原生累代（累界）	新原生代（界）	エディアカラ紀（系）	542	▽
			クリオジェニアン【成氷紀（系）】	~635	⏱
			トニアン【拉伸紀（系）】	850	⏱
		中原生代（界）	ステニアン【狭帯紀（系）】	1000	⏱
			エクタシアン【延展紀（系）】	1200	⏱
			カリミアン【蓋層紀（系）】	1400	⏱
		古原生代（界）	スタテリアン【固結紀（系）】	1600	⏱
			オロシリアン【造山紀（系）】	1800	⏱
			リアキアン【層侵紀（系）】	2050	⏱
			シデリアン【成鉄紀（系）】	2300	⏱
	太古累代（累界）	新太古代（界）		2500	⏱
		中太古代（界）		2800	⏱
		古太古代（界）		3200	⏱
		原太古代（界）		3600	⏱
				4000	
	冥王累代（累界）【非公式】			~4600	

本表は、国際層序委員会（ICS）が2009年8月に改訂した地質系統・地質年代表（International Stratigraphic Chart: http://www.stratigraphy.org/upload/ISChart2009.pdf）を和訳したものである。ただし、エディアカラ紀（系）を除く原生累代（累界）の紀（系）名には、中国語表記を併記した。本表は、日本地質学会の日本語記述ガイドラインとは別の訳で、世（統）および期／階にも紀（系）と同様、名の由来となった模式地などの原名をなるべく近いカナ書きで示した。

地質系統・年代の各単元は、その下層により公式に定義される。顕生累界の各単元とエディアカラ紀（系）の下限は、国際標準模式層断面および地点（Global Boundary Stratotype Section and Point: GSSP ▽ ）で定義される一方、上記以外のプレカンブリア単元は国際標準層序年代（Global Standard Stratigraphic Age: GSSA ⏱ ）という数値年代で定義される。各単元境界の数値年代は、今後も年々改訂される。

本書での時代名等の表記は、原則的に本表に従う。ただし、太古累代の区分など、本表と異なる部分もある。

編集

鎮西清高　京都大学名誉教授
島崎英彦　東京大学名誉教授
大藤　茂　富山大学大学院理工学研究部教授

著者略歴

堀越　叡（ほりこし・えい）
- 1932 年　東京都渋谷区に生まれる
- 1956 年　東京大学理学部卒業
- 1958 年　東京大学大学院数物系研究科修士課程修了，同和鉱業入社
- 1964 年　九州大学理学部助手
- 1967 年　理学博士（東京大学）
- 1972 年　東京大学理学部助手
- 1978 年　富山大学理学部教授
- 1998 年　富山大学退官，富山大学名誉教授
- 2009 年 10 月　逝去

地殻進化学

2010 年 8 月 20 日　初　版

［検印廃止］

著　者　堀越　叡

発行所　財団法人　東京大学出版会

代表者　長谷川寿一

113-8654　東京都文京区本郷 7-3-1 東大構内
電話 03-3811-8814　FAX 03-3812-6958
振替 00160-6-59964

印刷所　三美印刷株式会社
製本所　牧製本印刷株式会社

©2010 Hisashi Horikoshi
ISBN 978-4-13-060747-6 Printed in Japan

Ⓡ＜日本複写権センター委託出版物＞
本書の全部または一部を無断で複写複製（コピー）することは，著作権法上での例外を除き，禁じられています．本書からの複写を希望される場合は，日本複写権センター（03-3401-2382）にご連絡ください．

熊澤峰夫・伊藤孝士・吉田茂生 編
全地球史解読　　　　　　　　　　　　　　Ａ５判・560頁／7400円

池谷仙之・北里　洋
地球生物学　地球と生命の進化　　　　　　Ａ５判・240頁／3000円

東京大学地球惑星システム科学講座 編
進化する地球惑星システム　　　　　　　　4/6判・256頁／2500円

川上紳一
縞々学　リズムから地球史に迫る　　　　　4/6判・290頁／3000円

速水　格
古生物学　　　　　　　　　　　　　　　　Ａ５判・224頁／3400円

木村　学
プレート収束帯のテクトニクス学　　　　　Ａ５判・288頁／3800円

巽　好幸
安山岩と大陸の起源　ローカルからグローバルへ　　Ａ５判・228頁／3800円

泊　次郎
プレートテクトニクスの拒絶と受容　戦後日本の地球科学史
　　　　　　　　　　　　　　　　　　　　　Ａ５判・268頁／3800円

ここに表示された価格は本体価格です．ご購入の
際には消費税が加算されますのでご諒承ください．